高职高专“十三五”规划教材

Linux 操作系统配置及应用

（项目化教程）

丛佩丽　谭冬平　卢晓丽　主编

化学工业出版社

·北京·

本书采用目前主流的Linux软件版本，以构建企业局域网服务器为主线，采用“项目导向、任务驱动、工学结合”的方式进行编写。

全书共12个项目，均来自实际工作岗位。通过这些项目和具体的任务实施过程，向读者详细介绍了相关知识，主要内容包括：安装Linux操作系统，管理文件系统，管理组和用户，管理磁盘，架设DHCP服务器、Samba服务器、DNS服务器、Web服务器、FTP服务器、邮件服务器，防火墙的设置和NAT的架设等。

书中每个项目都包括项目背景分析、项目相关知识、项目实施、项目总结和项目练习；相关知识讲解简明扼要、深入浅出，理论联系实际；项目实施操作步骤具体，便于实行教学做一体化的教学方式，有助于培养学生的基本职业技能和实际操作能力，从而胜任网络管理员等相关岗位的职业要求。

本书适合作为高职高专院校计算机相关专业教材，也可作为全国职业技能大赛计算机网络技术赛项和网络培训班的培训教材，还可供相关技术人员参考使用。

图书在版编目(CIP)数据

Linux操作系统配置及应用(项目化教程) / 丛佩丽，谭冬平，卢晓丽主编. —北京：化学工业出版社，2016.11
高职高专“十三五”规划教材
ISBN 978-7-122-28290-3

Ⅰ. ①L… Ⅱ. ①丛… ②谭… ③卢… Ⅲ. ①Linux操作系统-高等职业教育-教材 Ⅳ. ①TP316.89

中国版本图书馆CIP数据核字（2016）第249236号

责任编辑：王听讲　　装帧设计：刘丽华
责任校对：边　涛

出版发行：化学工业出版社（北京市东城区青年湖南街13号　邮政编码100011）
印　　装：大厂聚鑫印刷有限责任公司
787mm×1092mm　1/16　印张16　字数425千字　2017年1月北京第1版第1次印刷

购书咨询：010-64518888（传真：010-64519686）　售后服务：010-64518899
网　　址：http://www.cip.com.cn
凡购买本书，如有缺损质量问题，本社销售中心负责调换。

定　　价：34.00元

前 言

由于 Linux 网络操作系统具有开放和自由的特点，其安全性、稳定性和可靠性已经得到用户的肯定，在政府、银行、邮电、保险等安全性要求比较高的部门，已经广泛使用 Linux 操作系统。

本书以某公司 Linux 服务器系统管理和网络服务为项目背景，以“构建局域网服务器”为主线，采用“项目导向、任务驱动、教学做一体化”的方式进行编写。全书共 12 个项目，主要内容包括：安装 Linux 操作系统、管理文件系统、管理组和用户、管理磁盘、架设 DHCP 服务器、架设 Samba 服务器、架设 DNS 服务器、架设 Web 服务器、架设 FTP 服务器、架设邮件服务器、架设防火墙和架设 NAT。与同类书相比较，本书具有以下特点。

1. 本书采用工学结合和项目导向的编写方式，每个项目都包括项目背景分析、项目相关知识、项目实施、项目总结和项目练习。项目都来自实际工作岗位，各个项目都明确了能力目标，提出项目的要求，准确介绍了解决问题的思路和方法，培养学生未来在工作岗位上的终身学习能力。

2. 项目相关知识讲解简明扼要、深入浅出，理论联系实际；项目实施操作步骤具体，便于教学做一体化教学，有利于培养学生的基本职业技能和实际操作能力，从而胜任网络管理员等相关岗位的职业要求。

3. 本书强调学生自主学习，项目训练具有拓展性。在本书的编写过程中，充分考虑了学生自主学习的能力培养，学生可以按照项目的提示独立自主地完成项目，并且在项目练习中检验掌握的知识和技能。

4. 为方便教师教学，本书配备了源代码、电子课件等电子教学资源，需要者可以到化学工业出版社教学资源网站 http://www.cipedu.com.cn 免费下载使用。

本书凝聚了编者多年的科研和教学实践经验，适合作为高职高专院校计算机类专业教材，也可作为全国职业技能大赛和网络培训班的培训教材，还可供相关技术人员参考使用。

本书由辽宁机电职业技术学院丛佩丽、湖南电子科技职业学院谭冬平和辽宁机电职业技术学院卢晓丽担任主编，浙江机电职业技术学院付祥、海南政法职业学院陆凯、青岛高新职业学校余海龙担任副主编，广州市黄埔职业技术学校蓝魏参编。卢晓丽编写项目 1、项目 2 和项目 4，蓝魏编写项目 3，丛佩丽编写项目 5～项目 8，谭冬平编写项目 9，付祥编写项目 10，陆凯编写项目 11，余海龙编写项目 12。

由于编者水平所限，书中如有不妥之处，恳请读者批评指正！

编 者

2016 年 9 月

目　　录

项目 1　安装 Linux 操作系统 …… 1
1.1　项目背景分析 …… 1
1.2　项目相关知识 …… 1
1.2.1　Linux 操作系统概述 …… 1
1.2.2　Linux 特点 …… 2
1.2.3　Linux 的版本 …… 3
1.2.4　虚拟机概述 …… 3
1.3　项目实施 …… 4
任务 1　安装 RHEL 5 操作系统 …… 4
任务 2　安装虚拟机 …… 18
任务 3　认识 RHEL 5 用户界面 …… 23
项目总结 …… 27
项目练习 …… 27
项目 2　管理文件系统 …… 29
2.1　项目背景分析 …… 29
2.2　项目相关知识 …… 30
2.2.1　文件和目录的概念 …… 30
2.2.2　Linux 标准文件和目录 …… 30
2.2.3　Vi 编辑器 …… 31
2.2.4　Linux 操作系统软件包 …… 33
2.3　项目实施 …… 34
任务 1　文件系统管理 …… 34
任务 2　Vi 编辑器的使用 …… 45
任务 3　安装软件 …… 47
项目总结 …… 53
项目练习 …… 53
项目 3　管理组和用户 …… 55
3.1　项目背景分析 …… 55
3.2　项目相关知识 …… 55
3.2.1　群组概述 …… 55
3.2.2　账号概述 …… 56

3.3 项目实施……56
任务 管理用户和组……56
项目总结……63
项目练习……63
项目 4 管理磁盘……65
4.1 项目背景分析……65
4.2 项目相关知识……65
4.2.1 磁盘管理的概念……65
4.2.2 Linux 操作系统的磁盘分区……66
4.2.3 磁盘配额概述……66
4.2.4 磁盘配额基础知识……66
4.2.5 LVM 概述……67
4.3 项目实施……68
任务 1 基本磁盘管理……68
任务 2 磁盘配额……75
任务 3 管理 LVM 逻辑卷……79
项目总结……86
项目练习……87
项目 5 架设 DHCP 服务器……89
5.1 项目背景分析……89
5.2 项目相关知识……90
5.2.1 DHCP 概述……90
5.2.2 DHCP 协议工作过程……90
5.3 项目实施……91
任务 1 为 DHCP 服务器设置 IP 和计算机名……91
任务 2 安装 DHCP 服务器……98
任务 3 配置 DHCP 服务器……102
任务 4 使用 DHCP 服务器……105
项目总结……107
项目练习……107
项目 6 架设 Samba 服务器……109
6.1 项目背景分析……109
6.2 项目相关知识……110
6.2.1 Samba 软件概述……110
6.2.2 Samba 软件功能……110
6.3 项目实施……110
任务 1 安装 Samba 服务器……110
任务 2 利用配置文件配置 Samba 服务器……114

任务 3　利用图形化配置工具配置 Samba 服务器 120
任务 4　Samba 客户端连接服务器 123
项目总结 126
项目练习 126
项目 7　架设 DNS 服务器 128
7.1　项目背景分析 128
7.2　项目相关知识 129
7.2.1　因特网的命名机制 129
7.2.2　域名查询模式 130
7.2.3　BIND 软件 131
7.2.4　BIND 配置文件结构 131
7.3　项目实施 131
任务 1　安装 DNS 服务器 131
任务 2　利用图形化配置工具配置 DNS 服务器 135
任务 3　利用配置文件配置 DNS 服务器 139
任务 4　客户端连接 DNS 服务器 147
项目总结 150
项目练习 150
项目 8　架设 Web 服务器 152
8.1　项目背景分析 152
8.2　项目相关知识 153
8.2.1　Web 概述 153
8.2.2　Apache 服务器 153
8.2.3　统一资源定位符 153
8.2.4　超文本传输协议 154
8.2.5　超文本标记语言 154
8.2.6　Apache 服务器的主配置文件 httpd.conf 154
8.3　项目实施 158
任务 1　安装 Apache 服务器 158
任务 2　配置 Web 服务器，访问公司网站 161
任务 3　配置个人主页功能 169
任务 4　建立基于用户认证的虚拟目录 170
任务 5　建立访问控制的虚拟目录 172
任务 6　配置基于不同端口的虚拟主机 174
任务 7　配置基于 IP 地址的虚拟主机 176
任务 8　配置基于名称的虚拟主机 179
项目总结 183
项目练习 183

项目 9　架设 FTP 服务器……185
9.1　项目背景分析……185
9.2　项目相关知识……186
9.2.1　FTP 概述……186
9.2.2　vsftpd 的用户类型……186
9.2.3　主配置文件 vsftpd.conf……187
9.3　项目实施……188
任务 1　安装 FTP 服务器……188
任务 2　配置匿名用户访问 FTP 服务器……192
任务 3　配置本地用户访问 FTP 服务器……196
任务 4　将所有的本地用户都锁定在宿主目录中……198
任务 5　设置只有特定用户才可以访问 FTP 服务器……199
项目总结……200
项目练习……201
项目 10　架设邮件服务器……203
10.1　项目背景分析……203
10.2　项目相关知识……203
10.3　项目实施……205
任务 1　安装邮件服务器……205
任务 2　配置邮件服务器……209
任务 3　调试 Sendmail 服务器……213
项目总结……216
项目练习……216
项目 11　架设防火墙……218
11.1　项目背景分析……218
11.2　项目相关知识……218
11.2.1　防火墙概述……218
11.2.2　防火墙的种类……219
11.2.3　Linux 内核的 Netfilter 架构……220
11.2.4　Netfilter 的工作原理……221
11.3　项目实施……222
任务 1　安装 Iptables 服务器……222
任务 2　配置 Iptables 服务器……225
任务 3　客户端验证防火墙……234
项目总结……236
项目练习……236

项目 12　架设 NAT ········ 237
12.1　项目背景分析 ········ 237
12.2　项目相关知识 ········ 237
12.2.1　NAT 原理 ········ 237
12.2.2　NAT 的优点 ········ 238
12.2.3　NAT 的分类 ········ 238
12.2.4　Linux 内核的 Netfilter 架构 ········ 238
12.2.5　NAT 的工作原理 ········ 239
12.3　项目实施 ········ 240
任务　配置 NAT ········ 240
项目总结 ········ 245
项目练习 ········ 245
参考文献 ········ 247

项目 1　安装 Linux 操作系统

1.1　项目背景分析

Linux 操作系统因为自由与开放的特性，加上强大的网络功能，已经成为当前发展迅速的网络操作系统，在 Internet 中承担着越来越重要的角色。

【能力目标】

① 掌握 Red Hat Enterprise Linux 5（RHEL 5）的安装；

② 能够使用 VMware 虚拟机；

③ 熟悉 Linux 操作系统的用户界面。

【项目描述】

某公司因业务需要，决定升级公司服务器。公司网络管理员，为了保证公司对于服务器的稳定性和安全性要求，决定为服务器安装 Red Hat Enterprise Linux 5 操作系统。为了系统的安全，先安装在虚拟机 VMware 中进行测试。系统安装完成后，熟悉并使用 Red Hat Enterprise Linux 5 的用户界面。

【项目提示】

为了完成该项目，首先完成任务 1，安装 RHEL 5 操作系统，在安装过程中，难点问题就是创建分区操作。为了保证服务器正常运行各种网络服务，管理员先安装了虚拟机，在虚拟机上安装 RHEL 5 操作系统，然后进行测试，运行正常后，再应用到公司实际的服务器上，这些工作由任务 2 实现。系统安装完成后，实施任务 3，熟悉并使用 RHEL 5 操作系统的图形化桌面。

1.2　项目相关知识

1.2.1　Linux 操作系统概述

Linux 操作系统是一个类似 UNIX 的操作系统，Linux 操作系统是 UNIX 在微机上的完整实现，Linux 操作系统的图形化界面如图 1-1 所示。

Linux 操作系统雏形是芬兰赫尔辛基大学的学生 Linus Torvalds 开发的，Linus 为内核程序（kernel）定了主基调，由全世界很多程序员共同开发完成操作系统。这个操作系统可用于 386、486 或奔腾处理器的个人计算机上，并且具有 UNIX 操作系统的全部功能。

Linux 是目前唯一可免费获得的，为 PC 机平台上的多个用户提供多任务、多进程功能的操作系统。就 PC 机平台而言，Linux 提供了比其他任何操作系统都要强大的功能，Linux 还可以使用户远离各种商品化软件提供者促销广告的诱惑，再也不用承受每过一段时间就得花钱升级的痛苦。

图 1-1　Linux 操作系统桌面

1.2.2　Linux 特点

（1）免费、源代码开放。Linux 是免费的，获得 Linux 非常方便，而且节省费用。Linux 开放源代码，用户可以自行对系统进行改进，包括所有的核心程序、驱动程序、开发工具程序和应用程序。

（2）可靠的安全性。Linux 有很多安全措施，包括读、写权限控制、带保护的子系统、审计跟踪、核心授权等，这为网络多用户环境中的用户提供了必要的安全保障。

（3）支持多任务、多用户。Linux 是多任务、多用户的操作系统，支持多个用户同时使用系统的磁盘、外设、处理器等系统资源。Linux 操作系统的保护机制，使得每个应用程序和用户互不干扰，一个子任务崩溃，其他任务仍然可以照常运行。

（4）支持多种硬件平台。Linux 操作系统能在笔记本电脑、PC、工作站，甚至大型机上运行，并能在 x86、MIPS、PowerPC、Alpha 等主流的体系结构上运行。

（5）全面支持网络协议。包含 ftp、telnet、NFS 等，同时支持 Apple talk 服务器、Netware 客户机及服务器、Lan Manager (SMB)客户及服务器。其稳定的核心中目前包含的稳定网络协议有 TCP、IPv4、IPX、DDP、和 X.25。

（6）可移植性。Linux 支持许多为 UNIX 系统提出的标准。Linux 符合 UNIX 的世界标准，即可将 Linux 上完成的程序移植到 SUN 这类 UNIX 机器上运行。

（7）良好的用户界面。Linux 向用户提供了两种界面：图形界面和文本界面。Linux 的传统用户界面是基于文本的命令行界面，即 shell，它既可以联机使用，又可存在文件上脱机使用。shell 有很强的程序设计能力，用户可方便地用它编制程序，从而为用户扩充系统功能提供了更高级的手段。可编程 shell 是指将多条命令组合在一起，形成一个 shell 程序，这个程序可以单独运行，也可以与其他程序同时运行。

Linux 还为用户提供了图形用户界面 X Window 系统。它利用鼠标、菜单、窗口、滚动条等设施，给用户呈现一个直观、易操作、交互性强的好的图形化界面。

1.2.3　Linux 的版本

Linux 的版本分为内核版本和发行版本。

（1）内核版本。内核版本提供了一个在裸设备与应用程序间的抽象层。例如，程序本身不需要了解用户的主板芯片集或磁盘控制器的细节，就能在高层次上读写磁盘。

内核的开发和规范一直由 Linus 领导的开发小组控制着，版本也是唯一的。开发小组每隔一段时间公布新的版本或其修订版本，从 1991 年 10 月 Linus 向世界公开的内核 0.0.2 版本（0.0.1 版本功能简单，所以没有公开发布）到目前最新的内核 3.18.3 版本，Linux 的功能越来越强大。

Linux 内核的版本号是有一定规则的，版本号的格式通常为“主版本号.次版本号.修正号”。主版本号和次版本号标志着重要的功能变动，修正号表示较小的功能变更。以 2.6.12 版本为例，2 代表主版本号，6 代表次版本号，12 代表修正号。其中，次版本号还有特定的意义：如果是偶数数字，就表示该内核是一个可放心使用的稳定号；如果是奇数数字，则表示该内核加入了某些测试的新功能，是一个内部可以存放着 BUG 的测试版。如 2.5.24 表示是一个测试版的内核，2.6.12 表示是一个稳定版的内核。

（2）发行版本。仅有内核而没有应用软件的操作系统是无法使用的，所以许多公司或社团将内核、源代码及相关的应用程序组织构成一个完整的操作系统，让一般的用户可以简便地安装和使用 Linux，这就是所谓的发行版本（Distribution），一般谈论的 Linux 系统便是针对这些发行版本的。目前各种发行版本超过 300 种，它们的发行版本各不相同，使用的内核版本号也可能不一样，最流行的套件有 Red Hat（红帽子）、SUSE、Ubuntu、红旗 Linux 等。

① Red Hat Linux。Red Hat 是目前最成功的商业 Linux 套件发布商。它自 1999 年在美国纳斯达克上市以来，发展良好，目前已经成为 Linux 商界事实上的龙头。

一直以来，Red Hat Linux 就以安装简单、适合初级用户使用著称，目前它旗下的 Linux 包括了两种版本，一种是个人版本的 Fedora（由 Red Hat 公司赞助，并且由社区维护和驱动，Red Hat 并不提供技术支持），另一种是商业版的 Red Hat Enterprise Linux，最新版本为 Red Hat Enterprise Linux 6。

② SUSE Linux Enterprise。SUSE 是欧洲最流行的 Linux 发行套件，它在软件国际上做出过不小的贡献。现在 SUSE 已经被 Novell 收购，发展也一路走好。不过，与红帽子相比，它并不太适合初级用户使用。

③ Ubuntu。Ubuntu 是 Linux 发行版本中的后起之秀，它具备吸引个人用户的众多特性：简单易用的操作方式、漂亮的桌面、众多的硬件支持等，它已经成为 Linux 界一个耀眼的明星。

④ 红旗 Linux。红旗 Linux 是国内比较成熟的一款 Linux 发行套件，它的界面十分美观，操作起来也十分简单，仿 Windows 的操作界面，让用户使用起来更加亲切。

1.2.4　虚拟机概述

虚拟机顾名思义就是虚拟出来的计算机，这个虚拟出来的计算机和真实的计算机几乎完全一样，所不同的是它的硬盘是在一个文件中虚拟出来的，所以可以随意修改虚拟机的设置，而不用担心对计算机造成损失。虚拟机中有自己的 CPU、主板、内存、BIOS、显卡、硬盘、光驱、软驱、网卡、声卡、串口、并口、USB 等设备。虚拟机的软件主要是两种，即 VirtualPC 和 VMware。

通过虚拟机软件可以在一台物理计算机上模拟出一台或多台虚拟的计算机，这些虚拟机完全就像真正的计算机那样进行工作，可以运行单独的操作系统而互不干扰，可以实现一台计算机“同时”运行几个操作系统，还可以将这几个虚拟机连成一个网络。虚拟机不仅应用于学习与实验中，还可以直接应用于现实。

VMware 是一个老牌的虚拟机软件，无论是在多操作系统的支持上，还是在执行效率上，都比微软的 VirtualPC 明显要高出一筹，同时它也是唯一能在 Windows 和 Linux 主机平台上运行的虚拟计算机软件。

VMware Workstation 的安装非常简单，为了使虚拟机连接网络，VMware Workstation 安装程序自动增加两个网络连接，这两个网络连接一般情况下不需要做任何修改。

1.3　项 目 实 施

任务 1　安装 RHEL 5 操作系统

1. 任务描述

管理员要完成 RHEL 5 操作系统系统的安装，首先要准备 Linux 操作系统的安装盘，采用光盘安装方式进行安装，最后进行登录测试。

2. 任务分析

想要安装 Linux 操作系统，就要按照以下步骤进行：

① 设置光盘为第一启动盘；

② 从光盘启动计算机；

③ 检查光盘介质；

④ 配置安装程序；

⑤ 进行安装；

⑥ 初始化 RHEL 5 系统；

⑦ 登录测试。

3. 实现过程

Linux 的安装有光盘、硬盘驱动器、NFS 映像、FTP、HTTP 等多种方法，一般情况下可以使用光盘形式进行安装。下面，该管理员用安装光盘进行安装。

（1）光盘启动。设置 BIOS 从光盘起动，然后将 RHEL 5 系统安装盘放入光驱，启动计算机，当计算机检测到 CD-ROM 光驱后，光驱开始读取光盘，屏幕出现安装选择界面，如图 1-2 所示。

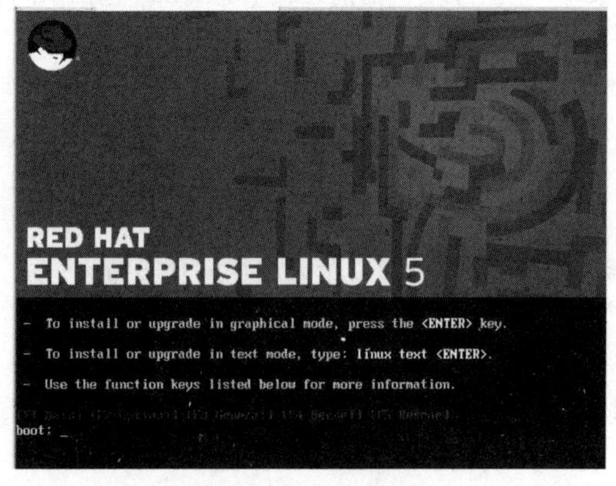

图 1-2　安装选择界面

在该界面中，可以根据不同需求选择不同的安装方式，一般可以选择图形化安装模式或者文本安装模式。

① 如果以图形化模式安装或升级 Linux，可按【Enter】键。

② 如果以文本模式安装或升级 Linux，输入“Linux text”，然后按【Enter】键。

管理员要给公司员工安装图形化操作系统，所以直接按【Enter】键。

（2）检查光盘介质。开始安装后，系统一般要花费一段时间对计算机内配置的各种硬件进行检测，然后出现如图 1-3 所示的测试光盘介质界面。如果确定安装光盘没有问题，可以通过按【Tab】键或者【Alt+Tab】键，选择“Skip”按钮跳过光盘介质测试，如果进行测试，需要的时间比较长。

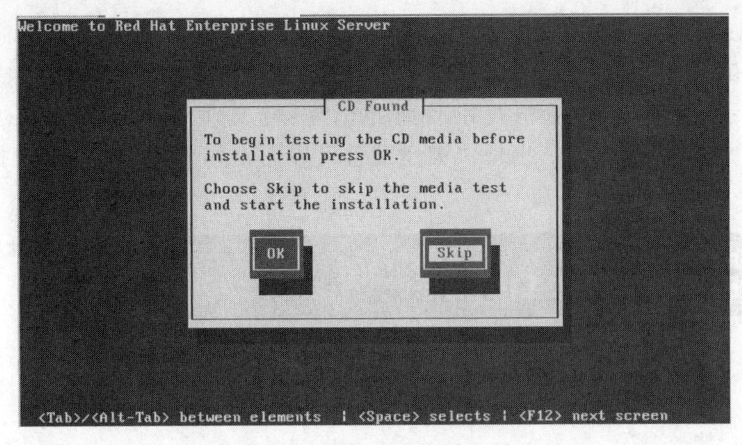

图 1-3　测试光盘介质界面

（3）当光盘检测完成后，就进入“欢迎安装”界面，如图 1-4 所示。“欢迎安装”界面不提示用户输入任何信息，主要是在正式安装前给用户显示一些欢迎词和版权等说明性信息。

图 1-4　欢迎安装界面

（4）单击“下一步”按钮，出现“语言选择”界面，如图 1-5 所示。

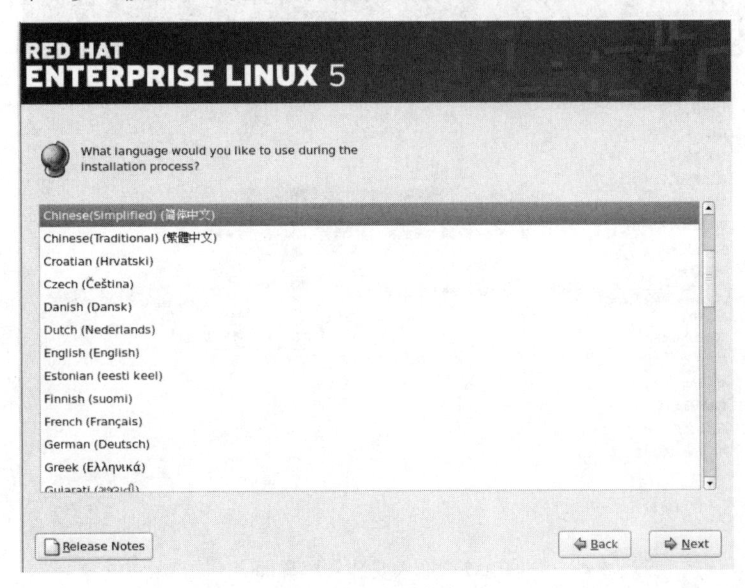

图 1-5　语言选择界面

安装程序要求选择一种安装过程所使用的语言，管理员选择“简体中文”选项，随即就可以看到安装界面左侧窗格的在线帮助变成了简体中文显示，并且在接下来的安装过程中屏幕都会以中文字幕进行提示，安装程序也会根据用户指定的语言来定义恰当的时区。

（5）单击“下一步”按钮，出现“键盘配置”界面，如图 1-6 所示，选择美国英语式键盘。

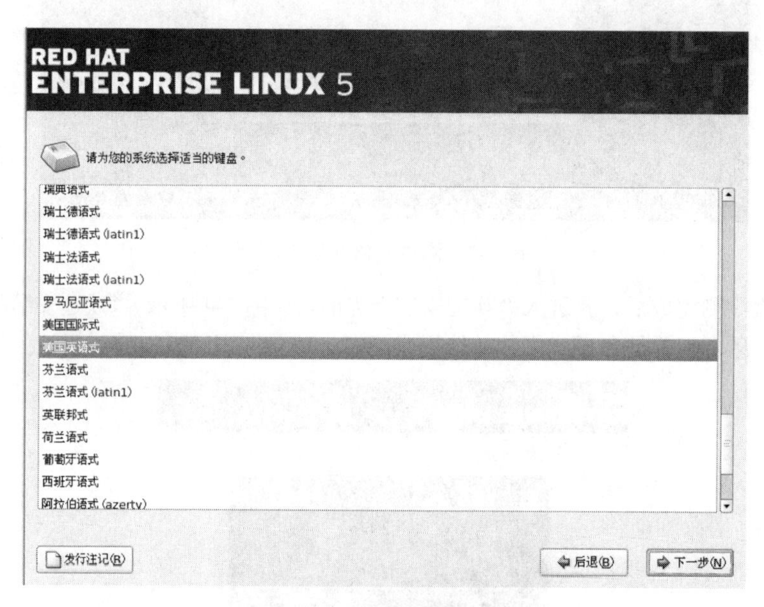

图 1-6 键盘配置界面

（6）单击“下一步”按钮，出现“输入安装号码”界面，如图 1-7 所示，管理员选择“跳过安装号码”选项，可以正常完成安装，但是无法使用部分额外的软件包，如集群和虚拟化等。

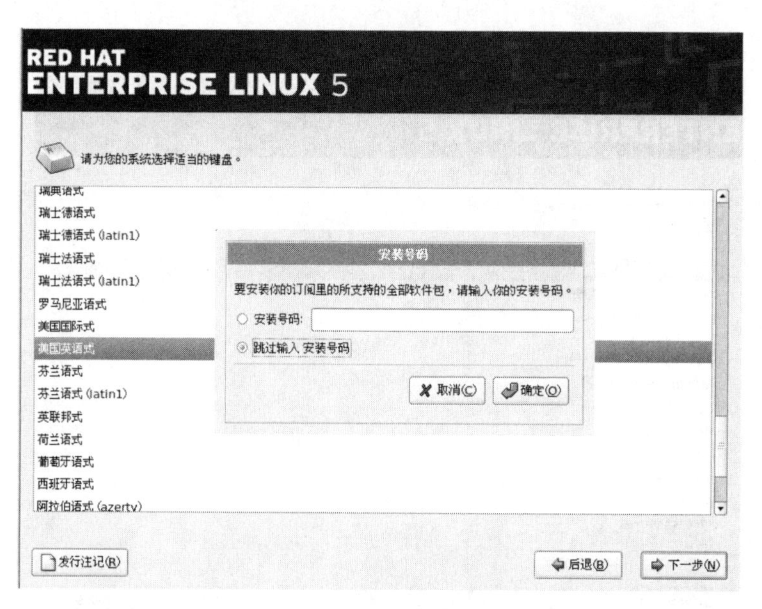

图 1-7 输入安装号码界面

（7）单击“下一步”按钮，出现一个警告界面，提示创建分区需要对磁盘的分区表进行初始化，管理员选择“是”来初始化磁盘，随后，系统开始收集信息，信息收集完成后，出现如图 1-8 所示的磁盘分区选择界面。

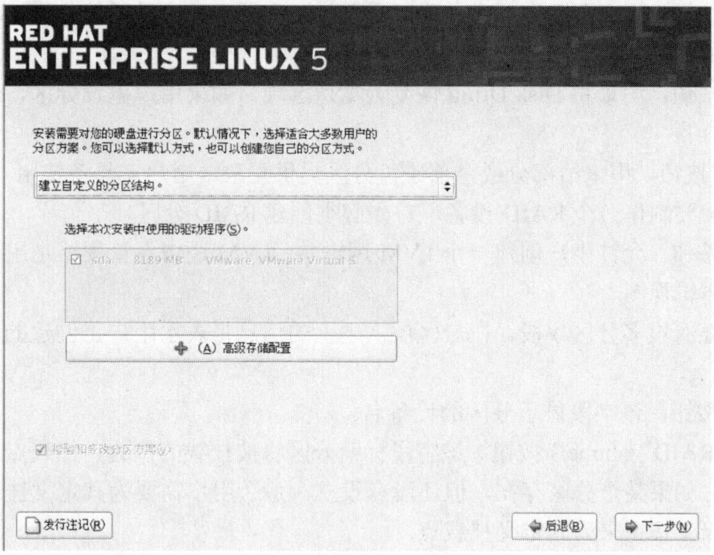

图 1-8　磁盘分区界面

RHEL 5 提供了四种方式进行磁盘分区操作，第一种是“在选定驱动器上删除所有分区并创建默认分区结构”，第二种是“在选定驱动器上删除 Linux 分区并创建默认的分区结构”，第三种是“使用选择驱动器上剩余空间创建分区”，第四种是“建立自定义的分区结构”，对于初学者，可以选择第一种，该管理员选择了第四种方式，即“建立自定义的分区结构”。

（8）单击“下一步”按钮，出现磁盘未分区界面，如图 1-9 所示。

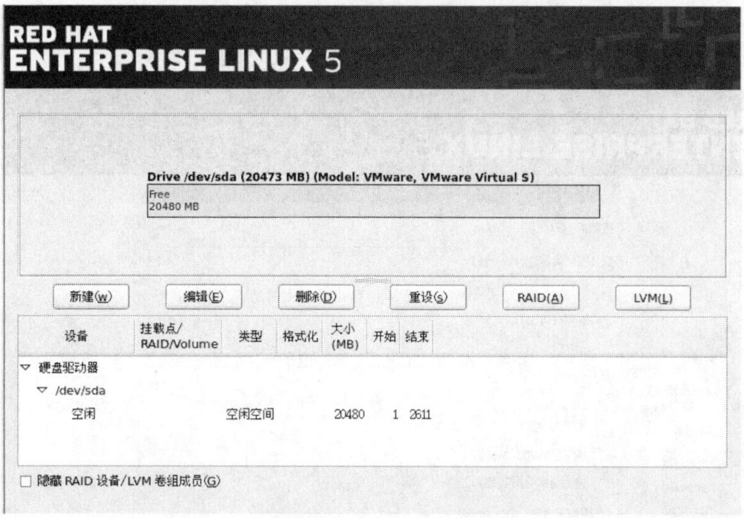

图 1-9　磁盘未分区界面

在该界面中，有很多按钮来进行分区操作，下面来介绍这些按钮的作用。

①“新建”按钮。用来新建一个分区。单击后，就会出现一个对话框，可以从中设置相应的选项。

②“编辑”按钮。用来修改在“分区”列表框中选定分区的属性。单击“编辑”按钮会打开一个对话框，用户可以根据分区信息是否已被写入磁盘来设置相应的选项，还可以编辑图形化显示所表示的空闲分区，或创建一个新分区。

③“删除”按钮。用来删除在“当前磁盘分区”列表框中突出显示的分区，用户会被要求对分区的删除进行确认。

④“重设”按钮。用来将 Disk Druid 恢复为默认选项。如果用户重设分区，以前所做的修改将会丢失。

⑤“RAID”按钮。用来给部分或全部磁盘分区提供冗余。用户在具备使用 RAID 的经验后才能使用该按钮。要制作一个 RAID 设备，首先必须创建 RAID 分区。

⑥“LVM”按钮。允许用户创建一个 LVM 逻辑卷。LVM 逻辑卷管理器是用来表现基本物理储存空间的简单逻辑视图。

在该界面，还有很多分区字段，在分区层次之上的信息是表示用户正创建的分区标签，这些标签的定义如下。

①“设备”按钮。该字段显示分区的设备名。

②“挂载点/RAID/Volume”按钮。该字段标明分区将被挂载的位置，挂载点是文件在目录层次内存在的位置，如果某个分区存在，但还没有设立，那么用户需要为其定义挂载点，双击分区图标或单击“编辑”按钮来为其定义挂载点。

③“类型”按钮。该字段显示了正创建的分区的类型，如 ext2、ext3 或 vfat 等。

④“格式化”按钮。该字段显示了正在创建的分区是否已被格式化。

⑤“大小（MB）”按钮。该字段显示了分区的大小。

⑥“开始”按钮。该字段显示了分区在用户的硬盘上开始的柱面。

⑦“结束”按钮。该字段显示了分区在用户的硬盘上结束的柱面。

本任务管理员采用的方案是：安装 Linux 操作系统，一定要创建一个根分区和一个交换分区，否则程序无法安装，一般情况下，推荐用户创建下列分区：

① /boot 分区。/boot 分区包含操作系统的内核，以及其他在引导过程中使用的文件。对于大多数用户来说，100MB 的引导分区是足够的。如图 1-10 所示。

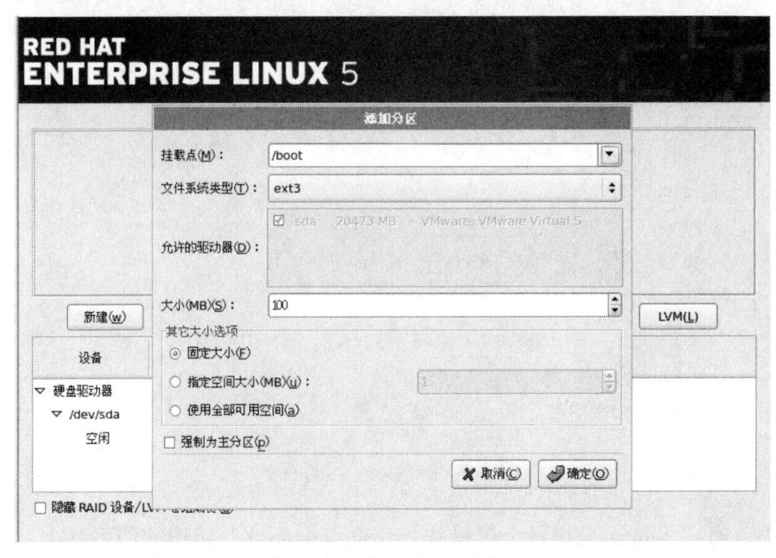

图 1-10　创建 boot 分区

在创建新分区时，有以下选项。

a.“挂载点”按钮。在文本框中输入分区的挂载点，如果这个分区是根分区，选择“/”，如果是“boot”分区，选择“/boot”，如果是交换分区，则不用选择挂载点，只在“文件系统类型”文本框中选择“swap”即可。

b.“文件系统类型”按钮。在下拉列表中选择用于该分区的合适的文件系统。常见的文件系统类型有 ext2、ext3、swap 或 vfat 等，ext2 文件系统支持标准的 UNIX 文件系统，Red Hat Linux 7.2 之前的版本默认使用 ext2 文件系统。ext3 文件系统是基于 ext2 文件系统的，它的主要优点是登记功能，使用登记的文件系统将减少崩溃后恢复文件系统所花费的时间，在安装 Linux 时，ext3 文件系统会被默认选定，也推荐用户使用该文件系统。swap 是交换分区类型，如果系统内存不够，将数据写在交换分区上。vfat 文件系统是一个 Linux 文件系统，它与 Windows 的 FAT 文件系统的长文件名兼容。

c.“大小”按钮。设置该分区的磁盘空间，可根据实际需求进行设置。

d.“强制为主分区”按钮。选择用户所创建的分区是否是硬盘上的 4 个主分区之一，如果没有选中该复选框，创建的分区是一个逻辑分区。

② 交换（swap 分区）。交换分区用来支持虚拟内存。当没有足够的内存来存储系统正在处理的数据时，这些数据就被写入交换分区。交换分区的最小值相当于计算机内存的两倍。一般应该把交换分区设置大一些，这样在用户将来升级内存时特别有用，管理员在安装系统时创建的交换分区大小是 2048MB，如图 1-11 所示。

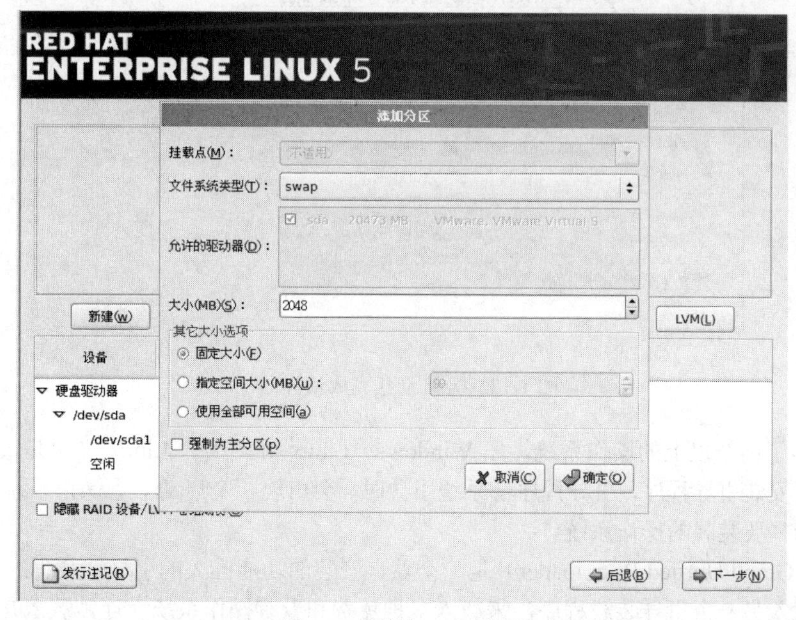

图 1-11　创建 swap 分区

③ 根分区。这是“/”根目录将被挂载的位置，即系统安装的位置，如果根分区大小为 1.7GB，可以容纳与个人桌面或工作站相当的安装内容，如果根分区大小为 5.0GB，允许用户安装所有软件包，管理员根据用户需要，使用全部可用空间创建了的根分区，如图 1-12 所示。

三个分区创建完成后，如图 1-13 所示。

（9）单击“下一步”按钮，出现“引导装载程序配置”界面，如图 1-14 所示，选择引导程序，可以选择 GRUB 或 LILO，管理员选择默认选项 GRUB。

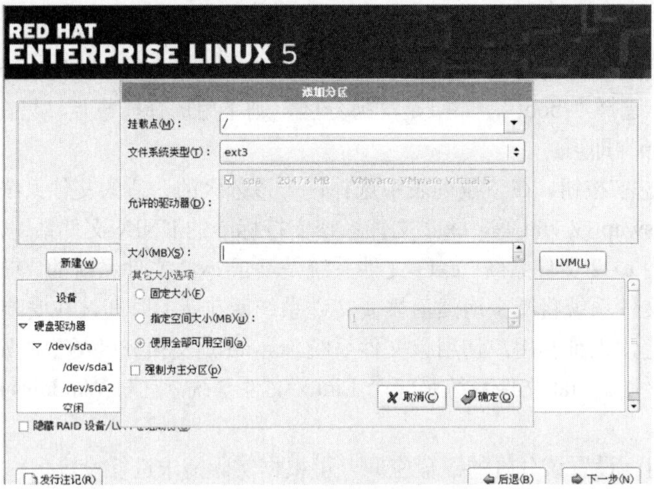

图 1-12 创建/分区

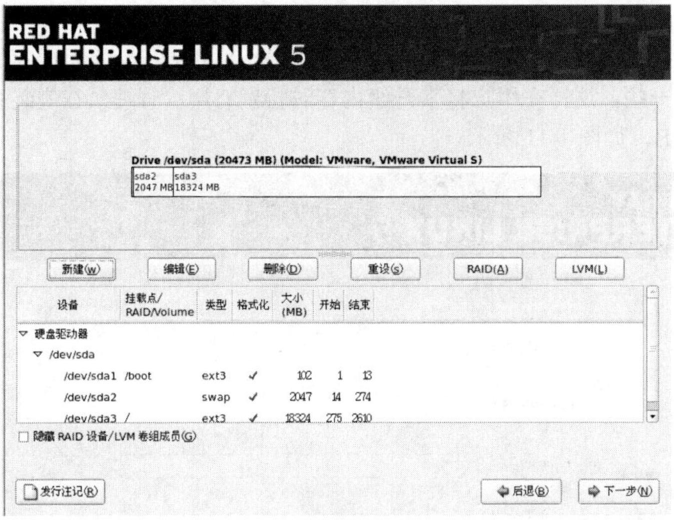

图 1-13 分区创建完成后界面

如果安装了两个以上的操作系统，如 Windows、Linux 等，那么 Linux 必须是最后安装。安装过程中需要安装引导程序，引导程序使系统引导时，会出现一个启动多重操作系统的菜单,以便每次开机时选择要装载的操作系统。

GRUB（Grand Unified Boot loader）是一个默认安装的功能强大的引导装载程序。GRUB 能够通过连锁载入另一个引导装载程序，来载入多种免费和专有操作系统（连锁载入是通过载入另一个引导装载程序来载入 DOS 或 Windows 之类不被支持的操作系统的机制）。

LILO (Linux Loader) 是用于 Linux 的灵活多用的引导装载程序。它并不依赖于某一特定文件系统，能够从软盘和硬盘引导 Linux 内核映像，甚至还能够引导其他操作系统。

如果由于某种原因没有安装 GRUB 或 LILO，将无法直接引导 Linux，需要使用另一种引导方法（如引导盘）。只有确定另有引导系统的方法时才使用该选项！在安装即将结束的时候，它会提供创建引导盘的机会。

如果用户不但需要选定要安装的引导装载程序，而且还要选择在哪里安装引导装载程序，可以选择“配置高级引导装载程序选项”复选框，可以在下面两个位置之一安装引导装载程序。

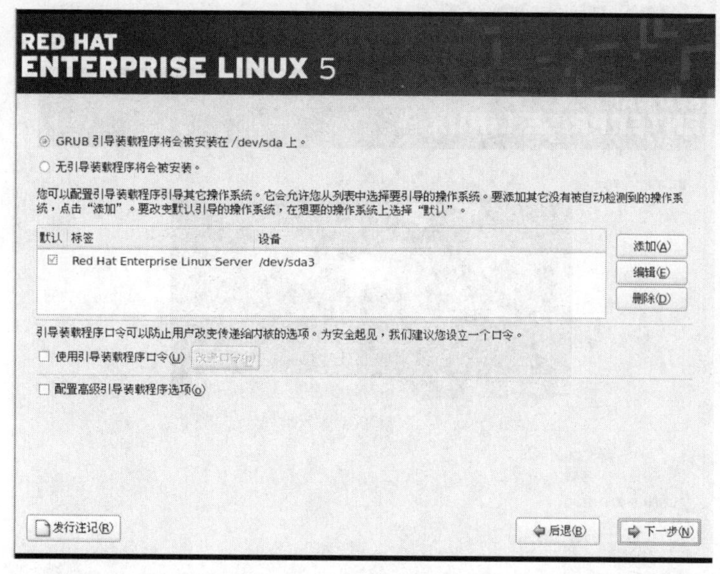

图 1-14　选择引导程序

① 主引导记录（MBR）。这是推荐安装引导装载程序的地方，除非 MBR 已经在启动另一个操作系统的引导装载程序。MBR 是硬盘驱动器上的一个特殊区域，它能被计算机的 BIOS 自动载入，并且是引导装载程序控制引导进程的最早地点。如果在 MBR 上安装引导装载程序，当计算机引导时，GRUB（或 LILO）会呈现一个引导提示。然后便可以引导 Red Hat Linux 或其他任何配置要引导的操作系统。

② 引导分区的第一个扇区。如果已在系统上使用另一个引导装载系统，那么安装引导程序的位置可以是引导分区的第一个扇区。在这种情况下，另外的引导装载系统会首先取得控制权，然后可以配置它来启动 GRUB（或 LILO），继而引导 Red Hat Linux。

（10）单击"下一步"按钮，出现"网络配置"界面，如图 1-15 所示，可以单击"编辑"按钮输入计算机的 IP 地址和子网掩码，也可以安装完后需要时再设置。管理员为了管理方便，没有在此处进行设置，输入了计算机的名称为 server。

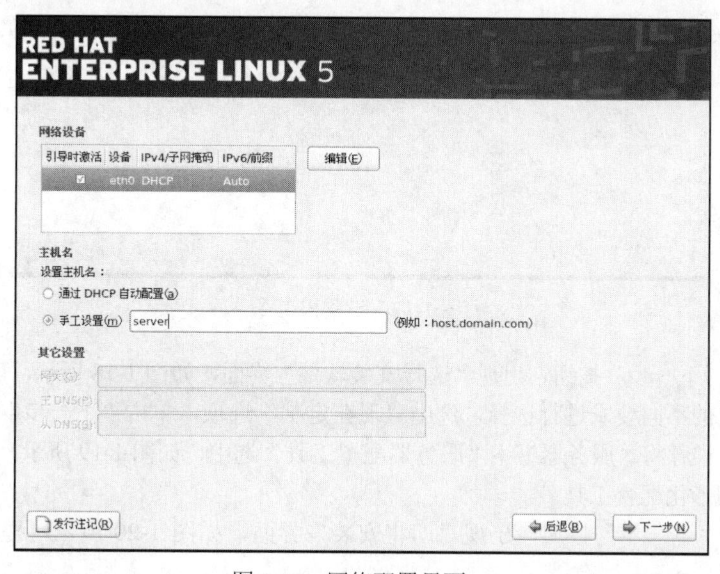

图 1-15　网络配置界面

（11）单击“下一步”按钮，出现“时区选择”界面，如图 1-16 所示，进行时区配置。

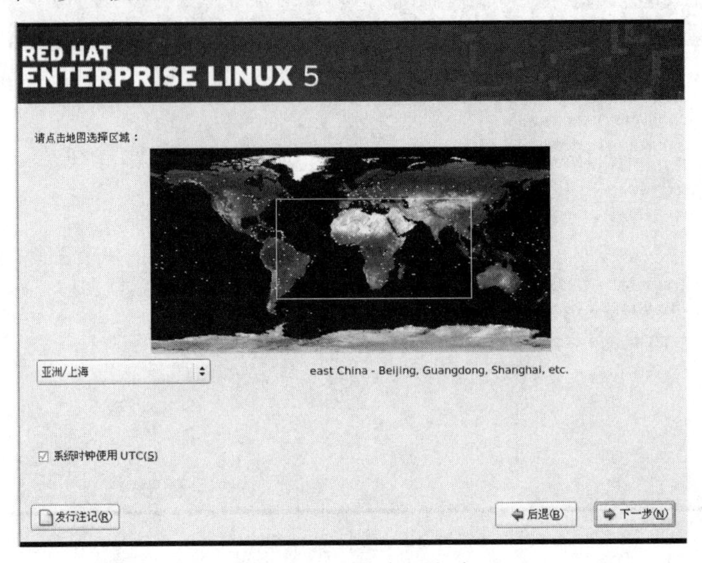

图 1-16　配置时区界面

（12）单击“下一步”按钮，出现“设置根口令”界面，如图 1-17 所示， 设置超级用户的根口令，口令至少六个字符，好的口令组合了数字和大小写字母，不容易让别人猜出，在第一次登录系统时使用。

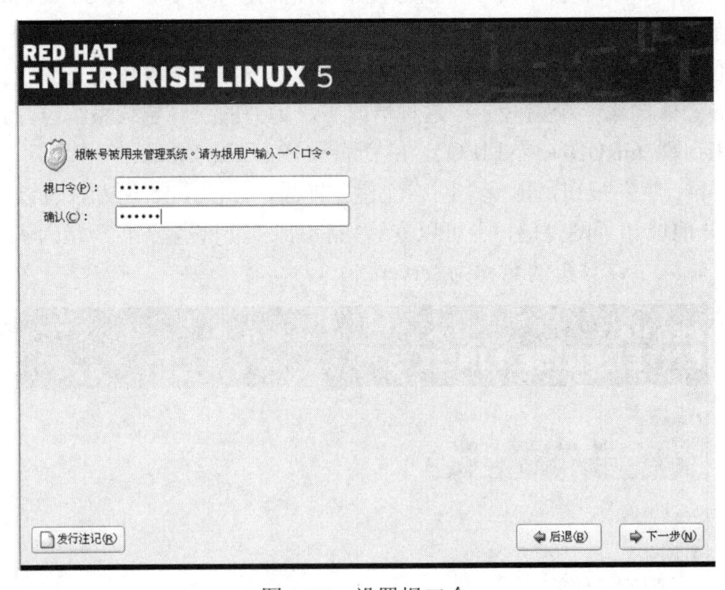

图 1-17　设置根口令

（13）单击“下一步”按钮，出现“选择安装软件”界面，如图 1-18 所示，可以选择软件包，管理员根据用户的不同要求进行选择，选中“现在定制”选项，单击“下一步”按钮，出现应用软件选择窗口，推荐将“服务器”|“服务器配置工具”选中，如图 1-19 所示，以便在进行服务器配置时使用图形化配置工具。

（14）单击“下一步”按钮，出现“即将安装”界面，如图 1-20 所示，提示用户即将开始安装。

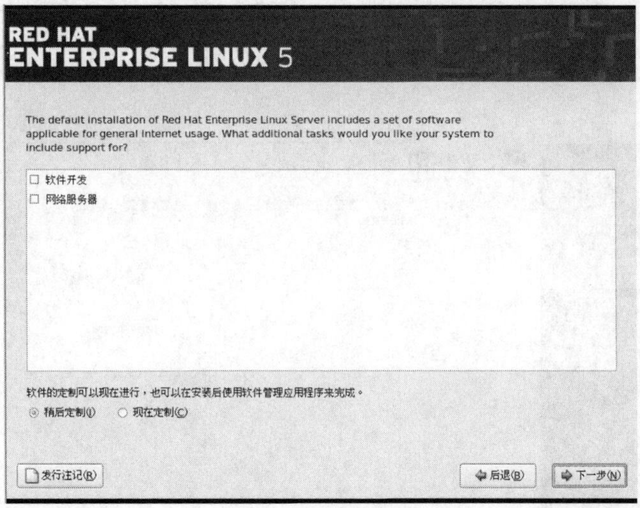

RED HAT
ENTERPRISE LINUX 5

The default installation of Red Hat Enterprise Linux Server includes a set of software applicable for general Internet usage. What additional tasks would you like your system to include support for?

☐ 软件开发
☐ 网络服务器

软件的定制可以现在进行，也可以在安装后使用软件管理应用程序来完成。

◉ 稍后定制(L)　○ 现在定制(C)

发行注记(R)　　后退(B)　下一步(N)

图 1-18　选择安装软件包界面

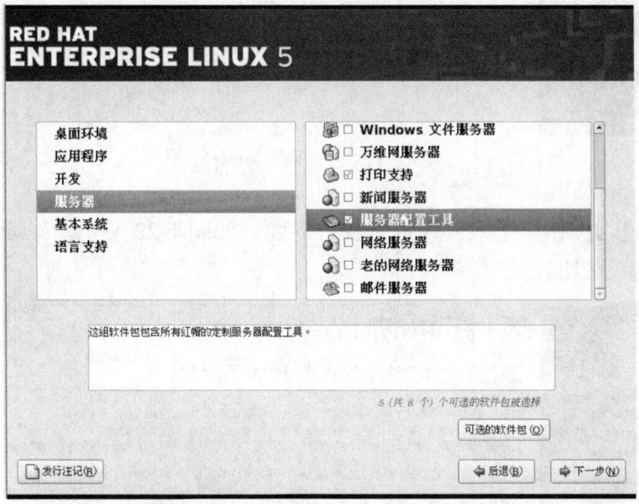

RED HAT
ENTERPRISE LINUX 5

桌面环境
应用程序
开发
服务器
基本系统
语言支持

☐ Windows 文件服务器
☐ 万维网服务器
☑ 打印支持
☐ 新闻服务器
☑ 服务器配置工具
☐ 网络服务器
☐ 老的网络服务器
☐ 邮件服务器

这组软件包包含所有红帽的定制服务器配置工具。

5 (共 8 个) 个可选的软件包被选择

可选的软件包 (O)

发行注记(R)　　后退(B)　下一步(N)

图 1-19　选择服务器配置工具界面

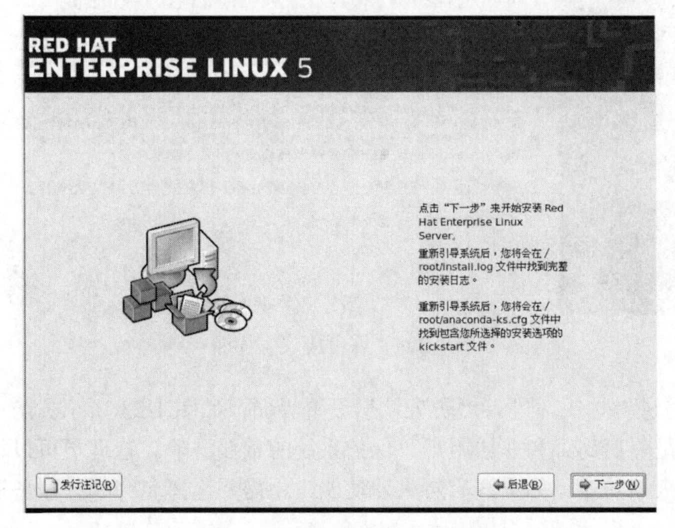

图 1-20　“即将安装”界面

（15）完成安装后，计算机重新启动，进入安装好的 RHEL 5 操作系统。首次启动 RHEL 5，自动运行配置向导程序，需要管理员对系统进行初始化配置。首先出现“环境”界面，如图 1-21 所示。

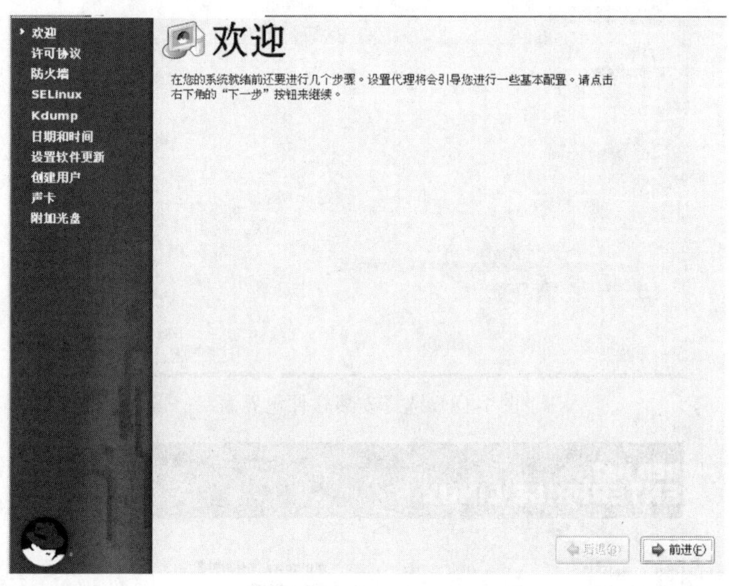

图 1-21 “欢迎”界面

（16）单击“前进”按钮，进入“许可协议”界面，如图 1-22 所示。阅读协议后，选择“是，我同意这个许可协议”按钮。

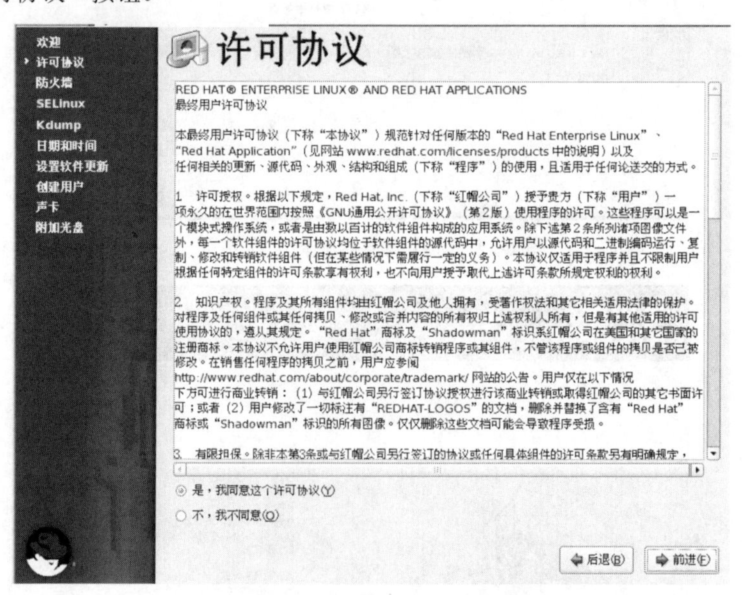

图 1-22 “许可协议”界面

（17）单击“前进”按钮，进入“防火墙”设置界面，如图 1-23 所示。防火墙一般存在与计算机和网络之间，是隔离病毒和非法用户、保护系统的重要屏障。管理员可以根据服务器用途自行选择何时开启防火墙功能。如果开启防火墙功能，还需要选择允许哪些服务通过，这些设置可以在系统安装完成后，重新进行设置。

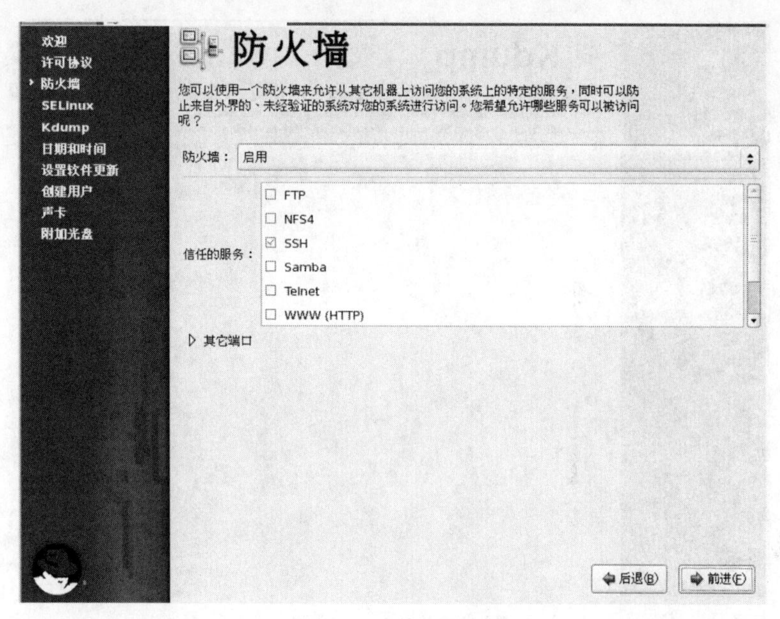

图 1-23　设置防火墙

（18）单击“前进”按钮，进入“SELinux”设置，如图 1-24 所示。SELinux 的全称是 Security-Enhanced Linux，即安全增强式 Linux，是一种强制存取控制的实现，默认的安全策略比较严格，为了避免一些程序和文件的使用受到 SELinux 策略影响出现故障，管理员禁用了 SELinux 功能。

图 1-24　SELinux 设置

（19）单击“前进”按钮，进入“Kdump”设置，如图 1-25 所示。Kdump 是一种内核崩溃转储机制。崩溃转储数据可以从一个新启动内核的上下文中获取，而不是从崩溃的内核上下文获取。可以采取默认的“不启用”设置。

（20）单击“前进”按钮，进入“日期和时间”设置，如图 1-26 所示。在“日期和时间”选项卡中，自行设定日期和时间。对于需要采用网络时间协议来同步系统时间的计算机，可以选择“网络时间协议”选项卡，当选择一个时间服务器作为远程时间服务器时，会与之同步。

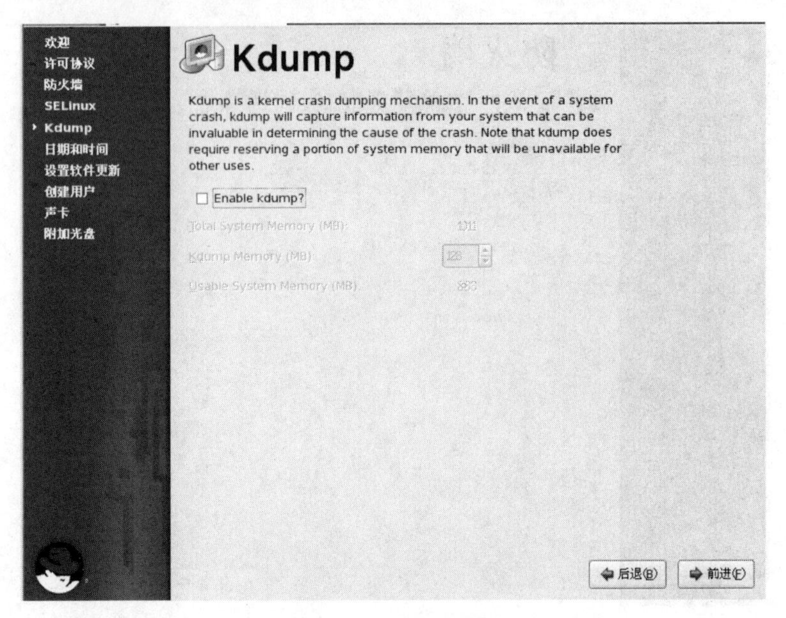

图 1-25　Kdump 设置

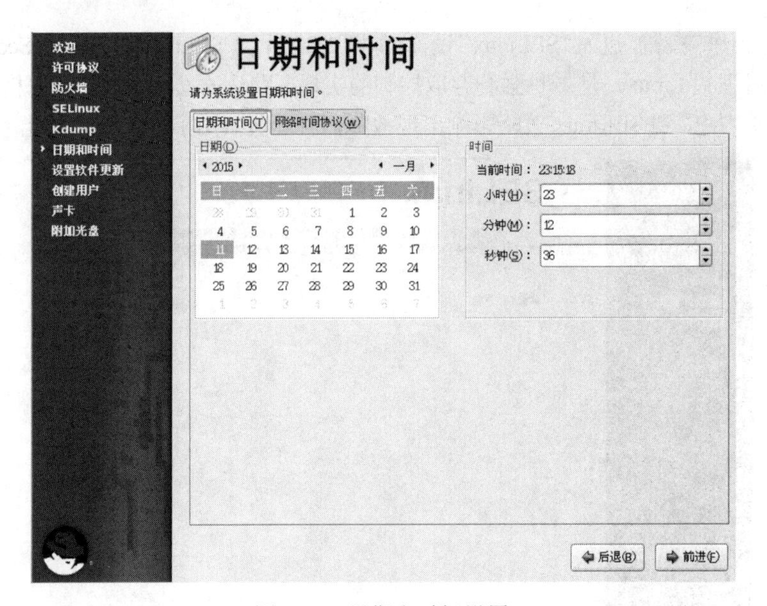

图 1-26　日期和时间设置

（21）单击“前进”按钮，进入“设置软件更新”设置，如图 1-27 所示。选择“不，我将在以后注册”选项，不进行软件更新。

（22）单击“前进”按钮，进入“创建用户”设置，如图 1-28 所示。创建一个普通用户，进行日常管理使用，避免使用 root 账号进行误操作对系统造成损害。

（23）单击“前进”按钮，进入“声卡”设置，如图 1-29 所示。在该界面中，系统检测出声卡品牌、型号等信息。

（24）单击“前进”按钮，进入“附加光盘”设置，如图 1-30 所示。对于套装出售的 Red Hat Linux 系统，除了必须的安装光盘外，还提供了文档光盘和应用程序光盘，如果拥有这些光盘，可在该界面进行安装，否则，单击“完成”按钮完成安装。

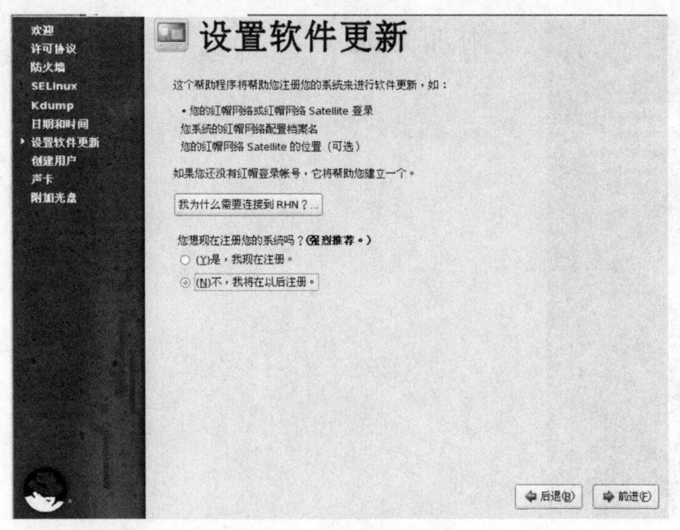

图 1-27　软件更新设置

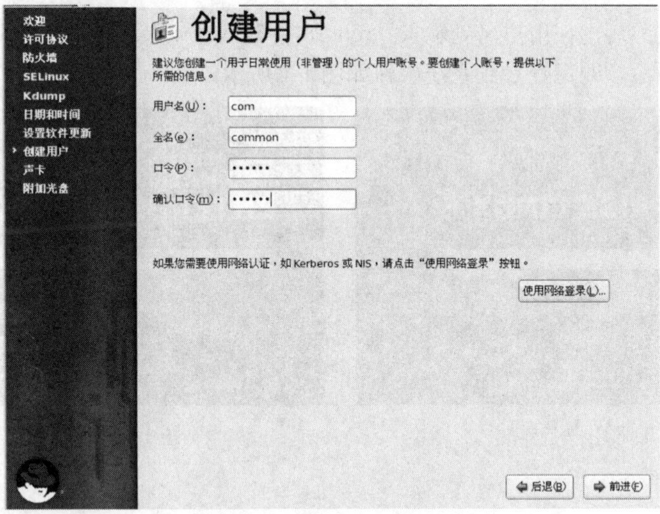

图 1-28　创建普通用户界面

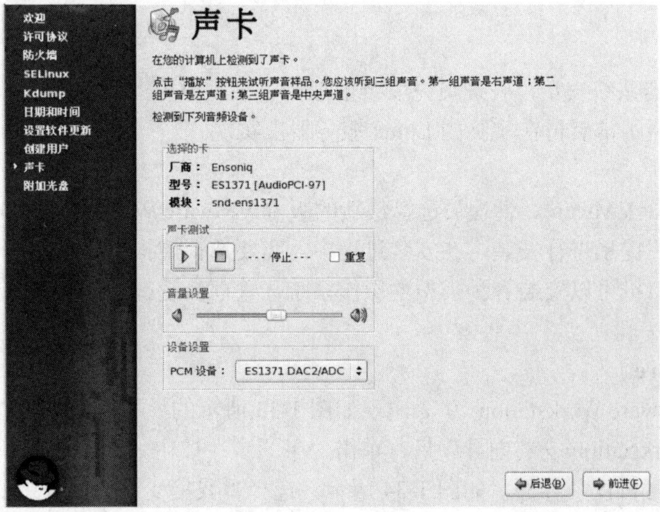

图 1-29　设置声卡界面

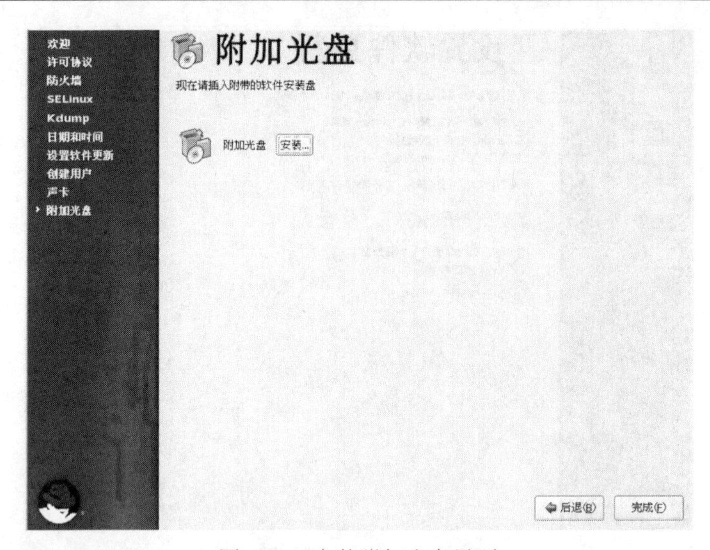

图 1-30　安装附加光盘界面

（25）在完成安装后，在用户名处输入“root”，并输入在安装系统时为 root 设置的密码，如图 1-31 和图 1-32 所示，即可登录到系统中，如图 1-1 所示。

图 1-31　输入用户名界面

图 1-32　输入密码界面

任务 2　安装虚拟机

1. 任务描述

为了公司服务器系统安全，管理员先安装虚拟机，在虚拟机上安装 Linux 操作系统，进行服务器架设测试，功能正常后再在实际的 Linux 服务器上实现。

2. 任务分析

虚拟机软件选择 VMware，管理员选择最新的版本 VMware Workstation 10，可以在互联网中进行下载，然后按照提示进行安装，在安装过程中，需要选择虚拟机软件安装的位置；然后新建虚拟机，新建的虚拟机可以安装各种类型的操作系统，管理员选择安装 RHEL 5，并且给该操作系统分配 20G 硬盘空间。

3. 安装 VMware

（1）双击“VMware Workstation 10”，出现如图 1-33 所示的界面，开始安装虚拟机。出现“欢迎使用 VMware Workstation 安装向导”后，单击“下一步”按钮。

（2）进入“许可协议”界面，如图 1-34 所示，选择“我接受许可协议中的条款”，单击“下一步”按钮。如果选择“我不接受许可协议中的条款”，将退出安装程序。

图 1-33　开始安装虚拟机界面

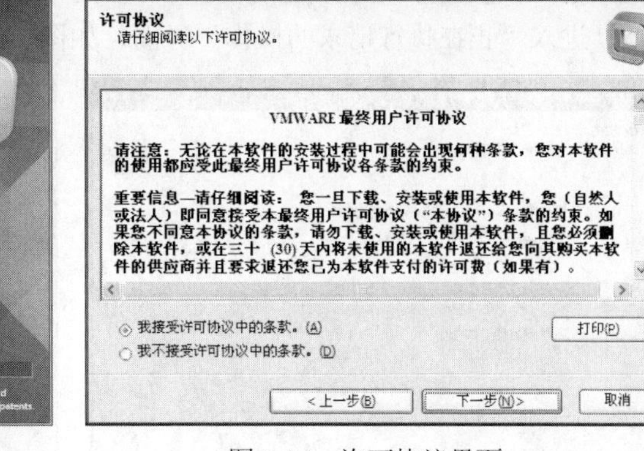

图 1-34　许可协议界面

（3）进入“安装类型”界面，如图 1-35 所示，选择“典型”安装，单击“下一步”按钮。

（4）进入“目标文件夹”界面，如图 1-36 所示，选择 VMware Workstation 安装的位置，可以单击“更改…”按钮，可以改变虚拟机安装的位置，设置完成后单击“下一步”按钮。

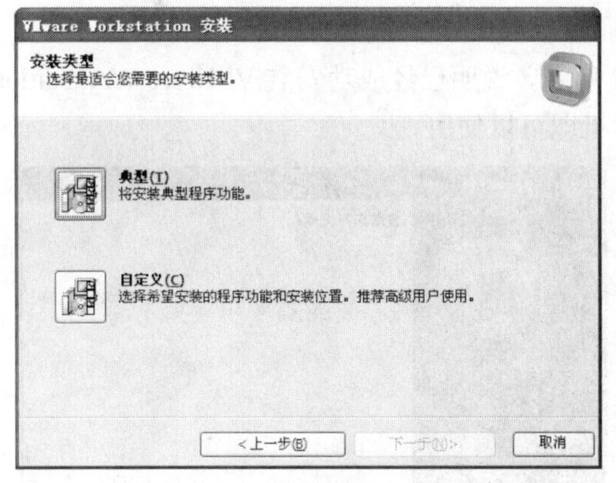

图 1-35　安装类型界面

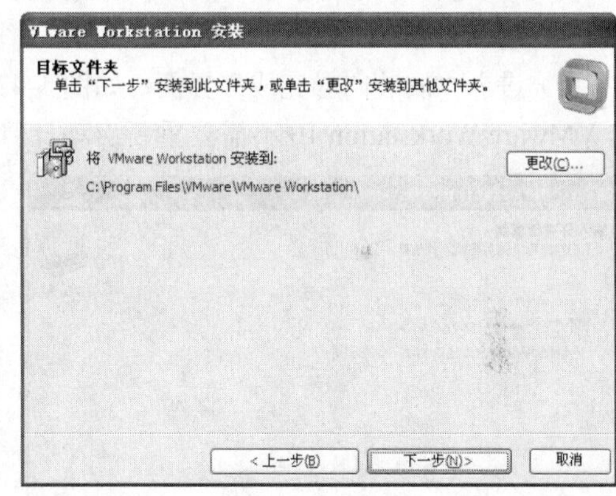

图 1-36　安装路径界面

（5）进入“软件更新”界面，如图 1-37 所示，取消“启动时检查产品更新”复选框的选择，则不进行软件更新，设置完成后单击“下一步”按钮。

（6）进入“用户体验改进计划”界面，如图 1-38 所示，取消“帮助改善 VMware Workstation”复选框的选择，则不进行用户帮助改善，设置完成后单击“下一步”按钮。

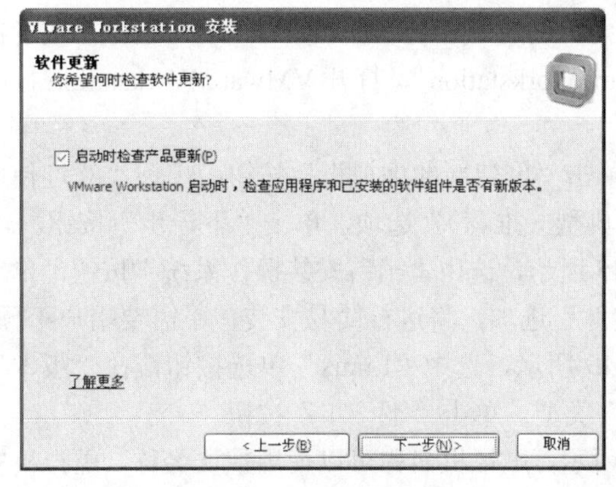

图 1-37　软件更新界面

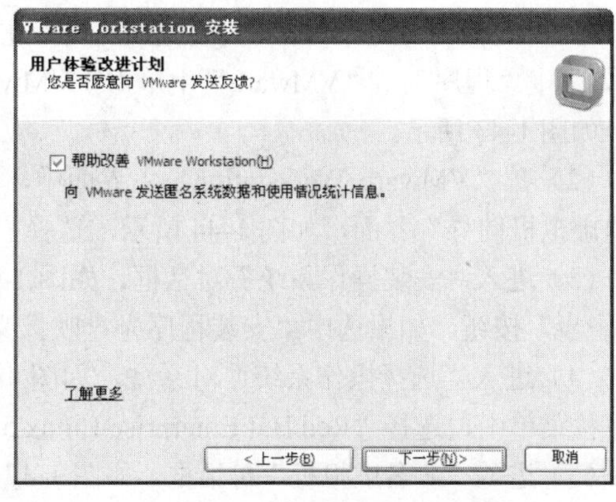

图 1-38　用户体验改进计划界面

（7）进入“快捷方式”界面，如图 1-39 所示，设置完成后单击“下一步”按钮。

（8）进入“正在执行请求的操作”界面，如图 1-40 所示，开始安装 VMware Workstation。

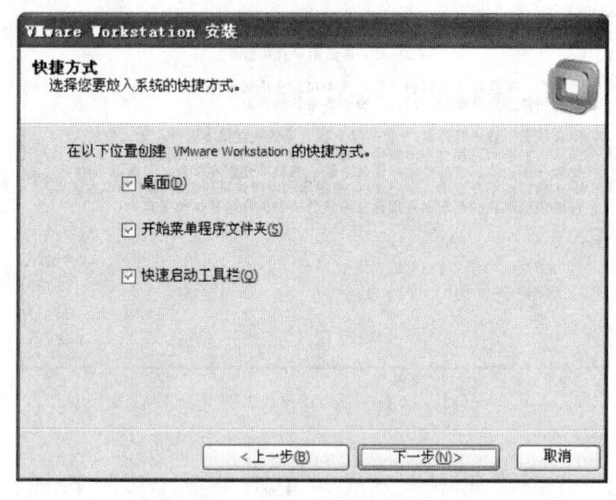

图 1-39　创建快捷方式界面

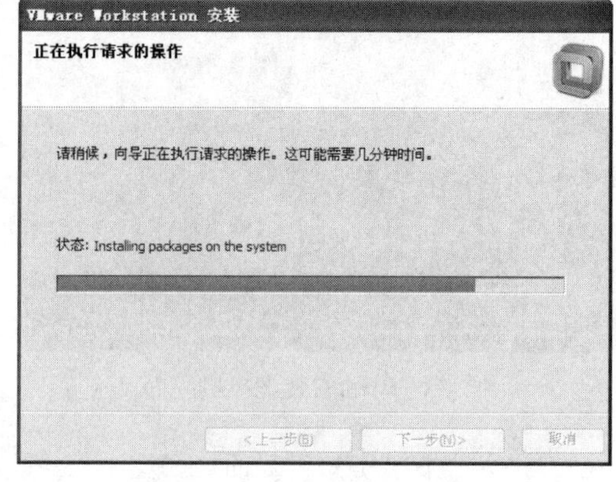

图 1-40　开始安装界面

（9）安装进行片刻，进入“输入许可证密钥”界面，如图 1-41 所示，输入密钥，完成后单击“输入”按钮。

（10）进入“安装向导完成”界面，如图 1-42 所示，说明已经成功安装 VMware Workstation，版本 VMware Workstation 10 不需要重新启动计算机即可以使用。

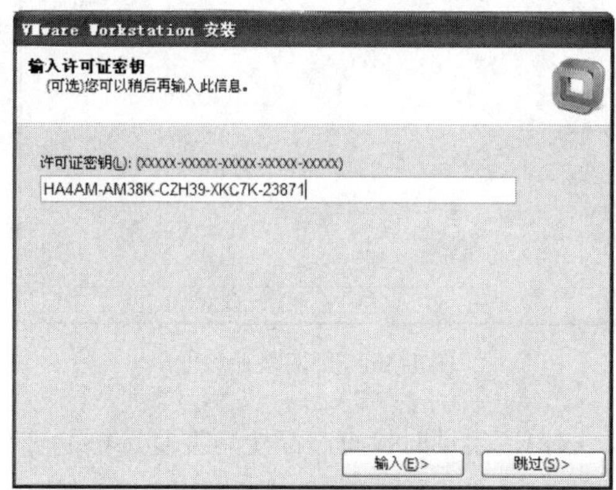

图 1-41　输入密钥界面

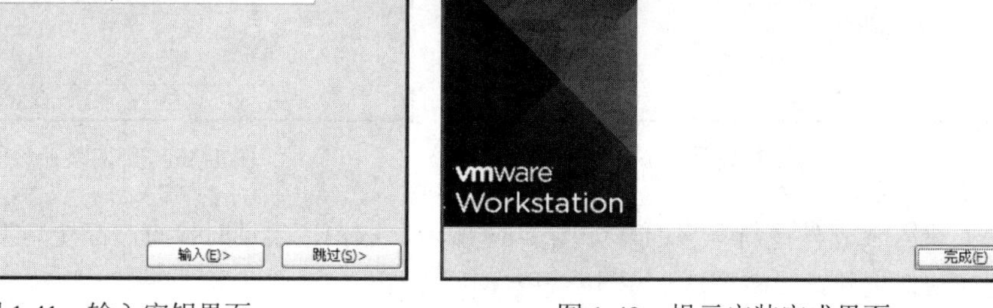

图 1-42　提示安装完成界面

4. 新建虚拟机

（1）VMware Workstation 安装完成后，双击桌面上的“VMware Workstation”图标，或者在“开始”｜“程序”｜“VMware”中单击“VMware Workstation”，打开 VMware Workstation 控制台，如图 1-43 所示。

（2）在“VMware Workstation”主界面中，单击“创建新的虚拟机”按钮，出现“欢迎使用新建虚拟机向导”界面，如图 1-44 所示，选择“典型（推荐）”选项，单击“下一步”按钮。

（3）进入“安装操作系统”对话框，如图 1-45 所示，选中“稍后安装操作系统”按钮，单击“下一步”按钮。如果选中“安装程序光盘映像文件”选项，将进行简易安装，不需要用户干预。

（4）进入“选择操作系统”对话框，如图 1-46 所示，选中“Linux”单选按钮，在“版本”的下拉菜单中，选择“Red Hat Enterprise Linux 5”类型，单击“下一步”按钮。

（5）进入“命名虚拟机”对话框，如图 1-47 所示，虚拟机名称可以使用默认名称，虚拟机安装位置选择“d:\ Red Hat Enterprise Linux 5”，单击“下一步”按钮。

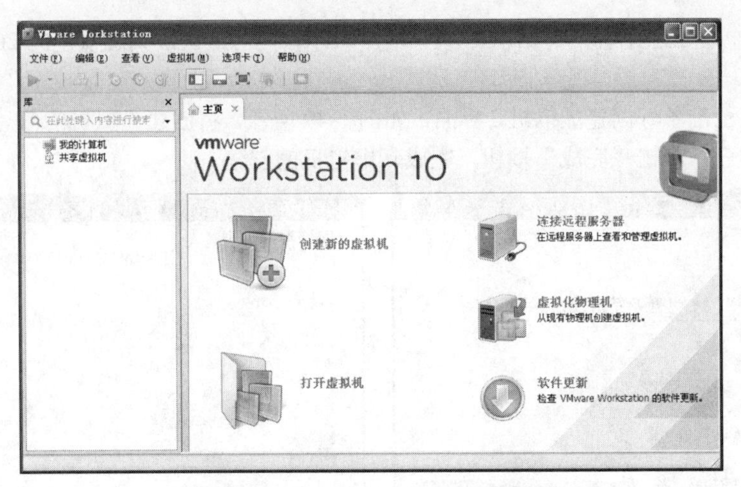

图 1-43　VMware Workstation 主界面

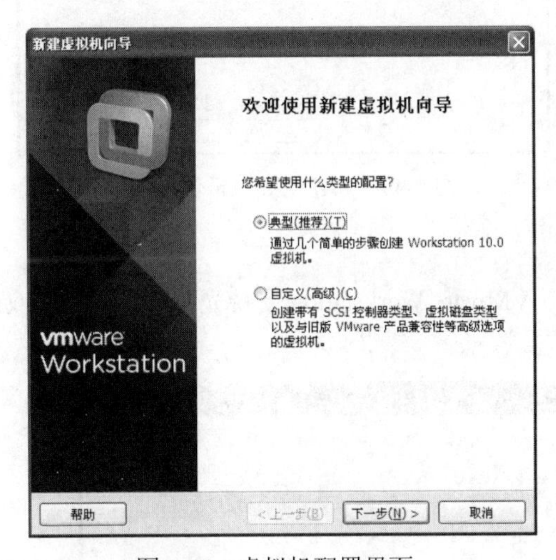

图 1-44　虚拟机配置界面

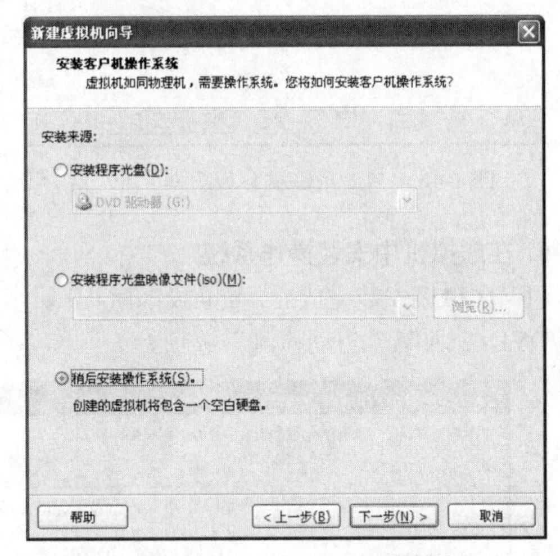

图 1-45　安装方式选择对话框

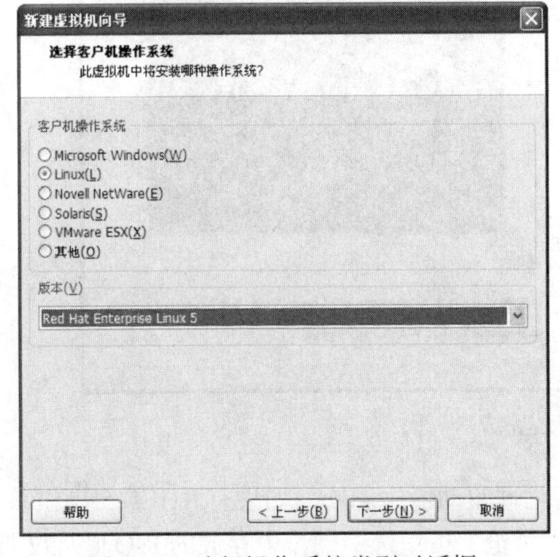

图 1-46　选择操作系统类型对话框

图 1-47　“命名虚拟机”对话框

（6）进入“指定磁盘容量”对话框，如图 1-48 所示，使用默认最大磁盘空间 20GB，单击“下一步”按钮。

（7）进入“已准备好创建虚拟机”界面，如图 1-49 所示，将创建虚拟机的信息做一个摘要介绍，如果没有问题，单击“完成”按钮，完成新虚拟机的创建。

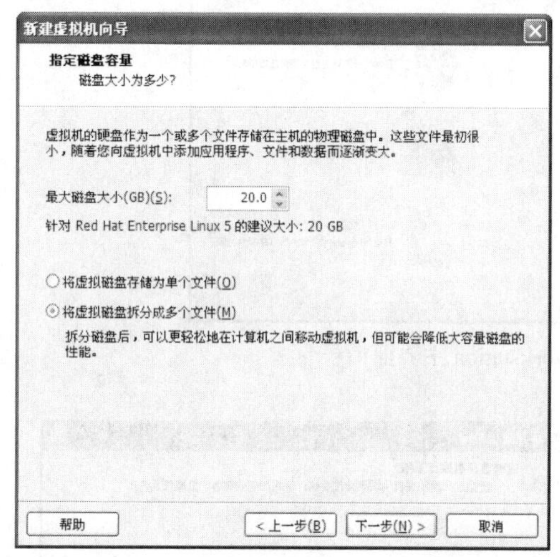

图 1-48 “指定磁盘容量”对话框

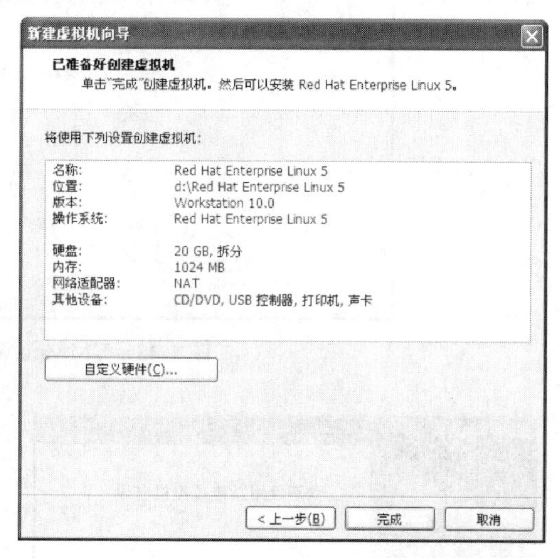

图 1-49 新建的虚拟机信息摘要

5. 在虚拟机中安装操作系统

（1）虚拟机安装完成后，界面如图 1-50 所示。VMware Workstation 支持光盘启动安装，双击“CD/DVD（SATA）自动检测”选项。

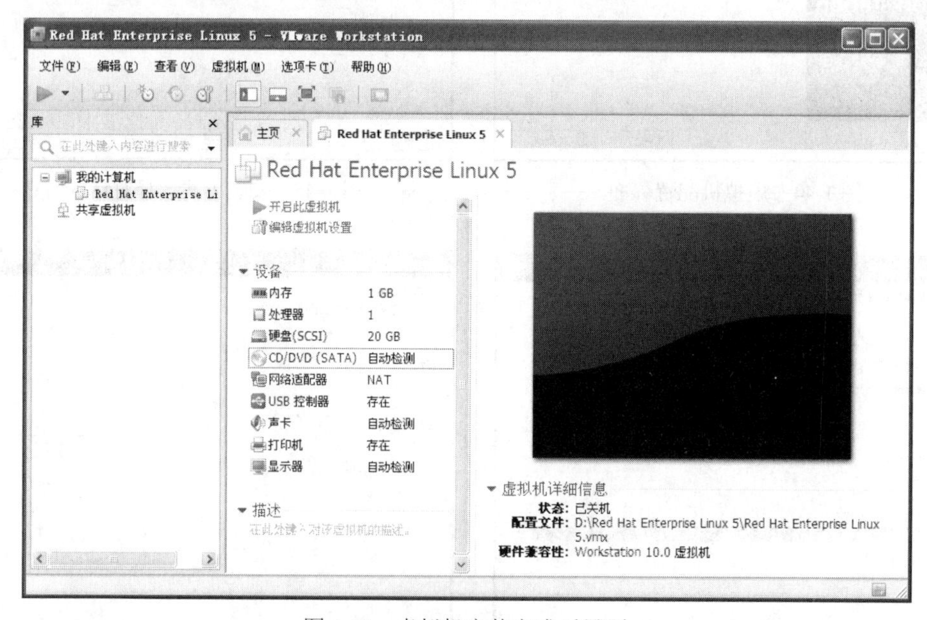

图 1-50 虚拟机安装完成后界面

（2）如果有 RHEL 5 的安装光盘，选择“使用物理驱动器”选项，如果有 RHEL 5 操作系统的映像文件，选择“使用 ISO 映像文件”，并使用“浏览”按钮选中硬盘中存放的 ISO 映像文件，如图 1-51 所示，单击“确定”按钮。

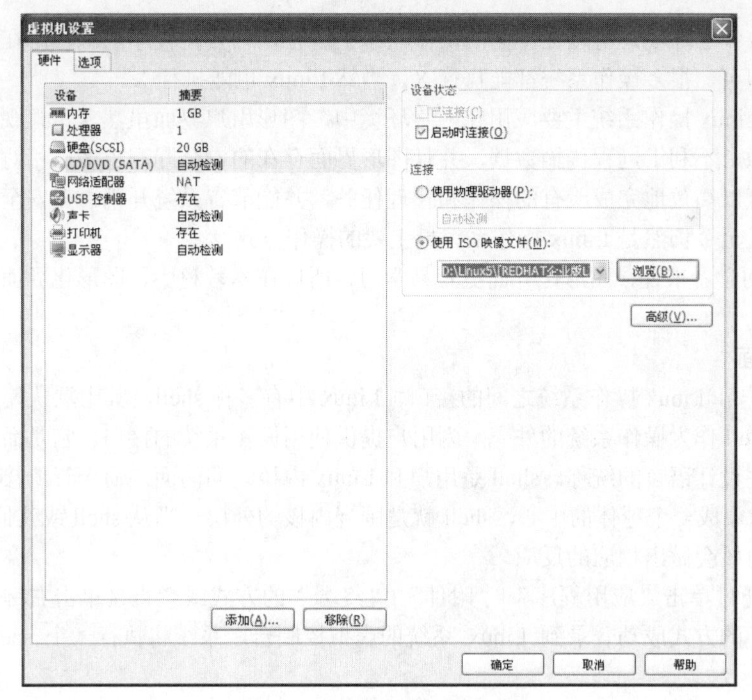

图 1-51　选择映像文件对话框

（3）在图 1-50 中，选择“开启此虚拟机”按钮，开始安装操作系统，将出现任务 1 中图 1-2 所示界面，接下来的步骤完全一致，不再赘述。

任务 3　认识 RHEL 5 用户界面

1. 任务描述

管理员已经完成了 RHEL 5 操作系统的安装，为了更好地提供服务，架设服务器，需要熟悉用户界面。

2. 任务分析

想要熟悉 Linux 操作系统的用户界面，必须熟悉以下几个方面：

① 了解 Linux 操作系统用户界面分类；

② 认识 Linux 操作系统字符界面；

③ 认识 Linux 操作系统图形化界面；

④ 实现字符界面和图形化界面切换；

⑤ 系统注销、关机等操作。

3. Linux 操作系统用户界面分类

Linux 向用户提供了两种界面，即字符界面（CLI）和图形化用户界面（GUI）。

（1）字符界面。Linux 的传统用户界面是基于文本的命令行界面，即 shell，它类似于 DOS，也叫虚拟控制台。

（2）图形化用户界面。大多数 Linux 系统都以 X Window System（X 是它的简称）作为用户的图形化接口，它利用鼠标、菜单、窗口、滚动条等设施，给用户呈现一个直观、易操作、交互性强的友好的图形化界面。X Windows 本身极具弹性，可以有各种不同的外观和略有不同操作方式的窗口环境，这是微软公司做不到的。Linux 的 X Window 并不是一套操作系统，它只是一套平台作业环境，可以在不同的操作系统下运行，只要把程序的源代码在不同的操作系统上进行编译即可，很多操作系统都能执行 X，当然 Linux 也能执行 X。

由于现在 Linux 操作系统主要应用在网络环境中，图形用户界面虽然非常直观友好，但是非常耗费系统资源，不利于远程传输数据，并且图形界面存在的安全漏洞也多。相对而言，字符界面的操作方式可以高效地完成所有的操作和管理任务，并能节省系统开销，在安全上更可靠，因而字符操作方式至今仍然是 Linux 操作系统最主要的操作方式。

但是对于初学者来说，图形化界面更容易学习，所以在本教材中，图形化界面和字符界面都进行讲解。

4. 字符界面

shell 是用户和 Linux 操作系统之间的接口，Linux 中有多种 shell，其中默认使用的是 Bash。Linux 系统的 shell 作为操作系统的外壳，为用户提供使用操作系统的接口。它是命令语言、命令解释程序及程序设计语言的统称。shell 是用户和 Linux 内核之间的面向命令行的接口程序，如果把 Linux 内核想象成一个球体的中心，shell 就是围绕内核的外层。当从 shell 或其他程序向 Linux 传递命令时，内核会做出相应的反应。

用户可以通过单击“应用程序”|“附件”|“终端”的方式或者直接单击右键，在菜单中选择“新建终端”的方式成功登录到 Linux 系统的虚拟控制台，系统将执行一个 shell 程序，如图 1-52 所示。

图 1-52　shell 登录界面

从图 1-52 中可以看到 shell 提示符，对普通用户提示符是“$”，对超级用户（root）用提示符是“#”。 其中 root 是登录系统的用户名，～表示当前登录用户所在的主目录，server 是主机名，可以在网络属性中设置主机名。

用户可以在提示符后面输入任何命令及参数。shell 命令的种类主要包括 Linux 基本命令、内置命令、实用程序、用户程序和 shell 脚本。shell 将执行这些命令。如果一条命令花费了很长的时间来运行，或者在屏幕上产生了大量的输出，可以从键盘上按 Ctrl+C 在命令正常结束之前，中止它的执行。目前流行的 shell 有 ash、bash、ksh、csh、zsh 等。

5. 图形化用户界面

（1）启动图形化桌面。当系统正常引导后，输入用户名和密码，即可出现图 1-1 所示的图形化界面，这是 GNOME 桌面。X 系统只负责显示图形，但是并不限制显示和操作的风格，可以与不同的窗口管理程序配合使用，使用者可以根据自己的喜好进行选择。可供选择的窗口管理器主要有 GNOME 和 KDE。

KDE 与 GNOME 已不仅仅是窗口管理器，它们已经将很多实用工具集成到软件中，从而形成了一个整合式桌面环境系统。

（2）GNOME 桌面组成。图形化桌面环境 GNOME 使用户能够进入计算机上的应用程序和系统设置。GNOME 桌面提供了三种主要工具来使用系统上的应用程序：面板图标、桌面图标及菜单系统。

① 面板图标。位于桌面顶部和底部的长条状区域称为面板，如图 1-53 所示。

顶部面板包含了菜单系统、程序启动区、通知区域、时钟和音量调节器。

图1-53　顶部面板和底部面板

底部面板包括“显示桌面”按钮、工作区切换器、任务条和回收站等。

工作区切换器提供了使用多个工作区（或虚拟桌面）的能力。因此用户不必把所有运行着的应用程序都堆积在一个可视桌面区域。工作区切换器把每个工作区都显示为一个小方块，然后在上面显示运行着的应用程序。用户可以用鼠标单击任何一个小方块将其切换到桌面上去；还可以使用键盘快捷方式 Ctrl+Alt+向上箭头、Ctrl+Alt+向下箭头、Ctrl+Alt+向右箭头或 Ctrl+Alt+向左箭头在桌面间切换。

② 桌面图标。桌面上的图标包括“计算机”、“root 的主文件夹”和“回收站”等。要打开一个文件夹，或启动一个应用程序，双击相应的图标。桌面是图形化界面下用户的工作空间，提供了所有传统操作系统桌面的功能。

③ 菜单系统。菜单系统主要包括“应用程序”菜单、“位置”菜单和“系统”菜单，还包括右击桌面任何位置即可弹出的“快捷”菜单，如图1-54所示。从菜单系统，可以启动多数包括在 Red Hat Linux 中的应用程序。

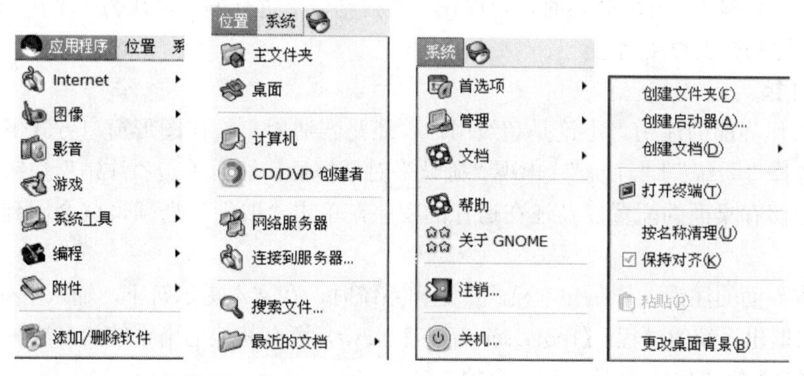

图1-54　“应用程序”菜单、“位置”菜单、“系统”菜单和“快捷”菜单

6. 字符界面和图形化界面切换

Linux 是一个真正的多用户操作系统，这表示它可以同时接受多个用户登录。Linux 还允许一个用户进行多次登录，这是因为 Linux 和许多版本的 UNIX 一样，提供了虚拟控制台的访问方式，允许用户在从控制台（系统的控制台是与系统直接相连的监视器和键盘）进行多次登录。

虚拟控制台在系统中分别用【tty1】~【tty6】来表示，【Ctrl】+【Alt】+【Fl】~【F6】键可以切换。按【Ctrl】+【Alt】+【F7】键则会切换到 X Window 的画面，虚拟控制台可使用户同时在多个控制台上工作，真正感受到 Linux 系统多用户的特性。

在安装过程中，如果没有选择工作站或个人桌面安装，或者在启动图形窗口后，也可以按下**【Ctrl】**+**【Alt】**+**【F1~F6】**键，此时就进入虚拟控制台(或称文本模式、shell 模式)登录模式，**【Ctrl】**+**【Alt】**+**【F7】**还可以回到图形化窗口桌面。进入虚拟控制台被引导后，会看到如图1-55所示登录提示。

各部分代表的含义如下。

第一行：目前所使用的操作系统发行版本为 Red Hat Enterprise Linux Server 5，别名为 Tikanga。

```
Red Hat Enterprise Linux Server release 5 (Tikanga)
Kernel 2.6.18-8.el5 on an i686

dns login: root
Password:
Last login: Wed Jan 28 10:07:32 on tty1
[root@server ~]# _
```

图 1-55　文本方式登录后的界面

第二行：内核的版本是 2.6.18-8.el5 On an i686。

第三行：server 是计算机的名称（可以自己在网络属性中设置），root 就是系统要求输入登录的账号名称，再输入账号 root 的密码即可登录

以上提示信息说明：这个账号以前曾经登录过系统，第一行显示上一次登录的时间、控制台号，在这里看到的【tty1】是指第 1 号虚拟控制台。第二行：“【root@server ～】#”是系统的提示符，表示 root 账号在使用 server 这台机器；目前所在的目录位于/root 下；#为根用户的提示符号，若是以一般用户登录，则提示符号为$。提示符后用户可以输入 Linux 指令。

在一个虚拟控制台上，登录系统后也可以再执行 login 指令，换成另一个账号登录(当然也可以用相同的账号)。用户可以在某一虚拟控制台上进行的工作尚未结束时，切换到另一虚拟控制台开始另一项工作。例如，开发软件时，可以在一个控制台上进行编辑，在另一个控制台上进行编译，在第三个控制台上查阅信息。

7. 系统注销

（1）图形化界面的注销。不论是超级用户，还是普通用户，在图形窗口方式下要退出账号（不关机），选择“系统”|“注销”，出现“确认”对话框后，然后单击“注销”按钮，如图 1-56 所示，如果想保存桌面的配置以及还在运行的程序，单击“取消”选项，就会回到图形化的登录画面。

（2）文本界面的注销。若在文本模式下退出系统时，在文本提示符下，输入下列命令即可。下面举例说明退出系统的过程：【root@server ～】# *exit*，还有其他退出系统的方法，如#*logout* 或按【Ctrl】+【D】键，但#*exit* 是比较安全的。

8. 系统关机

（1）图形化方式关机。因为 Linux 和 Windows 一样，如果不正常关闭，可能会破坏文件系统，使 Linux 出现问题，所以一定要关闭计算机，而且只有系统管理员才有权力关闭计算机。

在图形化桌面会话中，选择“系统”|“关机”，出现“确认”对话框后，单击“关机”按钮，如图 1-57 所示。

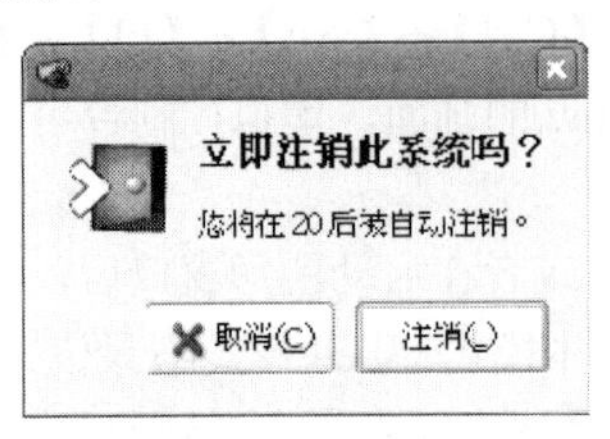

图 1-56 “注销”对话框

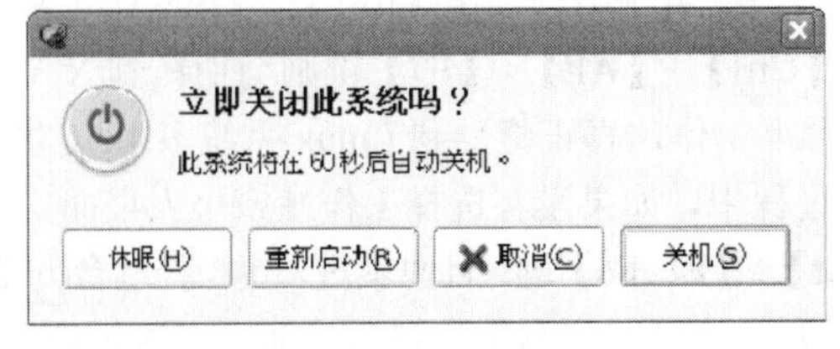

图 1-57 “关机”对话框

（2）命令方式关机。在虚拟控制台模式下，也可以使用 shutdown 指令关闭系统，以确保系统用户都结束工作并保存数据。关闭系统必须以 root 身份登录系统，然后输入以下关机指令，这行指令表示立刻执行关机。

【root@server ～】*#shutdown –h now*

shutdown 命令负责在指定的时间结束系统的全部进程，可以安全地关闭或重启 Linux 系统，它在系统关闭之前给系统上的所有登录用户提示一条警告信息。

该命令还允许用户指定一个时间参数，可以是一个精确的时间，也可以是从现在开始的一个时间段。精确时间的格式是 hh:mm，表示小时和分钟；时间段由“+”和分钟数表示。系统执行该命令后，会自动进行数据同步的工作。

该命令的一般格式为：shutdown 【options】 when 【message】

参数说明见表 1-1。

表 1-1　命令 shutdown 的参数说明

命令	参数	说明
options	-c	取消一个已经运行的 shutdown
	-r	关机后立即重新启动
	-h	关机后不重新启动
	-k	并不真正关机，而只是发出警告信息给所有用户
	-n	快速关机，不经过 init 程序
	-f	快速关机，重启动时跳过 fsck
when	hh:mm	hh 指小时，mm 为分钟，如 10:45
	+m	m 分钟后执行。Now 等于+0，也就是立即执行

如果管理员要在 10 点 50 分钟时关机并重新启动，则执行命令

shutdown – r 10:50

也可以使用 reboot 命令或者按下【Alt】＋【Ctrl】＋【Del】键重新启动系统。

项目总结

本项目学习了安装操作系统，要求能够掌握 RHEL 5 操作系统的安装，并能够进行登录、注销和关机等基本操作，能够使用 VMware 虚拟机，并熟悉 Linux 操作系统的用户界面。

项目练习

一、选择题

1. 在 Bash 中，超级用户的提示符是（　　）。

A. $　　B. #　　C. @　　D. C:\

2. 命令行的自动补全功能要用到（　　）键。

A. 【Tab】　　B. 【Delete】　　C. 【Alt】　　D. 【Shift】

3. Linux 最早是由（　　）开发的。

A. Linux Sarwar　　B. Rechard Petersen

C. Rob Pick　　D. Linus Torvalds

4. 下面关于 shell 的说法，不正确的是（　　）。

A. 操作系统的外壳　　B. 用户与 Linux 内核之间的接口程序

C. 一个命令语言解释器　　　　　　D. 一种类似 C++的可视化编程语言

5. Linux 操作系统根分区的文件系统类型是（　　）。

A. ext2　　　　B. ext3　　　　C. vfat　　　　D. NTFS

二、填空题

1. Linux 操作系统的文件系统类型，主要有__________、__________和__________。

2. 虚拟机软件有__________和__________。

3. Linux 操作系统的窗口管理器主要有__________和__________。

4. Linux 操作系统用户界面主要有__________和__________。

5. Linux 操作系统的图形化界面主要由以下三部分组成：__________、__________和__________。

6. Linux 操作系统默认的系统管理员账户是__________。

三、实训：安装 RHEL 5 操作系统。

1. 实训目的

（1）了解 Linux 操作系统的优点。

（2）掌握 RHEL 5 操作系统的安装。

（3）能够使用 VMware 虚拟机。

（4）了解 Linux 的启动过程和两种界面。

2. 实训环境

（1）Windows 计算机。

（2）VMware 虚拟机软件。

3. 实训内容

（1）安装 VMware Workstation 软件。

（2）安装 RHEL 5 操作系统。

① 硬盘分区要求：根分区：20G，/boot 分区：100M，交换分区：2G，/var 分区：20G。

② 网络参数配置要求：IP 地址：192.168.14.2，网关：192.168.14.254，DNS:219.149.6.99，主机名：dns.lnjd.com。

③ 安全配置：开启防火墙，只允许 SSH 和 HTTP 服务通过，禁止 SELinux。

④ 创建普通用户 commom，密码设置为 linux5。

（3）分别使用字符界面和图形化用户界面登录系统。

（4）进行注销和关机操作。

4. 实训要求

实训分组进行，可以 2 人一组，小组讨论，决定方案后实施，教师在小组方案确定后给予指导，在学生安装系统出现问题时，引导学生独立解决问题。

5. 实训总结

完成实训报告，总结项目实施中出现的问题。

项目 2　管理文件系统

2.1　项目背景分析

文件系统（File system）是磁盘上有特定格式的一片区域，操作系统利用文件系统保存和管理文件。不同的操作系统需要使用不同的文件系统，为了与其他操作系统兼容，操作系统通常都支持很多类型的文件系统。例如，Windows Server 2003 操作系统推荐使用的文件系统是 NTFS，但也兼容 FAT 等其他文件系统。Linux 操作系统使用 ext2、ext3 文件系统。

【能力目标】

① 掌握文件系统类型；
② 掌握 Linux 基本命令；
③ 能够管理服务器；
④ 能够熟练使用 Vi 编辑器；
⑤ 能够安装常用软件。

【项目描述】

某公司网络管理员，负责为公司管理文件和目录，公司名称为 lnjd，部门有财务部、销售部和人事部，目录结构如图 2-1 所示。

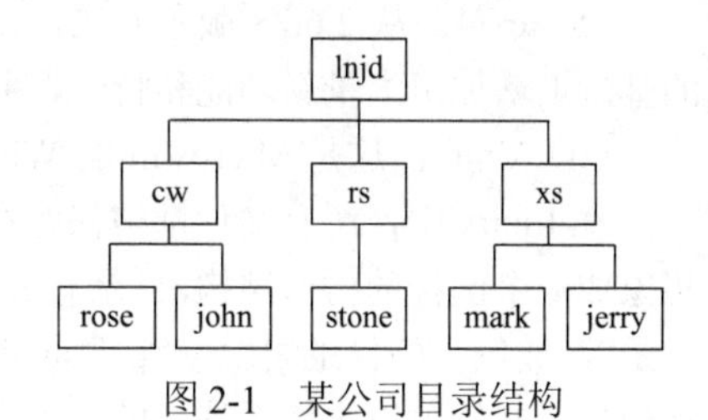

图 2-1　某公司目录结构

【项目要求】

（1）创建目录并查看。建立所有目录。

（2）创建文件并查看。在 xs 目录下建立 2 个文件 sales14 和 sales15，sales14 的内容是“Total sales in 2014 is 2.14 million yuan”，sales15 的内容是“Total sales in 2015 is 4.85 million yuan”。

（3）合并文件并查看。将文件 sales14 和 sales15 合并为 sales，查看内容，将 sales 存放于目录 cw/john 中。

（4）查看文件权限并修改。查看 sales 权限，修改属性为文件属主和组能够进行读、写和执行，其他用户不可读，并查看修改结果。

（5）移动和复制文件。将 xs 中的 sales14 文件移动到目录 cw/john 中，文件改名为 2014，并查看结果。

（6）删除目录和文件。删除目录 cw/rose，这是一个空目录，删除目录 cw/john，这是一个非空目录，并查看结果。删除目录 xs 目录下的 sales15 文件，并查看结果。

（7）打包和解包。备份目录/lnjd 到/root 中，生成备份文件 lnjdbf.tar，查看文件大小。

（8）压缩文件。压缩备份文件 lnjdbf.tar，查看压缩文件大小。

（9）查看用户行为。

（10）监视系统状态。

（11）管理进程。

（12）使用 Vi 编辑器。

（13）安装软件。

【项目提示】

公司的计算机安装了 Linux 操作系统，进行目录和文件管理、服务器管理等工作。其中项目要求中（1）～（11），在任务 1 中实现，项目要求（12）在任务 2 中完成，项目要求（13）在任务 3 中实现。

2.2 项目相关知识

2.2.1 文件和目录的概念

文件系统拥有的不同格式，叫做文件系统类型（file system types），这些格式决定了信息是如何被储存为文件和目录的。Linux 文件系统遵循 FHS（File Hierarchy System）系统，支持许多流行的文件系统。

（1）ext2：Linux7.2 以前版本的默认的文件系统。

（2）ext3：Linux7.2 以后版本所默认的文件系统。

（3）NFS：（网络文件系统），网络上计算机挂载经常采用的系统。

（4）ISO9660：国际标准组织（ISO）颁布的 9660 标准，规定了在光盘存放文件的方式。

（5）ext4：从 2.6.28 版本开始，Linux Kernel 开始正式支持新的文件系统 ext4，ext4 在 ext3 的基础上增加了大量新功能和特性，并提供更佳的性能和可靠性。

（6）Vfat ：这是 Microsoft 的 Windows95 所采用的文件系统，支持长文件名。

在 Linux 中，所有文件都被保存在目录中，目录中还可以包含目录和文件，可以把文件系统想象成一个倒挂的树形结构，目录看成它的枝干，文件看成叶子。包含其他目录或文件的目录叫“父目录”，被包含的目录叫做子目录 subdirectory。所有文件或目录都连接在根目录（用“/ ”表示)。从根目录开始可以定位系统内的每一个文件。

2.2.2 Linux 标准文件和目录

Linux 文件系统标准遵循 FHS 标准，可以用文件管理器来查看根目录下面的一级目录，如图 2-2 所示。

这些目录的主要内容类别如下。

① /bin 目录： 存放可执行的二进制文件，基本 linux 的命令都存在该目录下。

② /boot 目录：存放引导 Linux 内核和引导加载程序配置文件（GRUB）。

③ /dev 目录 ：存放代表系统设备的特殊文件。

④ /etc 目录 ：存放和主机管理、配置相关的文件。

⑤ /home 目录：有登录账号的各用户的主目录所在目录。

⑥ /lib 目录 ：存放执行/bin 及/sbin 目录下可执行文件所需要的函数库。

⑦ /mnt 目录：各种设备的文件系统安装点。

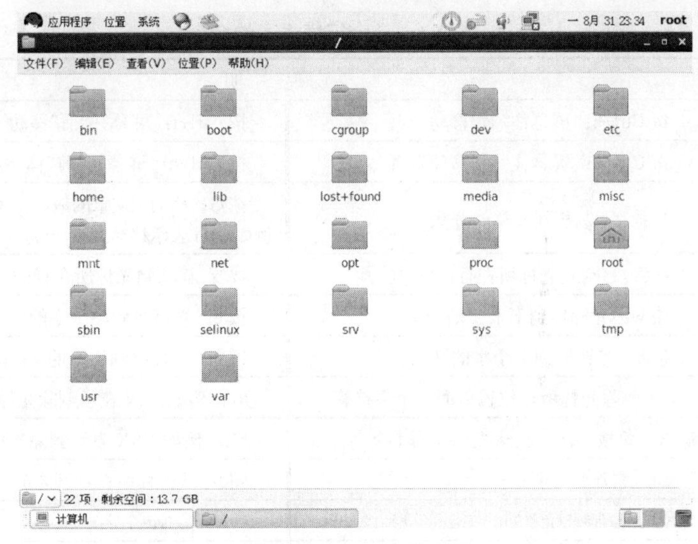

图 2-2 Linux 文件目录

⑧ /proc 目录：当前系统内核与程序运行的信息，它与使用 ps 命令看到的内容相同。

⑨ /opt 目录：第三方应用程序的安装目录。

⑩ /root 目录：管理员账户 root 的主目录。

⑪ /tmp 目录：临时文件的存放位置。

⑫ /usr 目录：存放 Linux 操作系统中大量的应用程序，该目录的文件可以被所有用户读取。

2.2.3 Vi 编辑器

Vi 是 Linux/UNIX 上最普遍的文本编辑器，Vi 是“Visual Editor”的简称。用户在使用计算机的时候，往往需要编辑器建立自己的文件，无论是一般的文本文件、数据文件，还是编写的源程序文件。Vi 是 Linux 的第一个全屏幕交互式编辑工具，在任何一台 Linux 计算机上都能使用。Linux 提供了一个完整的编辑器系列，如 Ed、Ex、Vi 和 Emacs。Vi 可以执行输出、删除、查找、替换、块操作等，而且用户可以根据自己的需要对其进行定制。Vi 不是一个排版程序，它不像 Word 那样可以对文字进行字体、段落、格式等编排，它只是一个文本编辑工具。

Vi 没有菜单，只有命令，而且命令繁多。Vi 有三种模式，即：命令模式（command mode）、插入模式（insert mode）、末行模式（last line mode），三种模式之间可以互相转换。

（1）命令模式。该模式是通过输入命令，控制屏幕光标的移动，字符、字或行的删除，移动复制某区段及进入插入或者末行模式。第一次进行 Vi（使用命令#vi lnjd.txt）时，就处于该模式下，这时，只有按相应的命令键才能进入插入模式，按 Esc 键进入又重新命令行模式，此时可以输入命令。

在命令行模式或是插入模式下，都可以用键盘上的 4 个方向键移动光标，但有些终端不能使用方向键，就必须用命令行模式下的移动指令。移动指令使用小写英文字母键 h、j、k、l，分别控制光标左、下、上、右移一格。具体命令行模式下的所有命令见表 2-1。

（2）插入模式。只有在插入模式下，才可以从键盘做文字输入或修改文字，此时按 Esc 键可回到命令行模式，不管用户处于何种模式下，只要连续按两次 Esc 键，即可进入命令模式。

（3）末行模式。此模式可以保存文件或退出 Vi，也可以设置编辑环境，如寻找字符串、列出行号等。在使用末行模式之前，请记住按 Esc 键，确定已经处于命令模式下后，再按冒号键。末行模式下的命令见表 2-2。

表 2-1　命令行模式下的命令

命令	说　明	
移动命令	按 Ctrl+b：屏幕往“后”移动一页	按 Ctrl+f：屏幕往“前”移动一页
	按 Ctrl+u：屏幕往“后”移动半页	按 Ctrl+d：屏幕往“前”移动半页
	按数字 0：移到文章的开头	按 G：移动到文章的最后。#G，表示移动到#行，例如，1G 表示移动到第一行，20G 表示移动到 20 行
	按$：移动到光标所在行的“行尾”	按^：移动到光标所在行的“行首”
	按 w：光标跳到下个字的开头	按 e：光标跳到下个字的字尾
	按 b：光标回到上个字的开头	按#l：光标移到该行的第#个位置
删除文字命令	x：删除光标所在位置后面一个字符	#x：例如，1x 表示删除光标后面 1 个字符
	X：每按一次，删除光标前面 1 个字符	#X：例如，8X 表示删除光标前面 8 个字符
	dd：删除光标所在行	#dd：从光标所在行开始删除#行
复制命令	yw：复制光标之处的字尾字符到缓冲区	#yw：复制#个字
	yy：复制光标所在行到缓冲区	#yy：6yy 复制从光标所在行及以下共 6 行
	p：将缓冲区内的字符粘贴到光标所在处，所在复制命令必须与“p”配合才能完成复制与粘贴	
替换命令	r：替换光标所在处的字符	R：替换光标之处的字符，直到按下 Esc 键为止
恢复上一次操作命令	u：如果误执行一个命令，可以按 u，回到上一个操作，按多次“u”可以执行多次恢复	
更改类型	cw：更改光标所在处的字到字尾处	c#w：例如，「c3w」表示更改 3 个字
跳至指定的行命令	Ctrl+g 列出光标所在行的行号	#G：例如，6G 移动光标至第 6 行行首
插入命令	a:从光标处后面输入文本，取自 append	I: 从行首第一个非空白之处前输入文本
	A:从行尾输入文本，取自 append	按字母 o: 在光标所在行下面插入一个空行
	i:从光标处前面输入文本，取自 insert	按字母 O: 在光标所在行上面插入一个空行

表 2-2　末行模式下的命令

命令	说　明
列出行号命令	set nu：输入 set nu 后，会在文件中的每一行前面列出行号
跳到文件中的某一行命令	#：#号表示一个数字，在冒号后输入一个数字，再按 Enter 键就会跳到该行了，如输入数字 6，再按 Enter 键，就会跳到文章的第 6 行
查找字符命令	/关键字：先按/键，再输入您想寻找的字符，如果第一次找的关键字不是您想要的，可以一直按 n 键，会往后寻找到您要的关键字为止
	?关键字：先按?键，再输入您想寻找的字符，如果第一次找的关键字不是您想要的，可以一直按 n，会往前寻找到您要的关键字为止
	n：表示重复前一个查找的动作。例如，正在执行向下查找字符串 web，按下 n 后，会继续向下查找下一个字符串 web
	N：与 n 相反，为反向进行前一个查找动作
替换字符命令	：n1，n2s/word1/word2/g：n1 与 n2 为数字。在第 n1 与 n2 行之间寻找 word1 这个字符串，并将该字符串取代为 word2，举例来说，在 100 到 200 行之间查找 myweb，并取代为 MYWEB，则输入“：100，200s/myweb/MYWEB/g”
	：1，$s/word1/word2/g：从第一行到最后一行寻找 word1 字符串，并将该字符串取代为 word2
	：1，$s/word1/word2/gc：从第一行到最后一行寻找 word1 字符串，并将该字符串取代为 word2，且在取代前显示提示字符，给用户确认（confirm）是否需要取代

续表

命令	说　明
保存文件命令	w：在冒号后输入字母 w，就可以将文件保存起来
离开 Vi 命令	q：按 q 键就是退出，如果无法离开 Vi，可以在 q 后加一个“！”强制离开 Vi
	wq：一般建议离开时使用 wq，这样退出时还可以保存文件，再加“！”表示强制离开

（4）Vi 的进入与退出

① 进入 Vi 。在虚拟控制台提示符号下，输入 Vi 及文件名称后，就进入 Vi 全屏幕编辑画面，如果是新文件，则打开软件同时生成新文件，否则将编辑已存在的文件。

vi lnjd. txt

这时 Vi 处于接收命令行的命令状态，只有切换到插入模式才能够输入文字。初次使用 Vi 的人都会想先用上下左右键移动光标，结果电脑一直鸣叫，所以进入 Vi 后，在命令行模式下按一下字母 i，就可以进入插入模式，这时候用户就可以开始输入文字了。

② 退出 Vi 。在命令行模式下，按一下冒号：键，进入末行模式，这时可输入与存盘，并可退出末行命令。

例如：

: w lnjd.txt （输入文件名 lnjd.txt 并保存）

: wq (输入 wq，存盘并退出 Vi)

: q! (输入 q!，　不存盘强制退出 Vi)

（5）Vi 的文本输入。进入文本插入模式后，就可以输入文本。对于第一次用 Vi，有以下几点需要注意。

① 用 Vi 打开文件后，处于命令行模式，此时要切换到插入模式才能够输入文字。切换方法：在命令行模式下按一下字母 i，就可以进入插入模式，这时候就可以开始输入文字了。

② 编辑好后，需要从文本插入模式切换为命令行模式，才能对文件进行保存，切换方法：按 Esc 键。

③ 保存并退出文件：在命令模式下输入：wq 即可。

2.2.4　Linux 操作系统软件包

在 Windows 中，软件的安装与卸载可以使用系统自带的安装卸载程序，或者控制面板中的“添加/删除程序”来实现。Linux 虽然也有“添加/删除应用程序”菜单，但功能有限。一般情况下，Linux 安装软件主要通过以下两种形式：第一种安装文件名形如 xxx.tar.gz，这种软件多数以源代码形式发行；另一种安装文件名形如 xxx.i386.rpm，软件包以二进制形式发布，也就是 RPM 包的安装形式。

RPM（Red Hat Package Manager）是一个功能强大的软件安装卸载工具，同时也是对各种的应用程序进行组织和管理的一种标准化方式。它可以实现软件的建立、安装、查询、更新、验证、卸载等功能，这是一个非常容易掌握的安装方法。

同 RPM 相比，使用源代码进行软件安装稍微复杂一些，但是用源代码安装软件是 Linux 下进行软件安装的重要手段，也是运行 Linux 的最主要的优势之一。使用源代码安装软件，可以按照用户的需要，选择定制的安装方式进行安装，而不是仅仅依靠那些在安装包中的预配置的参数选择安装。此外，有一些软件程序只提供源代码安装方式。无论哪种形式的软件包，都可以从互联网上进行下载。

2.3 项 目 实 施

任务 1 文件系统管理

1. 任务描述

在 Linux 操作系统中，命令有很多，主要包括目录管理类命令、文件操作类命令、压缩类命令、打包类命令、进程管理类命令、安装软件类命令，为了管理员更好地掌握这些命令，将常用命令综合应用在任务 1 中。

2. 任务分析

为了完成任务 1，需要使用目录管理类命令 pwd、ls、cd、mkdir 和 rmdir 等，文件操作类命令 touch、cp、mv、rm、grep 和 find 等，压缩类命令 gzip、bzip2 和 zip 等，打包类命令 tar、安装软件类 rpm、make 等命令，进程管理类命令 ps、kill、top 等命令。

3. 实现过程

（1）创建目录并查看

① 打开“应用程序”|“附件”|“终端”窗口，或者在桌面空白位置单击鼠标右键，选择“打开终端”选项，打开“终端”窗口。在其中输入命令 *mkdir /lnjd*，结果如图 2-3 所示，使用命令 *ls* 查看到在根目录下有目录 lnjd。

图 2-3 创建目录 lnjd

② 使用相同的命令建立所有的子目录，并查看结果如图 2-4 所示。

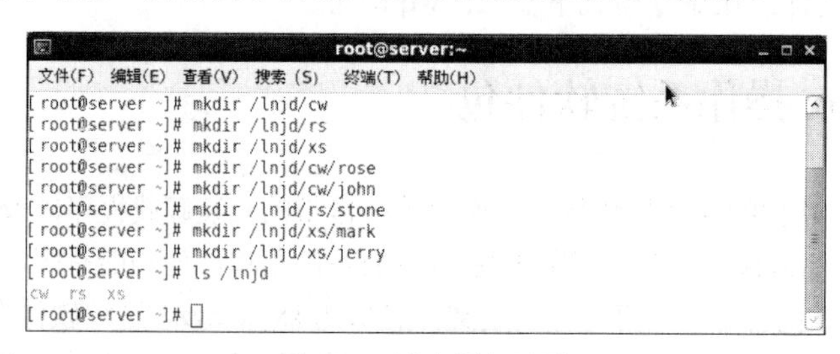

图 2-4 创建所有目录

③ 命令解释——mkdir。命令 mkdir 的功能是创建一个目录。

命令格式是：mkdir [参数]文件名。

常用参数是：

-p：在创建目录时，如果父目录不存在，则同时创建该目录及该目录的父目录。

④ 命令解释——ls。命令 ls 的功能是显示指定目录的目录和文件。

命令格式是：ls [参数] [目录或文件]

常用参数如下。

-a：列出当前目录下的所有文件，包括以“.”开头的隐含文件。

-l：列出文件的详细信息。

-R：显示指定目录及子目录下的内容。

⑤ 命令解释——cd。命令 cd 用来切换不同目录，如进入目录/lnjd，执行命令 *cd /lnjd*，在 Linux 操作系统中，“.”表示当前目录，查看用户的当前目录的命令是 pwd，“..”表示当前目录的父目录，“～”表示当前登录用户的主目录，命令 *cd～*表示进入当前用户的主目录。

（2）创建文件并查看

① 在“终端”中输入命令 *touch/lnjd/xs/sales14*，创建一个空白的新文件 sales14，同样方法输入命令 *touch/lnjd/xs/sales15*，创建文件 sales15。如图 2-5 所示。

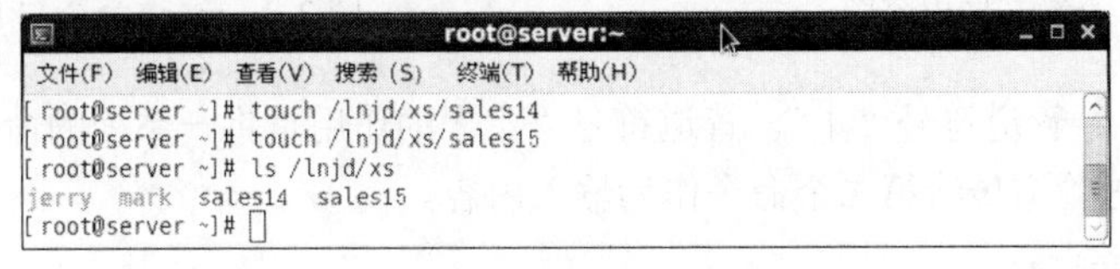

图 2-5　创建 2 个空白文件

② 命令解释——touch。命令 touch 的功能是用来创建一个空白的新文件。

命令格式：touch 文件名

文件名是要创建的文件名称。比如在当前目录下创建一个名为 newflie 的文件，可以输入 *touch newfile*，然后输入命令*# ls -l newfile*，查看是否创建了文件。

③ 使用命令 echo 向文件 sales14 和 sales15 中填写内容，命令是 *echo Total sales in 2014 is 2. 14 million yuan > /lnjd/xs/sales14* 和 *echo Total sales in 2015 is 2. 14 million yuan > /lnjd/xs/sales14*。如图 2-6 所示。

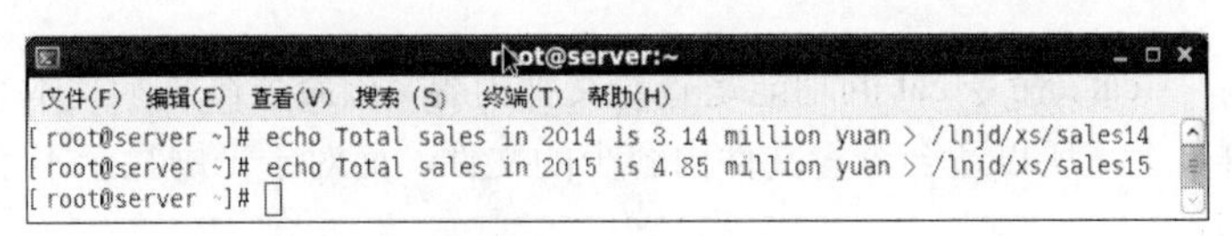

图 2-6　向空白文件中填写内容

④ 命令解释——echo。命令 echo 的功能是将字符串显示在屏幕上。例如，在当前终端屏幕中显示“hello”字符，再执行命令 *echo hello*。

命令格式：echo [字符串]

⑤ 命令解释——“>”。命令“>”是输出重定向操作符，输出重定向是将一个命令的输出重新定向到一个文件中，而不是显示在屏幕上。输出重定向的操作符有“>”和“>>”。操作符“>”将命令的执行结果重定向输出到指定的文件中，命令进行输出重定向后，执行结果将不显示在屏幕上。如果“>”操作符后边指定的文件已经存在，则这个文件将被重写。操作“>>”是追加重定向，将命令执行结果重定向，并追加在原文件的末尾，不覆盖原文件内容。

⑥ 查看文件 sales14 和 sales15 文件内容，使用命令 *more/lnjd/xs/sales14* 和 *more /lnjd/xs/sales15*，如图 2-7 所示。

⑦ 命令解释——more。命令 more 的功能是在终端中按屏幕显示文件内容，为了避免文件内容显示瞬间就消失，可以使用 more 命令让文件显示满一屏时暂停，在按下任何键的时候继续显示下一屏内容。如当用 ls 命令查看文件列表时，若文件太多，则可配合 more 命令使用，如 *ls–l|more* 如图 2-8 所示。

```
[root@server ~]# more /lnjd/xs/sales14
Total sales in 2014 is 3.14 million yuan
[root@server ~]# more /lnjd/xs/sales15
Total sales in 2015 is 4.85 million yuan
[root@server ~]#
```

图 2-7　查看文件内容图

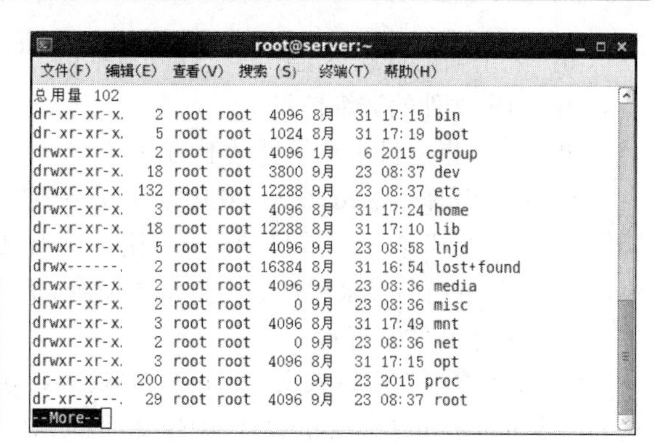
```
总用量 102
dr-xr-xr-x.   2 root root  4096 8月  31 17:15 bin
dr-xr-xr-x.   5 root root  1024 8月  31 17:19 boot
drwxr-xr-x.   2 root root  4096 1月   6 2015 cgroup
drwxr-xr-x.  18 root root  3800 9月  23 08:37 dev
drwxr-xr-x. 132 root root 12288 9月  23 08:37 etc
drwxr-xr-x.   3 root root  4096 8月  31 17:24 home
dr-xr-xr-x.  18 root root 12288 8月  31 17:10 lib
drwxr-xr-x.   5 root root  4096 9月  23 08:58 lnjd
drwx------.   2 root root 16384 8月  31 16:54 lost+found
drwxr-xr-x.   2 root root  4096 9月  23 08:36 media
drwxr-xr-x.   2 root root     0 9月  23 08:36 misc
drwxr-xr-x.   3 root root  4096 8月  31 17:49 mnt
drwxr-xr-x.   2 root root     0 9月  23 08:36 net
drwxr-xr-x.   3 root root  4096 8月  31 17:15 opt
dr-xr-xr-x. 200 root root     0 9月  23 2015 proc
dr-xr-x---.  29 root root  4096 9月  23 08:37 root
--More--
```

图 2-8　more 命令与 ls 配置使用

⑧ 命令解释——管道符号“|”。管道符号“|”的作用是将一系列的命令连接起来。第一个命令的输出，通过管道传给第二个命令作为输入内容。

（3）合并文件并查看

① 合并文件 sales14 和 sales15，使用命令：

cat /lnjd/xs/sales14 /lnjd/xs/sales15 >/lnjd/cw/john/sales

或者命令 *more /lnjd/xs/sales14 /lnjd/xs/sales15 > /lnjd/cw/john/sales*。如图 2-9 所示。

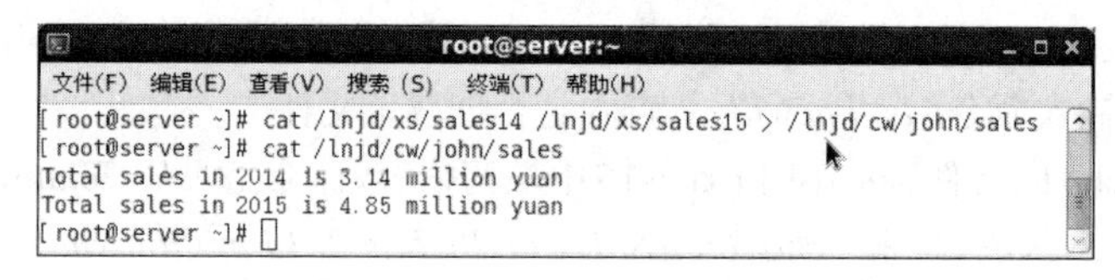
```
[root@server ~]# cat /lnjd/xs/sales14 /lnjd/xs/sales15 > /lnjd/cw/john/sales
[root@server ~]# cat /lnjd/cw/john/sales
Total sales in 2014 is 3.14 million yuan
Total sales in 2015 is 4.85 million yuan
[root@server ~]#
```

图 2-9　合并文件内容并查看

② 命令解释——cat。命令 cat 的功能是查看文件内容，该命令在显示文本文件时，一次性将所有内容输出到屏幕上，所以适合查看文件内容少的文件，而对于一屏显示不了的长文件，使用命令 more 进行查看。

（4）查看文件属性并进行修改

① 查看 sales 权限。查看 sales 文件的权限，可以使用命令 *ls –l /lnjd/cw/john/sales*，结果如图 2-10 所示。sales 文件的属性，如果使用数字可表示为 644。

```
[root@server ~]# ls -l /lnjd/cw/john/sales
-rw-r--r--. 1 root root 82 9月  23 09:08 /lnjd/cw/john/sales
[root@server ~]#
```

图 2-10　查看文件权限

Linux 作为一个多用户的网络操作系统，通过对文件和目录存取及执行的权限来控制用户对文件的访问。被授予权限的用户可以访问文件，而没有授权的用户则被拒绝。每个文件和目录都被创建它的人所“拥有”。拥有者和根用户享有文件的所有权限，并可以给其他用户授权。

第一个字符表示文件形态，即区分文件的类型，常见取值为 d、–、l、b 和 c。“d”表示是一个目录，在 ext 文件系统中目录也是一种特殊的文件；“–”表示该文件是一个普通文件；“l”表示该文件是一个符号链接文件，实际上它指向另一个文件；“b、c”分别表示该文件为区块设备或其他的外围设备，是特殊类型的文件。

剩下的 9 个字符显示文件的访问权限，九个字符分为三组，每组用三个字符，第一组为所属用户（user）的权限，第二组是所属群（group）组权限，第三组为其他用户（others）的权限。每个字符的含义如下。

r：（read）允许读取；

w：（write）允许写入；

x：（excute）允许执行。

② 修改文件 sales 属性为文件属主和组，并能够进行读、写和执行，其他用户不可读。可以使用命令 *chmod 770 /lnjd/cw/john/sales*，将目录的权限修改为 770，保证同组的用户都能读写目录。如图 2-11 所示。

③ 命令解释——chmod。chmod 命令的功能是改变文件权限和所有者。

命令格式是 chmod［-R］［who］opcode permission file

-R ：表示子目录和文件一并执行；

［who］：采用 u（user）、g（group）、o（other）之一；

opcode：表示+（增加）、-（删除）、=（分配）之一；

permission：表示 r、(read) w（write）、x（execute）之一；

file ：是文件名。

例如，管理员为文件 file1 的拥有者分配读、写、执行的权限，群组用户分配只读权限，其他用户没有任何权限，可以使用命令 *chmod u= rwx，g= r file1* ，如果为群组用户添加执行的权限，为其他用户添加读的权限，可以输入命令# *chmod g+ x，o+ r　file1* 。想要删除为其他用户添加的读权限，可以输入命令：# *chmod o- r file1*。

把文件的权限（−、w、x、r）赋予不同数值，比如：x=1、−=0、w=2、r=4，文件的权限就可以使用如 n1、n2、n3 这样 3 个数字来表示，其中 n1 表示所属用户权限，数字大小就是权限的数字和，比如权限 rwx 合起来就是 1+2+4=7，也就是用数字“7”表示读、写、执行权限；5=1+4，也就是 rx，表示执行和读的权限，其余的以此类推；n2 表示所属群组权限，n3 表示其他用户权限。它们的数字权限定义和用户相同。下面看几个权限的例子：

rwx------：用数字表示 700；

rwxr--r--：用数字表示 744；

rw-rw-r-x：用数字表示 665；

rwx-x-x：用数字表示 711。

如果使用数字表示权限，把文件 file1 的权限设置为 711（rwx-x-x），就可以使用命令# *chmod 711 file1*，设置为 665（rw-rw-r-x），可输入命令 *chmod 665 file1*。

（5）移动和复制文件

① 使用命令 *mv /lnjd/xs/sales14 /lnjd/cw/john/14*，将 xs 中的 sales14 文件移动到目录 cw/john 中，文件改名为 14，并查看结果，如图 2-12 所示。

图 2-11　修改文件权限

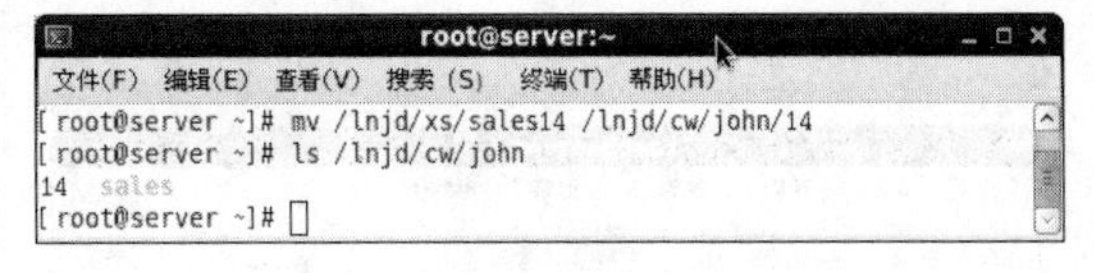

图 2-12　移动文件

② 命令解释——mv。命令 mv 的功能是移动或更名现在的文件或目录。

命令格式是：mv [参数] 源文件或目录 目标文件或目录

主要参数如下。

-i：覆盖文件之前会询问用户。

-f：若目标文件或目录与现有的文件或目录重复，则直接覆盖现有的文件和目录。

③ 命令解释——cp。命令 cp 的功能是复制文件或目录。

命令格式是：cp [参数] 源文件 目标文件

主要参数如下。

-i：覆盖文件之前会询问用户。

-f：若目标文件或目录与现有的文件或目录重复，则直接覆盖现有的文件和目录。

-r：将指定目录下的文件与子目录一并处理，可以复制文件夹。

（6）删除文件和目录

① 使用命令 *rmdir /lnjd/cw/rose* 删除目录 cw/rose，这是一个空目录，可以直接删除，再使用命令 *rmdir /lnjd/cw/john* 删除目录 cw/john，这是一个非空目录，不能直接删除，如图 2-13 所示。

② 命令解释——rmdir。命令 rmdir 的功能是删除空目录。

命令格式是：cp [参数] 目录名

主要参数如下。

-p：在删除目录时，一并删除父目录，但父目录中必须没有其他目录和文件。

③ 使用命令 *rm /lnjd/xs/sales15* 删除目录 xs 目录下的 sales15 文件，并查看结果，如图 2-14 所示。

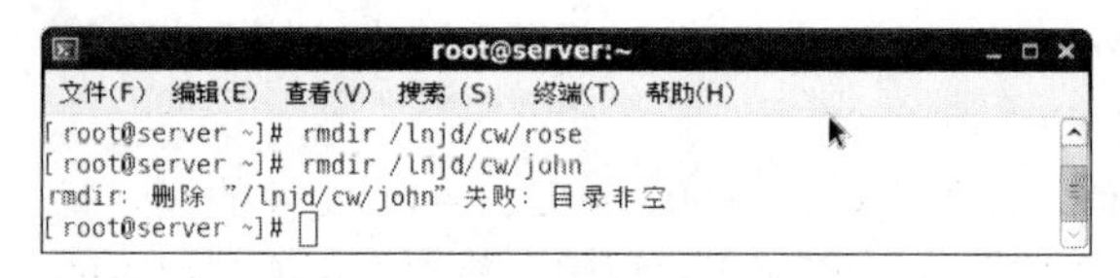

图 2-13　删除目录

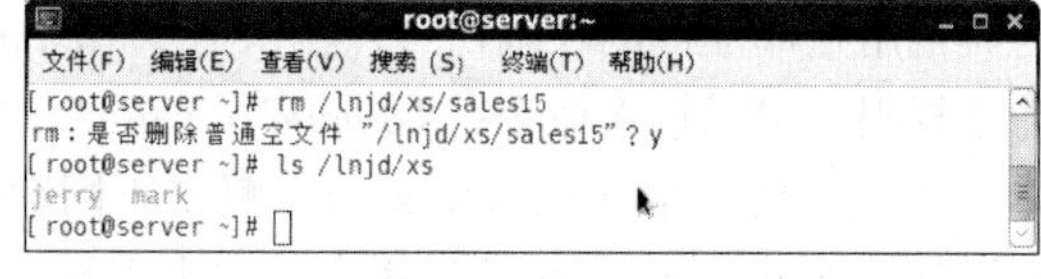

图 2-14　删除文件

④ 命令解释——rm。命令 rm 的功能是删除文件或目录。

命令格式是：rm [参数] 文件名或目录名

主要参数如下。

-i：删除文件或目录时提示用户。

-f：删除文件或目录时不提示用户。

-r：递归删除目录，即删除目录下所有的文件和目录。

⑤ 删除非空目录 cw/john，使用命令 *rm-r /lnjd/cw/john* 按照提示删除成功，并查看结果，如图 2-15 所示。

（7）打包和解包文件。备份目录/lnjd 到/root 中，生成备份文件 lnjdbf. tar，查看文件大小。使用打包命令 *tar*–*cvf lnjdbf. tar /lnjd* 备份目录/lnjd 到/root 中，生成备份文件 lnjdbf. tar，使用命令 *ls –l lnjdbf. tar* 查看文件大小，如图 2-16 所示。

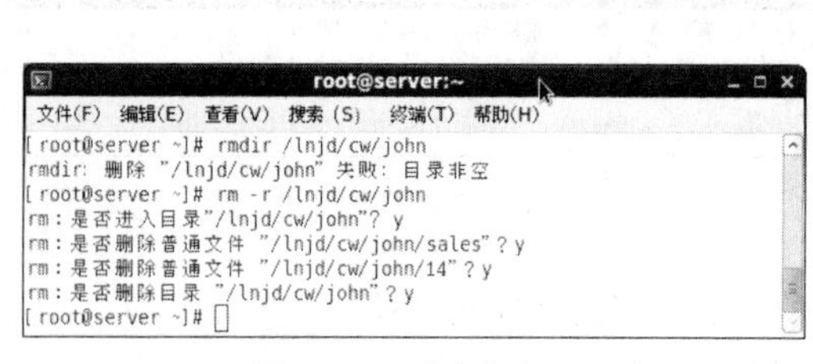

图 2-15　删除非空目录

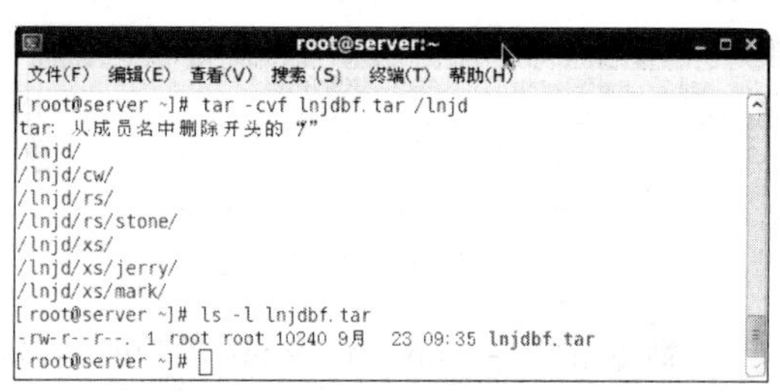

图 2-16　打包文件

tar 是用于文件打包的命令行工具。tar 命令可以把一系列文件归档到一个大文件中，也可以把档案文件解开以恢复数据。归档文件没有经过压缩，它所使用的磁盘空间是其中所有文件和目录的总和。总体来说，tar 命令主要用于打包和解包。

tar 经常使用的选项参数如下。

-c：创建一个新 tar 文件。

-f：当与 -c 选项一起使用时，创建 tar 文件，并使用该选项指定的文件名；与 -x 选项一起使用时，则解除该选项指定的归档。

-t：显示包括在 tar 文件中的文件列表。

-v：显示文件的归档进度。

-x：解压缩 tar 文件。

-z：使用 gzip 来压缩 tar 文件。

-j：使用 bzip2 来压缩 tar 文件。

命令 tar-cvf lnjdbf.tar /lnjd 中，lnjdbf.tar 表示将要创建的归档文件名，/lnjd 表示将要放入归档文件内的文件或目录名。也可以使用 tar 命令同时处理多个文件和目录，方法是把要放入归档的所有文件或目录都在命令中列出，中间用空格间隔，例如：

 # tar -cvf file.tar /home/ljh/work /home/ljh/school

上面的命令把 /home/ljh 目录下的 work 和 school 子目录内的所有文件，都放入当前目录中一个叫做 file.tar 的新文件里。

查看 tar 包的内容，想要列出 tar 文件的内容，可以输入命令：*# tar –tvf file.tar*；想抽取 tar 包文件的内容，可输入命令：*# tar -xvf file.tar*。

该命令不删除 tar 文件包，但是会把被解除归档的内容复制到当前的工作目录下，同时保留归档文件所使用的任何目录结构。例如，该 tar 文件包中包含一个叫做 pig.txt 的文件，而这个文件包含在 animal/ 目录中，那么，抽取归档文件将会在当前的工作目录中，首先创建 animal/ 目录，文件 pig.txt 就包含在该目录中。

（8）压缩文件

① 使用命令 *gzip lnjdbf.tar* 压缩备份文件 lnjdbf.tar，查看压缩文件大小，如图 2-17 所示。

图 2-17　压缩文件

tar 本身默认不压缩文件。如果要创建一个使用 tar 和 bzip 来归档压缩的文件，必须使用 -j 选项，比如命令# tar -cjvf file.tbz file。

习惯上用 bzip2 压缩的 tar 文件具有 .tbz 扩展名。通过命令创建一个归档文件，然后将其压缩为 file.tbz 文件。如果使用 bunzip2 命令为 file.tbz 文件解压，file.tbz 文件会被删除，新的解压缩后的归档文件 file.tar 被创建。还可以用一个命令来同时扩展并解除归档 bzip tar 文件：# tar -xjvf file.tbz。

要创建一个用 tar 和 gzip 归档并压缩的文件，使用带-z 选项的命令，例如：

tar -czvf file.tgz file

习惯上用 gzip 来压缩的 tar 文件具有 .tgz 扩展名，这个命令可以创建归档文件 file.tar，然后把它压缩为 file.tgz 文件（文件 filename.tar 不被保留）。如果使用 gunzip 命令来给 file.tgz 文件解压，则 file.tgz 文件会被删除，并被替换为 file.tar。也可以用单个命令来扩展 gzip tar 文件：# tar -xzvf filename.tgz。

② 在 Red Hat Linux 中，可以使用的文件压缩工具有：*gzip*、*bzip2* 和 *zip*。bzip2 压缩工具，提供了最大限度的压缩，并且可在多数类似 Unix 的操作系统上找到。gzip 压缩工具也可以在类似 Unix 的操作系统上找到，但如果需要在 Linux 和其他操作系统如 MS Windows 间传输文件，应该使用 zip，因为该命令与 Windows 上的压缩工具最兼容。

用 gzip 来压缩的文件的扩展名是.gz；用 bzip2 来压缩的文件的扩展名是.bz2；用 zip 压缩的文件的扩展名是.zip。用 gzip 压缩的文件可以使用 gunzip 来解压；用 bzip2 压缩的文件可以使用 bunzip2 来解压；zip 压缩的文件可以使用 unzip 来解压。

a．bzip2 和 bunzip2。要使用 bzip2 来压缩文件，在 shell 提示下可输入命令：*# bzip2 file*，文件 file 即会被压缩并被保存为 file.bz2 的格式；要扩展压缩的文件，在 shell 下可输入命令：*#bunzip2 file.bz2*。

解压缩命令执行完毕后，file.bz2 文件会被删除，同时创建解压缩后的文件 file。也可以使用 bzip2 命令同时处理多个文件和目录，方法是把被压缩的文件写在命令后面，并用空格间隔，例如：*# bzip2 file.bz2 file1 file2 file3 /usr/work/school*。

上面的命令把 file1、file2、file3，以及 /usr/work/school 目录的内容（假设这个目录存在）压缩并保存为文件 file.bz2。

b. gzip 和 gunzip。要使用 gzip 来压缩文件，在 shell 提示下可输入命令：*# gzip file*，文件即会被压缩，并被保存为 filen.gz；要扩展压缩的文件，可输入命令：*# gunzip file.gz*。

命令执行完后，file.gz 文件被删除，新文件 file 被创建。也可以使用 gzip 命令同时处理多个文件和目录，方法是把被压缩的文件都写在命令后面，并用空格间隔，例如：

 # gzip -r file.gz file1 file2 file3 /usr/work/school

c. zip 和 unzip。要使用 zip 来压缩文件，在 shell 提示下可输入命令：*# zip -r file.zip file*。

其中 file.zip 表示要创建的文件，files 表示被压缩的文件或者目录。-r 选项指定递归地（recursively）包括所有在 file 目录中的文件（file 表示目录）。

要抽取 zip 文件的内容，可输入命令：*# unzip filename.zip*，也可以使用 zip 命令同时处理多个文件和目录，方法是将被压缩的文件都添加在 file 后面，并用空格间隔，例如：*# zip -r file.zip file1 file2 file3 /usr/work/school* 。

上面的命令把 file1、file2、file3，以及/usr/work/school 目录的内容（假设这个目录存在）压缩起来，然后放入 file.zip 文件中。

（9）查看用户行为。对于系统管理员来说，做好系统监视和进程管理，是一项非常重要的工作。一个良好的系统，不但要求系统安全性高，而且要求稳定性更佳，这样系统用户使用时才会更放心。

在多用户的系统环境中，每个用户都能执行不同的程序，可以查看哪些用户登录了系统，以及这些用户的系统操作。

① 使用命令 *w* 查看当前用户的系统行为，如图 2-18 所示。

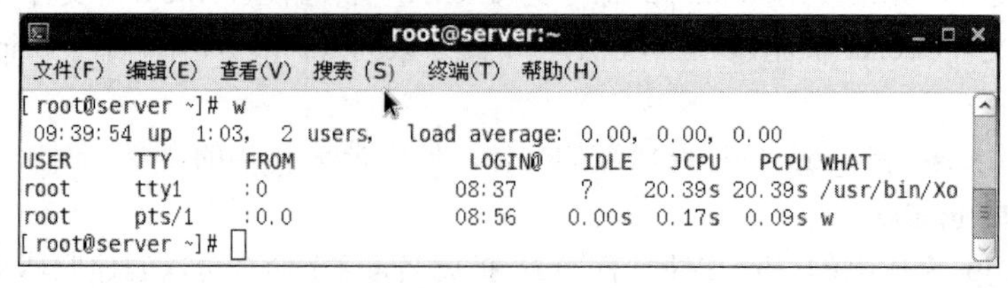

图 2-18　查看当前用户行为

第一行共有 4 个字段，其含义如下。

系统当前的时间："17:42:17"表示执行命令 w 的时间。

系统启动后经历的时间："21:41"表示该系统已经运行 21 小时 41 分钟。

当前登录系统的用户总数："3 users"表示当前有 3 位用户登录系统。

系统平均负载指示："load average"分别表示系统在过去的 1 分钟、5 分钟和 10 分钟的平均负载程度，其值越小，系统负载越小，系统性能越好。

第二行共有 4 个字段，其含义如下。

USER：显示登录的用户账户。

TTY：用户登录的终端号。

FROM：显示用户从何处登录。

LOGIN：表示用户登录系统的时间。

IDLE：表示用户闲置的时间。

JCPU：表示该终端所有相关的进程执行时所消耗的 CPU 时间。

PCPU：表示 CPU 执行程序消耗的时间。

WHAT：表示用户正在执行的程序名称。

② 使用命令 who 查看当前有哪些用户登录，如图 2-19 所示。如果需要了解更详细的信息，可使用命令 *who –u*。

③ 使用命令 *last* 查看曾经登录系统的用户，如图 2-20 所示。

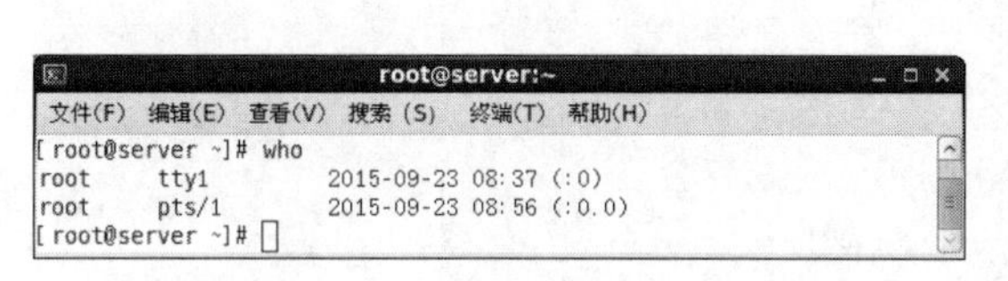

图 2-19　查看当前登录系统用户

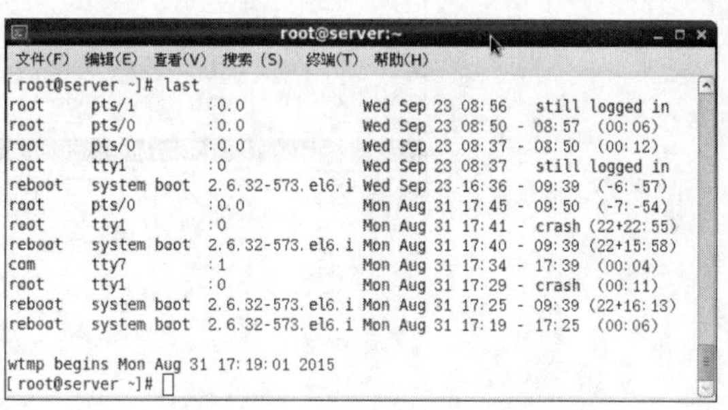

图 2-20　查看曾经登录系统用户

（10）监视系统状态。系统中的每位用户都能执行多个程序，每个程序又可能分成多个进程执行，如果某些进程占用大量的服务器系统资源，就会造成服务器负载过重。因此，作为一个优秀的系统管理员，必须了解系统中最消耗 CPU 资源的进程，以维持服务器系统的整体性能，随时监视服务器的状态是管理员的一项重要工作。

① 使用命令 *top* 显示监控系统的资源，包括内存、交换分区和 CPU 的使用率等，如图 2-21 所示。

top 命令会定期更新显示内容，默认选项是根据 CPU 的负载来进行排序的，第一、第二行各字段的意义与 w 命令相同，第三行表示所有进程的执行情况，第四行表示 CPU 的使用情况，第五行表示内存的使用情况，第六行表示交换分区的使用情况，其他内容表示正在执行的进程列表。

如果希望按照内存使用率来排序，可按下 M 键；如果希望按照执行时间来排序，可按下 T 键；如果想终止 top 命令，可按下 Q 键。

② 执行 top 命令时，将监视系统用户的全部进程；如果只想监控某位特定的用户，可按下 u 键，在 top 信息中出现"Which User（Blank for All）"提示语句，输入想监视的用户名即可。

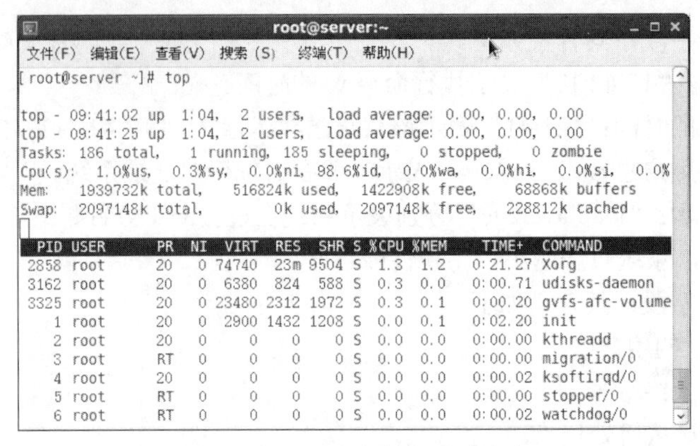

图 2-21　使用 top 命令查看系统资源

③ 如果发现某个进程占用了太多的系统资源，或是用户超权执行了程序，可从 top 列表中直接将其删除。按下 k 键，在 top 信息中出现“PID to kill”提示语句，输入要删除的 PID（进程标识符），如图 2-22 所示，按下【enter】键就可以删除了。一般来说，输入信号代码的默认值是 15，遇到特殊的进程可输入信号代码 9 将其删除。管理员可以删除任何进程，每个用户仅能删除属于自己的进程，无法删除其他用户的进程。

```
root@server:~
文件(F) 编辑(E) 查看(V) 搜索 (S) 终端(T) 帮助(H)
top - 09:42:14 up 1:05,  2 users,  load average: 0.00, 0.00, 0.00
Tasks: 186 total,  1 running, 185 sleeping,  0 stopped,  0 zombie
Cpu(s):  0.7%us,  0.0%sy,  0.0%ni, 99.3%id,  0.0%wa,  0.0%hi,  0.0%si,  0.0%
Mem:   1939732k total,  516684k used, 1423048k free,   68936k buffers
Swap:  2097148k total,        0k used, 2097148k free,  228892k cached
PID to kill:
  PID USER     PR  NI  VIRT  RES  SHR S %CPU %MEM    TIME+  COMMAND
 2858 root     20   0 74448  22m 9504 S  0.3  1.2   0:21.56 Xorg
 3691 root     20   0 98704  15m  11m S  0.3  0.8   0:03.86 gnome-terminal
 4454 root     20   0  2704 1180  888 R  0.3  0.1   0:00.18 top
    1 root     20   0  2900 1432 1208 S  0.0  0.1   0:02.20 init
    2 root     20   0     0    0    0 S  0.0  0.0   0:00.00 kthreadd
    3 root     RT   0     0    0    0 S  0.0  0.0   0:00.00 migration/0
    4 root     20   0     0    0    0 S  0.0  0.0   0:00.02 ksoftirqd/0
    5 root     RT   0     0    0    0 S  0.0  0.0   0:00.00 stopper/0
    6 root     RT   0     0    0    0 S  0.0  0.0   0:00.02 watchdog/0
    7 root     20   0     0    0    0 S  0.0  0.0   0:00.28 events/0
    8 root     20   0     0    0    0 S  0.0  0.0   0:00.00 events/0
    9 root     20   0     0    0    0 S  0.0  0.0   0:00.00 events_long/0
```

图 2-22　删除指定进程

④ 使用系统监视器监视系统。使用 top 命令可以查看系统中每个进程的 CPU 使用情况，也可以采用图形化操作界面的系统监视器，使得系统管理员可以方便地监视整个系统运行状态。

a. 选择“应用程序”|“系统工具”|“系统监视器”，打开“系统监视器”窗口，该窗口有“系统”、“进程”、“资源”和“文件系统”4 个选项卡，其中“系统”选项卡内容如图 2-23 所示。在该窗口中显示计算机名称，操作系统版本信息，硬件信息和系统状态。

b. 在“系统监视器”窗口，单击“进程”按钮，出现如图 2-24 所示的“进程”选项卡，在该窗口中，可以查看所有进程的情况，可以在“查看”下拉列表中选择某个进程，查看该进程的执行情况，可以在“编辑”下拉列表中，对进程进行操作，如停止进程、继续进程、结束进程、“杀死”进程等。

c. 在“系统监视器”窗口，单击“资源”按钮，出现如图 2-25 所示的“资源”选项卡，可以查看 CPU 历史、内存和交换历史、网络历史等信息。

d. 在“系统监视器”窗口，单击“文件系统”按钮，出现如图 2-26 所示的“文件系统”选项卡，可以查看当前系统的分区及使用情况。

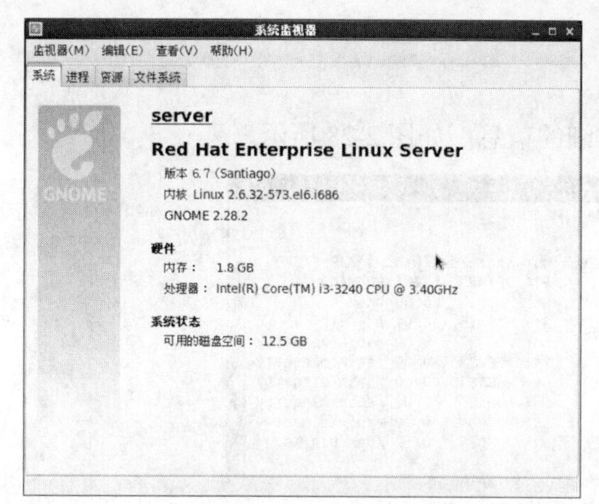

图 2-23 “系统”选项卡

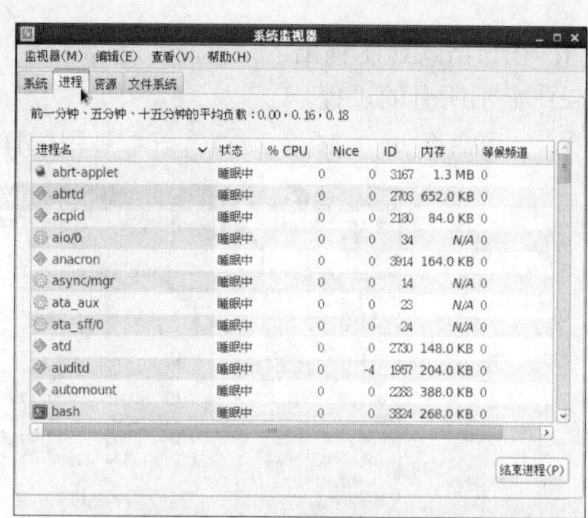

图 2-24 “进程”选项卡

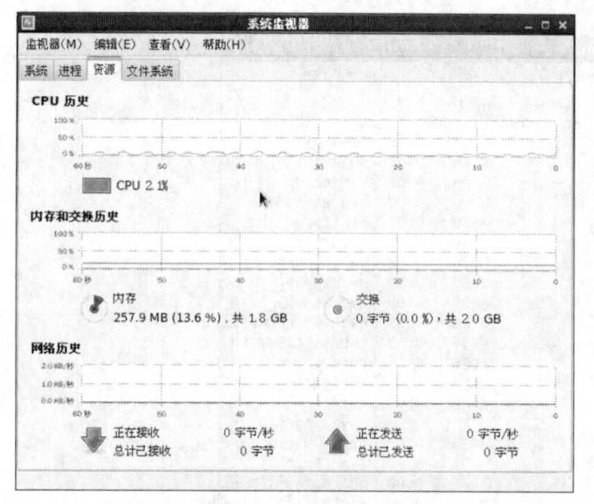

图 2-25 “资源”选项卡

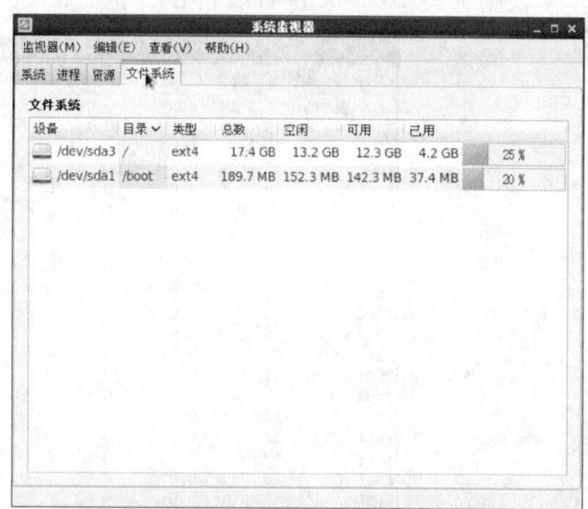

图 2-26 “文件系统”选项卡

（11）管理进程

① 使用命令 *ps* 查看系统中执行的进程，如图 2-27 所示。

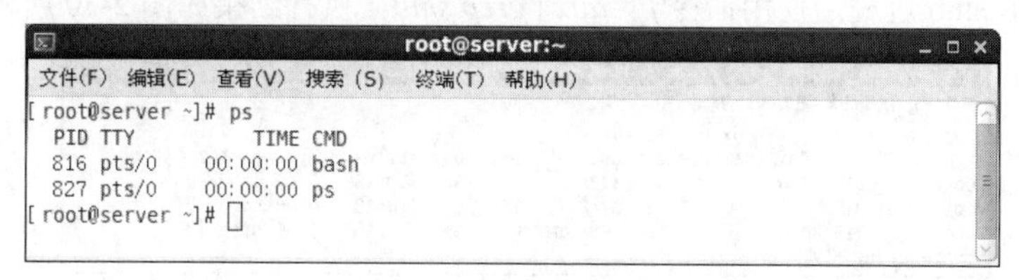

图 2-27　查看进程

在图 2-27 中，PID 表示进程标识符，这是进程的唯一标识，TTY 表示用户使用的终端代号，TIME 表示进程所消耗的 CPU 时间，CMD 表示正在执行的程序或命令。

命令 ps 的功能是查看系统的进程。

命令格式是：ps [参数]

主要参数如下。

-a：显示当前控制终端的进程。

-u：显示进程的用户名和启动时间等信息。

-x：显示没有控制终端的进程。

-l：按长格式显示输出。

-e：显示所有的进程。

② 使用命令 *ps –u* 或者 *ps –l*，查看进程较详细的信息，如图 2-28 所示。

```
root@server:~
文件(F) 编辑(E) 查看(V) 搜索 (S) 终端(T) 帮助(H)
[root@server ~]# ps -u
Warning: bad syntax, perhaps a bogus '-'? See /usr/share/doc/procps-3.2.8/FAQ
USER       PID %CPU %MEM    VSZ   RSS TTY      STAT START   TIME COMMAND
root       816  0.0  0.0   6744  1664 pts/0    Ss   10:14   0:00 bash
root       850  0.0  0.0   6548  1056 pts/0    R+   10:15   0:00 ps -u
root      2825  0.0  0.0   2008   504 tty2     Ss+  08:37   0:00 /sbin/mingetty
root      2828  0.0  0.0   2008   504 tty3     Ss+  08:37   0:00 /sbin/mingetty
root      2830  0.0  0.0   2008   500 tty4     Ss+  08:37   0:00 /sbin/mingetty
root      2836  0.0  0.0   2008   504 tty5     Ss+  08:37   0:00 /sbin/mingetty
root      2838  0.0  0.0   2008   500 tty6     Ss+  08:37   0:00 /sbin/mingetty
root      2858  0.8  1.2  40824 24504 tty1     Ss+  08:37   0:52 /usr/bin/Xorg :
[root@server ~]#
```

图 2-28 查看进程详细信息

③ 使用命令 *ps–aux* 查看后台正在执行的进程，如图 2-29 所示。

```
root@server:~
文件(F) 编辑(E) 查看(V) 搜索 (S) 终端(T) 帮助(H)
[root@server ~]# ps -aux
Warning: bad syntax, perhaps a bogus '-'? See /usr/share/doc/procps-3.2.8/FAQ
USER       PID %CPU %MEM    VSZ   RSS TTY      STAT START   TIME COMMAND
root         1  0.0  0.0   2900  1432 ?        Ss   08:36   0:02 /sbin/init
root         2  0.0  0.0      0     0 ?        S    08:36   0:00 [kthreadd]
root         3  0.0  0.0      0     0 ?        S    08:36   0:00 [migration/0]
root         4  0.0  0.0      0     0 ?        S    08:36   0:00 [ksoftirqd/0]
root         5  0.0  0.0      0     0 ?        S    08:36   0:00 [stopper/0]
root         6  0.0  0.0      0     0 ?        S    08:36   0:00 [watchdog/0]
root         7  0.0  0.0      0     0 ?        S    08:36   0:00 [events/0]
root         8  0.0  0.0      0     0 ?        S    08:36   0:00 [events/0]
root         9  0.0  0.0      0     0 ?        S    08:36   0:00 [events_long/0]
root        10  0.0  0.0      0     0 ?        S    08:36   0:00 [events_power_]
root        11  0.0  0.0      0     0 ?        S    08:36   0:00 [cgroup]
root        12  0.0  0.0      0     0 ?        S    08:36   0:00 [khelper]
root        13  0.0  0.0      0     0 ?        S    08:36   0:00 [netns]
root        14  0.0  0.0      0     0 ?        S    08:36   0:00 [async/mgr]
root        15  0.0  0.0      0     0 ?        S    08:36   0:00 [pm]
root        16  0.0  0.0      0     0 ?        S    08:36   0:00 [sync_supers]
root        17  0.0  0.0      0     0 ?        S    08:36   0:00 [bdi-default]
root        18  0.0  0.0      0     0 ?        S    08:36   0:00 [kintegrityd/0]
```

图 2-29 查看后台执行的进程

④ 由于参数-aux 会列出所有的进程，因而不容易找到特定的进程，可以将其和命令 grep 配合使用，例如显示 smb 进程，使用命令 *ps–aux | grep smb*，执行结果如图 2-30 所示。

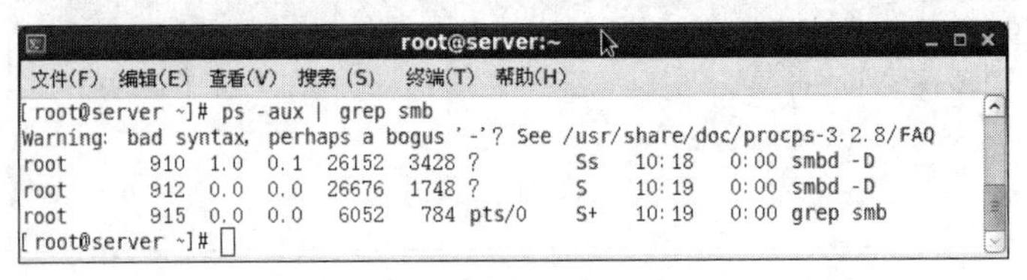

```
root@server:~
文件(F) 编辑(E) 查看(V) 搜索 (S) 终端(T) 帮助(H)
[root@server ~]# ps -aux | grep smb
Warning: bad syntax, perhaps a bogus '-'? See /usr/share/doc/procps-3.2.8/FAQ
root       910  1.0  0.1  26152  3428 ?        Ss   10:18   0:00 smbd -D
root       912  0.0  0.0  26676  1748 ?        S    10:19   0:00 smbd -D
root       915  0.0  0.0   6052   784 pts/0    S+   10:19   0:00 grep smb
[root@server ~]#
```

图 2-30 查询 smb 进程

⑤ 命令解释——grep。命令 grep 的功能是查找文件中包含有特定字符串的行。

命令格式是：grep [参数] 要查找的字符串 文件名

主要参数如下。

-v：列出不匹配的行。

-c：对匹配的行计数。

-l：只显示包含匹配模式的文件名。

⑥ 删除某个进程可使用命令 kill。首先使用命令 *ps* 列出进程，然后找到希望删除进程的 PID3509，输入命令 *kill 3509*，如图 2-31 所示。

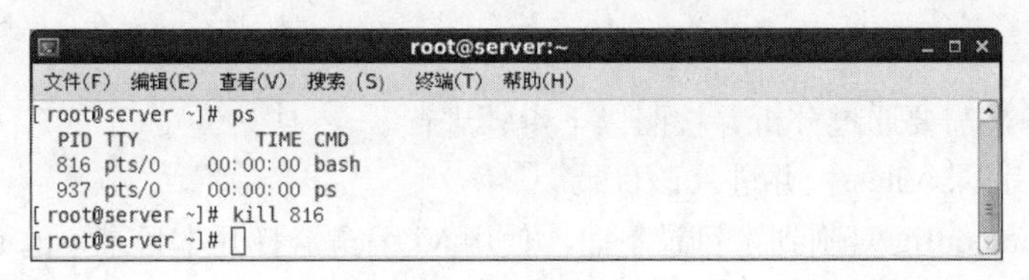

图 2-31　删除进程

⑦ 图形化管理系统日志。系统的日志文件不仅可以让管理员了解系统状态，在系统出现问题时也可以方便地分析原因，它记录着系统运行的详细信息，例如常驻服务程序发生问题或用户登录错误等信息都可以被记录下来。所以，管理日志文件对系统管理员来说是一项非常重要的任务。

选择“应用程序”|“系统工具”|“ksystemlog”，打开“系统日志查看器”窗口，如图 2-32 所示。

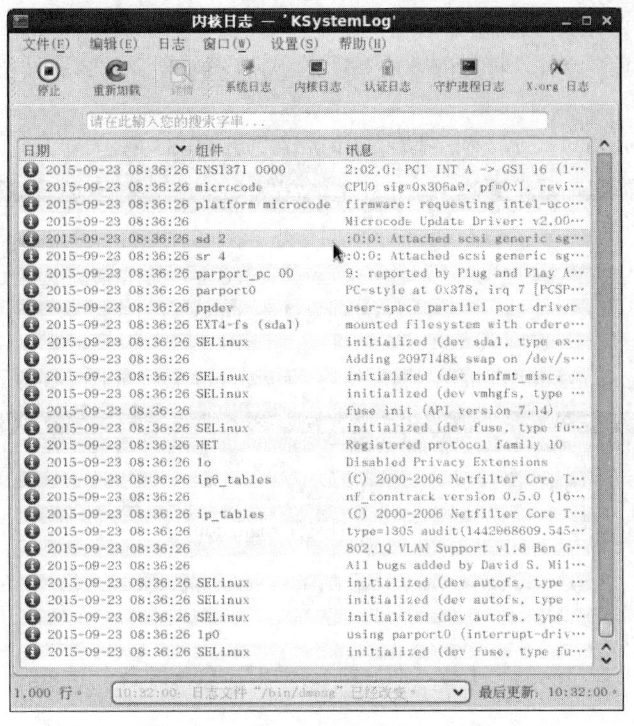

图 2-32　内核日志窗口

在该窗口中，看到系统包含了很多日志文件：系统日志、内核日志、认证日志、守护进程日志和 X.org 日志等。通过监视各项日志，可以维护系统安全。

任务 2　Vi 编辑器的使用

1. 任务描述

系统管理员的重要工作之一就是要修改与设定服务器的配置文件，因此必须熟悉至少一种文本编辑器，所有的 Linux 发行版本都内置有 Vi 文本编辑器。因为 Vi 编辑器不像 Word 或 WPS 那样可以对字体、格式、段落等进行编排，它只是一个文本编辑程序，没有菜单，只有命令。通过对文件 man.config 进行操作，来熟悉掌握 Vi 编辑器的使用。

2. 任务分析

为了完成任务，需要通过分析并按照以下步骤进行。

（1）创建文件目录/Vitest，并进入该目录。

（2）将/etc/man.config 复制到本目录下面，使用 Vi 编辑器打开本目录下的 man.config 文件

（3）在 Vi 中设定行号，移动到 45 行。

（4）移动到第 1 行，并且向下查找 bzip2 这个字符串，记住它在第几行。

（5）将 50 行到 80 行之间的 man 字符串修改为 MAN 字符串，并且一个一个地挑选：是否需要修改？如何下达命令？如果在挑选过程中一直按 y，结果会在最后一行改变了几个 man？

（6）修改之后如果突然反悔了，要全部恢复，有哪些办法？

（7）要复制 35～44 这 10 行的内容，并且粘贴到最后一行之后。

（8）删除 21～40 行。

（9）将这个文件另存为一个文件：man.config.bak。

（10）移动到第 29 行，并且删除 15 个字符。

（11）在第一行新增一行，该行内容输入“我喜欢 Vi 编辑器”，然后存盘离开。

3. 实现过程

（1）执行命令 *mkdir /Vitest*，然后执行 *cd /Vitest*。如图 2-33 所示。

图 2-33　创建目录/Vitest

（2）执行命令 *cp/etc/man. config*，然后执行 *vi man.config*，如图 2-34 所示。

图 2-34　复制文件 man. config

（3）输入：*set nu*，在文本编辑器的左侧出现表示行号的数字，然后执行 *45G*，即可移动到 45 行，如图 2-35 所示。

（4）首先执行 *1G*，移动到第 1 行，然后执行 */bzip2*，查找到含有 bzip2 字符的行，在 137 行，如图 2-36 所示。

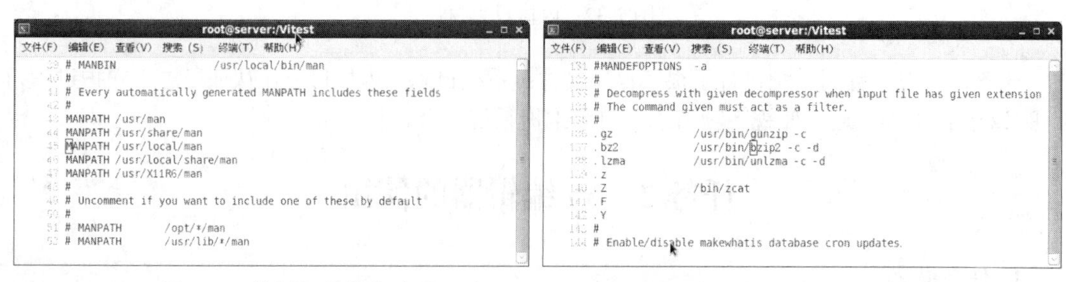

图 2-35　设置行号并移动到 45 行　　图 2-36　向下查找 bzip2 字符串

（5）执行：*50,80s/man/MAN/gc* 命令，如图 2-37 所示，即将 50 行到 100 行的 man 用 MAN 代替，每次替换都会询问是否替换，输入“y”表示替换，最后出现“21 substitutions on 19 lines”表示在 19 行中共替换了 21 个。

（6）简单的恢复操作可以一直按 *u* 键，即可撤销操作，也可以执行：*! q*，不保存文件。

（7）先执行 *35G*，然后执行 *10yy*，最后一行出现“10 lines yanked”，即复制 10 行，如图 2-38 所示，接着按下 *G* 到最后一行，再按下 *p* 键，则粘贴了 10 行。

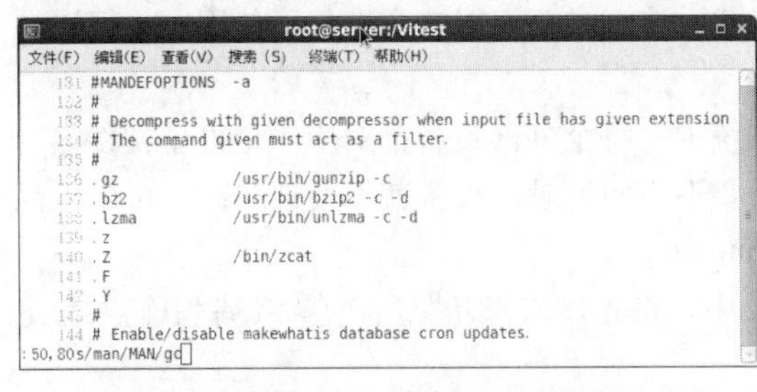

图 2-37　使用 MAN 替换 man 字符串

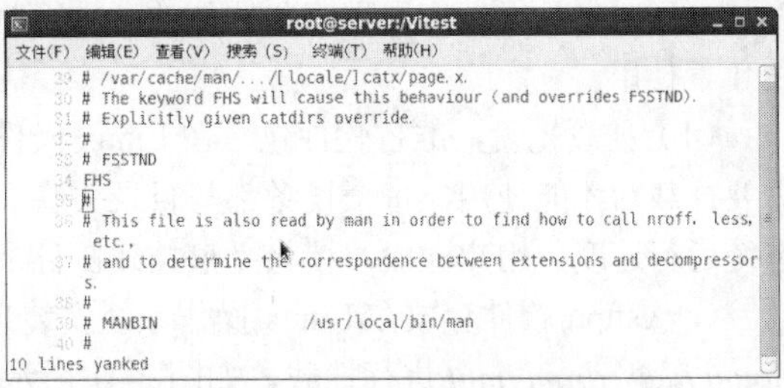

图 2-38　复制 10 行内容并粘贴

（8）先执行 *21G*，然后执行 *20dd*，则删除 20 行。

（9）执行：*w man.config.bak*，则文件被另存为 man. config. bak，在文件结尾出现“man. config. bak”[New]提示，如图 2-39 所示，表示创建了一个新文件 man. config. bak。

（10）执行 *29G*，然后执行 *15x*，删除了 15 个字符。

（11）执行 *1G*，按下大写的 *O* 键，即在第一行新增一行，使用【Ctrl】+【空格】切换输入法为智能拼音，输入内容“我喜欢 Vi 编辑器”，如图 2-40 所示，然后按下【Esc】键，转换为命令模式，再执行：*wq*，存盘离开。

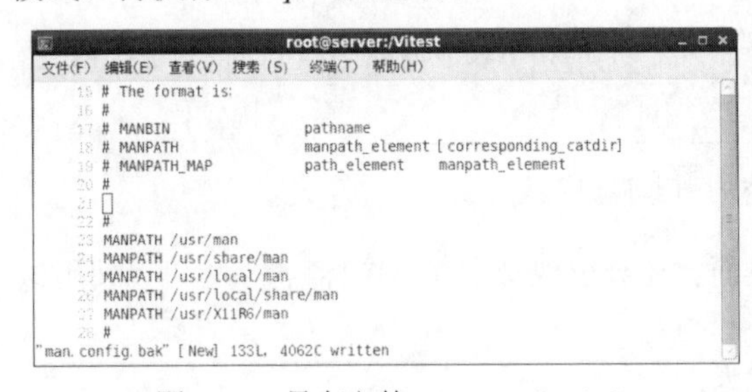

图 2-39　另存文件 man. config. bak

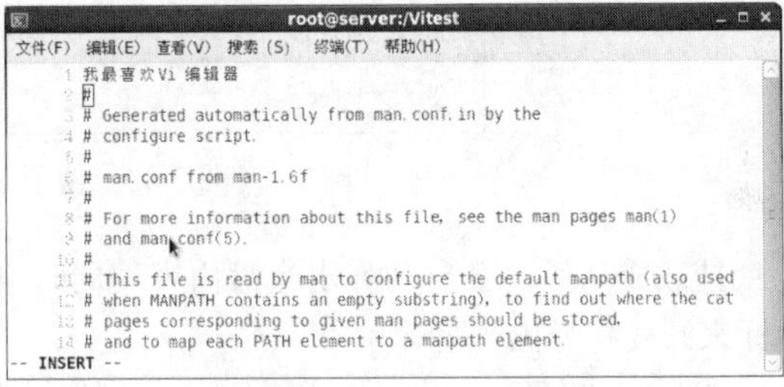

图 2-40　输入内容并保存

任务 3　安装软件

1. 任务描述

某公司职员网络管理员，需要安装 FTP 服务器软件。

2. 任务分析

公司的计算机安装了 Linux 操作系统，为了架设 FTP 服务器，提供服务功能，首先要进行 FTP 服务器软件安装。目前，最安全、最高效的 FTP 服务器软件是 vsftpd。在本任务中，将采取两种不同的方式进行安装，即以二进制形式发布的 RPM 软件包的安装和以源代码形式发行的软件包的安装。

本任务按照以下步骤实现：

① 安装以二进制形式发布的软件包 vsftpd-2.2.2-14.el6.i686.rpm；

② 安装以源代码形式发行的软件包 vsftpd-3.0.2.tar.gz。

3. 安装软件包 vsftpd-2.2.2-14.el6.i686.rpm

用程序的源代码进行安装，由于可以阅读、编辑源代码，对安装者来说有很大的自由度，但该方式需要安装者有一定的程序基础，同时很多软件的安装说明都是英文的，初学者掌握起来有一定的难度。在很多情况下，安装方式的简化比安装的自由度更重要。Red Hat 公司的 RPM（Red Hat Package Manage）软件包管理器，是一个可以进行软件安装、卸载、查询、升级、验证的强大工具，同时也是组织应用程序和软件的一种简单形式。该工具既可以在命令行下使用，也可以在 GUI 下使用。

（1）挂载光盘，准备软件包。在 Linux 操作系统中，每个外部设备都对应一个设备文件名，需要挂载后才能使用。每个设备都与目录关联，只要不访问目录，设备就不会被访问，可以提高系统运行速度。用户一般习惯将光盘挂载在目录/mnt 中。

① vsftpd 软件存放在 Linux 操作系统安装光盘中，将光盘放入光驱后，在“终端”中输入命令 *mount /dev/cdrom /mnt* 进行挂载，如图 2-41 所示。

图 2-41　挂载光盘

使用命令 *ls /mnt/cdrom* 查看光盘内容，如图 2-42 所示。

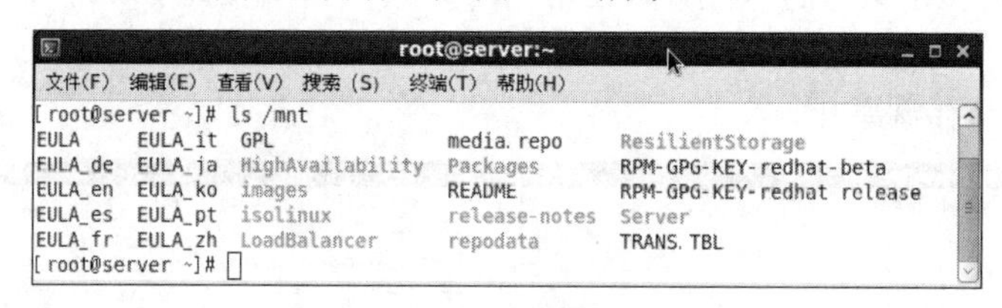

图 2-42　使用 ls 查看光盘内容

挂载成功后，会自动弹出光盘内容，同时桌面上还会出现一个光盘图标，也可以使用该图标来卸载和弹出光盘。

② 命令解释——mount。命令 mount 的格式为：

mount -t <文件系统类型> -o <选项>设备名　挂载点

运行该命令要注意以下几个方面。

a. 文件系统类型。在挂载设备时，文件系统一般都能自动识别，所以 t 参数可以省略，只有文件系统不能被自动识别时，才使用这个参数。文件系统挂载 Windows FAT32 的介质，文件系统类型是 vfat，例如，将 Windows 分区 hda2 挂载到目录/mnt/c 的命令是：

mount -t vfat /dev/hda2 /mnt/c

Windows 操作系统中的 NTFS 文件系统在 Linux 中不能自动识别，需要重新编译内核。光盘的数据格式是 iso9660 和 udf。大部分光盘格式是 iso9660，只有可擦写光盘的格式是 udf。挂载光盘时指定格式的命令是：

mount -t iso9660 /dev/cdrom /mnt/cdrom

参数 t 可以省略。

b. 选项。不同的文件系统具有不同的选项，Windows 文件系统常用的挂载选项是“iocharset=<charset>”，这个选项的作用是设置文件系统的字符编码为中文，即 gb2312 和 utf8。

如果挂载的设备有中文，则使用命令：

mount -t vfat -o iocharset=gb2312 /dev/cdrom /mnt/cdrom

或者是：

mount -t vfat -o utf8 /dev/cdrom /mnt/cdrom

常用移动介质挂载选项如下。

rw/ro：读写/只读模式，适用于所有类型，如：*mount /dev/floppy /mnt/floppy –o ro*，挂载软盘后的权限是只读模式。

uid=<user name/uid>,gid=<group name/gid>：为挂载点目录指定属主和组身份，命令 *mount /dev/sdb2 /b –o uid=rose,gid=rose* 的作用是将分区 sdb2 挂载到目录 b 上，并且指定属主和组是 rose，这个目录默认是属于运行这个命令的用户和组，如果是 root 用户运行该命令，就属于 root 用户和 root 组。

c. 设备。Linux 中常用的外部设备名如下。

光驱（IDE）：/dev/cdrom；

光驱（SCSI）：/dev/scdN（N＝0，1…）；

硬盘（IDE）：/dev/hdX（X＝a，b…）；

硬盘（SCSI）：/dev/sdX（X＝a，b…）；

U 盘：/dev/sdX（X＝a，b…）。

例如，挂载 U 盘的命令可以使用命令：*mount /dev/sda1 /mnt/usb*。

d. 挂载点。设备的挂载位置称为挂载点，挂载点的目录必须存在，如果不存在，可以使用命令 mkdir 进行创建。

③ 使用命令 *df* 或 *du* 查看分区挂载情况，如图 2-43 所示，最后一行就是光驱的挂载情况。

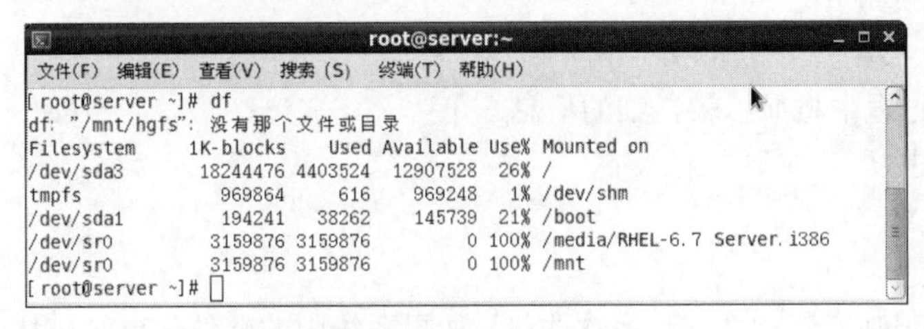

图 2-43　查看光盘挂载

④ 命令解释——df，du。命令 df 功能是检查文件系统的磁盘空间占用情况，可以利用该命令来获取硬盘被占用了多少空间，目前还剩下多少空间等信息。

用 du 命令逐级进入指定目录的每一个子目录，并显示该目录占用文件系统数据块（1024 字节）的情况。若没有给出目录名，则对当前目录进行统计。

两个命令中的常用选项含义如下。

-b：以字节为单位列出磁盘空间使用情况（系统缺省以 K 字节为单位）。

-k：以 1024 字节为单位列出磁盘空间使用情况。

-m：以 1M 字节为单位列出磁盘空间使用情况。

⑤ Linux 操作系统的安装包位于光盘的 Packages 目录下，挂载光盘后使用命令 *cd /mnt/Packages*，进入 vsftpd 软件所在目录，使用命令 *ls / grep vsftpd*，找到 sftpd-2. 2. 2-14. el6. i686. rpm 安装包，如图 2-44 所示。

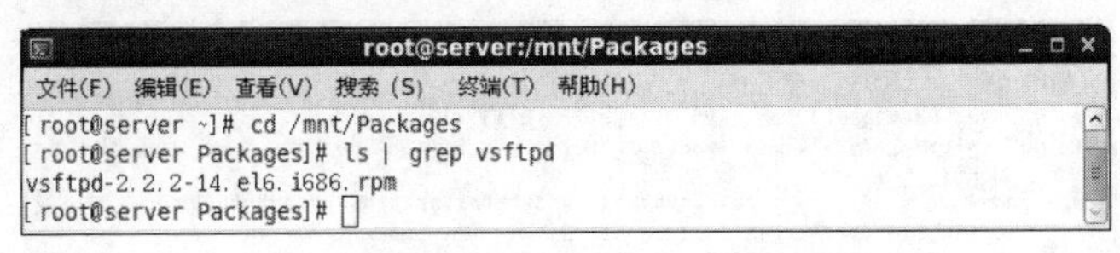

图 2-44　准备 vsftpd 软件包

⑥ 如果需要更换一张光盘，或者不再使用光盘，使用命令 *umount/mnt/cdrom* 卸载光盘，成功后再查看目录/mnt，没有光盘内容，说明卸载成功了，如图 2-45 所示。此处先不能卸载光盘，因为 vsftpd 程序还没有安装。

图 2-45　卸载光盘

也可以使用命令 *umount /mnt* 卸载。如果没有卸载，光盘不允许取出。

（2）安装软件包。在“应用程序”中的“附件”中选择“终端”命令窗口，使用命令 *rpm -ivh vsftpd-2.2.2-14.el6.i686.rpm* 进行安装，如图 2-46 所示。

图 2-46　安装 vsftpd 软件包

（3）命令解释——rpm。rpm 命令格式：　rpm　［options］　file1. rpm　file2. rpm……

常用的参数选项如下。

-i：安装软件。

-v：表示安装过程中将显示较详细的信息。

-h：显示安装进度。

-U：升级安装。

-e：删除软件包。

-replacepkgs：强制安装软件，替换软件包。如果系统中的软件包已经破坏了，其中一个或多个文件丢失或损毁，用户如果想修复这个软件包，可以使用该参数进行安装软件。

- replacefiles：强迫安装软件。如果在安装一个新的软件包时，RPM 发现其中某个文件和已安装的某个软件包中的文件名字相同，但内容不同，那么 RPM 就会认为这是一个文件冲突，会报错退出。如果用户想忽略这个错误，可使用 replacefiles 选项，指示 RPM 发现文件冲突时，直接替换掉原文件即可。注意：除非用户对所冲突的文件有很深的了解，否则不要轻易替换文件，以免破坏已安装软件包的完整性，确保其能正常运行。

file1.rpm、file2.rpm…是将要安装的 RPM 包的名称，可以一次安装多个文件。

vsftpd-2.2.2-14.el6.i686.rpm 是软件包名称，大多数 Linux 应用软件包的命名也有一定的规律，它遵循：名称-版本-修正版-类型。该软件的软件名称是 vsftpd，版本号为 2.2.2，修正版本是 14，可用平台是 i686，适用于 Intel 80x86 平台，类型是 rpm，说明是一个 RPM 包。

（4）在安装 vsftpd-2.2.2-14.el6.i686.rpm 软件包时，可能会出现如下几种情况。

① 软件包已经安装。如果要安装的文件已经安装，在安装时会出现如图 2-47 所示提示。

图 2-47　已经安装了 vsftpd 软件包

如果用户想安装 RPM 中的最初配置文件，可以使用命令 *-rpm -ivh --replacepkgs vsftpd-2.2.2-14.el6.i686.rpm*，使软件再一次被安装，如图 2-48 所示。

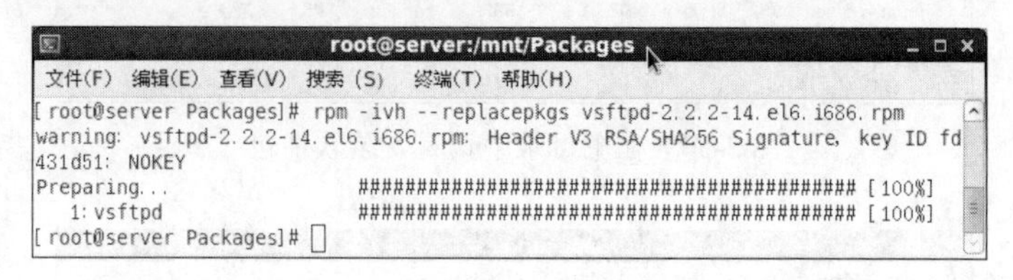

图 2-48　再次安装 vsftpd 软件包

② 软件冲突。如果试图安装的软件包中包含已被另一个软件包或同一软件包的早期版本安装了的文件，则会发生文件冲突，要使 RPM 忽略这个错误，使用 --replacefiles 选项，命令是 *rpm -ivh -replacefile vsftpd-2.2.2-14.el6.i686.rpm*。

③ 删除软件包。删除软件包最简单的命令是带有-e 参数的 rpm 命令。比如想把刚才安装的 vsftpd 软件删除，可在“终端”中输入命令 *rpm -e vsftpd*。

④ 升级。升级软件包最简单的命令是带有-U 参数的 rpm 命令，如果需要升级刚才安装的 vsftpd 软件包，可在“终端”中输入命令：

rpm -Uvh vvsftpd-2.2.2-14.el6.i686.rpm。RPM 自动删除 vsftpd 软件包的任何老版本后，执行新安装。

⑤ 查询。使用命令 *rpm -q* 可以查询已安装软件包的信息。

（5）命令解释——rpm -q。命令格式为：rpm –q　[参数]

常用的选项如下。

-a：查询所有已安装的软件包。

-f <file>：会查询拥有 <file> 的软件包。当指定文件时，必须指定文件的完整路径。

-R <packagefile>：列出 <packagefile>所依赖的文件。

-I：显示软件包信息，包括名称、描述、发行版本、大小、制造日期、生产商等。

-l：显示和软件包相关的文件列表。

（6）查看软件包是否安装。软件包安装后，在“终端”中输入命令 *rpm –qa| grep vsftpd*，显示已经安装的软件名称是 vsftpd-2.2.2-14.el6.i686，如图 2-49 所示。

图 2-49　查看安装的 vsftpd 软件包

4. 安装软件包 vsftpd-3.0.2.tar.gz

（1）下载软件包。如果 RPM 软件包是从安装光盘中获取的，不是最新版本的软件包，为了获取最新的软件包，可从互联网上下载以源代码形式发布的软件包，并手工进行编译。

管理员从互联网上下载了最新的软件包 vsftpd-3.0.2.tar.gz。

（2）解压数据包。将软件包 vsftpd-3.0.2.tar.gz 拷贝到主目录/root 中，然后使用命令 *ls* 进行查看，如图 2-50 所示。

源代码软件以.tar.gz 作为扩展名(或 tar.Z、tar、bz2.tgz)。不同扩展名表示压缩方法不同，使用命令 tar 为文件解包，命令格式：*tar –xvzf vsftpd-3.0.2.tar.gz*，如图 2-51 所示。

```
root@server:~
文件(F)  编辑(E)  查看(V)  搜索 (S)  终端(T)  帮助(H)
[root@server ~]# ls
anaconda-ks.cfg          lnjdbf.tar.gz                       公共的  文档
anaconda-screenshots     VMwareTools-9.6.2-1688356.tar.gz    模板    下载
install.log              vmware-tools-distrib                视频    音乐
install.log.syslog       vsftpd-3.0.2.tar.gz                 图片    桌面
[root@server ~]#
```

图 2-50　在主目录中查看安装软件包

```
root@server:~
文件(F)  编辑(E)  查看(V)  搜索 (S)  终端(T)  帮助(H)
[root@server ~]# tar -xzvf vsftpd-3.0.2.tar.gz
vsftpd-3.0.2/
vsftpd-3.0.2/filestr.h
vsftpd-3.0.2/sysutil.c
vsftpd-3.0.2/README.ssl
vsftpd-3.0.2/vsftpd.conf.5
vsftpd-3.0.2/FAQ
vsftpd-3.0.2/opts.c
vsftpd-3.0.2/ftppolicy.c
vsftpd-3.0.2/SIZE
vsftpd-3.0.2/secbuf.c
vsftpd-3.0.2/vsftpd.conf
vsftpd-3.0.2/access.c
vsftpd-3.0.2/ascii.h
vsftpd-3.0.2/tunables.c
vsftpd-3.0.2/EXAMPLE/
vsftpd-3.0.2/EXAMPLE/VIRTUAL_HOSTS/
```

图 2-51　解压软件包

（3）查看解压的数据包。成功解压缩源代码文件后，使用命令 *ls* 查看到当前目录中有一个 vsftpd-3.0.2 文件，使用命令 *cd vsftpd-3.0.2* 进入解包的目录，再次使用命令 *ls* 进行查看，如图 2-52 所示，一般都能发现 README（或 readme）、INSTALL（或 install）。

```
root@server:~/vsftpd-3.0.2
文件(F)  编辑(E)  查看(V)  搜索 (S)  终端(T)  帮助(H)
[root@server ~]# cd vsftpd-3.0.2
[root@server vsftpd-3.0.2]# ls
access.c      ftpcmdio.h     opts.h            REWARD             sysstr.c
access.h      ftpcodes.h     parseconf.c       secbuf.c           sysstr.h
ascii.c       ftpdataio.c    parseconf.h       secbuf.h           sysutil.c
ascii.h       ftpdataio.h    port              seccompsandbox.c   sysutil.h
AUDIT         ftppolicy.c    postlogin.c       seccompsandbox.h   tcpwrap.c
banner.c      ftppolicy.h    postlogin.h       SECURITY           tcpwrap.h
banner.h      hash.c         postprivparent.c  secutil.c          TODO
BENCHMARKS    hash.h         postprivparent.h  secutil.h          tunables.c
BUGS          INSTALL        prelogin.c        session.h          tunables.h
builddefs.h   ipaddrparse.c  prelogin.h        SIZE               TUNING
Changelog     ipaddrparse.h  privops.c         SPEED              twoprocess.c
COPYING       LICENSE        privops.h         ssl.c              twoprocess.h
COPYRIGHT     logging.c      privsock.c        ssl.h              utility.c
defs.h        logging.h      privsock.h        sslslave.c         utility.h
dummyinc      ls.c           ptracesandbox.c   sslslave.h         vsf_findlibs.sh
EXAMPLE       ls.h           ptracesandbox.h   standalone.c       vsftpd.8
FAQ           main.c         README            standalone.h       vsftpd.conf
features.c    Makefile       README.security   str.c              vsftpd.conf.5
features.h    netstr.c       README.ssl        str.h              vsftpver.h
filesize.h    netstr.h       readwrite.c       strlist.c          xinetd.d
filestr.c     oneprocess.c   readwrite.h       strlist.h
```

图 2-52　查看解包的文件

（4）编译软件。一般 xxx.tar.gz 格式的软件大多是通过 configure、make、make install 命令来安装，有的软件可以直接使用命令 make、make install 来安装。

make 命令是一个非常重要的编译命令，不管是自己进行项目开发，还是安装应用软件，都经常要用到命令 make 或 make install。利用 make 工具，可以将大型的开发项目分解成为多个更易于管理的模块，对于一个包括几百个源文件的应用程序，使用 make 工具就可以简单地理顺各个源文件之间纷繁复杂的相互关系。对于如此多的源文件，如果每次都要输入 gcc 命令进行编译，那么对程序员来说简直就是一场灾难。而 make 工具则可自动完成编译工作，并且可以只对程序员在上次编译后修改过的部分进行编译。

这个过程需要几分钟时间，具体时间和软件大小和计算机配置有关，编译成功后如图 2-53 所示。

（5）安装软件。阅读 Readme 文件和 Install 文件，这两个文件是用来指导软件安装的。先取得 root 权限（只有 root 才有权限安装软件），执行命令 *make install* 安装源代码，成功后如图 2-54 所示。

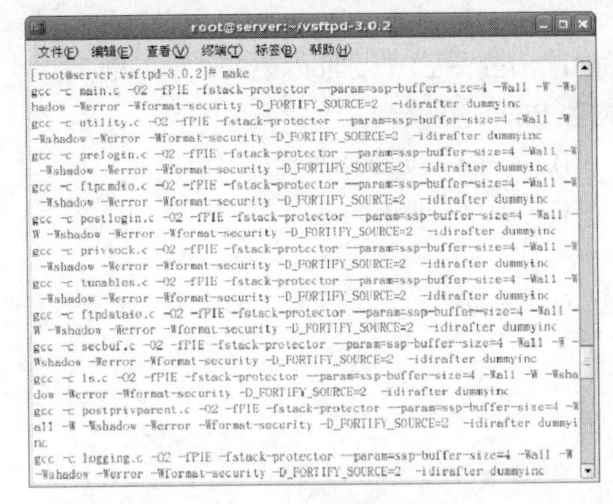

图 2-53　编译文件

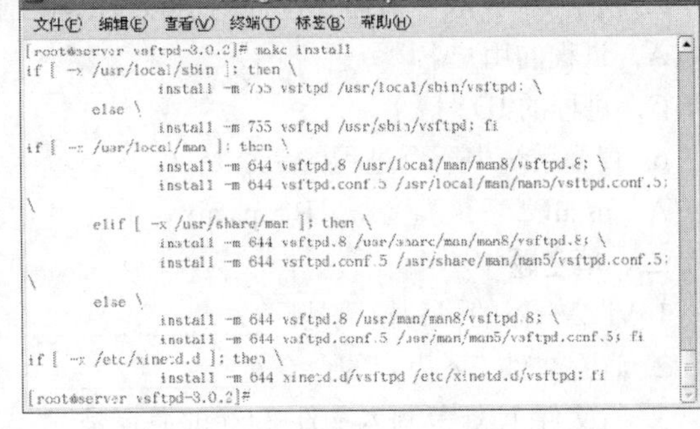

图 2-54　安装文件

（6）查看软件包是否安装。软件默认安装在目录/usr/local 中，使用命令 *which vsftpd* 可查看安装路径，如图 2-55 所示。

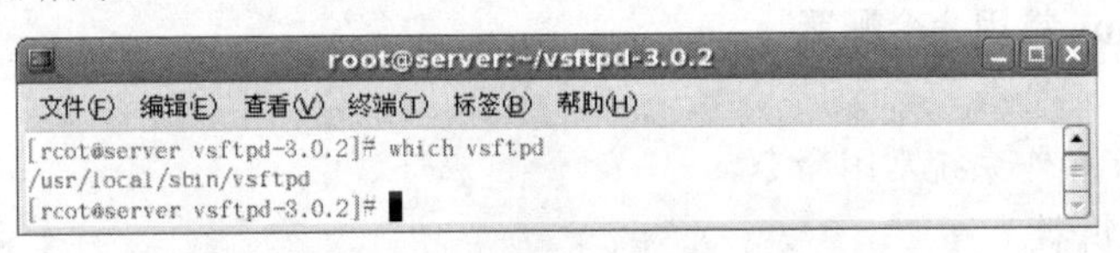

图 2-55　vsftpd 软件安装路径

也可以使用命令 *rpm -qa | grep vsftpd* 查看安装路径。

源代码形式发布的软件包是最新版本，可以修复很多漏洞，稳定性和安全性比较好，架设服务器时要采用这种方式安装。

项目总结

本项目学习了文件系统，要求了解文件系统类型，能够熟练使用 Linux 操作系统常用命令，能够管理服务器，能够使用 Vi 编辑器，掌握 Vi 编辑器各种模式以及每种模式下的命令使用，能够安装不同格式的软件包。

项目练习

一、选择题

1．cd /etc 命令的含义是（　　）。

A．改变文件属性　　B．改变当前目录为/etc（即进入到/etc 目录）

C．压缩文件　　D．建立用户

2．超级用户 root 当前所在目录为：/usr/local，输入 cd 命令后，用户当前所在目录为（　　）。

A．/home　　B．/root　　C．/home/root　　D．/usr/local

3．已知某用户 stud1，其用户目录为/home/stud1。如果当前目录为/home，进入目录/home/stud1/test 的命令是（　　）。

A．cd test　　B．cd/stud1/test　　C．cd stud1/test　　D．cd home

4. 要删除目录/home/user1/subdir 连同其下级目录和文件，不需要依次确认，其正确命令是（　　）。

A．rpm －P /home/user1/subdir　　B．mkdir －p –f /home/user1/subdir

C．ls －d –f /home/user1/subdir　　D．rm －r –f /home/user1/subdir

5. 使用 PS 获取当前运行进程的信息时，输出内容 PID 的含义为（　　）。

A．进程的用户名　　B．进程调度的级别

C．进程的 ID 号　　D．子进程的功能号

6. 查看系统中所有进程的命令是（　　）。

A．ps all　　B．ps aix　　C．ps auf　　D．ps aux

二、填空题

1. Vi 编辑器的三种模式是：___________、___________和___________。

2. 查看文件 file 内容的命令是___________。

3. 将文件 1.txt 复制为文件 2.txt 的命令是___________。

4. 将 mn.txt 文件更名为 mm.txt 的命令是___________。

5. 查看当前系统登录用户的命令是___________。

6. 查看当前用户所在目录的命令是___________。

三、实训：Linux 常用命令配置

1. 实训目的

（1）掌握 Linux 操作系统常用命令。

（2）使用 Vi 编辑器。

（3）能够安装软件。

2. 实训环境

（1）Linux 服务器。

（2）Windows 客户机。

3. 实训内容

（1）在/home 子目录下建立如图 2-56 所示的目录结构。

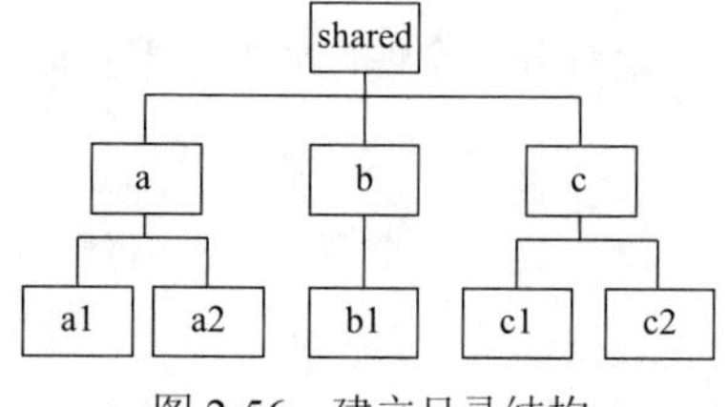

图 2-56　建立目录结构

（2）清屏。

（3）在 b 目录下建立两个文件 test1 和 test2，文件内容自己确定。

（4）将 test1 和 test2 合并成 test3，并查看合并后文件的内容。

（5）查看文件 test2 的权限，并将 test2 的权限修改为 755，并查看结果。

（6）将 test3 复制到 a1 子目录中，并查看操作结果。

（7）将 b 目录中的文件 test1 移动到目录 c1 中，文件改名为 test，并查看操作结果。

（8）删除空目录 a2，删除非空目录 c1，并查看操作结果。

（9）删除 b 目录中的 test3 文件，并查看操作结果。

（10）备份目录/root 到/home 下，生成备份文件 beifen.tar，查看文件大小。

（11）压缩备份文件 beifen.tar，查看压缩后文件的大小。

4. 实训要求

实训分组进行，可以 2 人一组，小组讨论，确定方案后进行讲解，教师给予指导，全体学生参与评价。

5. 实训总结

完成实训报告，总结项目实施中出现的问题。

项目 3　管理组和用户

3.1　项目背景分析

随着无纸化办公的普及，许多企业的信息资料都存储在企业的计算机中，为了保证信息的安全性，管理员必须对企业的用户和组进行管理，针对不同的用户身份赋予不同的访问权限，以保证信息资源的安全。

【能力目标】

① 理解 Linux 组和用户的管理方法；

② 掌握组的建立和管理方法；

③ 掌握用户的建立和管理方法。

【项目描述】

某公司网络管理员负责为公司管理组和用户，公司名称为 lnjd，部门有财务部、销售部和人事部，建立组 cw、xs 和 rs，公司目录结构如图 3-1 所示。

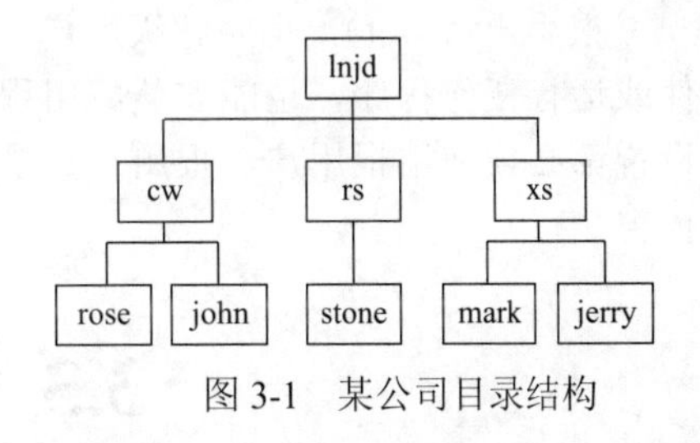

图 3-1　某公司目录结构

【项目要求】

（1）建立组 cw、xs 和 rs，并且查看结果。

（2）在组 cw 中建立用户 rose、john，在组 rs 中建立用户 stone，在组 xs 中建立用户 mark 和 jerry。

（3）注销当前用户，使用用户 mark 登录，登录成功后再切换到 root 用户。

（4）将用户 john 停用。

（5）删除用户 jerry，查看结果。

（6）删除用户 jerry 的目录 jerry。

（7）将项目 2 任务 1 中创建的文件/lnjd/cw/sales15 的属组设置为 cw，属主设置为用户 john。

【项目提示】

某公司的计算机安装了 Linux 操作系统，由于 Linux 是一个多用户、多任务的网络操作系统，所以账号管理对系统管理员来说是一项非常重要的工作。通过对用户、群组的账号管理，可以为它们分配不同的资源使用权限，以确保用户对系统资源的安全使用。管理员可以采用文本方式和图形化工具管理方式，进行组和用户管理。

3.2　项目相关知识

3.2.1　群组概述

Linux 作为一个多用户的操作系统，首先系统要标识所有登录计算机的用户的身份（用户指登入系统并使用系统资源的每个人）；其次还要控制每个用户对不同资源的访问权限。为了简化系统管理的难度，Linux 采用了群组（group）的策略，群组是具有相同性质用户的一个集合。其工作过程是：首先为群组（group）分配不同的资源访问权限，然后再把用户加入到这些群组中，最终实现用户对资源的各种不同访问权限。一个用户可以分属于多个不同群组。

3.2.2 账号概述

在安装 Linux 系统时，至少需要创建 2 个账号，一个为根（root）用户；另一个为普通用户，用户名可以用任何合法 Linux 名称。其他的管理用户账号（如：mail、bin 等）被自动设置。

对于每一个使用 Linux 系统的用户，必须拥有一个独一无二的账号。账号为每一个用户提供安全保存文件的地址和使用界面的方法（GUI、路径、环境变量等），一个用户一般只有一个账号，在不同的工作环境下，也可以使用不同的账号登入系统，此时，系统把不同账号认为不同用户。Linux 用户可以分成三组：管理用户、服务用户和普通用户，普通用户和管理用户具有用户名、口令及主目录，所有用户的口令都通过/etc/passwd 配置。

根用户（root），也叫超级用户，对 Linux 系统具有完全的控制权限，它可以打开所有文件或运行任何程序，也能安装应用程序和管理其他用户的账号。对系统进行管理以及相应的设置都必须使用根用户。根用户登录时一定要小心，错误的操作可能对系统造成不可修复的损害。

3.3 项 目 实 施

任务 管理用户和组

1. 任务描述

在 Linux 操作系统中，命令有很多，主要包括目录管理类命令、文件操作类命令、压缩类命令、打包类命令、进程管理类命令、安装软件类命令，为了管理员更好地掌握这些命令，将常用命令综合应用在任务实施过程中。

2. 任务分析

为了完成本任务，需要使用目录管理类命令 pwd、ls、cd、mkdir 和 rmdir 等，文件操作类命令 touch、cp、mv、rm、grep 和 find 等，压缩类命令 gzip、bzip2 和 zip 等，打包类命令 tar、安装软件类 rpm、make 等命令，以及进程管理类 ps、kill、top 等命令。

3. 使用文本方式管理组和用户

（1）建立并查看群组。使用命令 *groupadd* 建立组 cw、xs 和 rs，如图 3-2 所示。

图 3-2 添加群组

（2）命令解释——groupadd。groupadd 命令的功能是向系统添加群组。

格式为：groupadd ［参数］ group-name

option 参数选项如下。

-g gid：组群的 GID，它必须是独特的，且大于 499。

-r：创建小于 500 的系统组群。

-f：若组群已存在，退出并显示错误（组群不会被改变）。

group-name 是唯一必需的参数，表示添加的群组的名称，其他项是可选的。当群组名称被添加时，群组的 GID 号（默认大于 500）被创建。

（3）使用命令 *cat /etc/group* 查看建立群组结果，如图 3-3 所示。

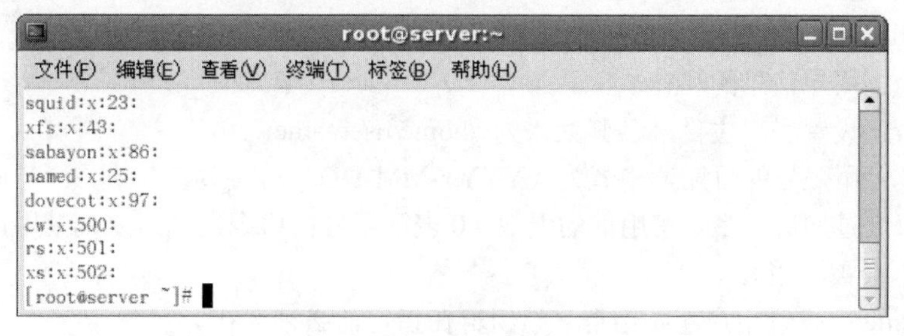

图 3-3　查看 group 内容

group 文件记录的是每一个群组的资料。每个群组包括 4 栏，中间用“：”分开，格式如下。

① 群组名称：如：root，ljh 等。

② 群组密码：设置加入群组的密码。一般情况下不使用。

③ GID：群组号码：每个群组拥有一个唯一的身份标识。

④ 群组成员：记录了该群组的成员，可以按要求把用户加入到相对的群组。

用户可以属于 Vi 编辑器，直接编辑配置文件/etc/group，添加群组用户。

（4）使用命令 *cat /etc/gshadow* 查看群组加密配置文件，如图 3-4 所示，指定相应组的加密口令和特定组的管理员权限。

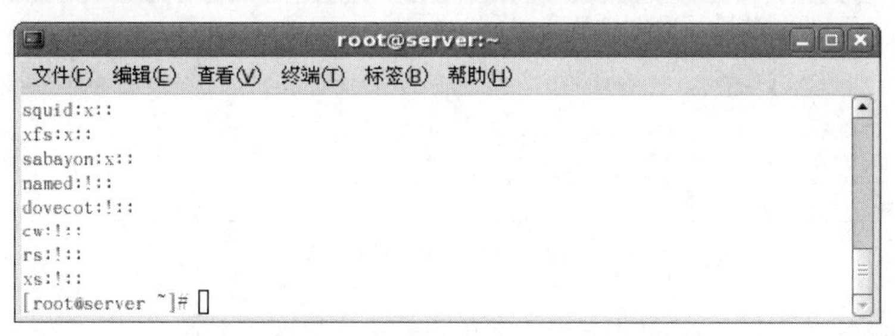

图 3-4　查看 gshadow 的内容

内容由“：”分为 4 栏，每一栏含义如下。

① Group name：组群的名称。

② Password：加密口令，可以使用 gpasswd 命令增加。

③ Group administrator：群组管理员，可以管理组中用户。

④ Group members：包括同一组中其他成员的用户名。

⑤ 删除群组使用 groupdel 命令，例如，删除组 cw，可使用命令 *groupdel cw*。

（5）建立并查看用户。使用 *useradd* 命令或 *adduser* 命令，在组 cw 中建立用户 rose、john，在组 rs 中建立用户 stone，在组 xs 中建立用户 mark 和 jerry，如图 3-5 所示。

```
root@server:~
文件(F) 编辑(E) 查看(V) 终端(T) 标签(B) 帮助(H)
[root@server ~]# useradd -g cw -c "rose" rose
[root@server ~]# useradd -g cw -c "john" john
[root@server ~]# useradd -g rs -c "stone" stone
[root@server ~]# useradd -g xs -c "mark" mark
[root@server ~]# useradd -g xs -c "jerry" jerry
[root@server ~]#
```

图 3-5　添加用户

（6）命令解释——useradd。useradd 命令的功能是创建一个锁定的用户账号，设置口令后将被激活，具体格式为：useradd　[option]　name

常用的 option 选项如下：

-c comment：用户信息的注释。

-d home-dir：设置用户主目录，其默认为 /home/username。

-e date：被停用账号的日期，格式为：YYYY-MM-DD。

-f days：口令过期后，账号禁用前的天数（0 表示账号在口令过期后立刻禁用， -1 表示口令过期后账号将不会被禁用）。

-g group-name：设置用户起始组群（该组群在指定前必须存在）。

-G group-list：用户所属的组群，用逗号分隔（组群在指定前必须存在）。

-m：若主目录不存在，则创建它。

-n：不要为用户创建用户私人组群。

-r：创建一个 UID 小于 500 的不带主目录的系统账号。

-p password：使用 crypt 加密的口令。

-s：用户的登录 Shell，默认为 /bin/bash。

-u uid：用户的 UID，它必须是独特的，且大于 499。

（7）使用命令 *passwd* 为所有用户设置口令，如图 3-6 所示。

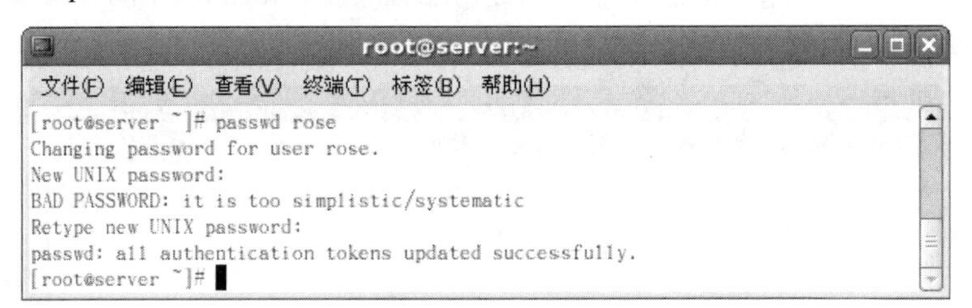
root@server:~
文件(F) 编辑(E) 查看(V) 终端(T) 标签(B) 帮助(H)
[root@server ~]# passwd rose
Changing password for user rose.
New UNIX password:
BAD PASSWORD: it is too simplistic/systematic
Retype new UNIX password:
passwd: all authentication tokens updated successfully.
[root@server ~]#

图 3-6　为用户设置口令

（8）使用命令 *cat /etc/passwd* 查看建立的用户结果，如图 3-7 所示。

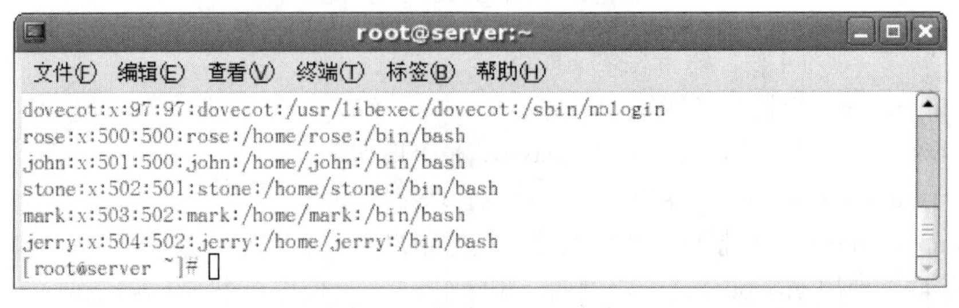
root@server:~
文件(F) 编辑(E) 查看(V) 终端(T) 标签(B) 帮助(H)
dovecot:x:97:97:dovecot:/usr/libexec/dovecot:/sbin/nologin
rose:x:500:500:rose:/home/rose:/bin/bash
john:x:501:500:john:/home/john:/bin/bash
stone:x:502:501:stone:/home/stone:/bin/bash
mark:x:503:502:mark:/home/mark:/bin/bash
jerry:x:504:502:jerry:/home/jerry:/bin/bash
[root@server ~]#

图 3-7　查看 passwd 内容

passwd 文件每行表示一个账号资料，可以看到文件中有 root，以及新增的 rose、john 等账号，还有系统自动建立的标准用户 bin、daemon、mail 等。每一个账号都有 7 栏，栏之间用“：”分隔，格式为：账号名称：密码：UID：GID：个人资料：主目录：默认 Shell。

① 账号名称：登入系统时使用的名称。

② 密码：登入密码，该栏如果是一串乱码，表示口令已经加密；如果是 X，表示密码经过 shadow passwords 保护，所有密码都保存在了/etc/shadow 文件内。

③ UID（user id）用户身份号码：用来标识用户的账号，每个用户有自己唯一的 UID，root 的 UID 为 0，1～100 被系统的标准用户使用，新加的用户 UID 默认从 500 开始。

④ GID（group id）群组号码：每个用户账号都会属于至少一个群组；同一群组的用户，其群组号相同。

⑤ 个人资料：有关个人的一些信息，如电话、姓名等。

⑥ Home directory：用户的主目录，通常是/home/username。

⑦ Default Shell：用户登录后使用的 Shell，预设为 bash。

（9）有关用户配置的另一个文件是/etc/shadow，它主要是为了增加口令的安全性，默认情况下，这个文件只有根用户可以读取，可以用 root 登录，然后用 *cat /etc/shadow* 命令显示文件内容，如图 3-8 所示。

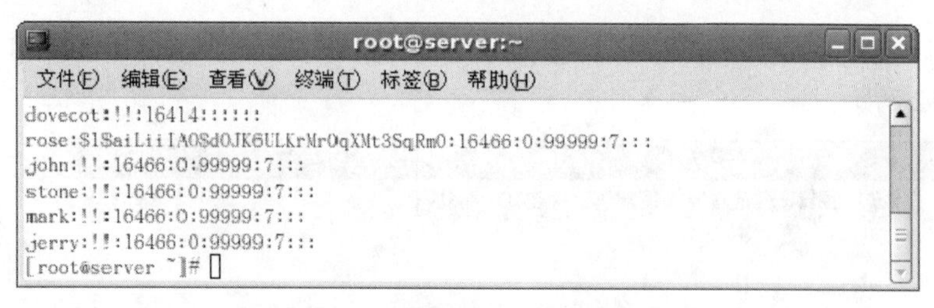

图 3-8　查看 shadow 文件的内容

每个用户目录有 8 列，每列的含义如下。

① username：用户登录名称。

② password：用 MD5 加密后的口令。

③ numbers of days：上次口令的更改时间，从 1970 年 1 月 1 日起。

④ minimum password life：不更改口令的最短时间，即口令必须在所给定时间过去后才更改。

⑤ maximum password life：不更改口令的最长的时间，即口令必须在所给定时间内更改。

⑥ warning period ：在口令到期前多少天，系统提出警告。

⑦ disable account： 口令到期后多少天后，不能登录系统。

⑧ account expiration：到该日期之前必须使用账号，否则不能登录。

当为系统添加新用户时，新生成的用户的基本参数在没有指定情况下，从/etc/login. Defs 文件中读取，包括 E-mail 目录、口令寿命、用户 ID 和组 ID，以及生成主目录的设置等。

（10）注销当前用户

① 使用用户 mark 登录后，使用命令 *whoami* 查看当前登录用户是 mark，如图 3-9 所示。

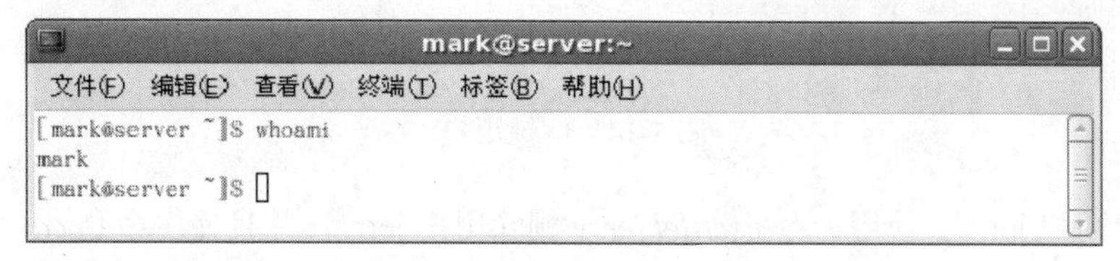

图 3-9　查看当前登录用户

② 使用命令 *pwd* 查看当前工作目录是/home/mark，如图 3-10 所示。

图 3-10 查看当前工作目录

③ 再使用命令 *ls –ld /home/mark* 查看该工作目录的权限是 700，即文件所有者具有全部权限，同组的用户和其他用户是不能访问的，如图 3-11 所示。每个用户登录时默认都是进入自己的 home 目录。用户也要养成将个人的文件存放于用户的 home 目录中，不要任意存放，以方便管理。

图 3-11 查看/home/mark 目录权限

④ 使用用户账户 mark 登录成功后使用命令 *su*，输入 root 用户的密码后，即可切换到 root 用户，如图 3-12 所示。

图 3-12 切换用户

（11）停用用户账号 john。使用 Vi 编辑器，打开配置文件/etc/passwd，将用户 john 配置行前加上“#”号并加以注释，该账号就停用了。

也可以使用命令 *passwd -l mark* 锁定用户 mark，如图 3-13 所示，用命令 *passwd -u mark* 解锁用户，如图 3-14 所示。

图 3-13 锁定用户

图 3-14 解锁用户

（12）删除用户 jerry。使用命令 *userdel jerry* 删除用户 jerry，并且使用命令 *cat /etc/passwd* 查看结果，发现用户 jerry 已经不存在了，如图 3-15 所示。

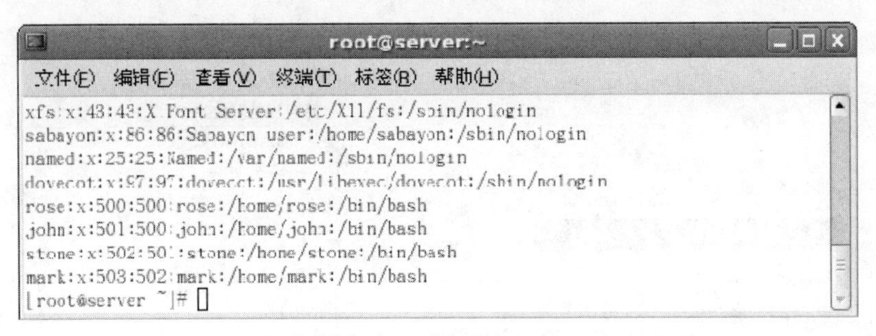

图 3-15　删除用户 jerry

（13）删除用户 jerry 的目录 jerry。用户 jerry 删除后，该用户的主目录没有被删除，使用命令 *ls /home* 看到目录 jerry 仍然存在，可以使用命令 *rm –r /home/jerry* 删除目录及目录下所有文件，如图 3-16 所示。

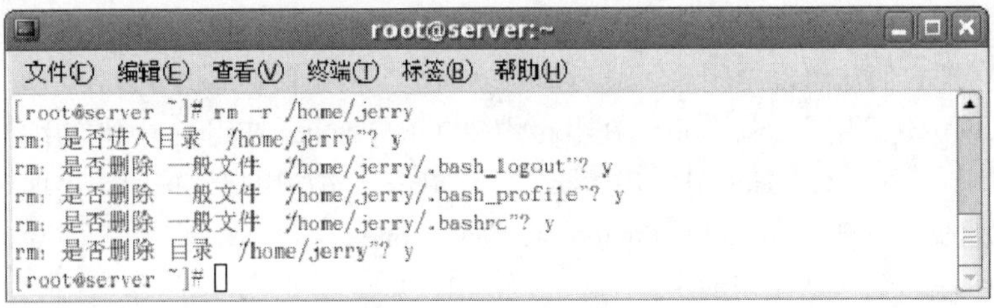

```
root@server:~
文件(F) 编辑(E) 查看(V) 终端(T) 标签(B) 帮助(H)
[root@server ~]# rm -r /home/jerry
rm: 是否进入目录 "/home/jerry"? y
rm: 是否删除 一般文件 "/home/jerry/.bash_logout"? y
rm: 是否删除 一般文件 "/home/jerry/.bash_profile"? y
rm: 是否删除 一般文件 "/home/jerry/.bashrc"? y
rm: 是否删除 目录 "/home/jerry"? y
[root@server ~]#
```

图 3-16　删除 jerry 目录

也可以在删除用户时使用参数 r，就可以删除用户主目录及主目录下所有的文件，执行命令是：*userdel –r jerry*。

（14）使用命令 *chown john. cw /lnjd/xs/sales15*，将文件 sales15 的权限赋值给 cw 组和 john 用户，如图 3-17 所示。文件 sales15 原来的属主和属组是 root，修改后属主是 john，属组是 cw。

图 3-17　修改文件所属用户和组

（15）命令解释——chown、chgrp。chown 命令的作用是改变文件属主和属组，命令格式是：

chown <指定的属主>.<指定的属组>　<文件名>

chgrp 命令的作用是改变文件属组，格式是：

chgrp <指定的属组> <文件名>

4. 使用图形化工具管理组和用户

在 shell 下用命令形式管理用户和群组比较麻烦，Linux 还提供了另外一种图形界面的管理形式，通过用户管理器来管理用户和群组。

（1）创建组 cw、xs 和 rs。单击“系统”|“管理”|“用户和群组”，打开“用户管理者”窗口，单击“添加组群”按钮，出现如图 3-18 所示的对话框，输入组群名分别为 cw、xs 和 rs。

想要查看某一现存组群的属性，可从组群列表中选择该组群，然后在按钮菜单中单击“属性”选项，弹出如图 3-19 所示的窗口。

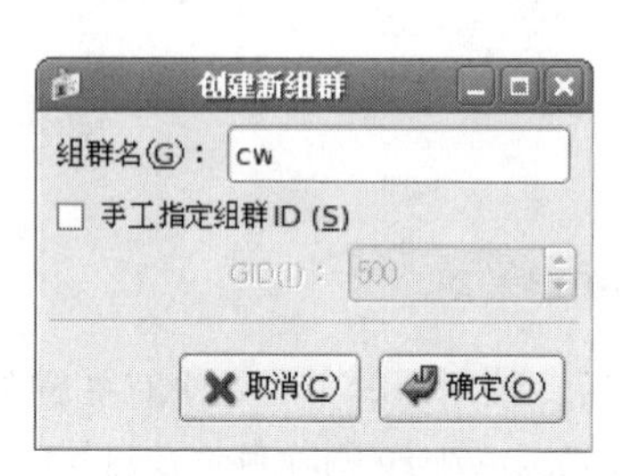

图 3-18 创建组

图 3-19 组群属性

“组群用户”标签显示了哪些用户是群组成员。选择其他用户，并把它们加入到组群中，取消选择用户就会把它们从组群中删除。最后单击“确定”按钮保存修改。

（2）在组 cw 中建立用户 rose、john，在组 rs 中建立用户 stone，在组 xs 中建立用户 mark 和 jerry。

① 添加用户。在“Red Hat 用户管理器”中，单击“添加用户”按钮，出现如图 3-20 所示的对话框，分别添加用户 rose、john、mark、jerry 和 stone。

在适当的字段内输入新用户的用户名和全称，在“口令”和“确认口令”字段内输入口令（口令必须至少有六个字符，尽量选择比较可靠的口令）。选择登录 shell、主目录，默认 shell 为/bin/bash，默认主目录是 /home/user。可以改变用户主目录，也可以取消选择“创建主目录”。如果选择了创建主目录，默认的配置文件就会从/etc/skel 目录中复制到新的主目录中。

Red Hat Linux 使用用户私人组群（User Private Group，UPG）方案。每当创建一个新用户的时候，一个与用户名相同的私有组群就会被创建。如果不想创建这个组群，取消选择“为该用户创建私人组群”选项即可。

要为用户指定用户 ID，可选择“手工指定用户 ID”。如果这个选项没有被选，从号码 500 开始后的下一个可用用户 ID 就会被分派给新用户。Red Hat Linux 把低于 500 的用户 ID 保留给系统用户。单击“确定”按钮来创建该用户。

图 3-20 创建用户

图 3-21 用户属性

② 修改用户属性。查看某个现存用户的属性，可单击“用户”标签，从用户列表中选择该用户，然后在按钮菜单中单击“属性”选项，弹出如图 3-21 所示窗口。

“用户数据”：显示添加用户时配置的基本用户信息。在这里可以改变用户的全称、口令、主目录或登录 shell。

“账号信息”：如果想让账号到达某个固定日期时过期，可选择“启用账号过期”选项，然后输入日期。选择“用户账号已被锁”可以锁住用户账号，使用户无法登录系统。

“口令信息”：该标签显示了用户口令最后一次被改变的日期。强制用户在一定天数之后改变口令，选择“启用口令过期”选项，还可以设置允许用户改变口令之前要经过的天数，用户被警告去改变口令之前要经过的天数，以及账号变为不活跃之前要经过的天数。

“组群”：如图 3-22 所示，将用户 rose 和 john 添加到 cw 组中，将用户 mark 和 jerry 添加到 xs 组中，将用户 stone 添加到 rs 组中，并从默认组中删除。

图 3-22 将用户添加到指定组

项目总结

本项目学习了用户和组管理，要求掌握命令方式和图形化方式建立组、添加组成员、建立用户、添加到组、删除组、删除用户、锁定用户、修改所属的用户和组等操作。

项目练习

一、选择题

1. （　　）目录用于存放用户信息。

A．/etc/passwd　　B. /etc/group　　C. /etc/samba　　D. /var/passwd

2. 用户登录系统后，首先进入下列（　　）目录。

A. /home　　B. /root　　C. /usr　　D. 用户自己的主目录

3. 修改文件的属主使用的命令是（　　）。

A. chmod　　B. chgrp　　C. chown　　D. touch

4. 删除用户的命令是（　　）。

A. useradd　　B. groupadd　　C. userdel　　D. groupdel

5. 锁定某个用户的命令是（　　）。

A. passwd　　B. passwd -l　　C. passwd -u　　D. useradd

二、填空题

1. root 用户的 UID 是__________，普通用户的 UID 可以由管理员在创建时指定，如果没有指定，用户 UID 默认是__________。

2. 在 Linux 操作系统中，所创建的用户账户及其相关信息（密码除外），均放在__________配置文件中。

3. 组群账户的信息存放在__________配置文件中，而关于组群管理的信息，如组群口令、组群管理员等，存放在__________配置文件中。

4．创建用户的命令是__________，创建组的命令是__________。

三、实训：管理用户和组

1. 实训目的

（1）理解用户和群组的关系。

（2）掌握增加、删除用户和管理用户的方法。

（3）掌握增加、删除群组和管理群组的方法。

2. 实训环境

已经安装好 Linux 操作系统的计算机。

3. 实训内容

（1）为 YangGuo 在系统创建一个名为 YangG 的账号名，同时把他加入到 student 群组，初始 shell 为 tcShell。

（2）添加一个群组 student。

（3）XiaoLongNv 准备接手 YangGuo 的工作，把 YangG 账号转给 XiaoLongNv，新的账号名为 XiaoLN。

（4）删除 YangG 账号以及删除主目录下文件。

（5）把已经存在的账号 GuoJ 添加到 teacher 群组中。

（6）更改 YangG 账号密码。

（7）禁用 YangG 账号。

4. 实训要求

（1）实训分组进行，可以 2 人一组，小组讨论，决定方案后实施，教师在小组方案确定后给予指导，最后评价成绩时可以临时增加一些问题，考查学生应变能力。

（2）实训内容要分别采用文本模式和图形化工具实现。

5. 实训总结

完成实训报告，总结项目实施中出现的问题。

项目 4　管 理 磁 盘

4.1　项目背景分析

在计算机领域中，广义上说，硬盘、光盘、U 盘等用来保存数据信息的存储介质都可以称为磁盘，而其中的硬盘更是计算机主机的关键组件。无论是在 Windows 系统，还是 Linux、UNIX 操作系统中，分区和文件系统都是需要建立在磁盘设备中的。

在 Linux 操作系统中，如何高效地对磁盘空间进行使用和管理是一项非常重要的技术，其中包括对文件系统的挂载及磁盘空间使用情况的查看等。Linux 的文件系统不同于 Windows 系统，其硬件系统都使用相应的设备文件进行表示，硬盘和分区也是如此。所有的分区都是挂载在根目录“/”之下的。当使用移动存储设备时，需要将该设备挂载在某一个目录之下才能进行正常访问。

【能力目标】

① 掌握基本磁盘管理；
② 能够配置磁盘配额；
③ 掌握 LVM 磁盘管理。

【项目描述】

某公司网络管理员根据存储数据要求，为公司 Linux 服务器新安装了两块硬盘，分别是 sdb 和 sdc，要求对这两块新添加硬盘进行管理。

【项目要求】

① 对硬盘 sdb 进行基本磁盘管理；
② 实现磁盘配额；
③ 对硬盘 sdc 实现 LVM 动态磁盘管理。

【项目提示】

某公司的计算机安装了 Linux 操作系统，Linux 操作系统的磁盘管理，主要通过分区工具命令 fdisk 实现，分区完成后，还必须使用命令 mount 进行挂载后，才可以提供给用户使用。

4.2　项目相关知识

4.2.1　磁盘管理的概念

基本磁盘中可包含主磁盘分区、扩展磁盘分区和逻辑驱动器。

（1）主磁盘分区。可以使用主磁盘分区来启动计算机，开机时，系统会找到标识为 Active 的主磁盘分区来启动操作系统。因此，同一个磁盘上虽然规划多个主磁盘分区，但只有一个主磁盘分区能标识为 Active。在一个系统中最多可以创建 4 个主磁盘分区或 3 个主磁盘分区与一个扩展磁盘分区。

（2）扩展磁盘分区。扩展磁盘分区由磁盘中可用的磁盘空间所创建。一个硬盘只能含有一个扩展磁盘分区，所以通常把所有剩余的硬盘空间包含在扩展磁盘分区中。

（3）逻辑磁盘。主磁盘分区与扩展磁盘分区的不同之处，在于扩展磁盘分区不必进行格式化与指定磁盘代码，因为还可以将扩展磁盘分区再分割成数个区段，再分割出来的每一个区段就是一个逻辑磁盘。可以指定每个逻辑磁盘的磁盘代码，也可以将各逻辑磁盘格式化成可使用的文件系统。

4.2.2 Linux 操作系统的磁盘分区

在 Linux 中，每一个硬件设备都映射成一个系统文件，对于硬盘、光驱等 IDE 或 SCSI 设备也不例外。Linux 把各种 IDE 设备分配了一个由 hd 前缀组成的文件；而对于各种 SCSI 设备，则分配了一个由 sd 前缀组成的文件。

对于 IDE 硬盘，驱动器标识符为“hdxy”，其中“hd”表示分区所在设备的类型，这里是指 IDE 接口类型硬盘。“x”为盘号，即代表分区所在磁盘是当前接口的第几个设备，以“a”、“b”、“c”等字母标识。“y”代表分区，前四个分区用数字 1 到 4 表示，它们是主分区或扩展分区，从 5 开始就是逻辑分区。例如：hda3 表示为第一个 IDE 硬盘上的第三个主分区或扩展分区，hdb2 表示为第二个 IDE 硬盘上的第二个主分区或扩展分区。对于 SCSI 硬盘则标识为“sdxy”，SCSI 硬盘是用“sd”来表示分区所在设备的类型的，其余则和 IDE 硬盘的表示方法一样。

4.2.3 磁盘配额概述

如果任何人都可以随意占用 Linux 服务器的硬盘空间，那么，服务器硬盘可能支撑不了多久。所以，限制和管理用户使用的硬盘空间是非常重要的，无论是文件服务、FTP 服务，还是 Email 服务，都要求对用户使用的磁盘容量进行限制，以避免对资源的滥用。Linux 的硬盘配额（Disk Quotas）能够简单、高效地实现这个功能。

4.2.4 磁盘配额基础知识

Linux 系统中，由于是多用户、多任务的环境，所以会有多人共同使用一个硬盘空间的情况发生，如果其中有少数几个使用者使用大量的硬盘空间，那么其他用户必将受到影响。因此管理员应该适当开放硬盘的权限给使用者，以便妥善分配系统资源。

Linux 系统的磁盘配额功能用于限制用户所使用的磁盘空间，并且在用户使用了过多的磁盘空间或分区的空闲过少时，系统管理员会接到警告。磁盘配额可以针对单独用户进行配置，也可以针对用户组进行配置。配置的策略也比较灵活，既可以限制占用磁盘空间，也可以限制文件的数量。配额必须由 root 用户或者有 root 权限的用户启用和管理。

实现磁盘配额的条件如下。

① 确保内核支持（目前市面上所有常见的 Linux 系统都支持）；

② 确保做配额的分区格式是 ext2、ext3、ext4 格式。

只有采用 Linux 的 ext2、ext3、ext4 的文件系统的磁盘分区才能进行磁盘配额。一台文件服务器，经常会建立单独的分区来存储用户数据，比如建立一个独立的分区，格式化成 ext2、ext3、ext4 文件系统，然后挂载到主系统的目录上进行管理。

4.2.5 LVM 概述

每个 Linux 使用者在安装 Linux 时都会遇到这样的麻烦：在为系统分区时，如何精确评估和分配各个硬盘分区的容量。因为如果估计不准确，当遇到某个分区不够用时，管理员可能要备份整个系统、清除硬盘、重新对硬盘分区，然后恢复数据到新分区，所以系统管理员不但要考虑到当前某个分区需要的容量，还要预见该分区以后可能需要的容量的最大值。虽然现在有很多动态调整磁盘的工具可以使用，例如 Partition Magic 等，但是它并不能完全解决问题，因为某个分区可能会再次被耗尽；另外，这需要重新引导系统才能实现，对于很多关键的服务器，停机是不可接受的，而且对于添加新硬盘，希望一个能跨越多个硬件驱动器的文件系统时，分区调整程序就不能解决问题。下面所讲述的 Linux LVM 管理可以解决上述问题。

LVM 是逻辑盘卷管理（Logical Volume Manager）的简称，它是 Linux 环境下对磁盘分区进行管理的一种机制，LVM 是建立在硬盘和分区之上的一个逻辑层，用来提高磁盘分区管理的灵活性。通过 LVM 系统，管理员可以轻松管理磁盘分区，如：将若干个磁盘分区链接为一个整体的卷组（Volume Group），形成一个存储池。管理员可以在卷组上随意创建逻辑卷组（Logical Volumes），并进一步在逻辑卷组上创建文件系统。管理员通过 LVM 可以方便地调整存储卷组的大小，可以对磁盘存储按照组的方式进行命名、管理和分配，而且当系统添加了新的磁盘，管理员就利用 LVM，不必通过将磁盘的文件移动到新的磁盘上，这样可以充分利用新的存储空间，直接扩展文件系统跨越磁盘。

① PV（物理卷）：指硬盘分区或从逻辑上与磁盘分区具有同样功能的设备（如 RAID）。

② VG（卷组）：由一个或多个物理卷组成，类似于逻辑硬盘。

③ LV（逻辑卷）：即逻辑上的分区。

④ PE（物理范围）：物理块，划分物理卷的数据块。

⑤ LE（逻辑范围）：逻辑块，划分逻辑卷的数据块。

LVM 结构如图 4-1 所示。

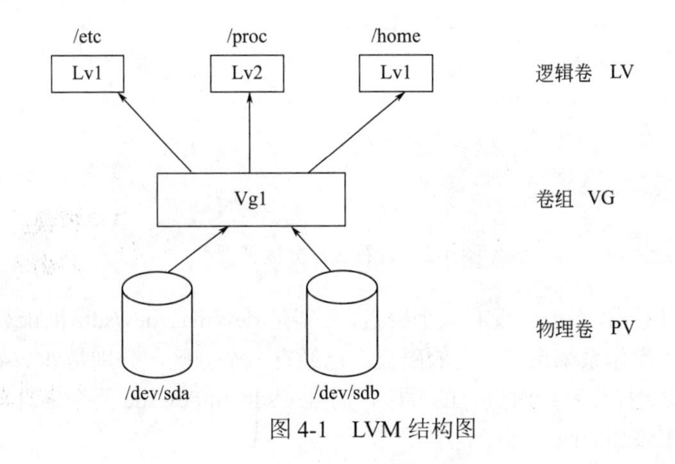

图 4-1　LVM 结构图

4.3 项 目 实 施

任务 1 基本磁盘管理

1. 任务描述

对新增加的硬盘/dev/sdb 进行管理，首先进行分区操作，然后对新建的分区创建文件系统，接着检查创建的文件系统，最后进行挂载操作，提供给用户使用。

2. 任务分析

按照以下步骤完成任务。

（1）创建分区，使用 fdisk 命令进行分区，创建主分区/dev/sdb1 和扩展分区/dev/sdb2，并在扩展分区/dev/sdb2 上创建逻辑分区/dev/sdb5。

（2）创建文件系统，使用 mkfs 命令在两个分区上创建文件系统，将分区/dev/sdb1 的文件系统设置为 ext3，将/dev/sdb5 的文件系统设置为 vfat。

（3）检查文件系统，使用 fsck 命令检查创建的文件系统。

（4）挂载分区，使用 mount 命令将新创建的文件系统挂载到系统中，其中将/dev/sdb1 挂载到目录/mnt/mount1 中，将/dev/sdb5 挂载到目录/mnt/mount2 中。

（5）修改配置文件/etc/fstab，实现文件系统自动挂载。

3. 创建分区

（1）使用 *fdisk-l* 命令，查看当前系统中现有的磁盘和磁盘的分区情况，如图 4-2 所示。

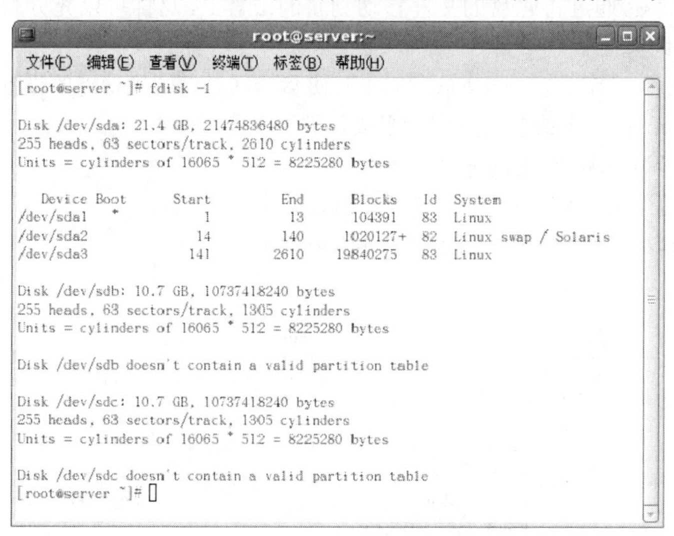

图 4-2 查看磁盘分区情况

从图 4-2 中可以看出，系统中现有三个磁盘，分别是/dev/sda、/dev/sdb 和/dev/sdc，其中/dev/sda 是正在运行的 Linux 操作系统系统所在的磁盘，已经有三个分区，分别是/dev/sda1、/dev/sda2 和/dev/sdc3，这是在安装操作系统时进行的分区，而/dev/sdb 和/dev/sdc 两个磁盘显示没有任何合法的分区表，这是后来添加的两个磁盘。

（2）使用命令 fdisk/dev/sdb 对磁盘进行分区操作，如图 4-3 所示。

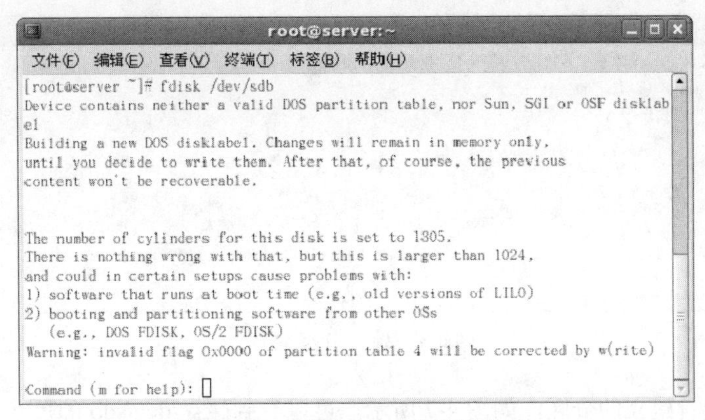
```
[root@server ~]# fdisk /dev/sdb
Device contains neither a valid DOS partition table, nor Sun, SGI or OSF disklab
el
Building a new DOS disklabel. Changes will remain in memory only,
until you decide to write them. After that, of course, the previous
content won't be recoverable.


The number of cylinders for this disk is set to 1305.
There is nothing wrong with that, but this is larger than 1024,
and could in certain setups cause problems with:
1) software that runs at boot time (e.g., old versions of LILO)
2) booting and partitioning software from other OSs
   (e.g., DOS FDISK, OS/2 FDISK)
Warning: invalid flag 0x0000 of partition table 4 will be corrected by w(rite)

Command (m for help):
```

图 4-3　对磁盘/dev/sdb 进行分区

在 Command 后面可以输入一些交互方式的参数，最常用的是下面几个参数：

m：显示帮助；

p：打印当前磁盘分区表；

n：建立一个新的分区；

l：显示已知分区类型；

t：改变分区类型 id；

d：删除分区；

w：保存操作；

q：退出。

（3）输入命令“n”创建一个新分区，如图 4-4 所示。

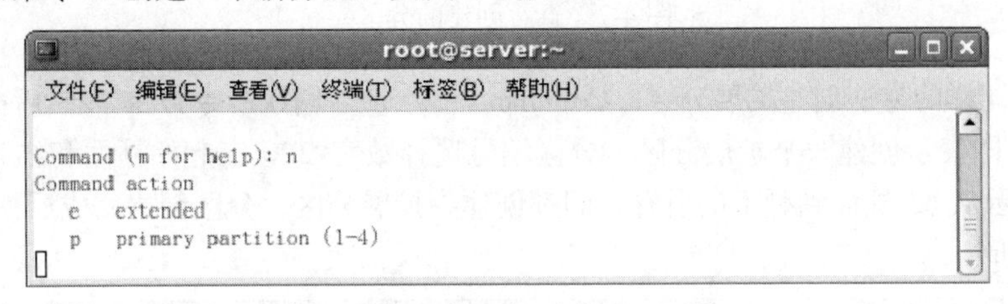
```
Command (m for help): n
Command action
   e   extended
   p   primary partition (1-4)
```

图 4-4　创建一个新分区

在图 4-4 中选择分区类型，如果要创建主分区，输入命令“p”；如果想创建扩展分区，输入命令“e”。管理员要先创建主分区，输入 p，如图 4-5 所示。

```
Command (m for help): n
Command action
   e   extended
   p   primary partition (1-4)
p
Partition number (1-4):
```

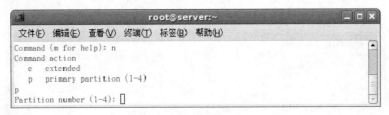

图 4-5　选择分区类型

（4）要求输入分区编号，可以输入 1 到 4，管理员使用编号 1，所以输入数字 1；接着要求输入第一个起始柱面，如果不输入，直接按回车键，默认使用第一个柱面；然后要求输入最后一个柱面，可以直接输入柱面数，也可以输入一个尺寸，管理员创建了一个 500M 的分区，输入+500M，如图 4-6 所示。

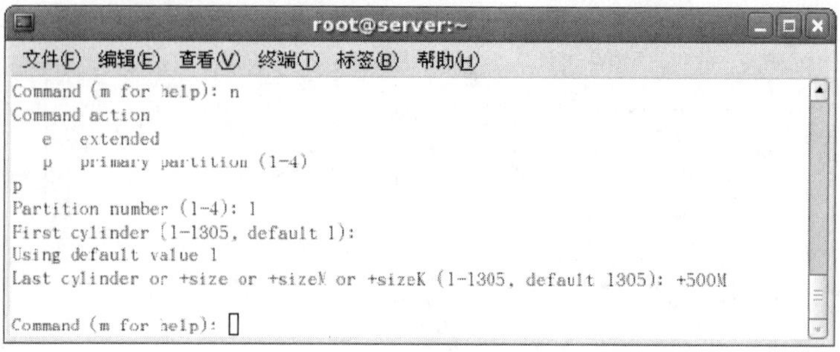

```
root@server:~
文件(F) 编辑(E) 查看(V) 终端(T) 标签(B) 帮助(H)
Command (m for help): n
Command action
   e   extended
   p   primary partition (1-4)
p
Partition number (1-4): 1
First cylinder (1-1305, default 1):
Using default value 1
Last cylinder or +size or +sizeM or +sizeK (1-1305, default 1305): +500M

Command (m for help):
```

图 4-6 输入分区编号

（5）输入 p 查看建立的分区，如图 4-7 所示。可以看到磁盘/dev/sdb 的尺寸是 10.7GB，磁盘共有 255 个磁头、1035 个柱面，每个柱面有 63 个扇区。第 4 行是刚才所创建的分区，分区名称是/dev/sdb1（不是启动分区），/dev/sda 是启动分区。在 Boot 选项下是一个“*”提示，起始柱面是 1，结束柱面是 62，分区尺寸是 497983 块，分区类型是 83，即表示文件系统类型是 ext3。

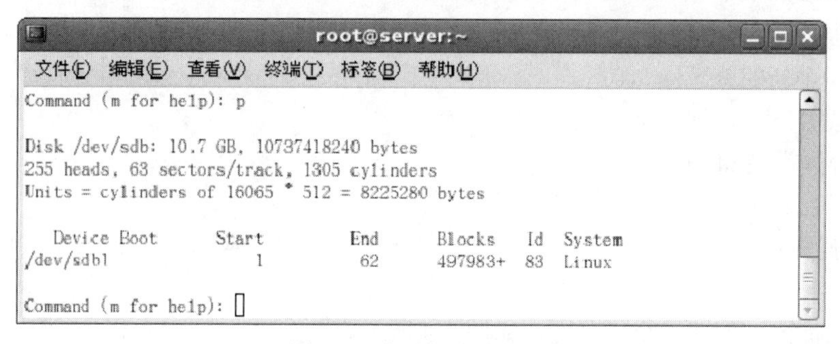

图 4-7 查看创建的分区

（6）使用同样的方法创建扩展分区，Command 提示符后输入命令符“n”，然后在分区类型提示中输入“e”，即表示创建一个扩展分区，分区编号选择数字“2”，在起始柱面和结束柱面选择时都默认，即表示从 63 柱面到剩下的所有空间都创建为扩展分区，分区创建完成后使用字符“p”查看，如图 4-8 所示。

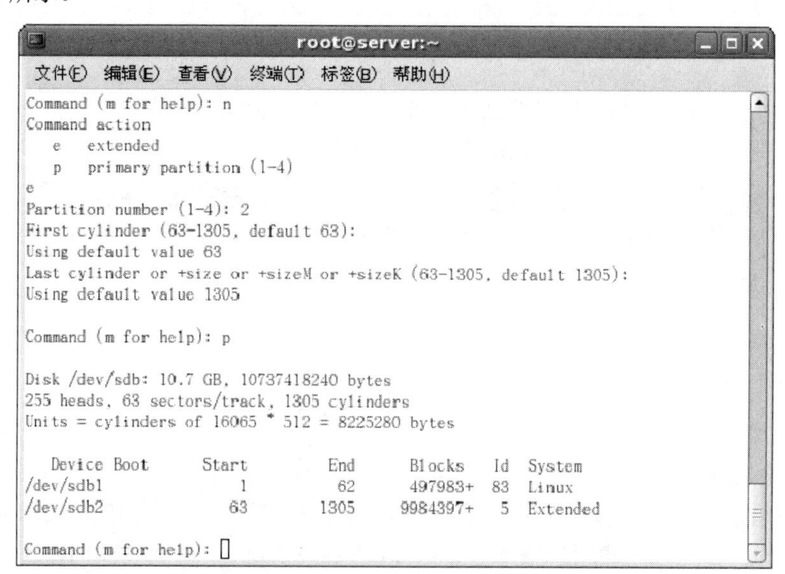

图 4-8 创建扩展分区

（7）扩展分区创建后不能使用，还需要进行创建逻辑分区，继续在 Command 后输入字符“n”，在分区类型选择中选择 1，即创建一个逻辑分区，然后设置分区尺寸是 500M 的分区，并输入命令“p”进行查看，可以看到共有 3 个分区，分别是/dev/sdb1、/dev/sdb2 和/dev/sdb5，其中/dev/sdb5 是创建在扩展分区/dev/sdb2 上的逻辑分区，如图 4-9 所示。

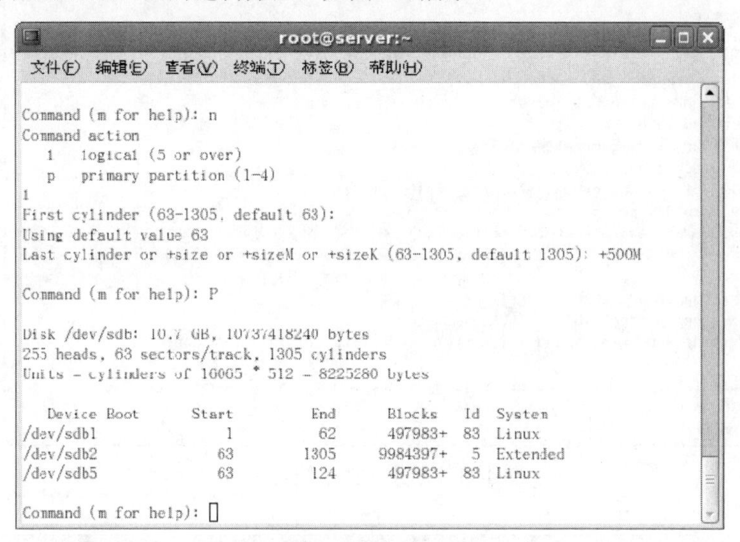

图 4-9　创建逻辑分区

（8）最后，输入命令“w”进行保存，如图 4-10 所示。如果不想保存，直接退出，可以输入命令“q”。

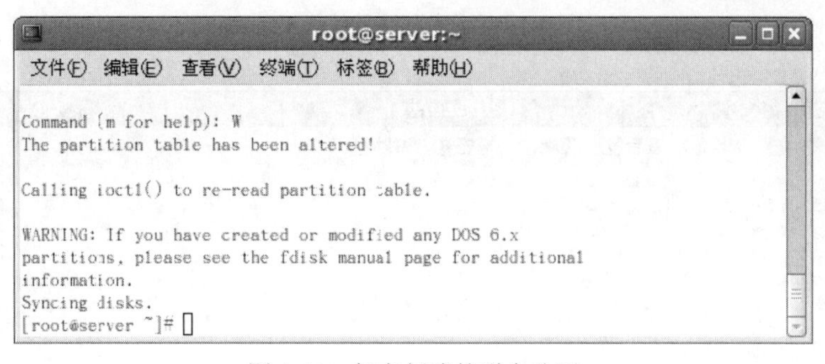

图 4-10　保存创建的磁盘分区

4．创建文件系统

分区创建完成后，要进行格式化，即创建文件系统。

（1）执行命令 *mkfs –t ext3 /dev/sdb1*，将分区/dev/sdb1 的文件系统创建为 ext3，如图 4-11 所示。

（2）执行命令 *mkfs –t vfat /dev/sdb5*，将分区/dev/sdb5 的文件系统创建为 vfat，如图 4-12 所示。

5. 检查文件系统

文件系统创建完成后，使用命令 *fsck /dev/sdb1* 和 *fsck /dev/sdb5*，分别对两个文件系统进行检查，如图 4-13 所示。

6. 挂载分区

只有将创建的文件系统挂载在系统中，才可以使用。

（1）使用命令 *mkdir /mnt/mount1 和 mkdir /mnt/mount2* 创建挂载点文件，并使用命令 *ls /mnt* 查看，如图 4-14 所示。

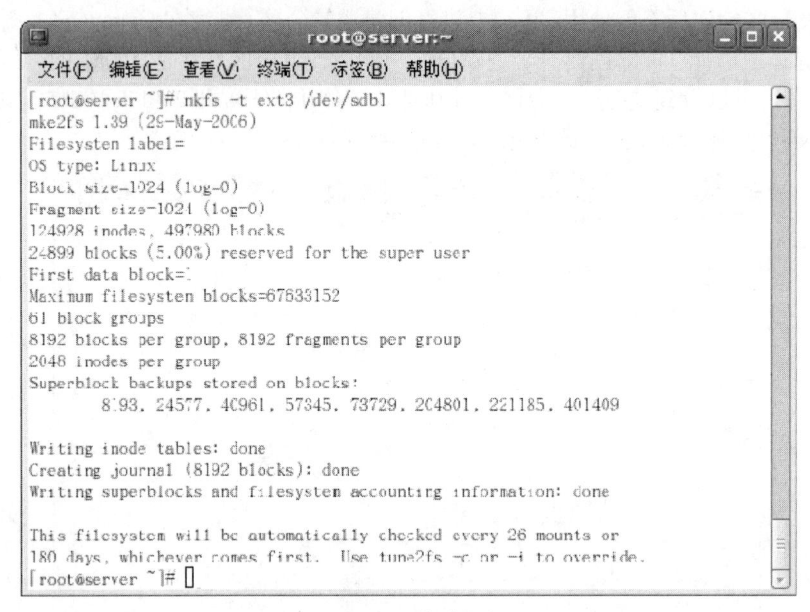

图 4-11 创建文件系统为 ext3

图 4-12 创建文件系统为 vfat

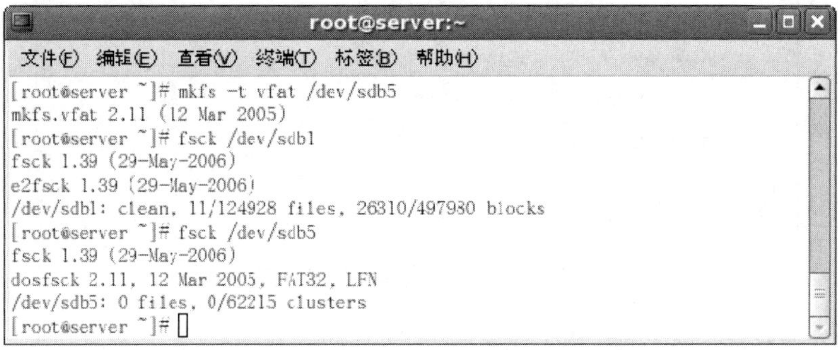

```
[root@server ~]# mkfs -t vfat /dev/sdb5
mkfs.vfat 2.11 (12 Mar 2005)
[root@server ~]# fsck /dev/sdb1
fsck 1.39 (29-May-2006)
e2fsck 1.39 (29-May-2006)
/dev/sdb1: clean, 11/124928 files, 26310/497980 blocks
[root@server ~]# fsck /dev/sdb5
fsck 1.39 (29-May-2006)
dosfsck 2.11, 12 Mar 2005, FAT32, LFN
/dev/sdb5: 0 files, 0/62215 clusters
[root@server ~]#
```

图 4-13 检查磁盘分区

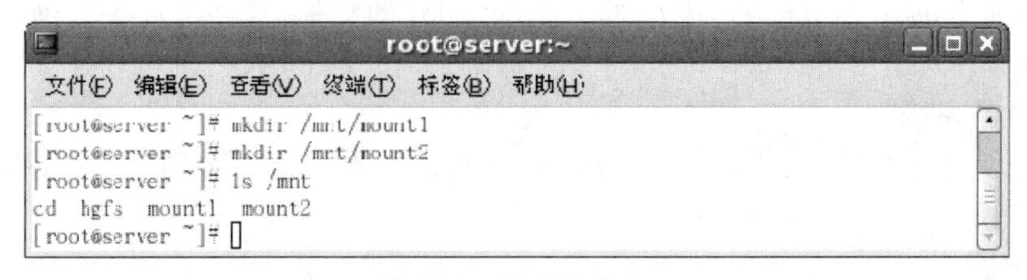

图 4-14 创建挂载点

（2）使用命令 *mount -t ext3 /dev/sdb1 /mnt/mount1* 和 *mount -tvfat /dev/sdb5 /mnt/mount2* 挂载文件系统，并使用命令 *mount* 进行查看，如图 4-15 所示。

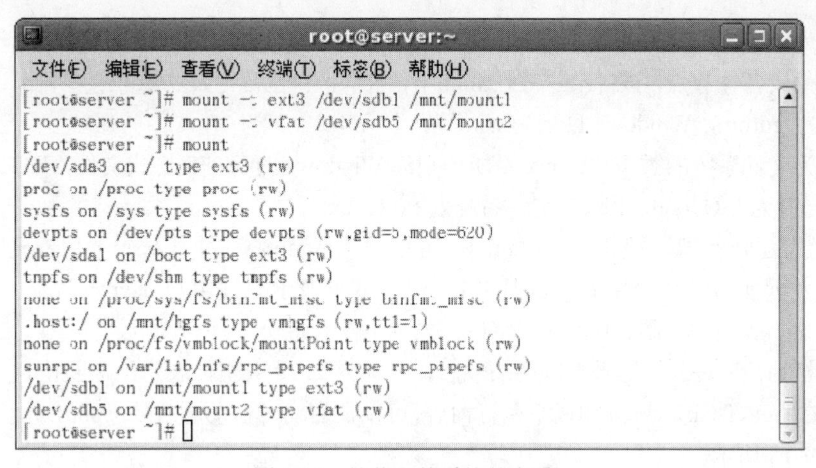

图 4-15　挂载文件系统并查看

其中，最后 2 行就是新挂载的系统，默认的权限是读写（rw），/dev/sdb1 的文件系统类型是 ext3，/dev/sdb5 的文件系统类型是 vfat。

（3）如果系统不再使用，可以使用命令 *umount /mnt/mount1* 和命令 *umount /mnt/mount2* 进行卸载，再使用命令 *mount* 查看，发现/dev/sdb1 和/dev/sdb5 文件系统已经不存在了，如图 4-16 所示。

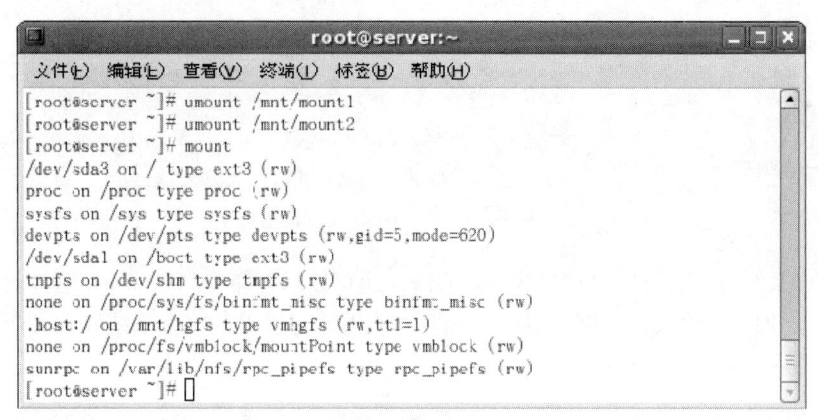

图 4-16　卸载文件系统

7. 实现文件系统自动挂载

如果每次使用文件系统都需要运行挂载命令，比较麻烦，可以修改配置文件/etc/fstab，让系统启动时自动挂载设备。

（1）使用 Vi 编辑器打开配置文件/etc/fstab，如图 4-17 所示。

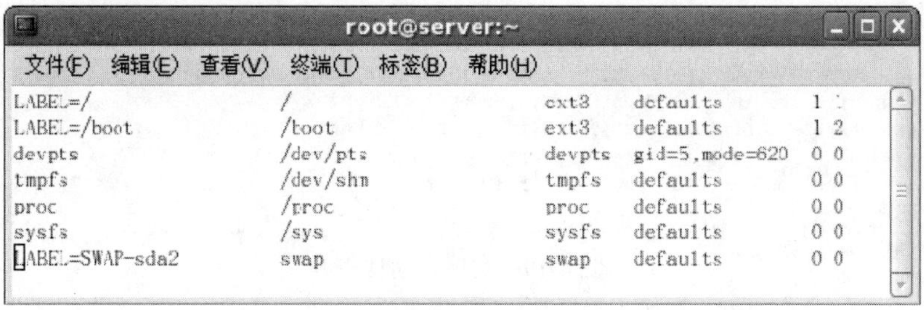

```
root@server:~
文件(F) 编辑(E) 查看(V) 终端(T) 标签(B) 帮助(H)
LABEL=/              /            ext3     defaults          1 1
LABEL=/boot          /boot        ext3     defaults          1 2
devpts               /dev/pts     devpts   gid=5,mode=620    0 0
tmpfs                /dev/shm     tmpfs    defaults          0 0
proc                 /proc        proc     defaults          0 0
sysfs                /sys         sysfs    defaults          0 0
LABEL=SWAP-sda2      swap         swap     defaults          0 0
```

图 4-17　fstab 文件内容

第 1 栏为设备文件，如光盘：/dev/cdrom。

第 2 栏为设备挂载点，该目录一般在/mnt 下，名字可自己确定，主要考虑有利于识别和记忆，如光盘常记为 cdrom，Windows 目录为 win 等。

第 3 栏为文件系统的类型，Linux 不能识别的 Windows 的 NTFS 格式文件，FAT32 的文件格式为 vfat，光盘为 ISO9660，Linux 文件系统为 ext2、ext3。

第 4 栏为挂载类型，默认为 defaults，可以用“mount-a”挂载，一般用户无权挂载。选项 noauto，表示使用时必须用 mount 挂载；选项 user 表示允许用户 user 挂载。

第 5 栏 dump，一般情况下为 0 或空白，表示不需要备份。

最后一栏为检查序号，挂载“/”的系统为 1，其他为 2，0 或空白表示不需要检查。

（2）在文件/etc/fstab 末尾添加以下两行内容，可以在启动时自动加载/dev/sdb1 分区和/dev/sdb5 分区，如图 4-18 所示。

```
/dev/sdb1   /mnt/mount1    ext3   defaults    0   0
/dev/sdb5   /mnt/mount2    vfat    defaults    0   0
```

```
root@server:~
文件(F) 编辑(E) 查看(V) 终端(T) 标签(B) 帮助(H)
LABEL=/              /             ext3     defaults          1 1
LABEL=/boot          /boot         ext3     defaults          1 2
devpts               /dev/pts      devpts   gid=5,mode=620    0 0
tmpfs                /dev/shm      tmpfs    defaults          0 0
proc                 /proc         proc     defaults          0 0
sysfs                /sys          sysfs    defaults          0 0
LABEL=SWAP-sda2      swap          swap     defaults          0 0
/dev/sdb1            /mount1       ext3     defaults          0 0
/dev/sdb5            /mount2       vfat     defaults          0 0
-- INSERT --
```

图 4-18 修改后 fstab 文件内容

（3）重启系统时，就可以自动挂载文件系统，也可以运行命令 *mount-a*，这样就重新读取文件 fstab 内容，加载文件系统，再使用命令 mount 查看，可以看到文件系统/dev/sdb1 和/dev/sdb5 又重新挂载在系统中，如图 4-19 所示。

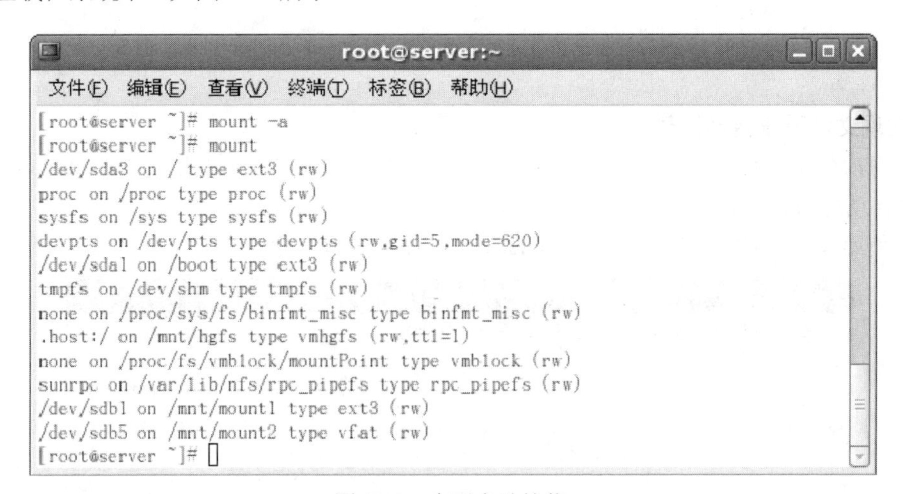

图 4-19 实现自动挂载

任务 2　磁盘配额

1. 任务描述

在项目 3 中，已经为公司的每个员工建立了账户，并且不同部门的员工属于不用的组，此任务要根据用户的工作性质，在服务器上进行磁盘空间限制。对销售部的用户 rose 进行磁盘配额限制，将对磁盘/dev/sdb1 的 blocks 中的 soft 设置为 8000，hard 设置为 15000；inodes 中的 soft 设置为 8000，hard 设置为 15000。

2. 任务分析

实现磁盘配额，按照以下步骤进行。

（1）修改配置文件/etc/fstab，对所选文件系统激活配额选项。

（2）重新挂载文件系统，使更改生效。

（3）扫描文件系统，用 quotacheck 命令生成基本配额文件。

（4）用 edquota 命令对用户 rose 更改磁盘配额。

（5）用 quotaon 命令启用磁盘配额。

（6）对磁盘配额进行验证。

3. 修改配置文件/etc/fstab

使用 Vi 编辑器 *vi /etc/fstab* 命令打开配置文件，如图 4-17 所示，将/dev/sdb1 行的参数由原来的/dev/sdb1　/mnt/mount1　ext3　defaults 0　0，修改为/dev/sdb1　/mnt/mount1　ext3　defaults, usrquota, grpquota　0　0。即在第 4 列加入 usrquota 和 grpquota，表示启用用户磁盘配额限制和组磁盘配额限制，如图 4-20 所示。

```
root@server:~
文件(F) 编辑(E) 查看(V) 终端(T) 标签(B) 帮助(H)

LABEL=/boot        /boot         ext3    defaults                    1 2
devpts             /dev/pts      devpts  gid=5,mode=620              0 0
tmpfs              /dev/shm      tmpfs   defaults                    0 0
proc               /proc         proc    defaults                    0 0
sysfs              /sys          sysfs   defaults                    0 0
LABEL=SWAP sda2    swap          swap    defaults                    0 0
/dev/sdb1          /mnt/mount1   ext3    defaults,usrquota,grpquota  0 0
/dev/sdb5          /mnt/mount2   vfat    defaults                    0 0
~
```

图 4-20　在 fstab 文件中加入磁盘配额

4. 重新挂载文件系统，使更改生效

（1）使用 *mount* 命令查看当前系统中文件系统的挂载情况，如图 4-21 所示，说明/etc/sdb1 和/etc/sdb5 已经挂载。

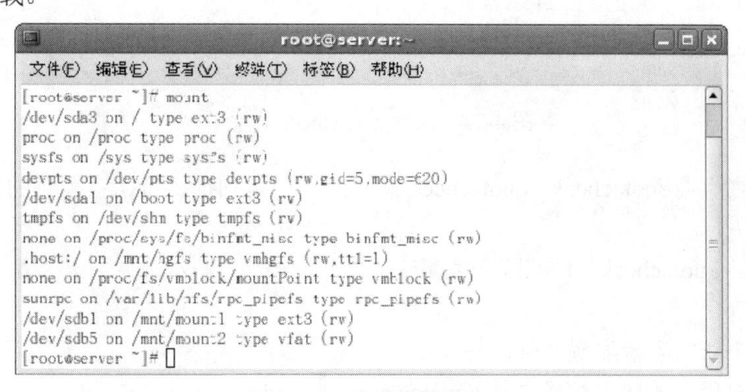

图 4-21　查看挂载情况

（2）为了使磁盘配额生效，需要先卸载文件系统/etc/sdb1，使用命令 *umount /etc/sdb1* 进行卸载，如图 4-22 所示。

图 4-22　卸载磁盘分区

（3）使用命令 *mount-a* 重新挂载文件系统，再使用 mount 命令查看，如图 4-23 所示。文件系统/etc/sdb1 已经重新挂载，并且增加了磁盘配额的选项 usrquota 和 grpquota。

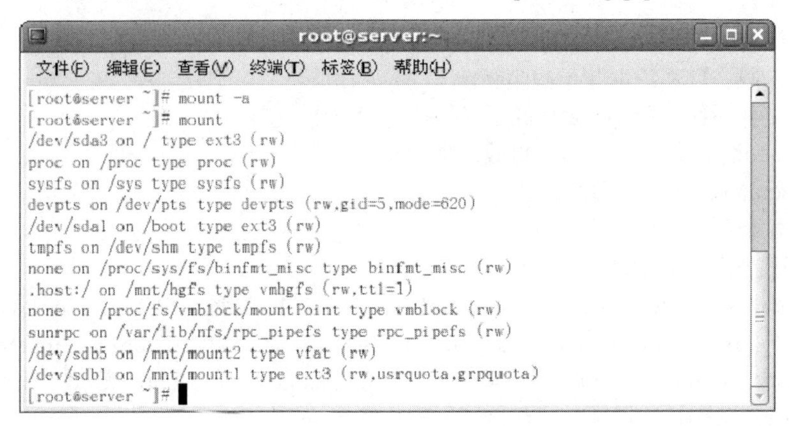

图 4-23　重新挂载文件系统

5. 配置磁盘配额

（1）扫描文件系统，用 quotacheck 命令生成基本配额文件。使用命令 *quotacheck –cugv /dev/sdb1* 配置磁盘配额，如图 4-24 所示。在扫描文件系统中，首先就要找到磁盘配额文件，因为没有配置过磁盘配额，所以提示没有找到文件。

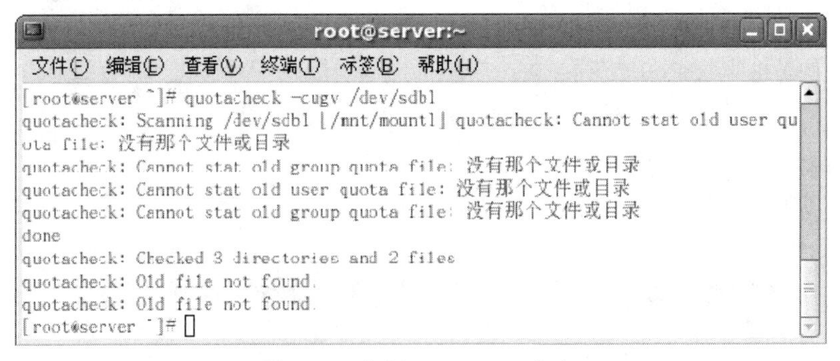

图 4-24　执行 quotacheck 命令

（2）命令参考——quotacheck。quotacheck 命令的作用是扫描支持磁盘配额的分区，并创建磁盘配额文件。

命令格式是：quotacheck　[参数] 挂载点

常用参数如下。

-c：创建一个新的磁盘配额文件。

-u：创建针对用户的磁盘配额文件 aquota.user。

-g：创建针对组的磁盘配额文件 aquota.group。

-v：显示扫面过程的信息。

（3）该命令在/mnt 下创建了两个文件 aquota.user 和 aquota.group，使用命令 *ls /mnt/mount1* 查看，如图 4-25 所示。

图 4-25　查看生成的磁盘配额文件

6. 用命令 edquota 对用户 rose 更改磁盘配额

（1）使用命令 *edquota –u rose* 对用户 rose 进行磁盘配额限制，如图 4-26 所示。其中包含块设置和索引节点设置（文件数量限制），块设置和索引节点设置都包含软限制和硬限制，根据要求，将软限制设置为 800M，硬限制设置为 15000M。如果系统中没有 rose 用户，请使用 useradd 命令创建，并设置密码。

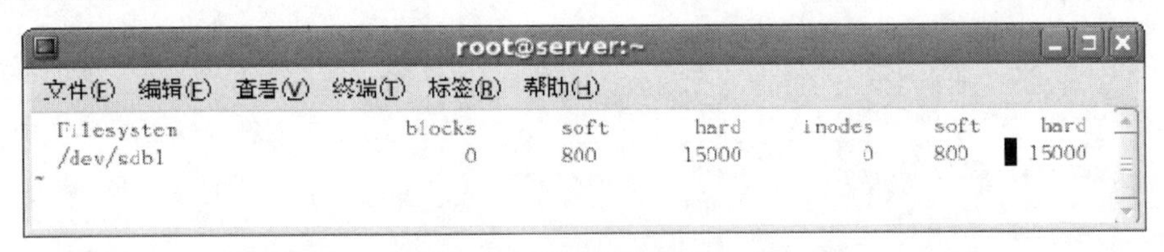

图 4-26　设置磁盘配额尺寸

（2）编辑完成后，使用：wq 保存退出。这里主要是为用户 rose 设置了磁盘配额。

7. 用命令 quotaon 启用磁盘配额

使用命令 *quotaon /dev/sdb1* 启用磁盘配额功能，如图 4-27 所示。

图 4-27　启动磁盘配额功能

8. 对磁盘配额进行验证

（1）使用命令 *su – rose* 切换到用户 rose 中，使用命令 *cd /mnt/mount1* 进入到挂载点，使用命令 *ls* 查看该文件目录下有三个文件，再使用命令 *quota* 查看磁盘配额情况，发现没有磁盘配额，因为用户还没有在该文件目录中创建任何文件，如图 4-28 所示。

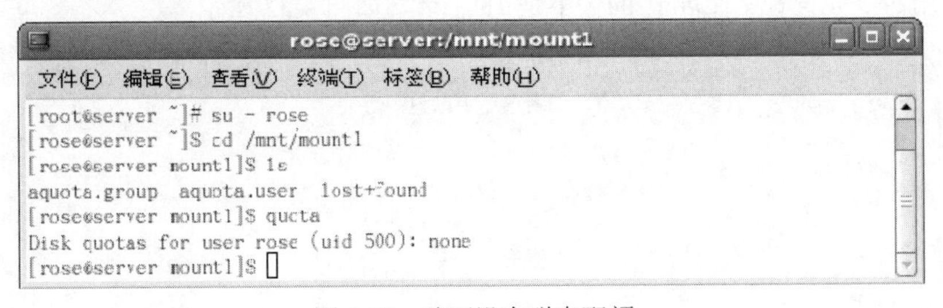

图 4-28　验证没有磁盘配额

（2）使用命令 *touch file1* 创建文件，出现如图 4-29 所示的错误提示，表示没有权限进行操作。这是因为一个新的文件系统并没有为属组和其他用户赋予写入权限。

图 4-29 创建文件失败

（3）使用命令 *su –* 切换到 root 环境，使用命令 *cd /mnt* 进入/mnt 目录，使用命令 *ls –l* 查看 mount1 的权限是 drwxr-xr-x，再使用命令 *chmod 777 mount1*，修改 mount1 的权限，使所有用户都有读取、写入和执行权限，如图 4-30 所示。

```
root@server:/mnt
文件(F) 编辑(E) 查看(V) 终端(T) 标签(B) 帮助(H)
[rose@server mnt]$ su -
口令:
[root@server ~]# cd /mnt
[root@server mnt]# ls -l
总计 24
drwxr-xr-x 2 root root  4096 10-30 10:13 cd
dr-xr-xr-x 1 root root  4192 02-02 17:30 hgfs
drwxr-xr-x 3 root root  1024 02-02 16:36 mount1
drwxr-xr-x 2 root root 16384 1970-01-01 mount2
[root@server mnt]# chmod 777 mount1
[root@server mnt]#
```

图 4-30 修改文件权限

（4）再切换到 rose 登录环境，进入 mount1 目录，再次使用命令 *touch file1* 创建文件，并且使用命令 *echo cipanpeieyanzheng > file1* 向文件 file1 中写入内容，如图 4-31 所示。

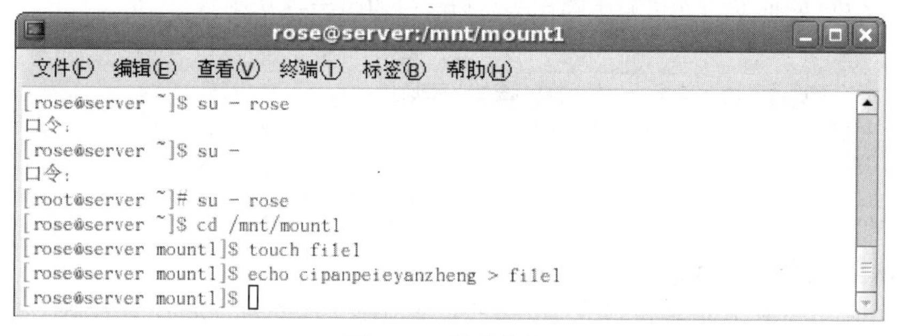

图 4-31 创建文件

（5）使用命令 *ll* 查看文件 file1 的大小是 18 字节，如图 4-32 所示。

图 4-32 查看文件大小

（6）再使用命令 *quota* 查看磁盘配额情况，如图 4-33 所示。可以看到 rose 用户占用了一个块，一个索引节点。

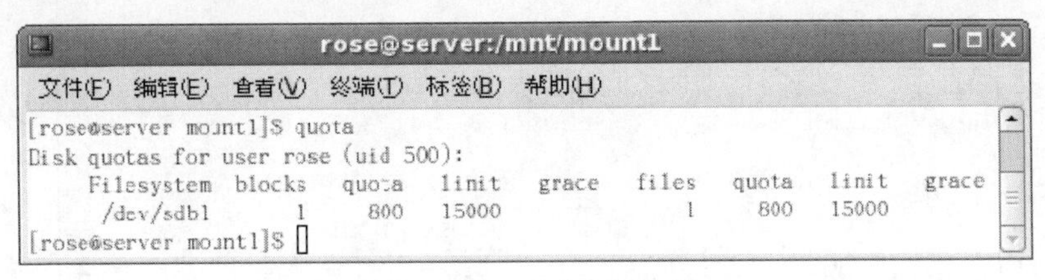

图 4-33 验证磁盘配额生效

（7）切换回 root 用户，使用命令 *repquota* 进行磁盘配额查看，如图 4-34 所示。第二列现在显示的是“－－”，如果超过磁盘配额限制，就变成“++”提示。

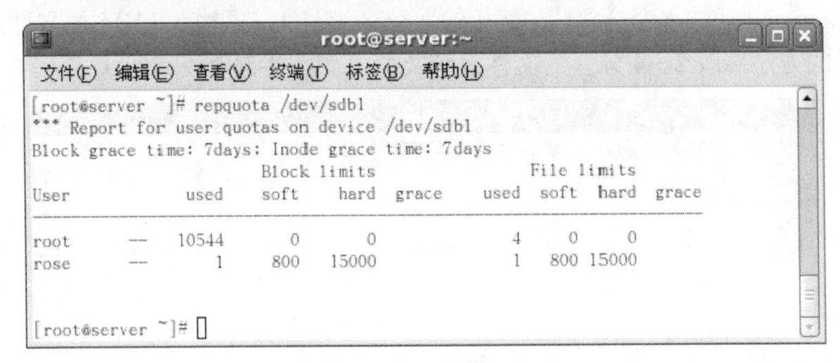

图 4-34　查看磁盘配额

任务 3　管理 LVM 逻辑卷

1. 任务描述

对新增加的硬盘/dev/sdc 进行管理，要求 Linux 系统的分区能自动调整磁盘容量。使用 LVM 逻辑卷管理硬盘，实现自动调整磁盘容量的功能。

2. 任务分析

为了实现 LVM 逻辑卷管理，按照以下步骤进行。

（1）创建 4 个分区/dev/sdc1、/dev/sdc2、/dev/sdc3 和/dev/sdc4，并且转换文件系统类型为 LVM。

（2）使用 pvcreate 命令创建物理卷。

（3）使用 vgcreate 命令创建卷组。

（4）使用 lvcreate 命令创建逻辑卷。

（5）使用 vgextend 命令扩展卷组。

（6）使用 lvextend 命令扩展逻辑卷。

（7）使用 lvreduce 命令缩减逻辑卷。

（8）检查物理卷、卷组和逻辑卷。

（9）挂载逻辑卷。

3. 创建 LVM 文件系统

（1）使用任务 1 中创建硬盘分区的方法，使用命令 *fdisk /dev/sdc*，创建 4 个磁盘分区尺寸为 1000M 的磁盘分区/dev/sdc1、/dev/sdc2、/dev/sdc3 和/dev/sdc4，如图 4-35 所示。文件系统类型的 Id 为 83，表示是 Linux 分区。

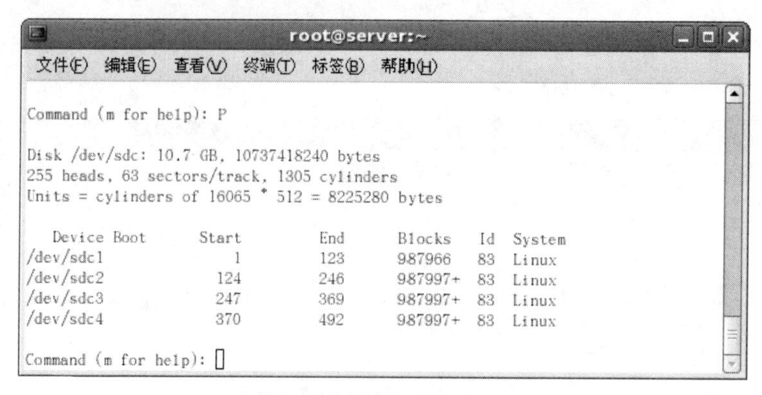

图 4-35 创建磁盘分区

（2）在 Command 后输入命令“t”，然后输入分区编号 1，再输入 LVM 的文件系统类型的 Id 号“8e”，同样的方法修改 2～4 分区的文件系统类型，如图 4-36 所示。

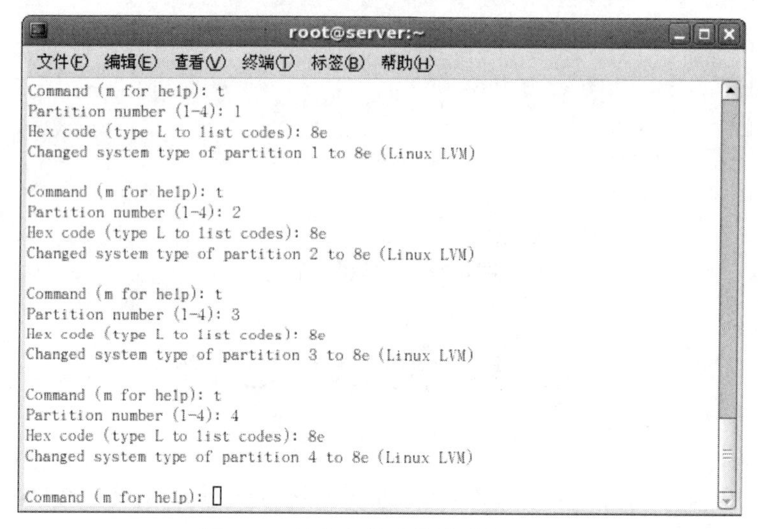

图 4-36 转变文件系统类型为 LVM

（3）输入命令“p”查看修改的结果，如图 4-37 所示。从图中可以看出，文件系统/dev/sdc1、/dev/sdc2、/dev/sdc3 和/dev/sdc4 的类型已经转变为 LVM 类型。

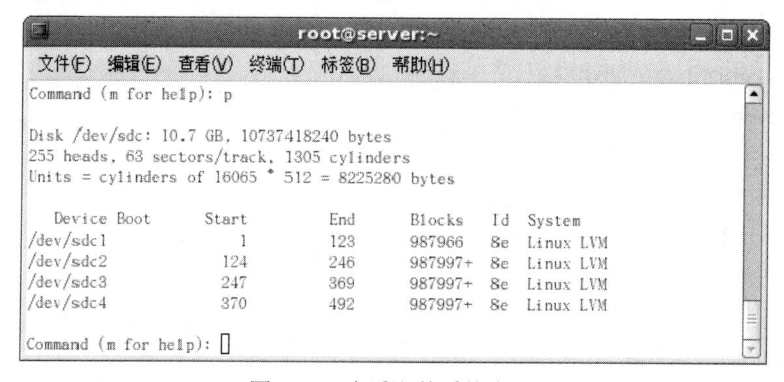

图 4-37 查看文件系统类型

（4）使用命令“w”保存磁盘分区，退出 fdisk 命令。

4．创建物理卷

（1）使用命令 *pvcreat /dev/sdc1* 为分区/dev/sdc1 创建物理卷，物理卷必须是在 LVM 文件系统类型的分区上进行创建，再使用同样的方法为分区/dev/sdc2、/dev/sdc3 和/dev/sdc4 创建物理卷，如图 4-38 所示。

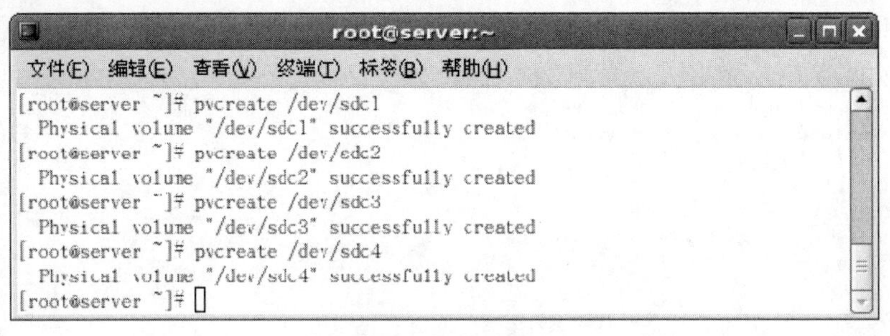

图 4-38　创建物理卷

（2）创建完成后，使用命令 *pvdisplay /dev/sdc1* 查看物理卷的基本情况，如物理卷尺寸、名称等，如图 4-39 所示。

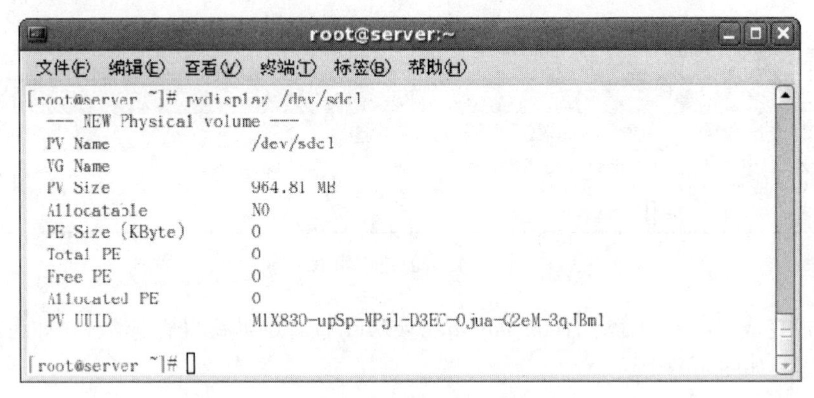

图 4-39　查看物理卷

5．创建卷组

（1）使用命令 *vgcreate vg1/dev/sdc1* 创建卷组，如图 4-40 所示。其中，vg1 是新创建的卷组的名称，将物理卷/dev/sdc1 添加到了卷组 vg1 中。

图 4-40　创建卷组

（2）创建完成后，使用命令 *vgdisplay vg1* 查看卷组的基本情况，如卷组名称、包含的成员、卷组尺寸等，如图 4-41 所示。

6．创建逻辑卷

（1）在卷组上创建逻辑卷，可以使用命令 *lvcreate –L 500M –n lv1 vg1*，如图 4-42 所示。其中，参数 *L* 表示创建的逻辑卷的尺寸，这里，管理员创建一个尺寸是 500M 的逻辑卷；参数 *n* 表示逻辑卷的名称，为 lv1，在卷组 vg1 上进行创建。

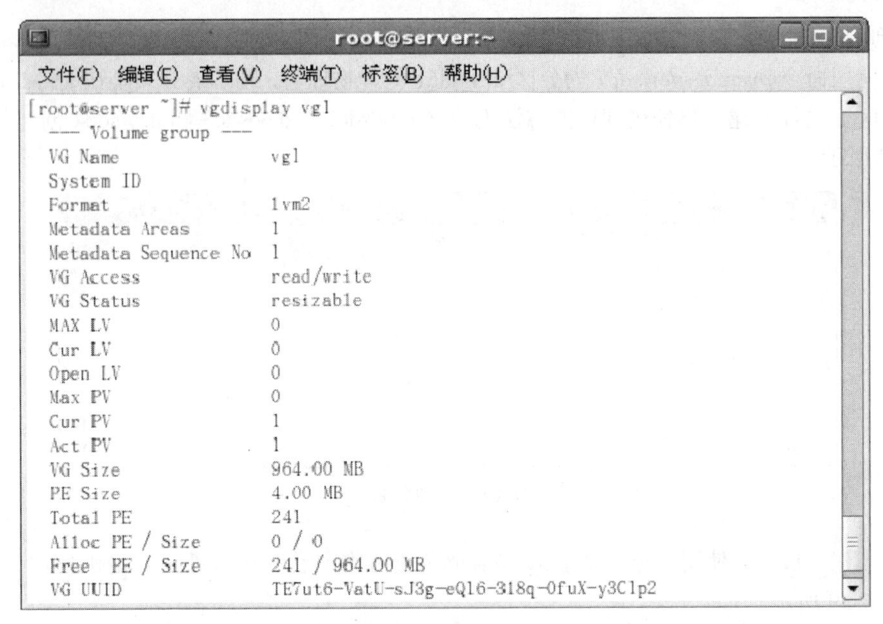

图 4-41 查看卷组

图 4-42 创建逻辑卷

（2）创建完成后，使用命令 *lvgdisplay /dev/vg1/lv1* 查看逻辑卷的基本情况，如逻辑卷名称、逻辑卷尺寸等，如图 4-43 所示。

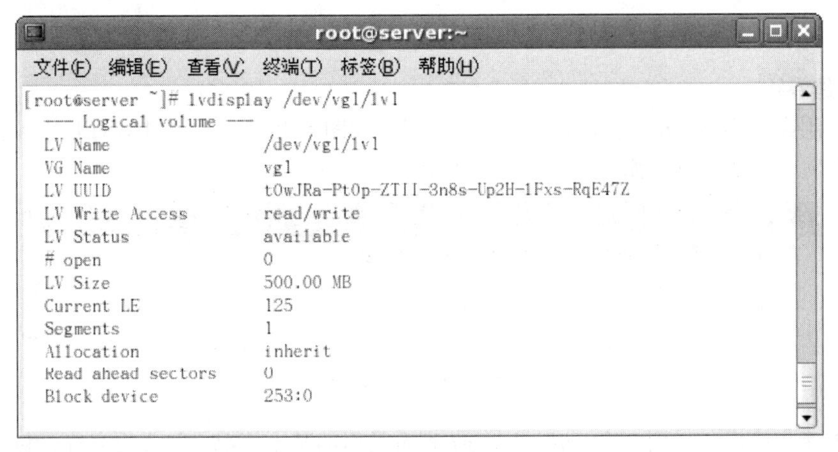

图 4-43 查看逻辑卷

7．扩展卷组

如果在服务器使用过程中，出现了磁盘空间不够的情况，可以对卷组进行扩展。

（1）使用命令 *vgextend vg1 /dev/sdc2* 对卷组 vg2 进行扩展，如图 4-44 所示，其中/dev/sdc2 是要添加到卷组 vg1 中的物理卷，并且已经创建文件系统类型为 LVM。

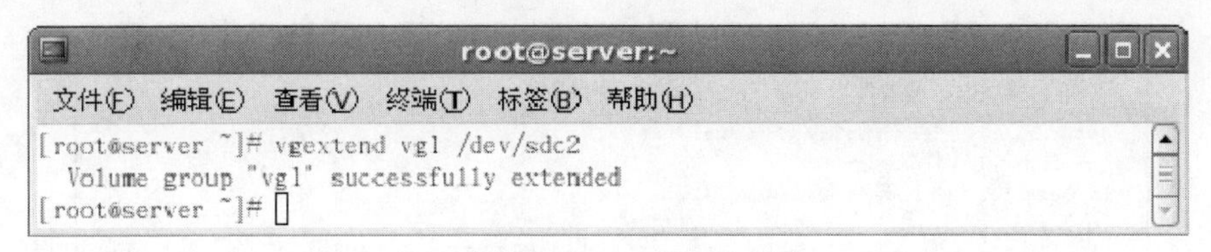

图4-44　扩展卷组

（2）使用命令 *vgdisplay* 进行查看，可以发现卷组的成员已经变成 2 个，卷组的尺寸也变为2000M，如图4-45所示。

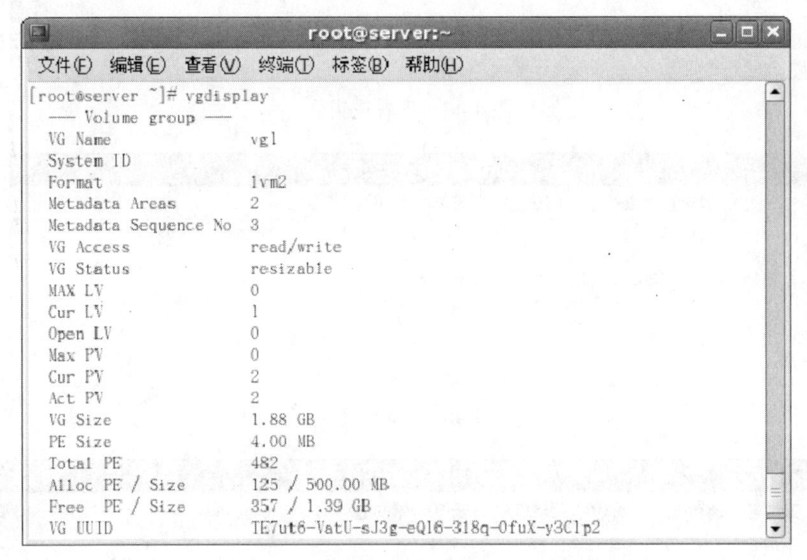

图4-45　查看卷组

8．扩展逻辑卷

（1）使用命令 *lvextend –L +1000M /dev/vg1/lv1* 扩展逻辑卷 lv1，原来逻辑卷的尺寸是 500M，扩展了1000M，如图4-46所示。

图4-46　扩展逻辑卷

（2）使用命令 lvdisplay */dev/vg1/lv1* 查看，如图4-47所示，发现逻辑卷 lv1 的尺寸已经变为1500M。

9．缩减逻辑卷

（1）如果文件系统中删除了大量的文件，原来的逻辑卷空间已经过大，可以使用缩减命令进行缩减。使用命令 *lvextend –L -500M /dev/vg1/lv1* 缩减逻辑卷 lv1，原来逻辑卷的尺寸是 1500M，缩减了500M，如图4-48所示。缩减逻辑卷尺寸时，会警告是否要缩减，因为如果缩减的空间存有文件，缩减尺寸会造成文件损坏，如果确定没有问题，就输入“y”。

（2）使用命令 *lvdisplay /dev/vg1/lv1* 查看，如图4-49所示，发现逻辑卷 lv1 的尺寸已经变为1000M。

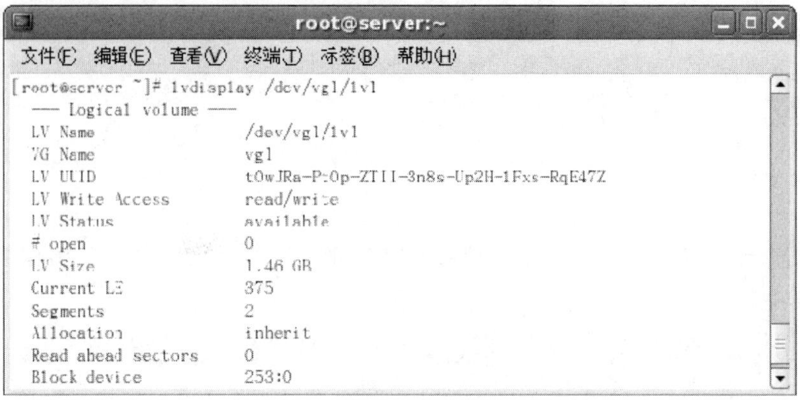

```
root@server:~
文件(F) 编辑(E) 查看(V) 终端(T) 标签(B) 帮助(H)
[root@server ~]# lvdisplay /dev/vg1/lv1
  --- Logical volume ---
  LV Name                /dev/vg1/lv1
  VG Name                vg1
  LV UUID                t0wJRa-Pt0p-ZTII-3n8s-Up2H-1Fxs-RqE47Z
  LV Write Access        read/write
  LV Status              available
  # open                 0
  LV Size                1.46 GB
  Current LE             375
  Segments               2
  Allocation             inherit
  Read ahead sectors     0
  Block device           253:0
```

图 4-47　查看逻辑卷

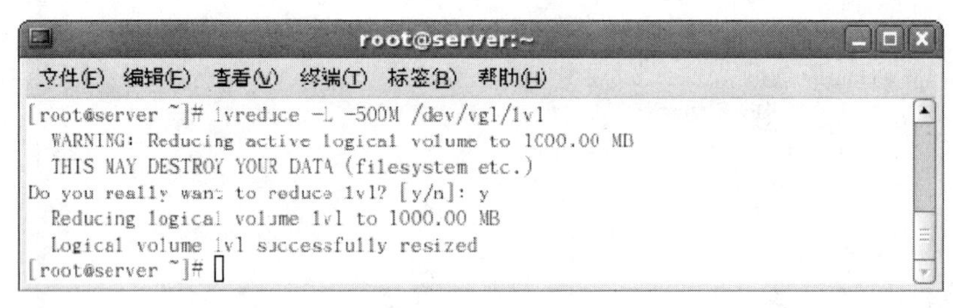

图 4-48　缩减逻辑卷

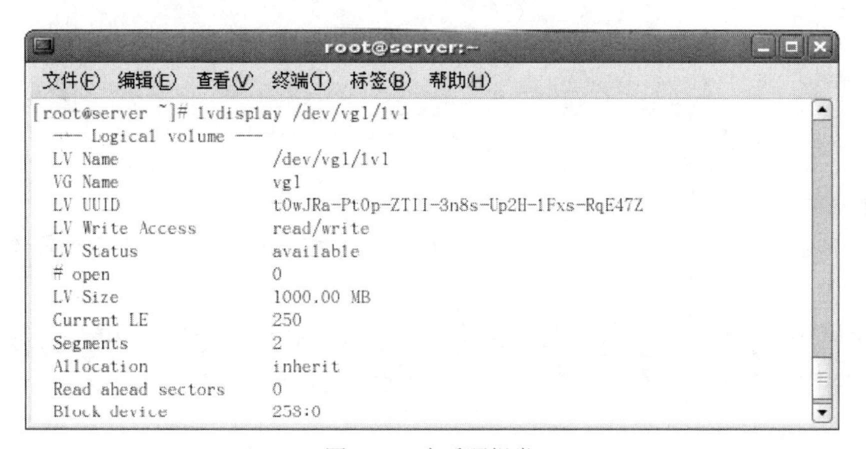

图 4-49　查看逻辑卷

10. 检查物理卷、卷组和逻辑卷

（1）使用命令 *pvscan* 检查物理卷，如图 4-50 所示，从图中可以看出系统共创建了 4 个物理卷，其中/dev/sdc1 和/dev/sdc2 已经加入卷组 vg1 中，也显示了每个物理卷的尺寸。

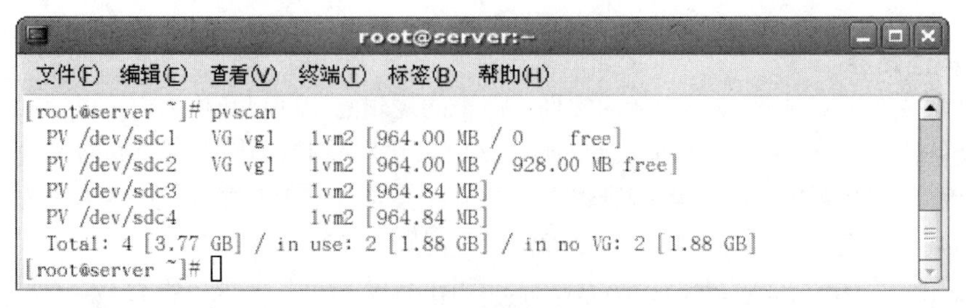

图 4-50　检查物理卷

（2）使用命令 *vgscan* 检查卷组，如图 4-51 所示。

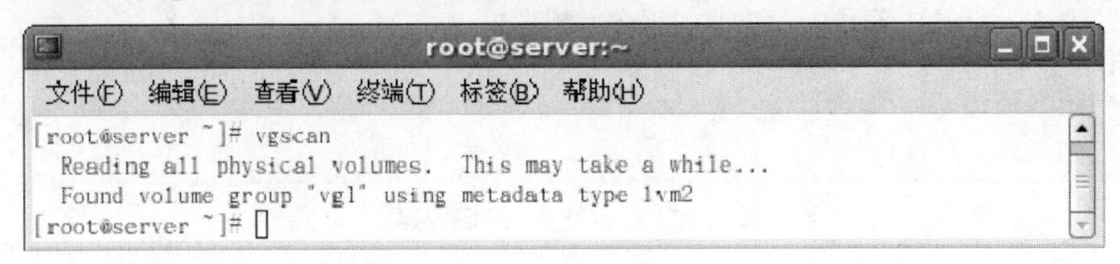

图 4-51　检查卷组

（3）使用命令 *lvscan* 检查逻辑卷，如图 4-52 所示。

图 4-52　检查逻辑卷

（4）在创建 LVM 逻辑卷时，按照建立物理卷、卷组和逻辑卷的顺序，如果要删除，需要按照相反的顺序进行，即删除逻辑卷、卷组和物理卷的顺序。删除逻辑卷的命令是：*lvremove 逻辑卷名称*；删除卷组的命令是：*vgremove 卷组名称*；删除物理卷的命令是：*pvremove 物理卷名称*。

11．挂载逻辑卷

逻辑卷必须格式化后，即创建文件系统，挂载到系统中，才可以使用。

（1）使用命令 *mkfs –t ext3 /dev/vg1/lv1* 格式化逻辑卷/dev/vg1/lv1，创建文件系统类型为 ext3，如图 4-53 所示。

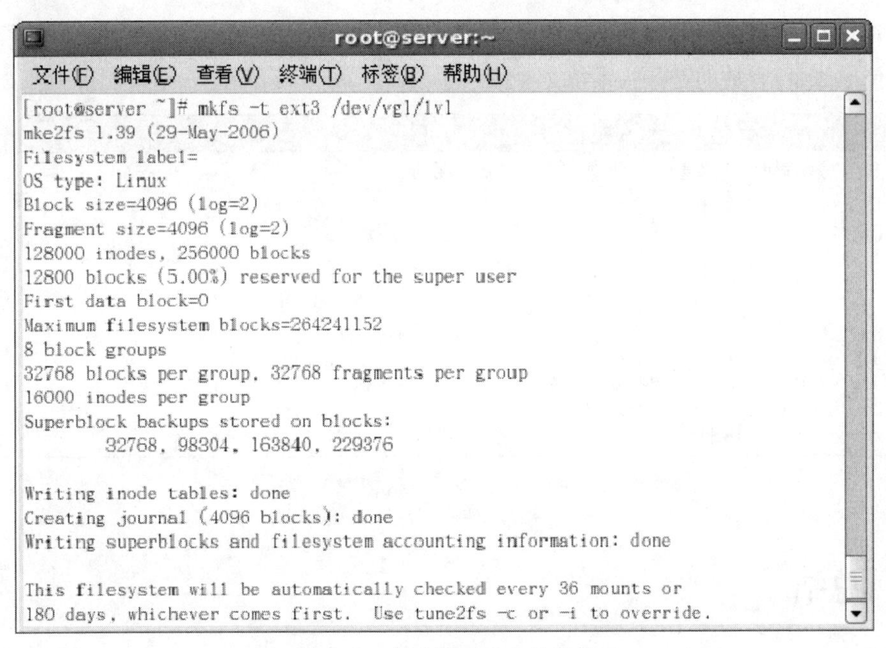

图 4-53　创建逻辑卷文件系统

（2）使用命令 *mount /dev/vg1/lv1 /media*，将逻辑卷挂载到系统/media 中，如图 4-54 所示。使用命令 *ls /media* 可以查看，这是一个新的文件系统的格式，还没有存放文件。

```
root@server:~
文件(F) 编辑(E) 查看(V) 终端(T) 标签(B) 帮助(H)
[root@server ~]# mount /dev/vgl/lvl /media
[root@server ~]# ls /media
lost+found
[root@server ~]#
```

图 4-54　查看挂载后的逻辑卷

（3）使用命令 *mount* 查看挂载情况，如图 4-55 所示，可以看到逻辑卷 lv1 被挂载到目录/media 中了。

```
root@server:~
文件(F) 编辑(E) 查看(V) 终端(T) 标签(B) 帮助(H)
[root@server ~]# mount
/dev/sda3 on / type ext3 (rw)
proc on /proc type proc (rw)
sysfs on /sys type sysfs (rw)
devpts on /dev/pts type devpts (rw,gid=5,mode=620)
/dev/sdal on /boot type ext3 (rw)
tmpfs on /dev/shm type tmpfs (rw)
none on /proc/sys/fs/binfmt_misc type binfmt_misc (rw)
.host:/ on /mnt/hgfs type vmhgfs (rw,ttl=1)
none on /proc/fs/vmblock/mountPoint type vmblock (rw)
sunrpc on /var/lib/nfs/rpc_pipefs type rpc_pipefs (rw)
/dev/sdb5 on /mnt/mount2 type vfat (rw)
/dev/sdbl on /mnt/mountl type ext3 (rw,usrquota,grpquota)
/dev/mapper/vgl-lvl on /media type ext3 (rw)
[root@server ~]#
```

图 4-55　查看逻辑卷挂载情况

（4）使用命令 *df –h* 查看分区情况，如图 4-56 所示，可以看到逻辑卷 lv1 的大小是 1000M 左右，已经使用 2%，存放的是一些系统文件。

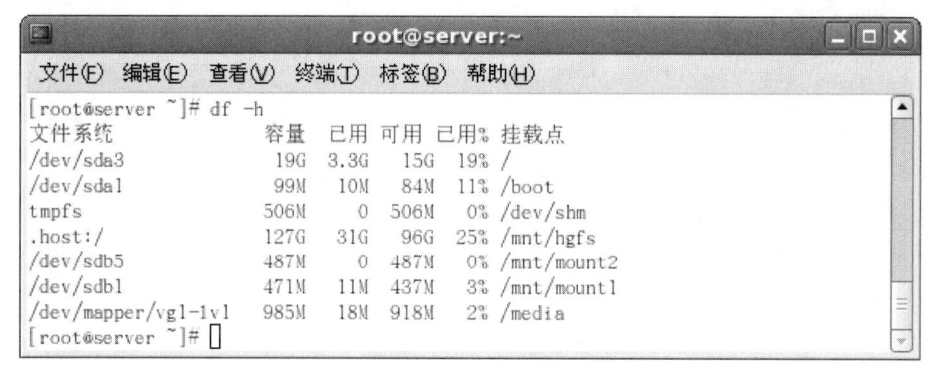

图 4-56　查看分区情况

项目总结

本项目学习了磁盘管理，包括基本磁盘管理、磁盘配额和 LVM 动态磁盘管理，要求掌握 fdisk 命令创建磁盘分区、为磁盘分区创建文件系统、自动挂载文件系统、为不用的用户设置不同的磁盘配额、实现 LVM 动态磁盘管理等。

项目练习

一、选择题

1. 在一个新分区上建立文件系统使用的命令是（　　）。

A. fdisk　　B. makefs　　C. mkfs　　D. format

2. 以下（　　）操作是将/dev/sdc1（一个 windows 分区）挂载到/mnt/win 目录中。

A. mount　-t　windows　/mnt/win　/dev/sdc1

B. mount　-t　windows　/dev/sdc1　/mnt/win

C. mount　-t　vfat　/mnt/win　/dev/sdc1

D. mount　-t　vfat　/dev/sdc1　/mnt/win

3. Linux 的系统管理员使用命令 mkfs　-t ext3 /dev/hdb1 格式化一个硬盘分区，其中/dev/hdb1 代表该计算机上的（　　）。

A. 第二块 SCSI 硬盘的第一个主分区　　B. 第一块 SCSI 硬盘的第一个主分区

C. 第一块 IDE 硬盘的第一个主分区　　D. 第二块 IDE 硬盘的第一个主分区

4. 要创建物理卷，正确命令是（　　）。

A. fdisk　　B. pvcreate　　C. vgcreate　　D. lvcreate

5. 要创建逻辑卷，正确命令是（　　）。

A. fdisk　　B. pvcreate　　C. vgcreate　　D. lvcreate

二、填空题

1. 删除逻辑卷、卷组和物理卷的命令是：__________、__________和__________。

2. LVM 是__________的简称，它是 Linux 环境下对磁盘分区进行管理的一种机制。

3. 开启磁盘配额功能的命令是__________。

4. 要将逻辑卷/dev/vg2/lv2 挂载到系统/mnt 目录下，使用的命令是__________。

5. 执行 quotacheck 命令，生成的文件是__________和__________。

三、实训：管理磁盘

1. 实训目的

（1）掌握基本磁盘管理。

（2）实现磁盘配额。

（3）实现 LVM 动态磁盘管理。

2. 实训环境

已经安装好 Linux 操作系统的计算机。

3. 实训内容

在 Vmware 中添加一块虚拟硬盘，执行以下操作；

（1）使用 fdisk 命令进行磁盘分区，然后使用 fdisk-1 查看分区情况；

（2）使用 mkfs 命令创建文件系统；

（3）使用 mount 和 umount 命令实施挂载和卸载文件系统的操作；

（4）修改配置文件/etc/fstab，在系统启动时自动挂载文件系统；

（5）启动 vim 来编辑/etc/fstab 文件；

（6）把/etc/fstab 文件中的 home 分区添加用户和组的磁盘配额；

（7）用 quotacheck 命令创建 aquota.user 和 aquota.group 文件；

（8）给用户 user01 设置磁盘限额功能；

（9）将 blocks 的 soft 设置为 102400、hard 设置为 409600，inodes 设置为 12800、hard 设置为 51200，编辑完成后保存并退出；

（10）重新启动系统；

（11）用 quotaon 命令启用 quota 功能；

（12）切换到用户 user1，查看自己的磁盘限额及使用情况；

（13）尝试复制大小分别超过磁盘限额软限制和硬限制的文件到用户的主目录上，检验一下磁盘限额功能是否起作用。

4. 实训要求

实训分组进行，可以 2 人一组，小组讨论，确定方案后进行讲解，教师给予指导，全体学生参与评价。

5. 实训总结

完成实训报告，总结项目实施中出现的问题。

项目5　架设DHCP服务器

5.1　项目背景分析

在使用TCP/IP网络时，每一台计算机都必须有一个唯一的IP地址，计算机之间依靠该IP地址进行通信，因此，IP地址的管理、分配与设置就显得非常重要。如果网络管理员手动为每台计算机设置IP地址，当计算机数量比较多时就会特别麻烦，而且也很容易出错。使用动态主机配置协议（Dynamic Host Configuration Protocol，DHCP）就可以解决这个问题。DHCP协议可以自动为局域网中的计算机分配IP地址及TCP/IP设置，大大减轻了网络管理员的工作负担，并减少IP地址故障的发生。

【能力目标】

① 掌握网卡设置的方法；
② 能够安装DHCP服务器；
③ 能够配置DHCP服务器；
④ 能够访问DHCP服务器，获得IP地址。

【项目描述】

某公司网络管理员，要以Linux网络操作系统为平台，为公司建设DHCP服务器，规划服务器地址和作用域范围，为200台主机分配地址，使用192.168.14.0/24网段，使公司员工能够动态获得IP地址。某公司网络拓扑如图5-1所示，DHCP服务器的IP地址是192.168.14.2，公司域名是lnjd.com。

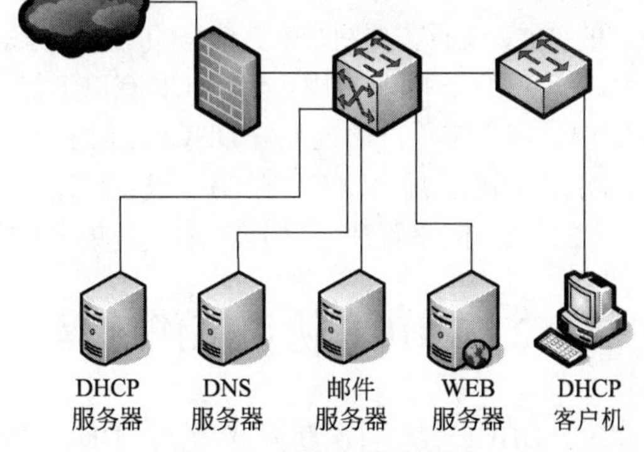

图5-1　某公司网络拓扑

【项目要求】

① 为DHCP服务器设置IP地址和计算机名等；
② 安装DHCP服务器软件；
③ 配置DHCP服务器；
④ 客户机从DHCP服务器上获得IP地址。

【项目提示】

作为公司的网络管理员，为了完成该任务，首先必须进行网络规划。因为公司使用网段192. 168. 14. 0/24，要为200台主机提供服务，在网络实施之前，规划地址时，将地址池的范围规划在192. 168. 14. 10/24～192. 168. 14. 245/24，并且给公司其他服务器分配特定IP地址，其中，默认网关的IP地址是192.168.14.254；　DNS服务器的IP地址是192.168.14.3；FTP服务器的IP

地址是 192.168.14.1；邮件服务器的 IP 地址是 192.168.14.4；Web 服务器的 IP 地址是 192.168.14.5 和 192.168.14.6。首先安装 DHCP 服务器，然后按照公司要求进行配置，最后客户端获得 IP 地址，验证成功。

5.2 项目相关知识

5.2.1 DHCP 概述

在使用 TCP/IP 协议的网络中，每台工作站在访问网络及其资源之前，都必须进行基本的网络配置，一些主要参数诸如 IP 地址、子网掩码、缺省网关、DNS 等必不可少，还可能需要一些附加的信息，如 IP 管理策略之类。

在大型网络中，确保所有主机都拥有正确的配置是一件相当困难的管理任务，尤其对于含有漫游用户和笔记本计算机的动态网络更是如此。经常有计算机从一个子网移到另一个子网，以及从网络中移出。手动配置或重新配置数量巨大的计算机可能要花费很长时间，而 IP 主机配置过程中的错误可能导致该主机无法与网络中的其他主机通信。

因此，需要有一种机制来简化 IP 地址的配置，实现 IP 的集中式管理。IETF（Internet 工程任务组）设计的动态主机配置 DHCP 协议正是这样一种机制。

DHCP 是一种客户机/服务器协议，该协议简化了客户机 IP 地址的配置和管理工作，以及其他 TCP/IP 参数的分配，基本上不需要网络管理人员的人为干预。网络中的 DHCP 服务器给运行 DHCP 的客户机自动分配 IP 地址和相关的 TCP/IP 的配置信息。

DHCP 服务器拥有一个 IP 地址池，当任何启用 DHCP 的客户机登录到网络时，都可从它那里租借一个 IP 地址。因为 IP 地址是动态的（租借），而不是静态的（永久分配），不使用的 IP 地址就自动返回地址池，供再分配，从而大大节省了 IP 地址空间。而且，DHCP 本身被设计成 BOOTP（自举协议）的扩展，支持需要网络配置信息的无盘工作站，对需要固定 IP 地址的系统也提供了相应的支持。

在用户的企业网络中应用 DHCP 有以下优点。

（1）减少错误。通过配置 DHCP，把手动配置 IP 地址所导致的错误减少到最低程度，例如，将已分配的 IP 地址再次分配给另一设备所造成的地址冲突等将大大减少。

（2）减少网络管理。TCP/IP 配置是集中化和自动完成的，不需要网络管理员手动配置。

5.2.2 DHCP 协议工作过程

（1）DHCP 客户首次获得 IP 租约。DHCP 客户首次获得 IP 租约，需要经过 4 个阶段与 DHCP 服务器建立联系，如图 5-2 所示。

① IP 租用请求。DHCP 客户机启动计算机后，通过 UDP 端口 67 广播一个 DHCPDISCOVER 信息包，向网络上的任意一个 DHCP 服务器请求提供 IP 租约。

② IP 租用提供。网络上所有的 DHCP 服务器均会收到此信息包，每台 DHCP 服务器通过 UDP 端口 68，给 DHCP 客户机回应一个 DHCPOFFER 广播包，提供一个 IP 地址。

③ IP 租用选择。客户机从不止一台 DHCP 服务器接收到广播包之后，会选择第一个收到的 DHCPOFFER 包，并向网络中广播一个 DHCPREQUEST 消息包，表明自己已经接受了一个 DHCP 服务器提供的 IP 地址。该广播包中包含所接受的 IP 地址和服务器的 IP 地址。

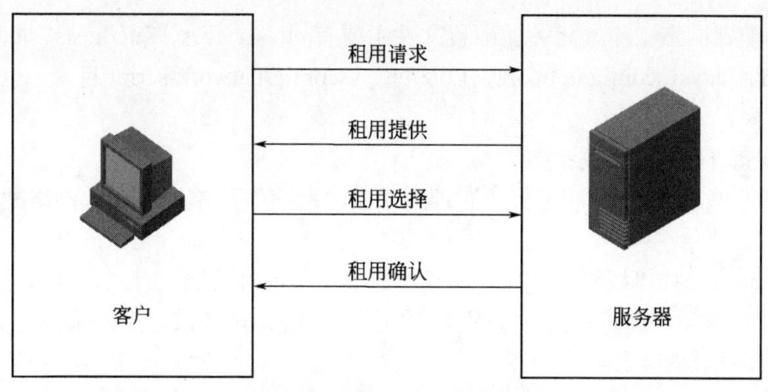

图 5-2　DHCP 的工作过程

④ IP 租用确认。被客户机选择的 DHCP 服务器在收到 DHCPREQUEST 广播包后，会广播返回给客户机一个 DHCPACK 消息包，表明已经接受客户机的选择，并将这一 IP 地址的合法租用，以及其他的配置信息都放入该广播包发给客户机。

客户机在收到 DHCPACK 包后，会使用该广播包中的信息来配置自己的 TCP/IP，则租用过程完成，客户机可以在网络中通信。

（2）DHCP 客户进行 IP 租约更新。取得 IP 租约后，DHCP 客户机必须定期更新租约，否则当租约到期，就不能再使用此 IP 地址，按照 RFC 的默认规定，每当租用时间超过 50%和 87.5%时，客户机就必须发出 DHCPREQUEST 信息包，向 DHCP 服务器请求更新租约。在更新租约时，DHCP 客户机是以单点传送方式发出 DHCPREQUEST 信息包，不再进行广播。具体过程如下。

① 在当前租期已过去 50%时，DHCP 客户机直接向为其提供 IP 地址的 DHCP 服务器发送 DHCPREQUEST 信息包。如果客户机收到该服务器回应的 DHCPACK 消息包，客户机就根据包中所提供的新的租期，以及其他已经更新的 TCP/IP 参数，更新自己的配置，IP 租用更新完成。如果没收到该服务器的回复，则客户机继续使用现有的 IP 地址，因为当前租期还有 50%。

② 如果在租期过去 50%时未能成功更新，则客户机将在当前租期过去 87.5%时，再次向为提供 IP 地址的 DHCP 联系。如果联系不成功，则重新开始 IP 租用过程。

③ 如果 DHCP 客户机重新启动时，它将尝试更新上次关机时拥有的 IP 租用。如果更新未能成功，客户机将尝试联系现有 IP 租用中列出的默认网关。如果联系成功且租用未到期，客户机则认为自己仍然位于与它获得现有 IP 租用时相同的子网上（没有被移走），继续使用现有 IP 地址。如果未能与默认网关联系成功，客户机则认为自己已经被移动到不同的子网上，则 DHCP 客户机将失去 TCP/IP 网络功能。此后，DHCP 客户机将每隔 5 分钟尝试一次重新开始新一轮的 IP 租用过程。

5.3　项目实施

任务 1　为 DHCP 服务器设置 IP 和计算机名

1. 任务描述

在安装 DHCP 服务之前，DHCP 服务器本身必须采用固定的 IP 地址。

2. 任务分析

在 Linux 操作系统中，TCP/IP 网络的配置信息分别存储在不同的配置文件中，需要编辑修改这些配置文件来配置网络工作，相关的配置文件主要有/etc/services、/etc/hosts、/etc/resolv.conf、/etc/nsswitch.conf、/etc/sysconfig/network，以及/etc/sysconfig/network-script 目录，也可以使用图形化配置工具进行配置。

3. 图形化配置 TCP/IP 相关参数

在图形环境下单击“系统”，选择“管理”中的“网络”菜单项，进入网络配置的图形化窗口，如图 5-3 所示。

单击设备 eth0，选择“编辑”按钮，出现如图 5-4 所示对话框，有“常规”、“路由”和“硬件设备”三个选项，在“常规”选项中，设置 IP 地址为 192.168.14.2，子网掩码是 255.255.255.0，默认网关地址是 192.168.14.254。

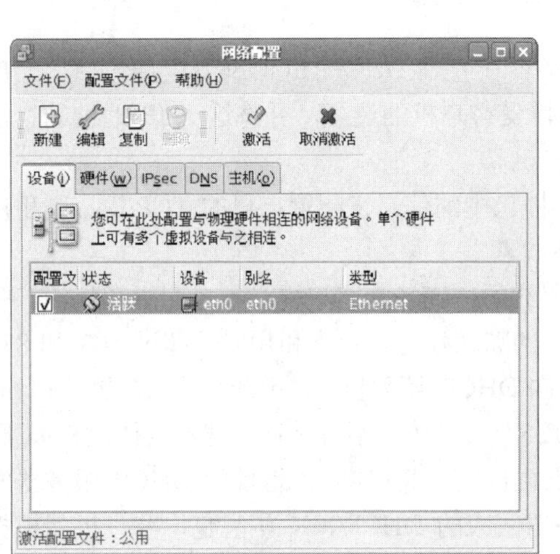

图 5-3 网络配置

图 5-4 设置 IP 地址

单击“路由”选项卡，如图 5-5 所示，如果用户的计算机需要通过路由进行通信，则一定要添加路由器的地址。

单击“硬件设备”选项卡，如图 5-6 所示，系统自动显示网卡类型和 MAC 地址，如果没有显示 MAC 地址，可单击“探测”按钮，系统会自动探测到网卡的 MAC 地址。

图 5-5 “路由”选项卡

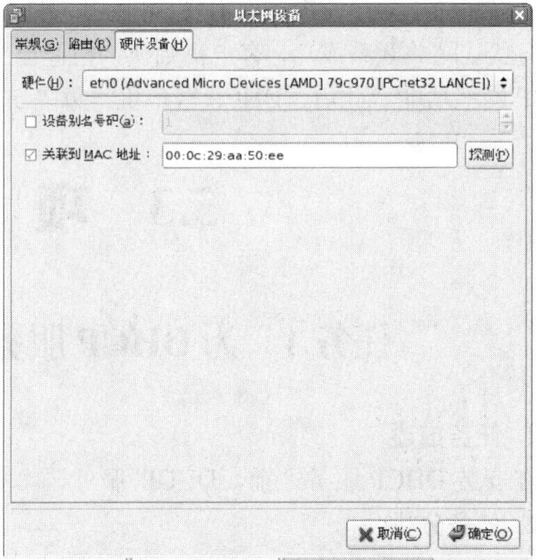

图 5-6 “硬件设备”选项卡

返回“网络配置”窗口，选择“DNS”标签，出现“DNS”配置对话框，如图 5-7 所示，将 DNS 服务器的 IP 地址设置为 192.168.14.3，主机名设置为 server。

返回“网络配置”窗口，选择“主机”标签，出现主机配置对话框，如图 5-8 所示。

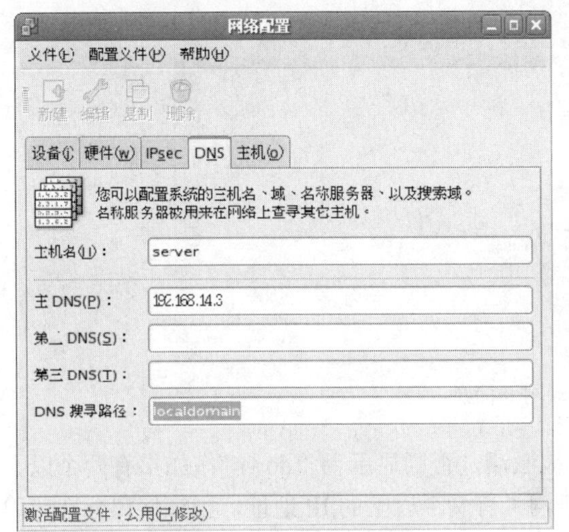

图 5-7　设置 DNS 服务器

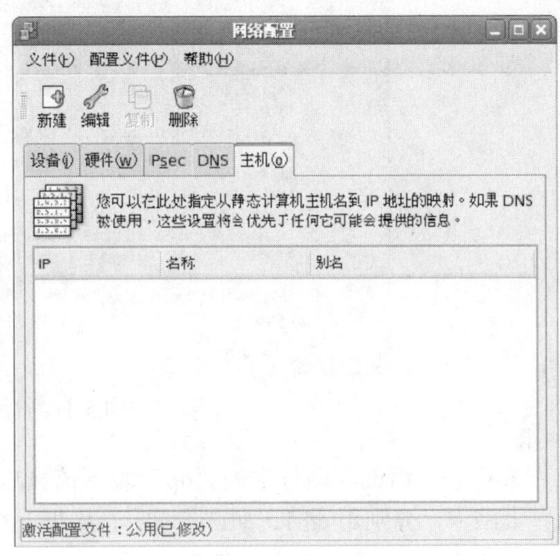

图 5-8　设置主机

单击“新建”按钮，出现如图 5-9 所示对话框，将主机的 IP 地址设置为 192.168.14.2，主机名设置为 server。完成后如图 5-10 所示。

图 5-9　添加主机 IP 地址

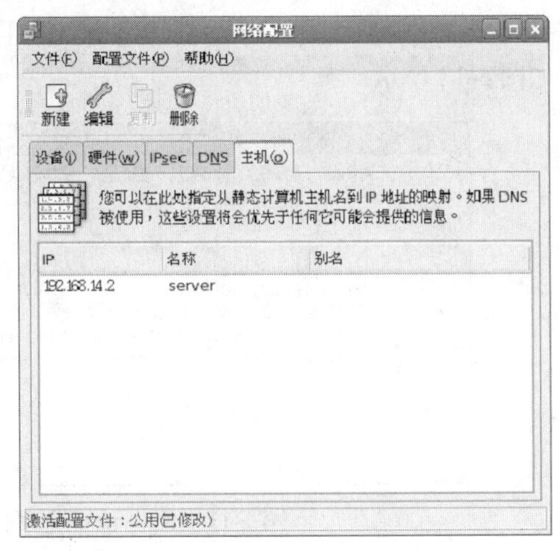

图 5-10　添加主机后的窗口

4. 使用 ifconfig 命令查看网卡信息

在“终端”窗口中输入命令 ifconfig，如图 5-11 所示。

ifconfig 是用指定或查看的参数设置网络接口，其中第一组是以太网卡 eth0 的配置参数，这里显示了第一个网卡的设备名/dev/eth0；硬件的 MAC 地址 00:0C:29:AA:50:EE，MAC 地址是生产厂家定的，是每个网卡拥有的唯一地址；IP 地址是 192.168.14.2，还要设置子网掩码等信息。

第二组 lo 是 look-back 网络接口，从 IP 地址 127.0.0.1 就可以看出，它代表“本机”。无论系统是否接入网络，这个设备总是存在的，除非在内核编译的时候禁止了网络支持。这是一个称为回送设备的特殊设备，它由 Linux 自动配置并提供网络的自身连接。IP 地址 127.0.0.1 是一个特殊的回送地址（即默认的本机地址），可以使用 ping 127.0.0.1 来测试本机的 TCP/IP 协议是否正确安装成功。

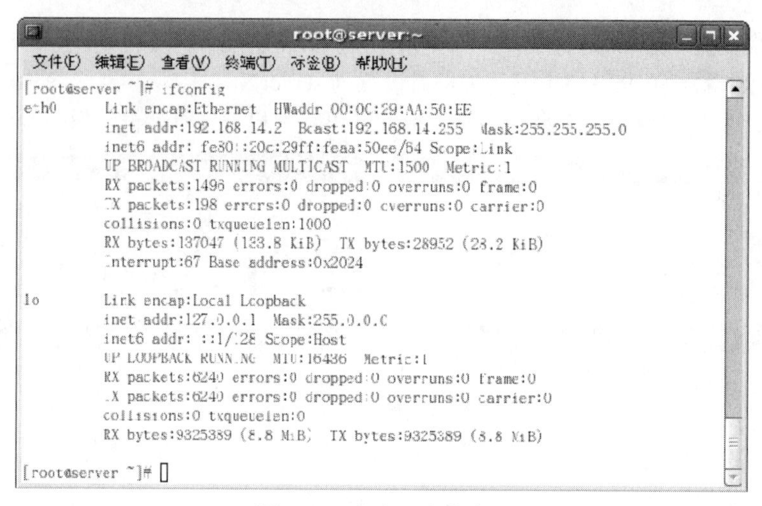

图 5-11　查卡网卡信息

其中每一组的第四行中的“up”表示该接口被激活，否则显示为“down”；如果有两个以上的以太网卡，分别用 eth1、eth2…表示。如果一个网卡有两个以上的 IP 地址，则该接口分别使用别名：eth0、eth0:0、eth0:1…等表示。

如果只是关心某个设备是否正常，则可以在 ifconfig 后面加上接口名字：*ifconfig eth0*。

5. 使用命令设置 IP 地址

ifconfig 除了可以查看网络接口地址外，还可以设置网络地址，使用命令 *ifconfig eth0 192.168.14.2 netmask 255.255.255.0* 设置 IP 地址，并且使用命令 *ifconfig eth0* 可以查看 eth0 设置后的地址，如图 5-12 所示。

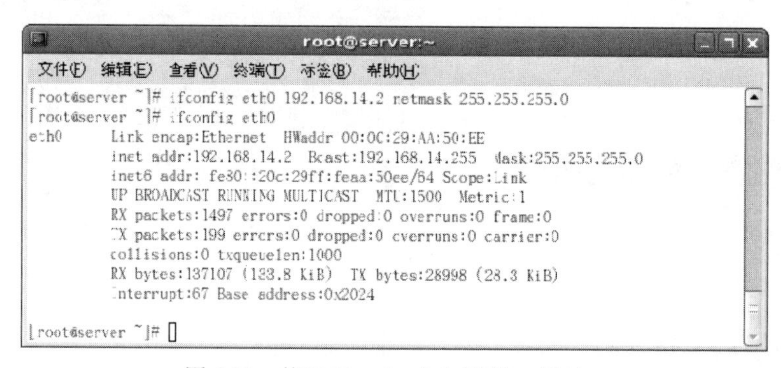

图 5-12　使用 ifconfig 命令设置 IP 地址

可以使用命令 *route add default gw 192.168.14.254* 设置网关，使用命令 *route –n* 查看网关，如图 5-13 所示。

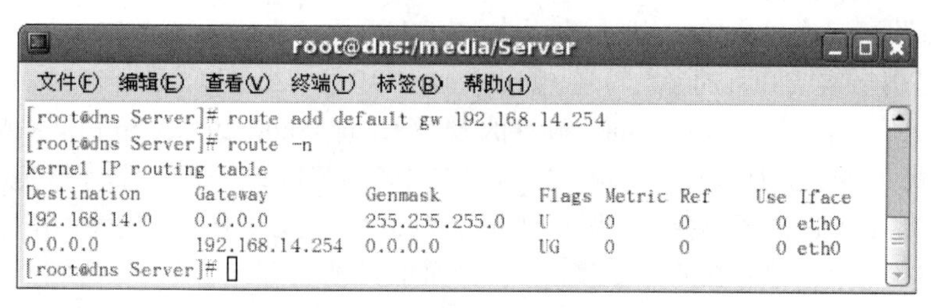

图 5-13　设置网关

6. 使用 ping 命令检测网络连通性

（1）检测网络连通性。在“终端”中输入命令 *ping –c 3 192.168.14.80*，如图 5-14 所示。

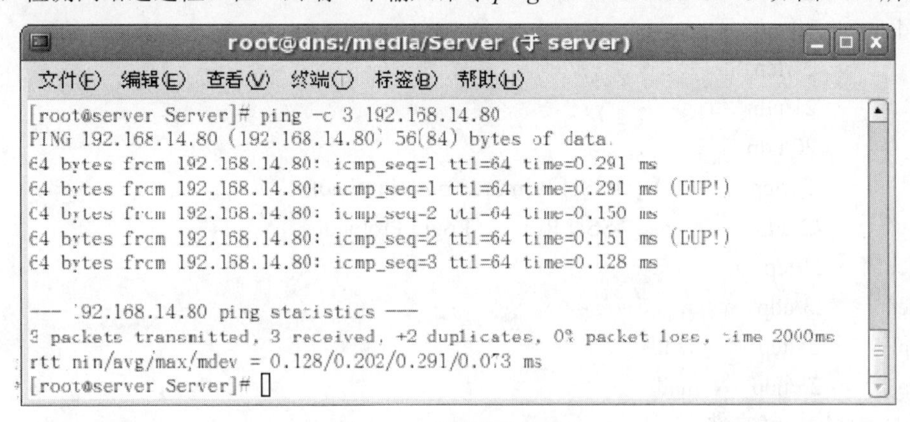

图 5-14　检测网络连通性

ping 命令能测试基本的网络连通性。它是利用 TCP/IP 协议中的网际报文协议（ICMP）的 echo-request 数据包，强制从特定的主机返回响应，应答信息显示在计算机的屏幕上。Linux 下的 ping 命令是持续发送请求的，直到用户通过“Ctrl”+“C”键中断命令。ping 命令无法到达一台主机时，可能是网络接口问题、配置问题或物理连接等故障。可以利用 ICMP 的功能和能力，来检测自己建立的网络是否有故障。

从图 5-14 中可以看出，ping 命令将报告它发送的每一个数据包从目标主机返回的详细信息，其中 icmp_seq 为包的序列号，time 为数据包返回时间（ms），上面命令发送了三个数据包。

所有的 TCP/IP 数据包含有名为 time-to-live 或 TTL 的项，每经过一个路由器，这个值就被递减一次。当这个值为 0 时，数据包就被丢弃了，这样，可以防止数据在网络上循环传送。

（2）ping 命令测试失败说明。ping 的出错信息主要有以下几种。

① Net work unreachable：说明本地主机没有有效地指向远程计算机的路径。

② No answer：说明远程主机对 ICMP Echo 信息不响应。利用 Linux 的 ping 命令，不会显示“No answer”这样的出错信息，反而当 ping 命令停止时显示“100% packet loss”。从主机到远程主机的网络系统上任何一处发生服务中断都会引起这个问题。

③ Unknown host：意味着域名服务不能解析主机名，可以是 DNS 配置有错误。可以进行 DNS 的测试。

但是由于安全原因，有人可能会利用 ping flood-洪水发送来攻击系统。如：黑客们可以利用特大的报文来 ping 目标主机，从而导致目标主机过于繁忙直至死机等。因此现在很多服务器安装了防火墙，通常不允许 ICMP 报文的通过，可以防止这样的 icmp 攻击，所以，用户有时候不能从这样的主机得到 ping 命令的返回信息。

（3）ping 命令的参数说明。ping 命令的参数主要如下。

-c count：发送 count 个数据包就停止。

-n：不显示主机名，只显示 IP 地址。

-q：只显示最后的统计结果，没有中间过程显示。

7. /etc/services 文件

“/etc/services”文件记录网络服务名和它们对应的端口号及协议。文件中的每一行对应一种服务，它由 4 个字段组成，分别表示“协议名称”、“端口号”、“传输层协议”以及“注释”。一般不需要修改此文件的内容，Linux 系统在运行某些服务时，会用到这个文件。

“/etc/services”文件中的部分内容如下所示：

```
ftp-data      20/tcp
ftp-data      20/udp
ftp           21/tcp
ftp           21/udp
ftp           20/udp
ssh           22/tcp        #SSH Romote Login Protocol
ssh           22/udp        #SSH Romote Login Protocol
telnet        23/tcp
telnet        23/udp
smtp          25/tcp    mail
smtp          25/udp    mail
```

8. /etc/resolv.conf 文件

“/etc/resolv.conf”文件用于配置 DNS 客户，即在 DNS 客户端指定所使用的 DNS 服务器的相关信息。该文件包括 nameserver、search 和 domain 三个设置选项。

（1）nameserver 选项：设置 DNS 服务器的 IP 地址，最多可以设置 3 个，并且每个 DNS 服务器的记录自成一行。当主机需要进行域名解析时，首先查询第一个 DNS 服务器，如果无法成功解析，则向第二个、第三个 DNS 服务器查询。

（2）search 选项：指定 DNS 服务器的域名搜索列表，最多可以设置 6 个。其作用在于：进行域名解析工作时，系统将此设置的网络域名自动加在要查询的主机名之后进行查询。通常不设置此项。

（3）domain 选项：指定主机所在的网络域名，可以不设置。

下面是一个“/etc/resolv.conf”文件的示例：

```
nameserver    192.168.14.3
search        lnjd.com
domain        lnjd.com
```

9. /etc/hosts 文件

“/etc/hosts”文件是早期实现主机名称解析的一种方法，其中包含 IP 地址和主机名之间的对应关系。进行名称解析时，系统会直接读取该文件中设置的 IP 地址和主机名的对应记录。文件中的每一行对应一条记录，它一般由三个字段组成：IP 地址、主机完全域名和别名（可选）。该文件的默认内容如下：

```
#do not remove the following line,or various programs
#that require network functionality wil fail
127.0.0.1    localhost.localdomain    localhost
```

在没有指定域名服务器时，网络程序一般通过查询该文件来获取某个主机对应的 IP 地址。利用该文件，可实现在本机上的域名解析。例如，要将域名为 www.lnjd.com 的主机 IP 地址指向 192.168.14.5，则只需要在该文件中添加如下一行内容即可：

```
192.168.14.5  www.lnjd.com
```

10. /etc/nsswitch.conf 文件

“/etc/nsswitch.conf”文件定义了网络数据库的搜索顺序，例如：主机名称、用户口令、网络协议等网络参数。要设置名称解析的先后顺序，可利用“/etc/nsswitch.conf”配置文件中的 hosts：选项来制定，其默认解析顺序为：hosts 文件、DNS 服务器。对于 UNIX 系统，还可用 NTS 服务器来进行解析。

下面是该文件的部分默认配置：

Password:　　files
shadow:　　files
group:　　files
hosts:　　files　dns
#其中的 files 代表用/etc/hosts 文件来进行名称解析
natmasks:　　files
networks:　　files
protocols:　　files
rpc:　　files
services:　　files

11. /etc/sysconfig/network 文件

该文件用于对网络服务进行总体配置，例如，是否启用网络服务功能，是否开启 IP 数据包转发服务等。在没有配置或安装网卡时，也需要设置该文件，以使本机的回环网络接口设备（lo）能够正常工作，该设备是 Linux 内部通信的基础。network 文件常用的设置选项与功能如表 5-1 所示。

表 5-1　network 文件常用的设置选项与功能

选项名	功　能	设置值
NETWORKING	设置系统是否使用网络服务功能。一般应设置为 yes；若设置为 no，则不能使用网络，而且很多系统服务程序也将无法启动	yes
FORWARD_IPV4	设置是否开启 IPV4 的包转发功能。在只有一块网卡时，一般设置为 false；若安装有两块网卡，并要开启 IP 数据包的转发功能，则设置为 true	false
HOSTNAME	设置本机主机名，“/etc/hosts”中设置的主机名，要注意与此处的设置相同	Server
DOMAINNAME	设置本机的域名	Lnjd.com
GATEWAY	设置本机的网关 IP 地址	192.168.14.2
GATEWAYDEV	设置与网关进行通信时，所使用的网卡的名称	eth0

12．/etc/sysconfig/network-scripts 目录

/etc/sysconfig/network-scripts 目录，包含网络接口的配置文件以及部分网络命令，例如，ifcfg-eth0 为第一块网卡接口的配置文件，ifcfg-ppp0 为第一个 PPP 接口的配置文件，而 ifcfg-lo 则保存本地回环网络接口的相关信息等。

每个网络接口对应一个配置文件，其中包含网卡的设备名、IP 地址、子网掩码，以及默认网关等配置信息。配置文件的名称通常具有以下格式：ifcfg-网卡类型以及网卡的序号。

Linux 支持一块物理网卡上绑定多个 IP 地址，此时对于每个绑定的 IP 地址，需要一个虚拟网卡，该网卡的设备名为 ethN:M，对应的配置文件名的格式为 ifcfg-ethN:M，其中 N 和 M 均为从 0 开始的数字，代表其序号。例如，第一块以太网卡上绑定的第二块虚拟网卡（设备名为 eth0:1）的配置文件名为 ifcfg-eth0:1.Linux，最多支持 255 个 IP 别名，对应的配资文件可通过复制 ifcfg-eth0 配置文件，并通过修改其配置内容来获得。

在网卡的配置文件中，每一行为一个配置项目，左边为项目名称，右边为当前设置值，中间用“=”连接。配置文件中各选项的名称与功能如表 5-2 所示。

表 5-2　网卡配置文件各选项的名称与功能

选项名	功能	设置值（示例）
DEVICE	表示当前网卡设备的设备名	eth0
BOOTPROTO	设置 IP 地址的获得方式，static 代表静态指定 IP 地址，dhcp 为动态获取 IP 地址	static
BROADCAST	表示广播地址，可以不指定	192.168.14.255
IPADDR	该网卡的 IP 地址	192.168.14.2
NETMASK	该网卡的子网掩码	255.255.255.0
NETWORK	该网卡所处网络的网络地址，可以不指定	192.168.14.0
GATEWAY	网卡的默认网关地址	192.168.14.254
ONBOOT	设置在系统启动时，是否启用该网卡设备。yes 表示启用，no 表示不启用	yes

在 RHEL 5 安装过程中，会要求对网卡的 IP 地址、子网掩码、默认网关，以及 DNS 服务器等进行指定和配置，这样安装完成后，其网卡已配置并可正常工作，根据需要也可重新对其进行配置和修改。

任务 2　安装 DHCP 服务器

1.任务描述

在 Linux 操作系统中，架设 DHCP 服务器使用的软件是 dhcp-3.0.5-3.el5。此任务要求安装该软件。

2.任务分析

在安装操作系统过程中，可以选择是否安装 DHCP 服务器，如果不确定是否安装了 DHCP 服务器，使用命令进行查询。安装时使用 rpm 命令，需要先挂载光盘。安装完成后，查询安装的文件，并且启动 DHCP 服务器，设置 DHCP 服务器在下次系统登录时自动运行。

3．安装 DHCP 软件

在安装 Red Hat Enterprise Linux 5 时，可以选择是否安装 DHCP 服务器。如果不能确定 DHCP 服务器是否已经安装，可以采取在“终端”窗口中输入命令 *rpm –qa / grep dhcp* 进行验证。如果是如图 5-15 所示，则说明系统已经安装了 DHCP 服务器。

图 5-15　检测是否安装 DHCP 服务

如果安装系统时没有选择 DHCP 服务器，需要进行安装。在 Red Hat Enterprise Linux 5 安装盘中带有 DHCP 服务器安装程序。

管理员将安装光盘放入光驱后，使用命令 *mount /dev/cdrom /media* 进行挂载，然后使用命令 *cd /media/Server* 进入目录，使用命令 *ls / grep dhcp* 找到安装包 dhcp-3.0.5-3.el5.i386.rpm，如图 5-16 所示。

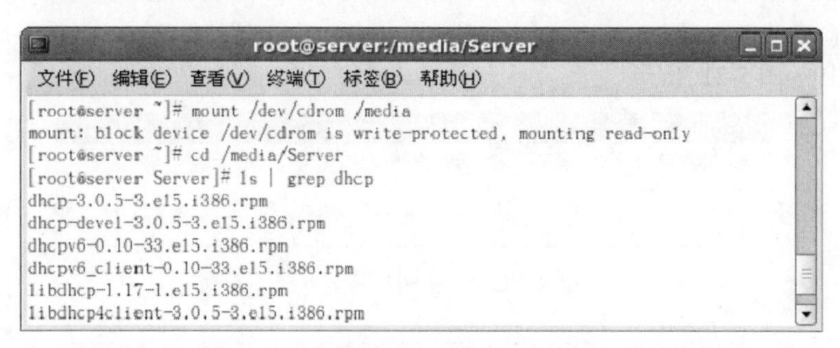

图 5-16　找到安装包

然后在“应用程序”|“附件”中选择“终端”命令窗口，运行命令 *rpm –ivh dhcp-3.0.5-3.el5.i386.rpm* 即可开始安装程序，如图 5-17 所示。

图 5-17　安装 DHCP 服务器

在安装完 DHCP 服务器后，可以利用以下的指令来查看安装后产生的文件，如图 5-18 所示。

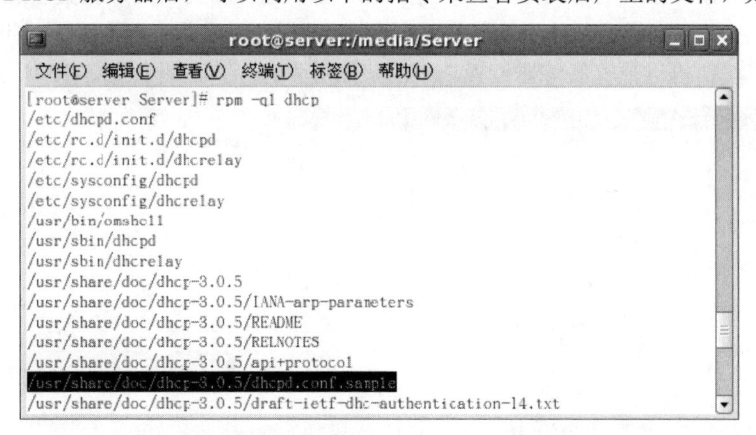

图 5-18　查看安装 DHCP 后产生的文件

在上述文件中，最重要的文件有以下 3 个。

第一个是“/etc/rc.d/init.d/dhcpd”，它是 DHCP 服务器程序。

第二个是“/var/lib/dhcpd/dhcpd.leases”，它负责客户端 IP 租约的内容。

第三个是“/usr/share/doc/dhcp-3. 0. 5/dhcpd. conf. sample”，它是 DHCP 服务器配置文件的模板。

在上述文件中，存在/etc/dhcpd.conf 文件，这是 DHCP 服务器的主配置文件，不过这个文件是空白的，需要将文件/usr/share/doc/dhcp-3.0.5/dhcpd.conf.sample 复制后，覆盖这个文件。

4. 启动与关闭 DHCP 服务器

DHCP 的配置完成后，必须重新启动服务器。可以有两种方法进行启动或关闭 DHCP 服务器。

（1）利用命令启动或关闭 DHCP 服务器。可以在“终端”命令窗口运行命令 *service dhcpd start* 来启动，运行命令 *service dhcpd stop* 关闭，或者用命令 *service dhcpd restart* 来重新启动 DHCP 服务器，如图 5-19～图 5-21 所示。

图 5-19　启动 DHCP 服务器

图 5-20　停止 DHCP 服务器

图 5-21　重新启动 DHCP 服务器

（2）利用图形化界面启动与关闭 DHCP 服务器。用户也可以利用图形化桌面进行 DHCP 服务器的启动与关闭。在图形界面下使用“服务”对话框，进行 DHCP 服务器的启动与运行。单击“系统”，选择“管理”，再选择“服务器设置”中的“服务”选项，出现如图 5-22 所示的对话框。

图 5-22　“服务配置”对话框

图 5-23　启动正常提示

选择“dhcpd”，利用“开始”，“停止”和“重启”标签，可以完成服务器的停止、开始以及重新启动。例如，单击“开始”标签，出现如图 5-23 所示提示界面。这样就说明 DHCP 服务器已经正常启动。

5. 查看 DHCP 服务器状态

可以利用以下方法查看 DHCP 服务器目前运行的状态，如图 5-24 所示。

图 5-24　查看 DHCP 服务器状态

6. 设置开机时自动运行 DHCP 服务器

开启 DHCP 服务器是非常重要的，在开机时应该自动启动，可节省每次手动启动的时间，并且可以避免 DHCP 服务器因没有开启而停止服务的情况。

在开机时自动开启 DHCP 服务器，有以下几种方法。

（1）通过 ntsysv 命令设置 DHCP 服务器自动启动。在“终端”中输入 *ntsysv* 命令后，出现如图 5-25 所示对话框，将光标移动到“dhcpd”选项，然后按“空格”键选择，最后使用“Tab”键将光标移动到“确定”按钮，并按“Enter”键完成设置。

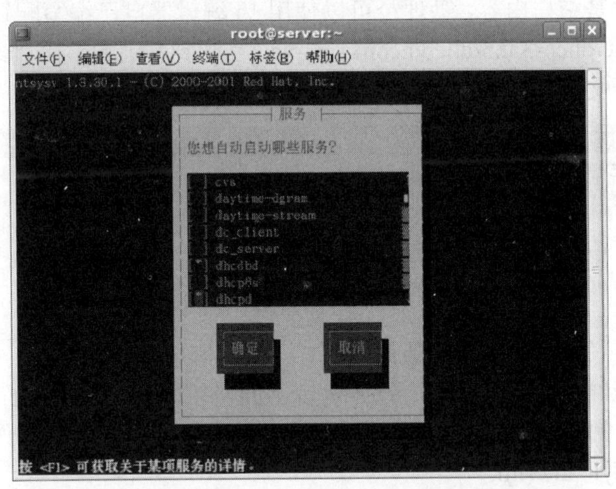

图 5-25　以 ntsysv 命令设置 DHCP 服务器自动启动

（2）以“服务配置”设置 DHCP 服务器自动启动。单击“系统”选项，选择“管理”选项，再选择“服务器设置”中的“服务”选项，选择“dhcpd”选项，然后再选择上方工具栏中的“文件”|“保存”命令，即可完成设置。

（3）以 chkconfig 命令设置 DHCP 服务器自动启动。在“终端”窗口中输入指令 *chkconfig --level 5 dhcpd on*，如图 5-26 所示。

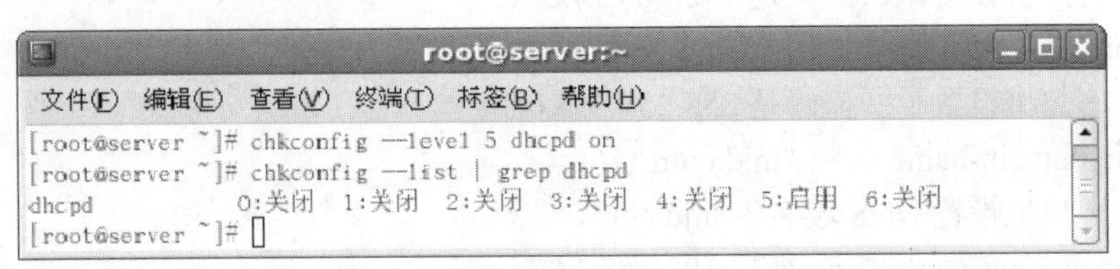

图 5-26　以 chkconfig 命令设置 DHCP 服务器自动启动

以上的指令表示，如果系统运行 Run Level 5 时，即系统启动图形界面的模式时，将自动启动 DHCP 服务器，也可以配合“—list”参数的使用，来显示每个 Level 是否自动运行 DHCP 服务器。

任务 3　配置 DHCP 服务器

1. 任务描述

管理员要为某公司配置 DHCP 服务器，为公司 200 台客户机提供 IP 地址分配，并且为公司的其他服务器分配固定 IP 地址。

2. 任务分析

公司使用网段为 192. 168. 14. 0/24，将为 200 台主机提供服务。在网络实施之前，需要先规划地址，将地址池的范围规划在 192. 168. 14. 10/24～192. 168. 14. 245/24，并且给公司其他服务器分配特定 IP 地址，其中，默认网关的 IP 地址是 192.168.14.254、 DNS 服务器的 IP 地址是 192.168.14.3；FTP 服务器的 IP 地址是 192.168.14.1、邮件服务器的 IP 地址是 192.168.14.4、Web 服务器的 IP 地址是 192.168.14.5 和 192.168.14.6。管理员首先安装 DHCP 服务器，然后按照公司要求进行配置，最后客户端获得 IP 地址，验证成功。

3．准备 DHCP 服务器的配置文件

DHCP 的配置主要是通过配置 dhcpd.conf 文件来完成的，该文件存放的位置是/etc 目录，但由于系统安装后该文件是空白内容，管理员可以使用 Vi 编辑器自己编写配置文件，也可以将配置文件模板“/usr/share/doc/dhcp-3.0.5/dhcpd.conf.sample”复制到目录/etc 中，修改名称为 dhcpd.conf，系统会提示是否覆盖源文件，输入“y”将会覆盖源文件，如图 5-27 所示。

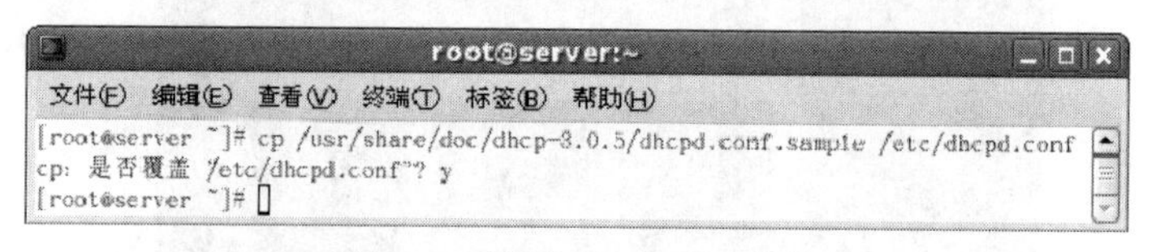

图 5-27　复制 dhcpd.conf 文件

4．修改配置文件，完成 DHCP 服务器配置

使用 Vi 编辑器打开配置文件，即 *vi /etc/dhcpd.conf*，按照公司要求进行配置，编写好的配置文件 dhcpd.conf 的内容如图 5-28 所示。下面逐一介绍配置文件中的内容和作用。

（1）ddns-update-style interim;

配置使用过渡性 DHCP-DNS 互动更新模式，此行说明必须有，不然服务器无法启动。

（2）ignore client-updates;

忽略客户端更新。

（3）subnet 192.168.14.0 netmask 255.255.255.0

设置子网声明，公司使用的网段是 192.168.14.0，子网掩码是 255.255.255.0。

（4）option routers　　　　192.168.14.254;

为 DHCP 客户机设置默认网关是 192.168.14.254。

（5）option subnet-mask　　　255.255.255.0;

为 DHCP 客户机设置子网掩码是 255.255.255.0。

（6）option domain-name　　　"lnjd.com";

为 DHCP 客户机设置 DNS 域名为 lnjd.com。

（7）option domain-name-servers　　192.168.14.3;

为 DHCP 客户机设置 DNS 域名服务器的 IP 地址是 192.168.14.3。

（8）option time-offset　-18000;

设置与格林尼治时间的偏移时间，单位是秒（s）。

```
ddns-update-style interim;
ignore client-updates;
subnet 192.168.14.0 netmask 255.255.255.0 {
        option routers                  192.168.14.254;
        option subnet-mask              255.255.255.0;
        option domain-name              "lnjd.com";
        option domain-name-servers192.168.14.3;
        option time-offset              -18000;
        range dynamic-bootp 192.168.14.10 192.168.14.245;
        default-lease-time 21600;
        max-lease-time 43200;
        host dns {
                hardware ethernet 74:27:EA:B6:AD:89;
                fixed-address 192.168.14.3;
        }
          host ftp{
                hardware ethernet 74:27:EA:B6:AD:88;
                fixed-address 192.168.14.1;
        }
          host mail{
                hardware ethernet 00:0C:29:26:A1:69;
                fixed-address 192.168.14.4;
        }
          host web{
                hardware ethernet 00:0C:29:26:A1:70;
                fixed-address 192.168.14.5;
        }

}
```

图 5-28　配置文件 dhcpd.conf 的内容

（9）range dynamic-bootp 192.168.14.10 192.168.14.245;

设置地址池，顾名思义，地址池就是网络中可以使用的 IP 地址的集合，当地址被指派后，该地址会在这个池中删除，如果此地址被释放后，它又会重新加入池中。DHCP 服务器就是利用地址池中的地址，来动态指派给网络中的 DHCP 客户端。因为公司局域网要给 200 台主机分配 IP 地址，所以将 192.168.14.1～192.168.14.10 保留起来，分配给网络中服务器使用，地址池的范围是 192.168.14.10~ 192.168.14.245。地址池应该设置比网络中要求分配 IP 的计算机数量多，以用于网络拓展。

（10）default-lease-time 21600;

为 DHCP 客户机设置默认的地址租期。“租用期”是 DHCP 服务器指定 IP 地址租用时间长度。在此期间，客户端计算机可以使用指派的 IP 地址。将租用指定给客户端时，在租用到期前，客户端一般需要使用服务器来更新它的地址租用指派。租用在服务器上过期或被删除时，会变成非使用配置，而租用持续期间决定了何时过期，以及客户端每隔多久需要跟服务器进行更新。

（11）max-lease-time 43200;

为 DHCP 客户机设置最长的地址租期，单位是秒。

（12）host dns {

hardware ethernet 74:27:EA:B6:AD:89;

fixed-address 192.168.14.3;

设置 DNS 主机声明，如果 MAC 地址为 74:27:EA:B6:AD:89 的 DNS 服务器，向 DHCP 服务器申请 IP 地址时，DHCP 服务器为该主机分配固定的 IP 地址 192.168.14.3。同样的原理，当物理地址为 74:27:EA:B6:AD:88 的 FTP 服务器申请 IP 地址时，DHCP 服务器为该主机分配固定的 IP 地址 192.168.14.1，当物理地址为 00:0C:29:26:A1:69 的邮件服务器申请 IP 地址时，DHCP 服务器为该主机分配固定的 IP 地址 192.168.14.4，当物理地址为 00:0C:29:26:A1:70 的 Web 服务器申请 IP 地址时，DHCP 服务器为该主机分配固定的 IP 地址 192.168.14.5。

5. DHCP 服务器的调试

DHCP 服务器启动后，如果有客户机申请 IP 地址，会记录在日志中，可以使用命令 *tail /var/log/messages* 显示在屏幕上，如图 5-29 所示。

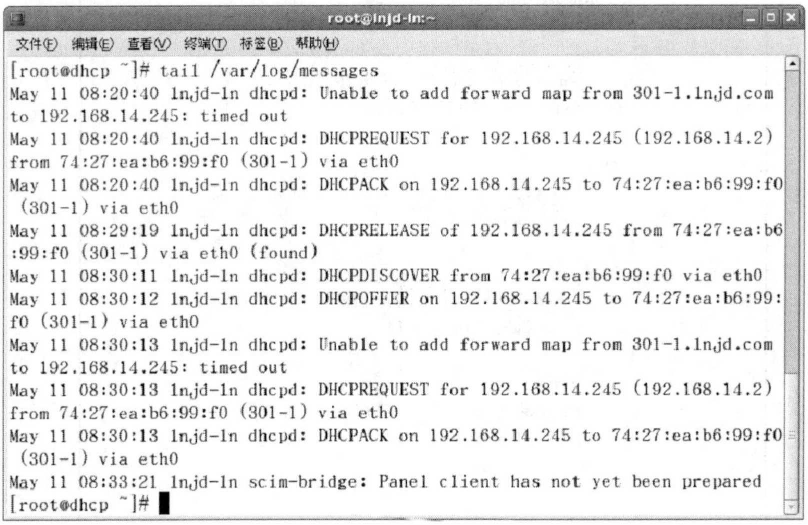

```
root@lnjd-ln:~
文件(F) 编辑(E) 查看(V) 终端(T) 标签(B) 帮助(H)
[root@dhcp ~]# tail /var/log/messages
May 11 08:20:40 lnjd-ln dhcpd: Unable to add forward map from 301-1.lnjd.com
to 192.168.14.245: timed out
May 11 08:20:40 lnjd-ln dhcpd: DHCPREQUEST for 192.168.14.245 (192.168.14.2)
from 74:27:ea:b6:99:f0 (301-1) via eth0
May 11 08:20:40 lnjd-ln dhcpd: DHCPACK on 192.168.14.245 to 74:27:ea:b6:99:f0
 (301-1) via eth0
May 11 08:29:19 lnjd-ln dhcpd: DHCPRELEASE of 192.168.14.245 from 74:27:ea:b6
:99:f0 (301-1) via eth0 (found)
May 11 08:30:11 lnjd-ln dhcpd: DHCPDISCOVER from 74:27:ea:b6:99:f0 via eth0
May 11 08:30:12 lnjd-ln dhcpd: DHCPOFFER on 192.168.14.245 to 74:27:ea:b6:99:
f0 (301-1) via eth0
May 11 08:30:13 lnjd-ln dhcpd: Unable to add forward map from 301-1.lnjd.com
to 192.168.14.245: timed out
May 11 08:30:13 lnjd-ln dhcpd: DHCPREQUEST for 192.168.14.245 (192.168.14.2)
from 74:27:ea:b6:99:f0 (301-1) via eth0
May 11 08:30:13 lnjd-ln dhcpd: DHCPACK on 192.168.14.245 to 74:27:ea:b6:99:f0
 (301-1) via eth0
May 11 08:33:21 lnjd-ln scim-bridge: Panel client has not yet been prepared
[root@dhcp ~]#
```

图 5-29　查看日志

从图 5-29 中可以看出，7 月 3 日，DHCP 服务器将 IP 地址 192.168.14.245 分配给主机 301-1。

申请 IP 地址的客户机信息会详细记载在配置文件 dhcpd.leases 中，在“终端”中输入命令 *more /var/lib/dhcpd/dhcpd.leases* 进行查看，结果如图 5-30 所示。

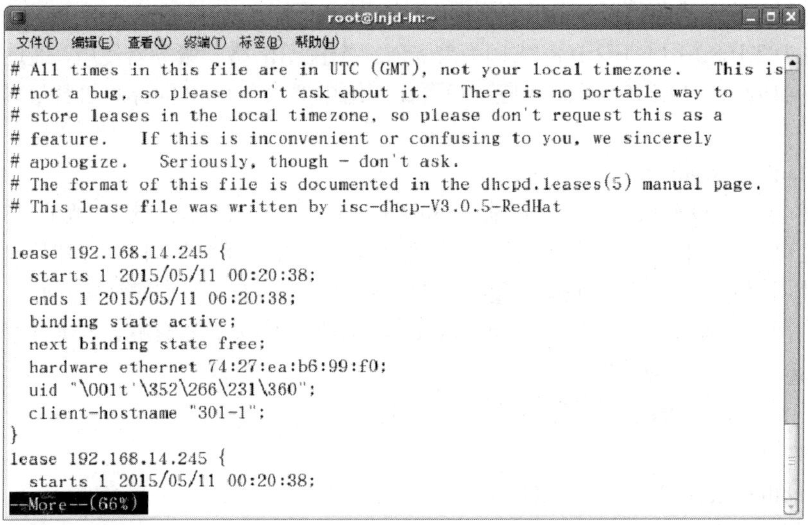

```
root@lnjd-ln:~
文件(F) 编辑(E) 查看(V) 终端(T) 标签(B) 帮助(H)
# All times in this file are in UTC (GMT), not your local timezone.  This is
# not a bug, so please don't ask about it.  There is no portable way to
# store leases in the local timezone, so please don't request this as a
# feature.  If this is inconvenient or confusing to you, we sincerely
# apologize.  Seriously, though - don't ask.
# The format of this file is documented in the dhcpd.leases(5) manual page.
# This lease file was written by isc-dhcp-V3.0.5-RedHat

lease 192.168.14.245 {
  starts 1 2015/05/11 00:20:38;
  ends 1 2015/05/11 06:20:38;
  binding state active;
  next binding state free;
  hardware ethernet 74:27:ea:b6:99:f0;
  uid "\001t'\352\266\231\360";
  client-hostname "301-1";
}
lease 192.168.14.245 {
  starts 1 2015/05/11 00:20:38;
--More--(66%)
```

图 5-30　查看 dhcpd.leases 内容

任务 4　使用 DHCP 服务器

1. 任务描述

管理员配置 DHCP 服务器后，客户机需要申请 IP 地址，这样才能使用 DHCP 服务器提供的服务。

2. 任务分析

如果客户端使用的是 Windows 操作系统，可以在 Internet 协议（TCP / IP）中选择自动获得 IP 地址；如果客户端使用的是 Linux 操作系统，则需要修改配置文件/etc/sysconfig/network-script/ifcfg-eth0，自动获得 IP 地址。

3. 使用 Windows 客户端

如果客户端为 Windows 操作系统，则可以在“本地连接属性”对话框中，选取“Internet 协议（TCP / IP）”选项，单击“属性”按钮，出现如图 5-31 所示的对话框，选择“自动获得 IP 地址”选项，同时选择“自动获得 DNS 服务器地址”选项，就可以获得 DHCP 服务器分配的 IP 地址，但是，在该属性中就无法查看本机的 IP 地址，需要使用“命令提示符”进行操作。在“运行”中输入 *cmd* 命令或者单击“开始”|“程序”|“附件”|“命令提示符”，出现命令窗口，输入 *ipconfig/all* 命令，查看结果如图 5-32 所示。

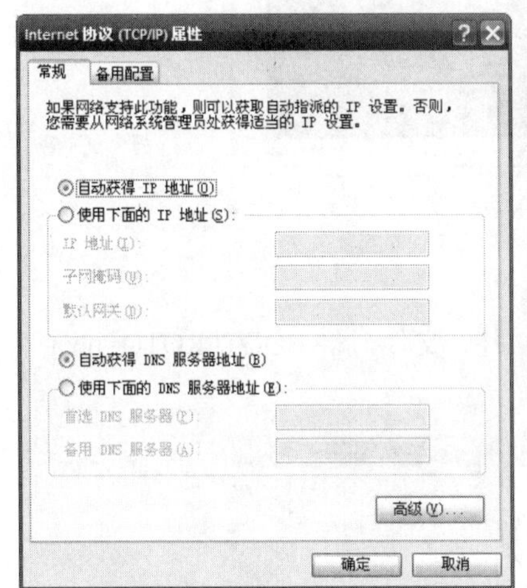

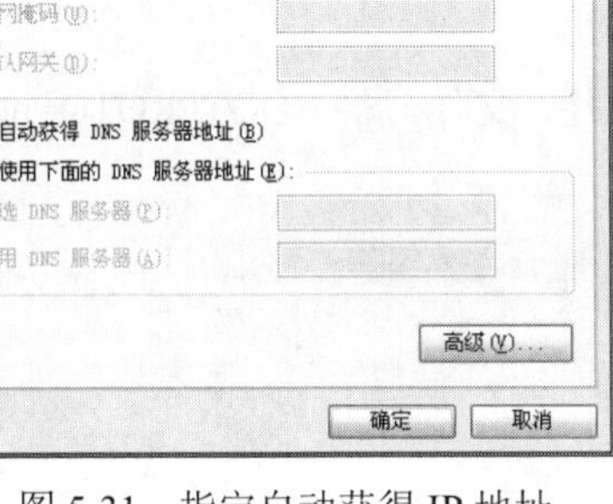

图 5-31　指定自动获得 IP 地址

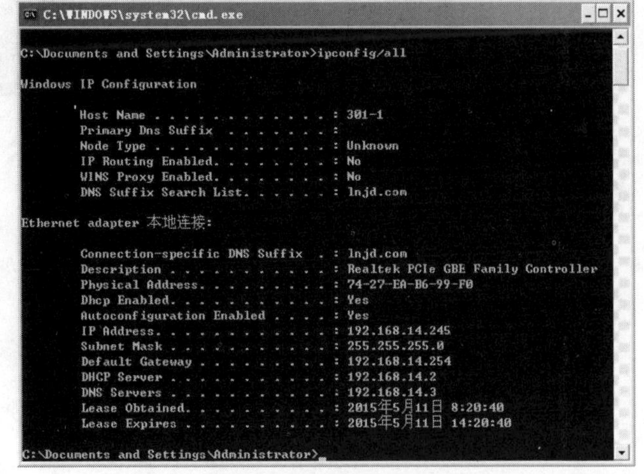

图 5-32　查看自动获得的 IP 地址

可以看到，客户端的 IP 地址是 192.168.14.245，DHCP server 是 192.168.14.2，DNS server 是 192.168.14.3，域名是 lnjd.com，与 DHCP 服务器设置一致，说明 DHCP 服务器正常工作。以 Linux 操作系统为平台设置的 DHCP 服务器，为客户机分配 IP 地址时，从地址池可用的范围内从大到小进行分配；以 Windows 操作系统为平台的 DHCP 服务器，为客户机分配 IP 地址时，从地址池可用的范围内从小到大进行分配。

为了进一步了解 DHCP 服务器的工作过程，可使用 *ipconfig/release* 命令将 IP 地址释放，如图 5-33 所示，IP 地址变为 0.0.0.0。

图 5-33 说明 IP 地址已经成功释放，再使用命令 *ipconfig/renew* 重新获得 IP 地址，此地址就是由 DHCP 服务器负责分配的，如图 5-34 所示。服务器第一次为客户机分配的 IP 地址是 192.168.14.245，第二次分配时尽量分配相同的 IP 地址，除非该地址已经不在地址池的可用范围内。

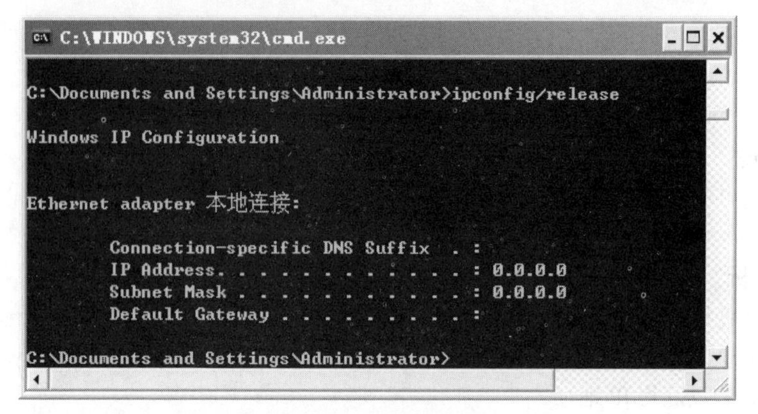

图 5-33　释放 IP 地址

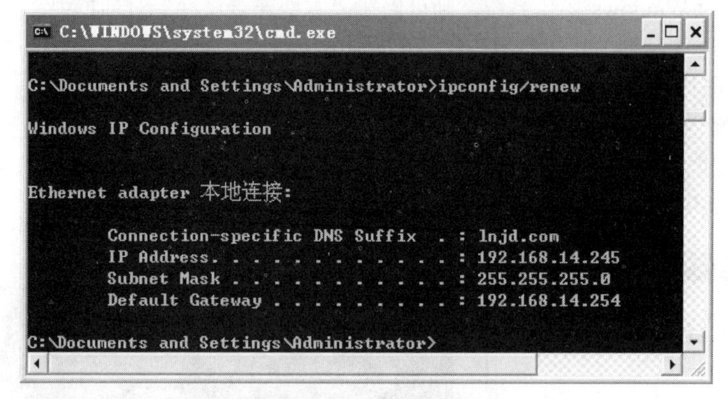

图 5-34　重新获得 IP 地址

4．使用 Linux 客户端

（1）使用命令 *vi /etc/sysconfig/network-scrips/ifcfg-eth0* 打开文件，将 BOOTPROTO=none 修改为 BOOTPROTO=dhcp，如图 5-35 所示。

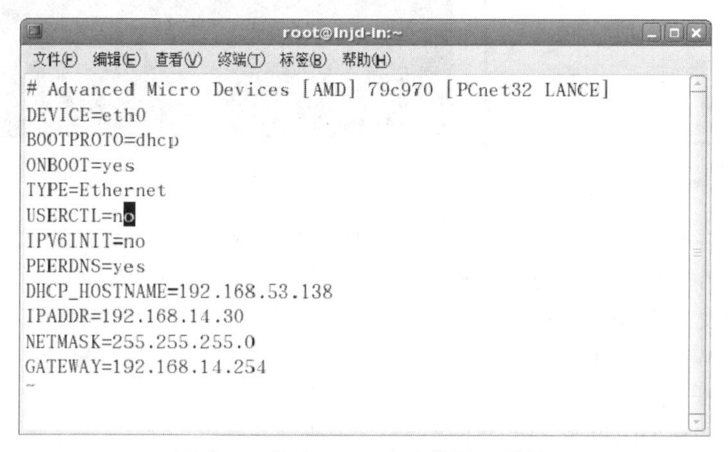

图 5-35　修改 Linux 自动获得 IP 地址

（2）使用命令 *ifdown eth0* 关闭网卡，再使用命令 *ifup eth0* 启动网卡，如图 5-36 所示。

然后，使用命令 *ifconfig eth0* 查看获得的 IP 地址，如图 5-37 所示。Linux 客户机获得的 IP 地址是 192.168.14.244，可以看出 DHCP 服务器分配原则是从大到小依次进行的。

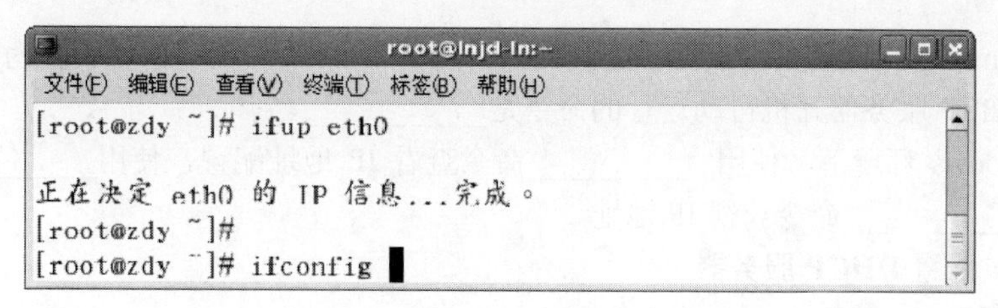

图 5-36　重启网卡，获得 IP 地址

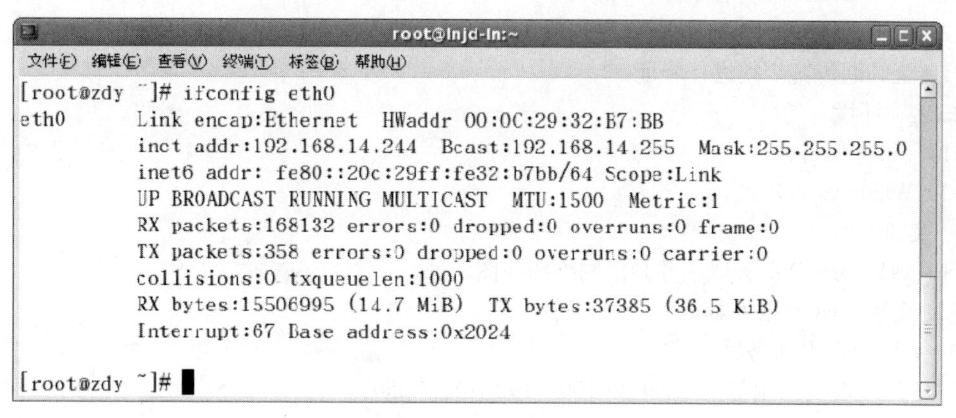

图 5-37　查看获得 IP 地址

项目总结

本项目学习了 DHCP 服务器的建立与管理，DHCP 服务器主要通过配置文件 dhcpd.conf 进行配置，要求掌握服务器的 IP 地址和计算机名的设置方法，能够安装服务器，根据网络需求进行 DHCP 服务器配置，并能为 Windows 客户端和 Linux 客户端获得 IP 地址。

项目练习

一、选择题

1. 在 TCP/IP 协议中，（　　）协议是用来进行 IP 地址自动分配的。

A. ARP　　B. DHCP　　C. DNS　　D. IP

2. DHCP 服务器配置完成后，（　　）命令可以启动 DHCP 服务。

A. service dhcpd stop　　B. service dhcp restart

C. service dhcpd start　　D. service dhcp start

3. DHCP 服务器的主配置文件是（　　）。

A. smb.conf　　B. named.conf　　C. dhcpd.conf　　D. httpd.conf

4. 为计算机设置 IP 地址的命令是（　　）。

A. ipconfig　　B. ifconfig　　C. ifdowm　　D. ifup

二、填空题

1. DHCP 工作过程包括___________、___________、___________和___________4 种报文。

2. 重启 DHCP 服务器应使用命令___________。

3. DHCP 服务器就是___________，DHCP 的英文全称是___________。

4. 配置 Linux 客户端需要修改网卡配置文件，将 BOOTPROTO 项内容设置为__________。

5. 设置 DHCP 服务器开机自动运行的命令是__________。

6. 在 Windows 环境下，使用__________命令查看 IP 地址配置，使用__________命令释放 IP 地址，使用__________命令获得 IP 地址。

三、实训：配置 DHCP 服务器

1. 实训目的

（1）掌握 DHCP 服务器的基本知识。

（2）能够配置 DHCP 服务器。

（3）能够通过客户端进行验证。

2. 实训环境

（1）Linux 服务器。

（2）Windows 客户机。

3. 实训内容

（1）规划 DHCP 服务器，并画出网络拓扑图。

（2）配置 DHCP 服务器。

① 启动 DHCP 服务器。

② IP 地址池的范围是 192.168.14.100～192.168.14.250。

③ 网关地址：192.168.14.253。

④ 域名服务器地址：192.168.14.252。

⑤ 域名 linux.com。

⑥ 默认租约有效期：1 天；最大租约有效期：3 天。

（3）在客户端进行申请 IP 操作。

在客户端分别使用 Windows 和 Linux 操作系统访问 DHCP 服务器，申请 IP 地址。

（4）设置 DHCP 服务器自动运行。

4. 实训要求

实训分组进行，可以 2 人一组，小组讨论，确定方案后进行讲解，教师给予指导，全体学生参与评价。方案实施过程中，一台计算机作为 DHCP 服务器，另一台计算机作为客户机，要轮流进行角色转换。

5. 实训总结

完成实训报告，总结项目实施中出现的问题。

项目6　架设Samba服务器

6.1　项目背景分析

Samba服务器，是实现Linux网络和Microsoft网络的资源共享的工具。它通过运行SMB协议和Windows系统通信，实现资源共享。

【能力目标】

① 掌握Samba的基本知识；

② 能够安装Samba服务器；

③ 能够配置Samba服务器；

④ 能够访问Samba服务器。

【项目描述】

某公司网络管理员，要以Linux网络操作系统为平台，为公司配置Samba服务器。该公司局域网结构如图6-1所示，Samba服务器的IP地址是192.168.14.2。

【项目要求】

（1）安装Samba服务器软件。

（2）使用文本方式配置Samba服务器，实现如下要求。

① 所有员工都能够在公司内流动办公，但不管在哪台电脑上工作，都要把自己的文件数据保存在Samba文件服务器上；

② 销售部和财务部都有各自的目录，同一个部门的员工共同拥有一个共享目录，其他部门的员工只能访问在服务器上自己个人的home目录；

③ 所有用户都不允许使用服务器上的Shell。

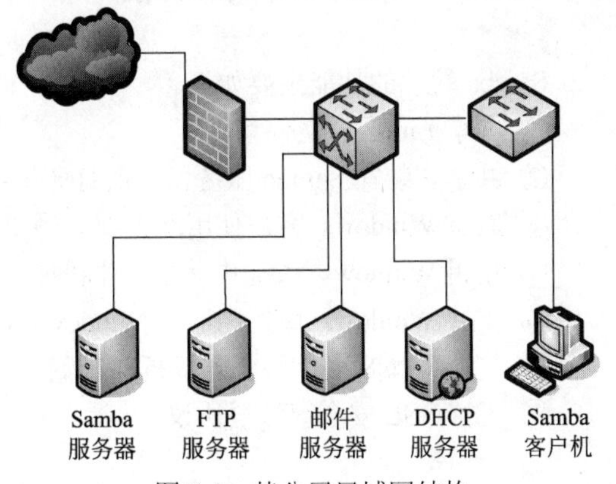

图6-1　某公司局域网结构

（3）使用图形化方式配置Samba服务器，实现与本项目任务2中相同的功能。

（4）客户端访问Samba服务器，使用共享资源。

【项目提示】

公司的网络管理员使用Samba作为文件服务器，为不用部门的员工创建账号，然后创建共享目录，将不用部门的员工加入到不同的组中，接着配置Samba服务器，最后在客户机上进行访问共享资源，员工只能访问自己的主目录和部门资源，不能访问其他部门的资源。为了更好地掌握Samba服务器配置方法，本项目分别使用文本方式和图形化方式实现。

6.2 项目相关知识

6.2.1 Samba 软件概述

Samba 软件首先由澳大利亚国立大学的学生 Andrew Tridgell 在 1991 年开发，原始软件称为 SMBserver，由于法律上的原因，改名为 Samba（桑巴）。

Samba 是一个软件包，它可以运行在 UNIX、Linux、OpenVMS 等很多系统上，共含 5 个 RPM 包：samba、redhat-config-samba、samba-swat、samba-common 、samba-client。这 5 个包的具体作用如下。

① samba：基本 Samba 服务器包，包括 Linux 和 Microsoft 用户名和口令等。

② samba-client：可以使 Linux 主机共享 Microsoft 的资源。

③ samba-common：支持 Linux 主机成为 Samba 客户机和 Samba 服务器。

④ samba-swat：这是 GUI 工具，可以修改 Samba 配置文件 smb.conf。

⑤ redhat-config-samba：其功能和 samba-swat 类似，不过使用更简单，但是还不成熟，支持的配置选项较少。

Samba 有两个守护进程：smbd（SMB 守护进程）、nmbd（NetBIOS 名称服务器）。smbd 用来实现 Windows 客户机能使用 Linux 上共享的文件和打印服务。尽管 Samba 采用的是 NetBIOS 服务与 SMB 客户共享资源，但底层的网络协议必须是 TCP/IP。Linux 系统上的 Samba 只支持 TCP/IP 协议。

6.2.2 Samba 软件功能

Samba 软件的功能主要如下。

① 共享 Linux 的文件系统；

② 共享安装在 Samba 服务器上的打印机；

③ 共享 Windows 客户使用网上邻居浏览网络；

④ 使用 Windows 系统共享的文件和打印机；

⑤ 支持 Windows 域控制器和 Windows 成员服务器对使用 Samba 资源的用户进行认证；

⑥ 支持 WINS 名字服务器解析和浏览；

⑦ 支持 SSL 安全套接层协议。

6.3 项 目 实 施

任务 1 安装 Samba 服务器

1. 任务描述

管理员要为公司配置 Samba 服务器，为员工提供资源共享，需要安装 Samba 服务器软件。

2. 任务分析

在安装操作系统过程中，可以选择是否安装 Samba 服务器。如果不确定是否安装了 Samba

服务，可使用命令进行查询。安装时使用 rpm 命令，需要先挂载光盘。安装完成后，查询安装的文件，并且启动 Samba 服务器，设置 Samba 服务器在下次系统登录时自动运行。

3．安装 Samba 服务器

在安装 Red Hat Enterprise Linux 5 时，可以选择是否安装 Samba 服务器。如果不能确定 Samba 服务器是否已经安装，可以采取在“终端”窗口中输入命令 *rpm –qa | grep samba* 进行验证。如果如图 6-2 所示，说明系统已经安装了 Samba 服务器。

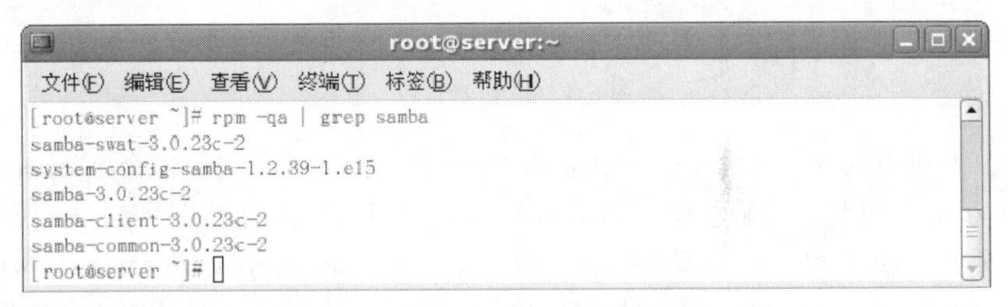

图 6-2　检测是否安装 Samba 服务

也可以在图形环境下单击“系统”菜单，选择“管理”中的“服务器设置”菜单项，如果显示“Samba 服务器”选项，如图 6-3 所示，则说明已经安装了 Samba 服务。

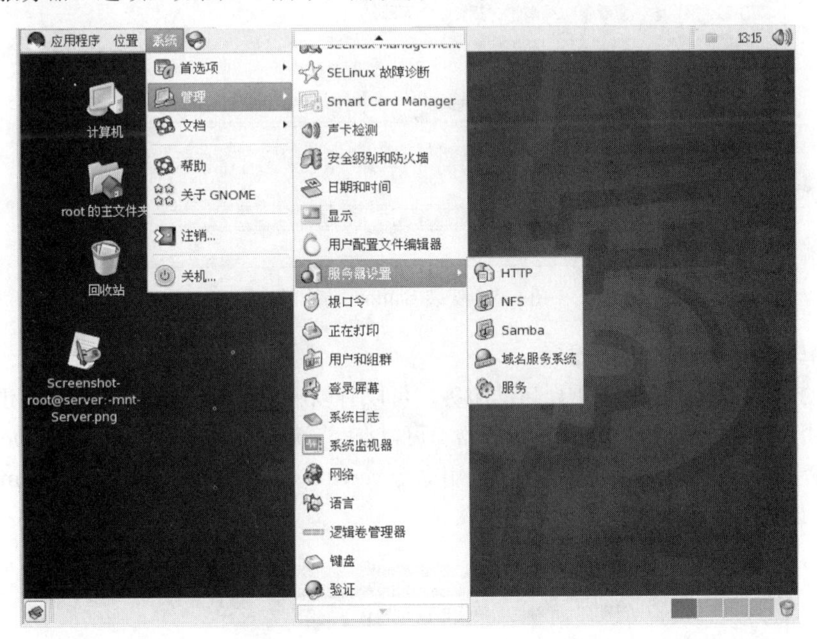

图 6-3　图形化查看 Samba 服务器

如果安装系统时没有选择 Samba 服务器，则需要进行安装。在 Red Hat Enterprise Linux 5 安装盘中带有 Samba 服务器安装程序。管理员将安装光盘放入光驱后，使用命令 *mount /dev/cdrom /mnt* 进行挂载，然后使用命令 *cd /mnt/Server* 进入目录，使用命令 *ls | grep samba* 找到以下 5 个安装包，如图 6-4 所示。

samba-3.0.23c-2. i386.rpm；

samba-client-3.0.23c-2. i386.rpm；

samba-common-3.0.23c-2. i386.rpm；

samba-swat-3.0.23c-2. i386.rpm；

system-config-samba-1.2.39-1.el5.noarch.rpm。

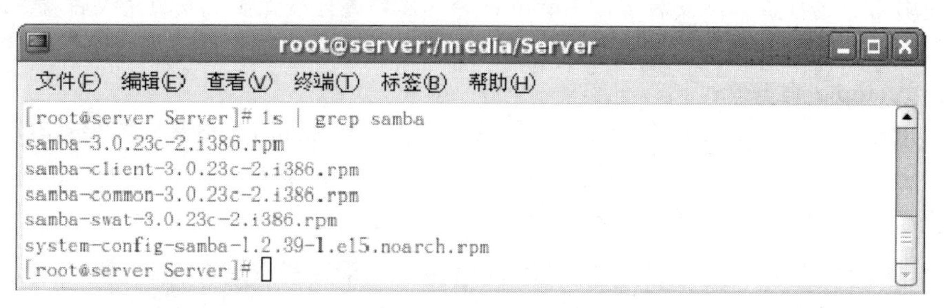

图 6-4　找到安装包

然后，在“应用程序”|“附件”中选择“终端”命令窗口，运行命令 *rpm-ivh samba-3.0.23c-2.i386.rpm* 即可开始安装程序，如图 6-5 所示。使用类似的命令：*rpm-ivh samba-client-3.0.23c-2. i386.rpm*；*rpm-ivh samba-common-3.0.23c-2. i386.rpm*; *rpm-ivh samba-swat-3.0.23c-2. i386.rpm*；*rpm-ivh*；*system-config-samba-1.2.39-1. el5. noarch. rpm*，对其他 4 个软件包进行同样安装。

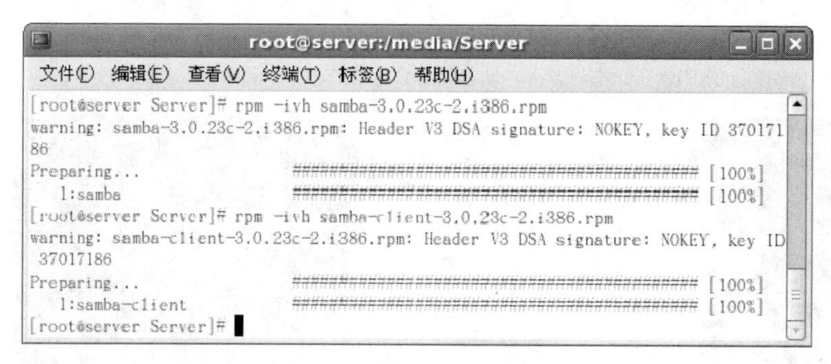

图 6-5　安装 Samba 服务器

4．启动与关闭 Samba 服务器

Samba 的配置完成后，必须重新启动服务，可以有以下两种方法进行启动或关闭。

（1）利用命令启动与关闭 Samba 服务器。可以在“终端”命令窗口运行命令 *service smb start* 来启动，用命令 *service smb stop* 来关闭，或用命令 *service smb restart* 来重新启动 Samba 服务器，如图 6-6～图 6-8 所示。

图 6-6　启动 Samba 服务器

图 6-7　停止 Samba 服务器

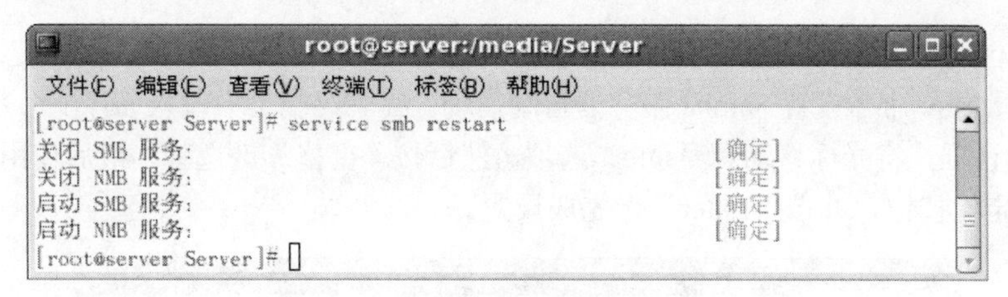

图 6-8　重新启动 Samba 服务器

（2）利用图形化界面启动与关闭 Samba 服务器。用户也可以利用图形化桌面进行 Samba 服务器的启动与关闭。在图形界面下使用“服务”对话框，进行 Samba 服务器的启动与运行。单击“系统”菜单，选择“管理”选项，再选择“服务器设置”选项中的“服务”选项，出现如图 6-9 所示对话框。

选择“smb”选项，利用“开始”、“停止”和“重启”标签，可以完成服务器的停止、开始以及重新启动。例如，单击“开始”标签，会出现如图 6-10 所示提示。这样就说明 Samba 服务器已经正常启动。

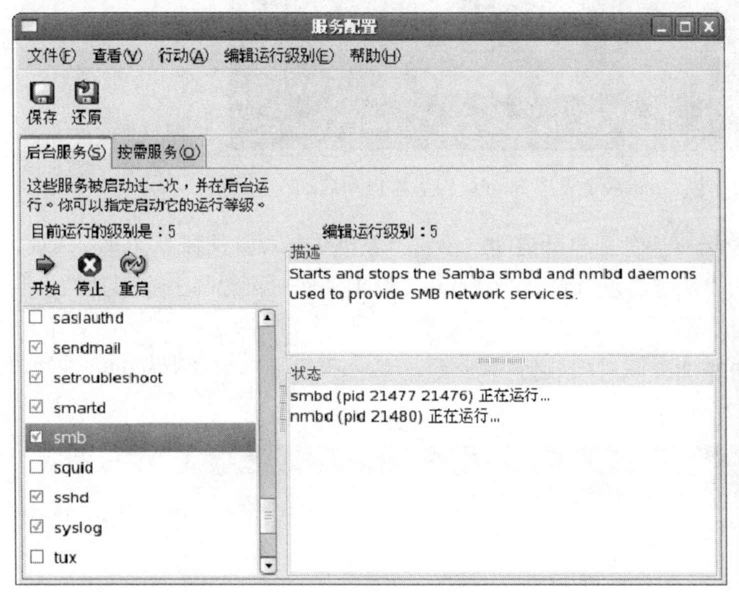

图 6-9　“服务配置”对话框

图 6-10　启动正常提示框

5. 查看 Samba 服务器状态

可以利用如图 6-11 所示的方法查看 Samba 服务器目前运行的状态。

图 6-11　查看 Samba 服务器状态

6. 设置开机时自动运行 Samba 服务器

开启 Samba 服务器是非常重要的，在开机时应该自动启动，可节省每次手动启动的时间，并且可以避免 Samba 服务器没有开启停止服务的情况。

在开机时自动开启 Samba 服务器，有以下几种方法。

（1）通过 ntsysv 命令设置 Samba 服务器自动启动。在“终端”中输入 *ntsysv* 命令后，出现如图 6-12 所示对话框，将光标移动到“smb”选项，然后按“空格”键选择，最后使用“Tab”键将光标移动“确定”按钮，并按“Enter”键完成设置。

图 6-12 以“ntsysv”设置 Samba 服务器自动启动

（2）以“服务配置”设置 Samba 服务器自动启动。单击“系统”菜单，选择“管理”选项，再选择“服务器设置”选项中的“服务”选项，选择“smb”选项，然后再选择上方工具栏中的“文件”|“保存”选项，即可完成设置。

（3）以“chkconfig”设置 Samba 服务器自动启动。在“终端”输入框中输入指令 *chkconfig --level 5 smb on*，如图 6-13 所示。

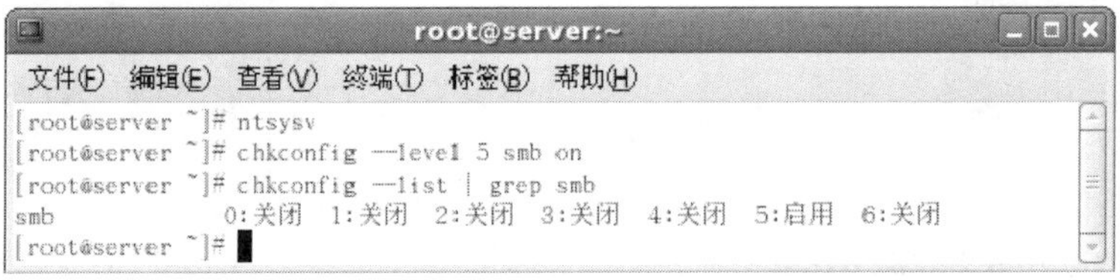

```
root@server:~
文件(F) 编辑(E) 查看(V) 终端(T) 标签(B) 帮助(H)
[root@server ~]# ntsysv
[root@server ~]# chkconfig --level 5 smb on
[root@server ~]# chkconfig --list | grep smb
smb             0:关闭  1:关闭  2:关闭  3:关闭  4:关闭  5:启用  6:关闭
[root@server ~]#
```

图 6-13 以“chkconfig”设置 Samba 服务器自动启动

以上的指令表示，如果系统运行 Run Level 5 时，即系统启动图形界面的模式时，将自动启动 Samba 服务器，也可以配合“—list”参数的使用，来显示每个 Level 是否自动运行 Samba 服务器。

任务 2 利用配置文件配置 Samba 服务器

1. 任务描述

为了工作需要，所有员工都能够在公司内流动办公，但不管在哪台电脑上工作，都要把自己的文件数据保存在 Samba 文件服务器上；销售部和财务部都有各自的目录，同一个部门的员工共同拥有一个共享目录，其他部门的员工只能访问在服务器上自己个人的 home 目录；所有用户都不允许使用服务器上的 Shell。

2. 任务分析

公司的网络管理员首先进行网络规划，使用 Samba 作为文件服务器，销售部有员工 rose 和 john，财务部有员工 mark 和 betty，总经理是 ceo，为所有的员工创建账号和目录，用户默认都在 Samba 服务器上有一个 home 目录，只有认证通过才能看到共享文件，每个用户都不分配 shell。

为销售部和财务部创建不同的组 sales 和 pad，并且分配目录/home/sale 和/home/fad，把所有的销售部员工加入 sales 组，财务部员工加入 pad 组，并且修改两个目录权限分别属于 sales 组和 pad 组。通过 Samba 共享/home/sales 和/home/pad。

3. 创建组 sales 和 pad，为所有的用户创建账号和目录（不使用 shell）

（1）创建组 sales 和 pad。使用命令 *groupadd* 添加组 sales 和 pad，如图 6-14 所示。

图 6-14　添加组

（2）为公司所有员工创建账号和目录，不分配 shell。使用命令 *useradd* 添加用户 rose 和 john 到 sales 组中，添加用户 mark 和 betty 到 pad 组中，为用户指定一个不可用的 shell，可以是/bin/false 或者/dev/null，再为公司总经理添加账号 ceo，如图 6-15 所示。

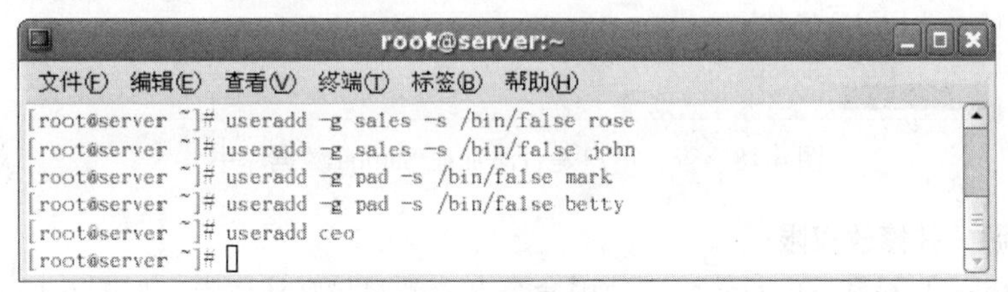

图 6-15　添加用户

用户添加完成后，为用户设置密码，使用命令 *passwd*，如图 6-16 所示，为 5 个账号分别建立密码。

图 6-16　为用户设置密码

（3）添加用户到 Samba 服务器数据库。添加的用户需要访问 Samba 服务器，必须将用户添加在 Samba 数据库中。

如果在 smb.conf 文件中的“security”选项设置“share”，可以顺利进入 Samba 服务器，但如果设置为“user”或“server”，则在 Windows 客户端访问 Samba 服务器时，系统会要求输入用户名和密码，即使输入正确的 Linux 用户名和密码也无法登录。这是因为 Samba 服务器与 Linux 操作系统使用不同的密码文件，所以无法以 Linux 操作系统上的账号密码数据登录到 Samba 服务器，需要将 Linux 系统用户添加到 Samba 数据库中。可以使用命令 *smbpasswd*，将系统用户 rose、john、mark、betty 和 ceo 分别添加到 Samba 数据库中，添加用户 rose 和 mark 的设置方法如图 6-17 所示。

```
[root@server ~]# smbpasswd -a rose
New SMB password:
Retype new SMB password:
Added user rose.
[root@server ~]# smbpasswd -a mark
New SMB password:
Retype new SMB password:
Added user mark.
[root@server ~]#
```

图 6-17　将用户添加到 Samba 数据库中

设置完成后，重新启动 Windows 计算机，然后在身份验证窗口输入设置好的用户账号和密码，就可以登录 Samba 服务器了。

（4）账户添加完成后，使用命令 *more /etc/samba/smbpasswd*，查看用户是否添加在 Samba 数据库中，如图 6-18 所示。

```
[root@server ~]# more /etc/samba/smbpasswd
rose:503:44EFCE164AB921CAAAD3B435B51404EE:32ED87BDB5FDC5E9CBA88547376818D4:[U
        ]:LCT-54DB4A78:
mark:505:44EFCE164AB921CAAAD3B435B51404EE:32ED87BDB5FDC5E9CBA88547376818D4:[U
        ]:LCT-54DB4AE5:
john:504:44EFCE164AB921CAAAD3B435B51404EE:32ED87BDB5FDC5E9CBA88547376818D4:[U
        ]:LCT-54DB4B31:
betty:506:44EFCE164AB921CAAAD3B435B51404EE:32ED87BDB5FDC5E9CBA88547376818D4:[U
        ]:LCT-54DB4B38:
--More--(80%)
```

图 6-18　查看用户是否添加在 Samba 数据库中

4. 创建资源，并修改权限

（1）创建 sales 目录和 pad 目录，并使用命令 *ls* 查看目录默认权限，如图 6-19 所示。

```
[root@server ~]# mkdir /home/sales /home/pad
[root@server ~]# ls -ld /home/sales /home/pad
drwxr-xr-x 2 root root 4096 02-11 21:26 /home/pad
drwxr-xr-x 2 root root 4096 02-11 21:26 /home/sales
[root@server ~]# 3~
```

图 6-19　创建共享目录

（2）目录默认属于 root 用户和组，为了使 sales 组的用户和 pad 组的用户能够访问资源，需要使用命令 *chgrp* 将资源组权限赋值给相应的组，并且使用命令 *chmod* 将目录的权限修改为 770，保证同组的用户都能读写目录，如图 6-20 所示。

```
[root@server ~]# chgrp sales /home/sales
[root@server ~]# chgrp pad /home/pad
[root@server ~]# chmod 770 /home/sales
[root@server ~]# chmod 770 /home/pad
[root@server ~]# ls -ld /home/sales /home/pad
drwxrwx--- 2 root pad   4096 02-11 21:26 /home/pad
drwxrwx--- 2 root sales 4096 02-11 21:26 /home/sales
[root@server ~]#
```

图 6-20　修改目录权限

5. 使用 Samba 服务器共享资源

Samba 服务器的配置主要是通过配置文件 smb.conf 来完成的，smb.conf 主要有三个字段：Global、Homes 和 Userdefined_SharedName，Global 字段用于定义全局参数，Homes 字段用于定义用户的 Home 目录共享，Userdefined_SharedName 用于自定义共享，可以根据用户需要定义多个共享。编写好的配置文件 smb.conf 的内容如图 6-21 所示。

```
[global]
workgroup = workgroup
server string = samba server
security = share/user/server/domain
hosts allow = 192.168.1. 192.168.2. 127.
log file = /var/log/samba/%m.log
smb passwd file = /etc/samba/smbpasswd
max log size = 50
[homes]
        common = Home Directories
        browseable = no
        writable = yes
        valid users = %S
[public]
            path = /home/samba
            guest ok = yes
            writable = yes
[sales]
        path = /home/sales
        comment = sales
        public = no
        valid users = @sales
        write list = @sales
        create mask = 0770
        directory mask = 0770
[pad]
        path = /home/pad
        comment = pad
        public = no
        valid users = @pad
        write list = @pad
        create mask = 0770
        directory mask = 0770
```

图 6-21　配置文件 smb.conf 内容

下面逐一介绍配置文件中的内容和作用。

（1）workgroup = workgroup

设置域名或者工作组名称，在 Windows 操作系统中，如果要加入某个工作组或域，单击“我的电脑”|“属性”|“计算机名”，选择可以加入的工作组或域。在 Linux 操作系统中，由于没有这样的图形化工具，所以只能在配置文件中进行选择工作组，“＝”后表示工作组名称，设置加入 workgroup 工作组。

（2）server string = samba server

设置 Samba 服务器的名称，即主机的解释信息。

（3）security = share/user/server/domain

① Share 级别：当客户端连接到具有 share 安全性等级的 Samba 服务器时，不需要输入账号和密码，就可以访问主机上的共享资源。这种方式是最方便的连接方式，但无法保障数据的安全性。

② user 级别：在 Samba 服务器中默认的等级是 user，它表示用户在访问服务器的资源前，必须先用有效的账号和密码进行登录。

③ server 级别：表示客户端需要将用户名和密码提交到指定的另一台 Windows 服务器或者 Samba 服务器负责。

④ domain 级别：表示指定 Windows 域控制器来验证用户的账户和密码。

（4）hosts allow = 192.168.1. 192.168.2. 127.

表示允许连接到 Samba 服务器的客户端，多个参数以空格隔开。可以用一个 IP 表示，也可以是一个网段。本例中表示允许 192.168.1.0 网段、192.168.2.0 网段和 127.0.0.0 网段的主机访问 Samba 服务器。

（5）log file = /var/log/samba/%m.log

设置日志文件路径，为所有连接到 Samba 服务器的计算机建立记录日志，默认的保存目录为 /var/log/samba/，日志的名字可以自己定义，但是日志比较多时，不方便管理。为了便于管理，可使用“%m”。“%m”是一个变量，表示客户机的名称，如果计算机 client 访问了服务器，日志的名称就是 client.log。如果要查看计算机 client 的具体日志内容，可使用命令 *more/etc/log/samba/client.log* 进行查看。

（6）smb passwd file = /etc/samba/smbpasswd

指定 Samba 服务器使用的密码文件路径。

（7）max log size = 50

设置 Samba 服务器日志文件的最大容量，单位是 kb，默认值是 50kb，如果数值是 0，则表示不限制。

（8）[homes]

common = Home Directories

browseable = no

writable = yes

valid users = %S

[homes]共享目录是 Samba 服务器对用户主目录的默认设置，是比较特殊的共享设置。[homes]目录并不特指某个目录，而是表示 Samba 用户的主目录，即 Samba 用户登录后可以访问同名系统用户的主目录的内容。用来配置用户访问自己的目录，是对用户主目录属性的设置。

[homes]常用配置项的含义如下。

① common：针对共享目录所作的说明、注释部分。

② browseable：设置为 no 表示所有 Samba 用户的主目录不能被看到，只有登录用户才能看到自己的共享主目录，即自己看到自己，别人看不到。这样的设置可以加强 Samba 服务器的安全。

③ writable：设定共享的资源是否可以写入，设置为 yes 表示用户可对该共享目录写入。

④ valid users = %S：设定可访问的用户，系统会自动将%S 转换为登录账户。如果要指定特定用户访问，如用户 rose，可以使用 valid users = rose，如果要指定特定组访问，如 sales 组，可以使用 valid users = @sales。

（9）[public]

path = /home/samba

guest ok = yes

writable = yes

[public]是公共目录，所有 Samba 用户都可以进行访问，并且不需要使用账户和密码。

[public]常用配置项的含义如下。

① path：用于设置共享目录对应的 Linux 系统目录。

② guest ok：设定该共享是否运行 guest 用户访问，public 参数与该参数意义相同。

③ writable：设定共享的资源是否可以写入，设置为 yes 表示用户可对该共享目录写入。

（10）设置用户自定义的目录共享

这是完成本任务最关键的配置选项，将目录/home/sales 和/home/pad 通过 Samba 服务器共享。

```
[sales]
    path = /home/sales
    comment = sales
    public = no
    valid users = @sales
    write list = @sales
    create mask = 0770
    directory mask = 0770
```

语句 path = /home/sales 的作用是指定共享目录路径；语句 comment = sales 是目录的描述信息；语句 public = no 的作用是此目录不共享给匿名用户；语句 valid users = @sales 的作用是设定可以访问的有效组身份；语句 write list = @sales 设定可以写权限的组，也可以使用语句 writeable = yes 实现同样功能；语句 create mask = 0770 和 directory mask = 0770 的作用是设定权限，保证创建的文件和目录永远共享，且是 0770，但是在实际操作时，因为服务器不允许执行权限，所以是 0660。

目录/home/pad 共享的方法和目录/home/sales 类似，语句如下：

```
[pad]
    path = /home/pad
    comment = pad
    public = no
    valid users = @pad
    write list = @pad
    create mask = 0770
    directory mask = 0770
```

6. Samba 服务器的调试

testparm 是 Samba 服务器安装后包含的工具，主要作用是测试 smb.conf 配置文件内的语法是否正确，在“终端”输入框中输入命令 *testparm*，如图 6-22 所示。

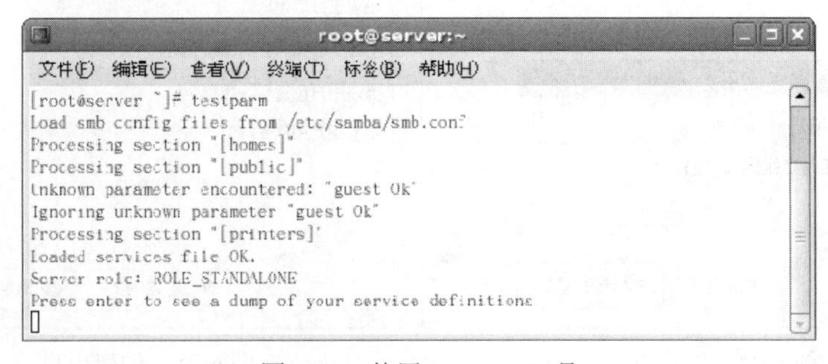

图 6-22　使用 testparm 工具

这个结果显示配置文件 smb.conf 没有语法错误。如果有语法错误，可以按照提示进行修改，直到完全正确为止，但是没有语法错误不代表 Samba 服务器工作正常。

任务 3　利用图形化配置工具配置 Samba 服务器

1. 任务描述

与任务 2 相同。

2. 任务分析

使用图形化配置工具实现任务 3，配置 Samba 服务器。

3. 安装图形化配置工具

在安装 Linux 操作系统过程中，默认状态没有安装图形化配置工具，所以需要进行安装，可以使用命令 *mount/dev/cdrom /media* 进行挂载，进入/media/Server 目录，使用命令 *rpm –ivh system-confif-samba-1.2.39-1.el5.noarch.rpm* 进行安装，如图 6-23 所示。

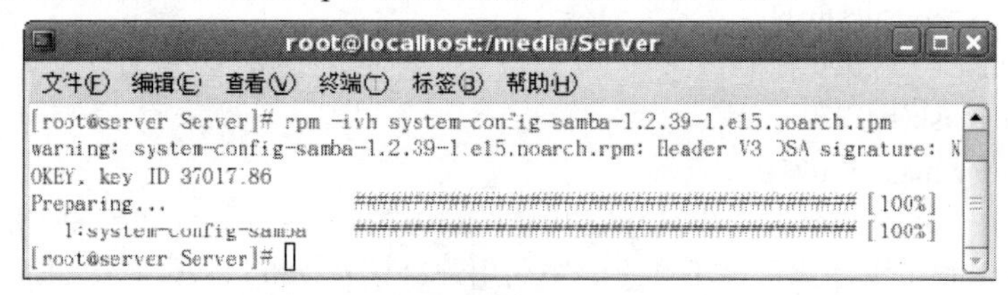

图 6-23　安装图形化配置工具

4. 创建组 sales 和 pad，为所有的用户创建账号和目录（不使用 shell）

（1）创建组 sales 和 pad。单击“系统”|“管理”|“用户和群组”，在“用户管理者”中，单击“添加组群”按钮，出现如图 6-24 所示的对话框，输入组群名分别为 sales 和 pad。

（2）为公司所有员工创建账号和目录，不分配 shell。在“用户管理者”中，单击“添加用户”按钮，出现如图 6-25 所示的对话框，分别添加用户 rose、john、mark、betty 和 ceo。其中，登录的 shell 选择/sbin/nologin，并且去掉“为该用户创建私人组群”的对号，即不为用户创建私人组群。

图 6-24　创建组

图 6-25　创建用户

用户创建完成后，选中用户，在“用户管理者”中，单击“属性”按钮，选择“组群”标签，如图 6-26 所示，将用户 rose 和 john 添加到 sales 组中，将用户 mark 和 betty 添加到 pad 组中，并从默认组中删除。

5. 创建资源，并修改权限

在/home 目录中创建 sales 目录和 pad 目录。该目录的默认权限是 755，默认属于 root 用户和组。为了使 sales 组的用户和 pad 组的用户能够访问资源，需要将资源组权限赋值给相应的组，即/home/sales 目录的组群是 sales，/home/pad 目录的组群是 pad，并且将目录的权限修改为 770，保证同组的用户都能读写目录，如图 6-27 所示。

图 6-26　将用户添加到指定组

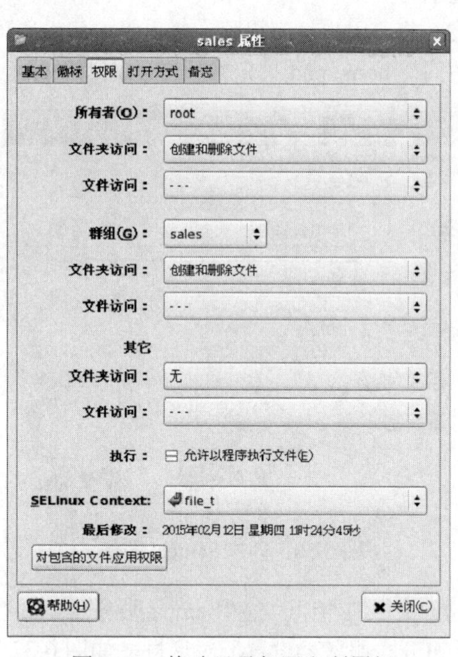

图 6-27　修改目录权限和所属组

6. 使用 Samba 服务器共享资源

（1）添加用户到 Samba 服务器数据库。添加的用户需要访问 Samba 服务器，必须将用户添加在 Samba 数据库中，单击“系统”|“管理”|“服务器设置”|“Samba 服务器”，打开“Samba 服务器配置”窗口，如图 6-28 所示。

在“Samba 服务器配置”窗口中，选择“首选项”菜单中的“Samba 用户”命令，打开“Samba 用户”对话框，如图 6-29 所示。

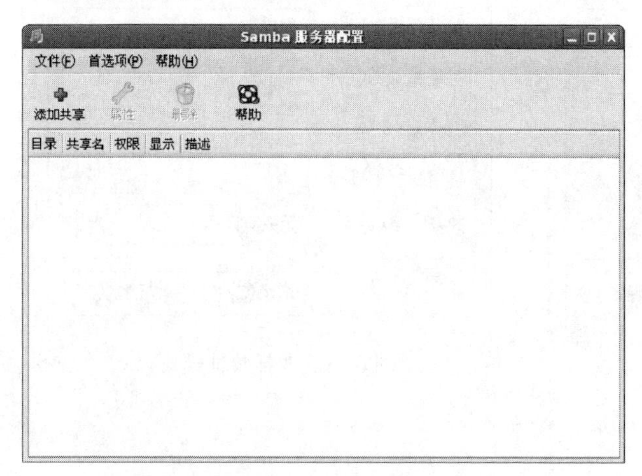

图 6-28　“Samba 服务器配置”窗口

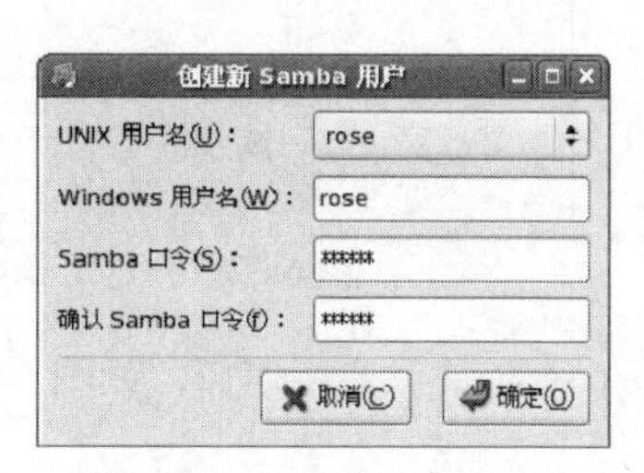

图 6-29　添加 samba 用户

将用户 rose、john、mark、betty 和 ceo 分别添加到 Samba 数据库中，“Windows 用户名”文本框中输入和 Linux 同样的名称，这是登录 Windows 操作系统使用的名称，再输入 Samba 口令，这个口令和用户本身的口令没有关系，是登录 Samba 服务器时使用的口令。

（2）创建 Samba 共享资源。单击工具栏中“添加共享”按钮，出现如图 6-30 所示对话框，共享资源/home/sales 和/home/pad。“描述”文本框中输入 sales，在权限设置中，选择“可擦写”和“显示”。

（3）设置用户访问权限。单击“访问”选项卡，指定共享资源/home/sales 只允许用户 rose 和 john 访问，/home/pad 只允许用户 mark 和 jerry 访问，如图 6-31 所示。

图 6-30 创建 Samba 共享

图 6-31 指定用户访问权限

（4）指定工作组。在“Samba 服务器配置”窗口中，选择“首选项”菜单中的“服务器设置”命令，打开“服务器设置”对话框，如图 6-32 所示。

在“工作组”文本框中输入“workgroup”，在“描述”文本框中输入“Linux server”。

（5）设置验证模式。单击“安全性”选项卡，如图 6-33 所示，验证模式有“共享/用户/服务器/域”。各种模式的区别已经在任务 2 中进行了详细讲解，这里不再赘述。这里选择“用户”验证模式。

图 6-32 指定工作组

图 6-33 选择验证模式

（6）创建共享资源后，如图 6-34 所示。

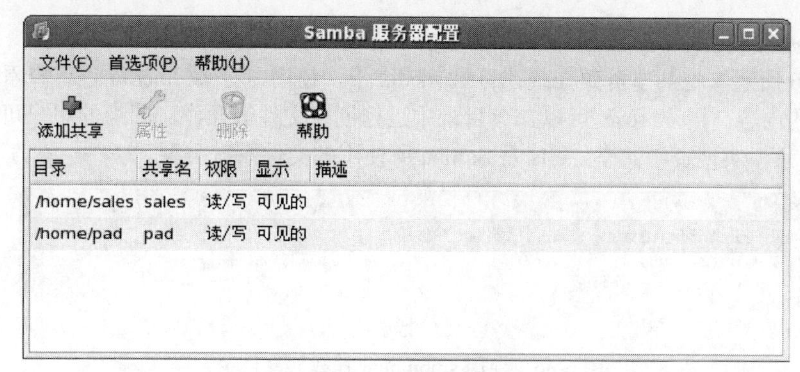

图 6-34　创建共享资源

任务 4　Samba 客户端连接服务器

1. 任务描述

在 Samba 服务器设置完成后，利用客户端进行测试，以确保 Samba 服务器设置成功。

2. 任务分析

如果客户端使用的是 Windows 操作系统，利用“网上邻居”找到 Samba 服务器，输入用户名和密码，就可以访问用户的主目录和所在的组共享资源；如果客户端使用的是 Linux 操作系统，需要使用命令 smbclient 查看 Samba 服务器上的共享资源，然后使用 mount 命令进行挂载后使用。

3. 使用 Linux 客户端访问 Samba 服务器

（1）使用 smbclient 命令连接共享资源。smbclient 命令是一种类似 FTP 客户端的软件，它可以用来连接 Windows 或 Samba 服务器上的共享资源，在“终端”输入框中，输入命令 smbclient -L 192.168.14.2 –U rose%123456 并进行登录，成功登录后如图 6-35 所示。

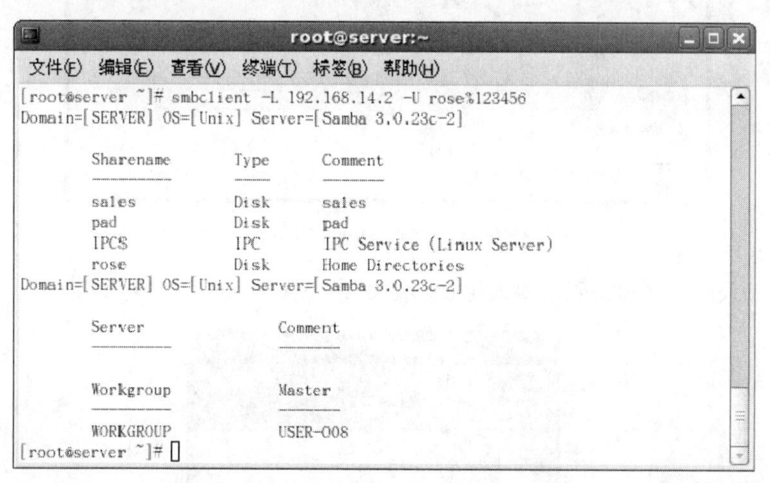

图 6-35　使用 smbclient 命令连接共享资源

登录后看到用户 rose 的 home 目录、/home/sales 目录和/home/pad 目录。参数 L 后接服务器的 IP 地址或者主机名称，参数 U 后接登录的用户名，可以使用%直接加密码，也可以只输入用户名，然后按照提示输入密码，将会出现登录窗口。

（2）使用 mount 挂载共享目录。将 Samba 服务器的共享资源连接后，可以使用 mount 命令挂载到本机上进行使用，在“终端”中输入命令：

mount -t cifs //192.168.14.2/sales /media –o username=rose%123456

如图 6-36 所示，将共享资源挂载在目录/media 下，使用命令 ls /media 进行查看，可以看到 sales 目录中的内容。用户 rose 可以在该目录中进行创建文件等操作，同组的用户可以共同操作/home/sales 目录，实现资源共享。cifs 是 Samba 所使用的文件系统类型。

图 6-36　使用 smbmount 挂载共享目录

（3）使用用户 ceo 进行挂载，如图 6-37 所示，挂载失败，说明只有 sales 组的用户可以使用共享资源，其他组的用户不能访问共享资源，这就达到了任务要求，保证了系统的安全。

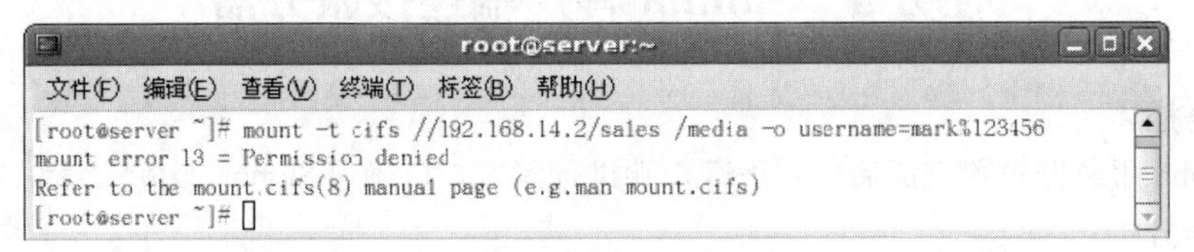

图 6-37　挂载共享目录失败

4．使用 Windows 客户端访问 Samba 服务器

（1）单击“网上邻居”右键，选择“搜索计算机”命令，如图 6-38 所示，输入 Linux 的 IP 地址 192.168.14.2，搜索到 Samba 服务器，双击进入 Samba 服务器。

图 6-38　访问 Samba 服务器

（2）要求输入用户名和密码，输入用户“rose”和密码，如图 6-39 所示。

图 6-39　输入身份验证

（3）进入后，看到用户 rose 主目录、用户所在组的/home/sales 目录和/home/pad 目录。如图 6-40 所示。

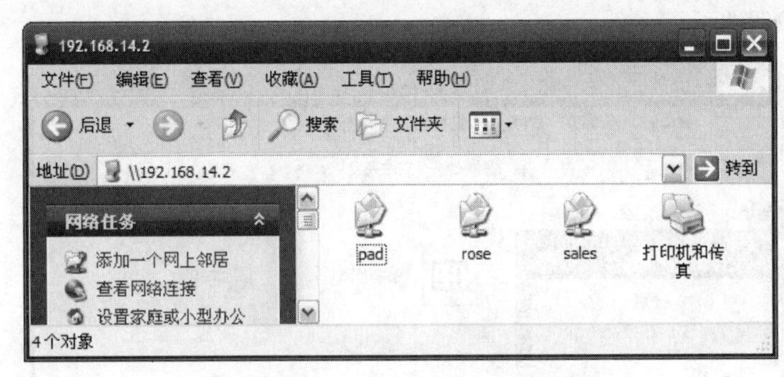

图 6-40　rose 登录到 Samba 服务器

（4）双击进入 rose 主目录，登录成功，出现如图 6-41 所示的窗口，可以看到在用户 rose 的主目录中有一个 rose.txt 文件。

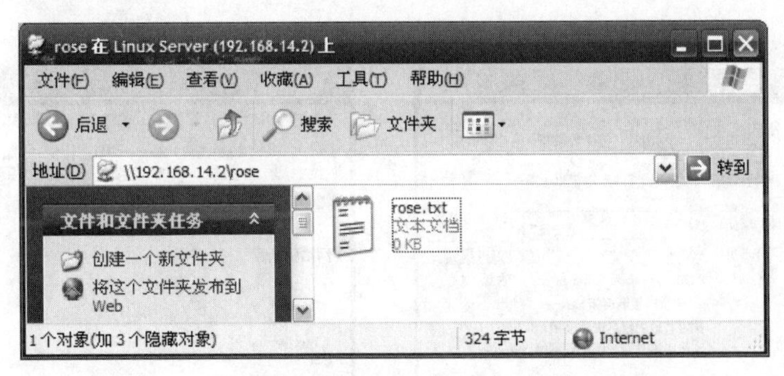

图 6-41　访问 rose 的 home 目录

（5）用户 rose 可以在办公时，将自己的文件存储在 home 目录中，单击鼠标右键，建立一个名称为 test 的文本文件，创建文件成功，说明用户对自己的目录具有写权限，如图 6-42 所示。

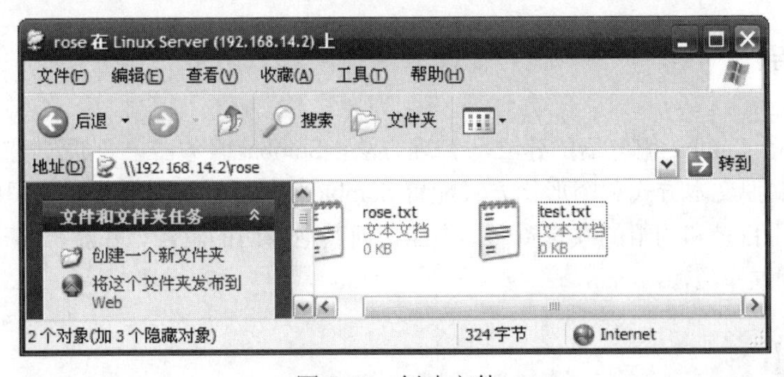

图 6-42　创建文件

（6）使用用户 rose，可以访问目录/home/sales，如图 6-43 所示，同样可以进行写操作，这样，同组的用户可以共同操作/home/sales 目录，进行资源共享。

（7）使用用户 rose 访问目录/home/pad，要求输入用户名和密码，但是无论输入哪个账户都不能成功访问，这说明用户 rose 没有权限访问其他组的资源，实现了系统安全。

（8）为了访问方便，不必每次访问时都通过“网上邻居”进行连接，可以将服务器上的共享资源映射为网络驱动器，右击“网上邻居”图标，在弹出的菜单中选择“映射网络驱动器”，出现如图 6-44 所示对话框，选择一个驱动器号，例如 Z，文件夹位置输入“//server/sales”，其中 server 是 Samba 服务器的名称，sales 是共享目录，单击“完成”按钮，要求输入用户名和密码，输入之后单击“完成”按钮即可。

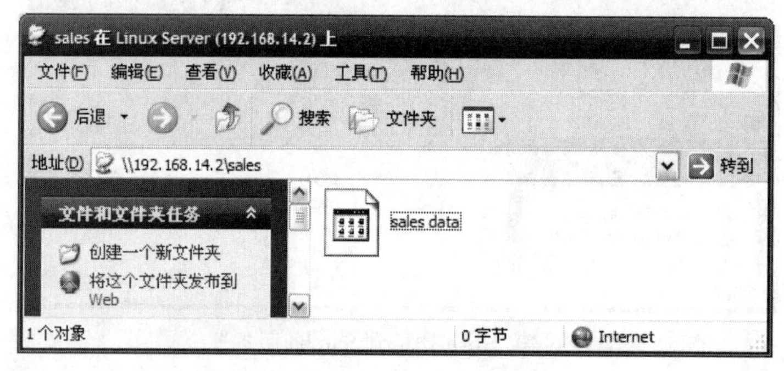

图 6-43 用户 rose 访问组 sales 资源

映射了网络驱动器后，可以在“我的电脑”｜“网络驱动器”中访问共享资源，如图 6-45 所示。

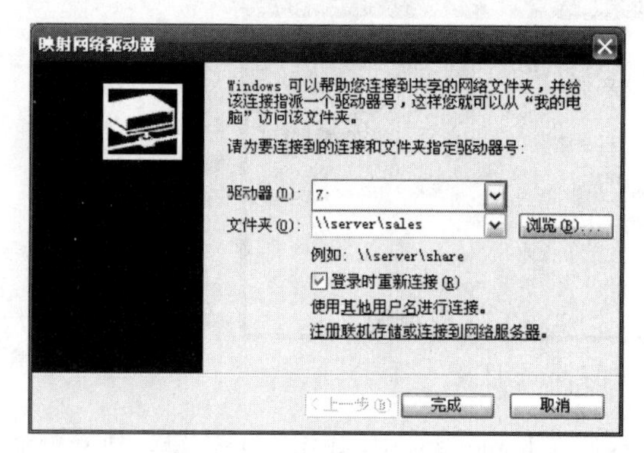

图 6-44 映射网络驱动器

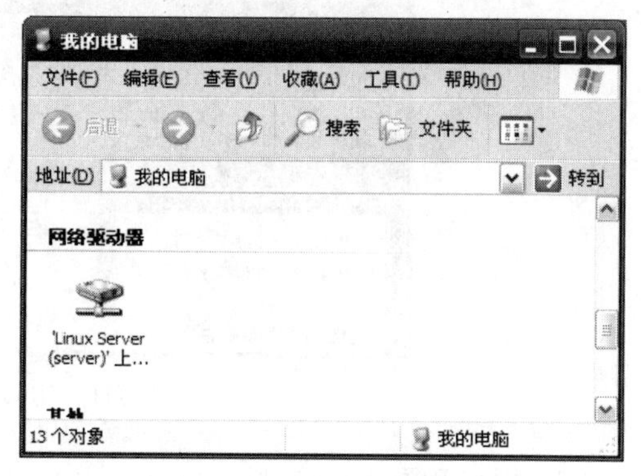

图 6-45 访问共享资源

项目总结

本项目学习了 Samba 服务器的建立与管理方法，Samba 服务器主要通过配置文件 smb.conf 进行配置，要求掌握文本方式和图形化方式配置 Samba 服务器，实现员工在公司的流动办公，能访问用户自己的主目录和同组的共享资源，不能访问其他部门的资源，并能在 Windows 客户端和 Linux 客户端使用共享资源。

项目练习

一、选择题

1．Samba 服务器配置完成后，（　　）命令可以启动 Samba 服务。

A．service smb stop　　B．service samba restart

C．service smb start　　D．service samba start

2．Samba 服务器的主配置文件是（　　）。

A．smb.conf　　B．named.conf

C．dhcpd.conf　　D．httpd.conf

3．（　　）命令能正确卸载软件包 samba-3.0.23c-2.i386.rpm。

A．rpm-ivh samba-3.0.23c-2.i386.rpm

B．rpm-d samba-3.0.23c-2.i386.rpm

C．rpm-e samba-3.0.23c-2.i386.rpm

D．rpm-D samba-3.0.23c-2.i386.rpm

4．Samba 服务器的密码文件是（　　）。

A．smb.conf　　B．samba.conf

C．smbpasswd　　D．httpd.conf

5．利用（　　）命令可以对 Samba 的配置文件进行测试。

A．smbclient　　B．smbpasswd　　C．testparm　　D．smbmount

二、填空题

1．Samba 有两个守护进程，分别是__________和__________。

2．重启 Samba 服务器使用命令__________。

3．Samba 服务器的软件包主要有__________、__________、__________、__________和__________。（不要求版本号）

4．Samba 的配置文件一般放在__________目录中，主配置文件名称是__________。

5．设置 Samba 服务器开机自动运行的命令是__________。

6．smb.conf 配置文件中包含的 3 部分内容是__________、__________和__________。

三、实训：配置 Samba 服务器

1．实训目的

（1）掌握 Samba 服务器的基本知识。

（2）能够配置 Samba 服务器。

（3）能够在客户端进行使用。

2．实训环境

（1）Linux 服务器。

（2）Windows 客户机。

（3）Linux 客户机。

3．实训内容

（1）规划 Samba 服务器的共享资源，分配资源使用者的权限，并画出网络拓扑图。

（2）配置 Samba 服务器。

（3）使用 Linux 客户端进行验证。

（4）使用 Windows 客户端进行验证。

（5） 设置 Samba 服务器自动运行。

4．实训要求

实训分组进行，可以 2 人一组，小组讨论，确定方案后进行讲解，教师给予指导，全体学生参与评价。在方案实施过程中，一台计算机作为 Samba 服务器，另一台计算机作为客户机，要轮流进行角色转换。

5．实训总结

完成实训报告，总结项目实施中出现的问题。

项目 7 架设 DNS 服务器

7.1 项目背景分析

互联网上的计算机用 32bit 的 IP 地址作为自己的唯一标识，但是访问某个网站时，一般在地址栏中输入的是名称，而不是 IP 地址，如 www.hao123.com，这样我们就可以浏览相应的网站。为什么我们不用输入 IP 地址也能找到相应的计算机呢？这就是域名系统 DNS（Domain Name System）的作用。用户通过 32 位的 IP 地址浏览互联网非常不方便，而记住有意义的名称比较容易。当我们输入名称的时候，DNS 将名称转换为对应的 IP 地址，找到计算机，再把网页传回给我们的浏览器，我们就看到了网页内容。

【能力目标】

① 掌握 DNS 的基本知识；

② 能够安装 DNS 服务器；

③ 能够配置 DNS 服务器；

④ 能够使用 DNS 服务器，完成域名解析。

【项目描述】

某公司网络管理员，要以 Linux 网络操作系统为平台，为公司建设 DNS 服务器、邮件服务器、Web 服务器和 FTP 服务器，规划服务器地址和域名，使公司员工能够使用域名访问 Web 服务器和 FTP 服务器。公司的域名为 lnjd.com，DNS 服务器的 IP 地址是 192.168.14.3，某公司局域网络拓扑如图 7-1 所示。

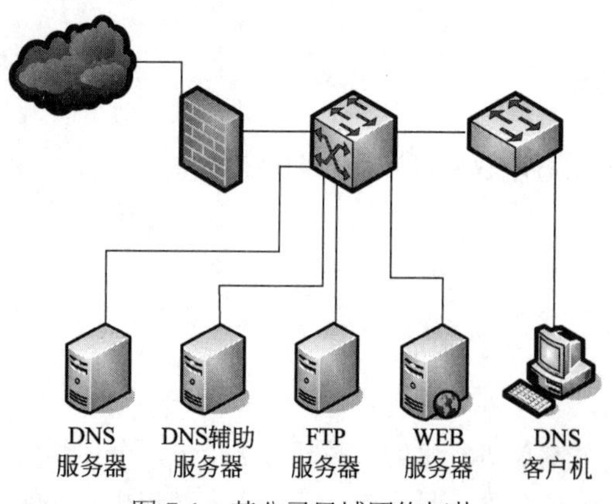

图 7-1 某公司局域网络拓扑

【项目要求】

（1）安装 DNS 服务器软件。

（2）使用文本方式配置 DNS 服务器，实现如下要求：

① 公司域名为 lnjd.com；

② 公司员工使用域名 ftp.lnjd.com 访问公司 FTP 站点；

③ 公司员工使用域名 web1.lnjd.com 和 web2.lnjd.com 访问公司网站；

④ 公司员工使用域名 mail.lnjd.com 访问邮件服务器；

⑤ 目前公司的网络中只存在一台 DNS 服务器，而且需要提供反解析的服务；

⑥ 为了达到容错的目的，必须将 IP 地址为 192.168.14.8 的 DNS 服务器设置为辅助服务器，以防止主要 DNS 服务器出现故障时产生的服务中断。

（3）使用图形化方式配置 DNS 服务器，实现与本项目任务 2 中相同的功能。

（4）客户端访问 DNS 服务器，实现域名解析。

【项目提示】

因为公司规模限制，两个 Web 服务器的 IP 地址分别设置为 192.168.14.5 和 192.168.14.6，FTP 服务器 IP 地址设置为 192.168.14.1，主要 DNS 服务器的 IP 地址设置为 192.168.14.3，辅助 DNS 服务器的 IP 地址设置为 192.168.14.8，邮件服务器的 IP 地址设置为 192.168.14.4。

首先利用 DNS 服务器建立公司域名 lnjd.com，然后添加记录 web1.lnjd.com、web2.lnjd.com、mail.lnjd.com 和 ftp.lnjd.com，使用户能够使用域名 web1.lnjd.com 和 web2.lnjd.com 访问公司网站，使用域名 ftp.lnjd.com 访问 FTP 站点，使用域名 mail.lnjd.com 访问邮件服务器，并且将 IP 地址为 192.168.14.8 的计算机设置为辅助服务器，最后在客户端进行验证。为了更好地掌握 DNS 服务器配置方法，本项目分别使用文本方式实现和图形化方式实现两种方法。

7.2　项目相关知识

7.2.1　因特网的命名机制

ARPANET 初期，整个网络上的计算机数量不多，只有几百台，所有计算机的主机名字和相应的 IP 地址都放在一个名称为 host 的文件中，输入主机名，查找 host 文件，很快就可以找到对应的 IP 地址。

但是，因特网飞速发展，很快覆盖了全球，互联网计算机的数量巨大，如果还用一个文件来存放计算机名字和对应的 IP 地址，必然会导致计算机负担过重而无法工作。1983 年，因特网采用分布式的域名系统 DNS 来管理域名。

DNS 域名结构有以下多个层次组成：

……，四级域名，三级域名，二级域名，顶级域名

例如：fudan.edu.cn

顶级域名有以下三类。

① 国际顶级域名。国家顶级域名代表国家的代码，现在使用的国家顶级域名有 200 个左右。例如，.cn 代表中国，.us 代表美国，.uk 代表英国，.nl 代表荷兰，.jp 代表日本。

② 国际顶级域名。采用.int，国际性的组织可在.int 下注册。

③ 通用顶级域名。.com 表示公司企业，.edu 表示教育机构，.net 表示网络服务机构，.org 表示非赢利性组织，.gov 表示政府部门，.mil 表示军事部门。

顶级域名由 ICANN 管理，顶级域名管理二级域名。我国将二级域名分为以下两类。

① 类别域名。我国的类别域名有 6 个，.ac 表示科研机构，.com 表示工、商、金融企业，.net 表示互联网络、接入网络的信息中心和运行中心，.gov 表示政府部门，.edu 表示教育机构，.org 表示非赢利性组织。

② 行政区域名。行政区域名共 34 个，使用于各省、自治区和直辖市。例如，.bj 表示北京市，.he 表示河北省，.ln 表示辽宁省，.sh 表示上海市，.xj 表示新疆维吾而自治区。

二级域名管理三级域名，在二级域名.edu 下申请三级域名，由中国教育和科研计算机网络中心负责，例如：清华大学 tsinghua，复旦大学 fudan，北京大学 pku。其他二级域名下申请三级域名，由中国互联网网络信息中心管理。图 7-2 所示是因特网的域名结构举例。

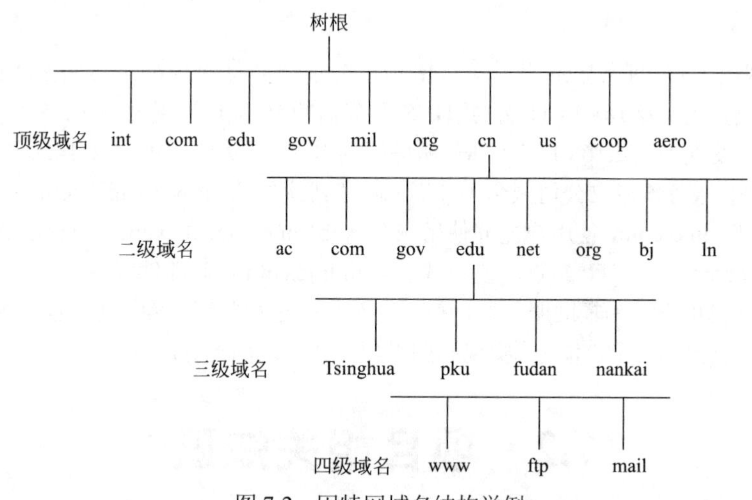

图7-2　因特网域名结构举例

从这个例子可以看出，假设复旦大学有一台主机名称为mail，那么这台主机的域名就是mail.fudan.edu.cn。如果其他单位也有一台主机叫做mail，由于它们的上级域名不同，也可以保证域名不重复。

域名系统由以下3部分组成。

① 域名空间和相关资源记录（RR）：它们构成了DNS分布式数据库系统；

② DNS名称服务器：是一台维护DNS的分布式数据库系统的服务器，可以查询该系统，以完成来自DNS客户机的查询请求；

③ DNS解析器：DNS客户机中的一个进程，用来帮助客户端访问DNS系统，发出名称查询请求，获得解析的结果。

7.2.2　域名查询模式

域名解析有以下两种方式。

① 递归解析：客户机的解析器送出查询请求后，DNS服务器必须告诉解析器正确的数据，也就是IP地址，或者通知解析器找不到其所需数据。如果DNS服务器内没有所需要的数据，则DNS服务器会代替解析器向其他的DNS服务器查询。客户机只需接触一次DNS服务器系统，就可得到域名对应的IP地址。

② 迭代解析：解析器送出查询请求后，若该DNS服务器中不包含所需数据，它会告诉客户机另外一台DNS服务器的IP地址，使解析器自动转向另外一台DNS服务器查询，以此类推，直到查到所需数据。

例如，某用户要访问域名为web1.lnjd.com的主机，当本机的应用程序收到域名后，解析器首先向自己知道的本地DNS服务器发出请求。如果采用的解析方式是递归解析，会先查询自己的数据库，若有此域名与IP地址的对应关系，就返回IP地址；如果本地数据库没有，则该DNS服务器就向它知道的其他DNS服务器发出请求，直到解析完成，将结果返回给解析器；如果采用的解析方式是反复解析，本地DNS服务器如果在本地数据库中没有找到该信息，它将有可能找到该IP地址的其他域名服务器地址告诉解析器应用程序，解析器将再次向被告知的域名服务器发出请求查询，如此反复，直到查到为止。

7.2.3　BIND 软件

目前各个操作系统平台都是使用 BIND 软件提供 DNS 服务功能，BIND 是 Internet 上最常用的 DNS 服务器软件，几乎占到所有 DNS 服务器的 90%。BIND 现在由互联网系统协会（Internet System Consortium）负责开发和维护。BIND 主要有 BIND4、BIND8 和 BIND9 几个版本，在 RHEL 5 中默认使用的是 BIND9 版本。

BIND 服务器的软件包是 bind，为了加强 BIND 的安全性，最好安装 bind-chroot 软件包。使用了 chroot 机制后，根目录默认为/var/named/chroot，这样，即使 BIND 出现漏洞被非法入侵，入侵者获得的目录也是/var/named/chroot，无法进入到系统的其他目录中，从而加强了 BIND 的安全性。

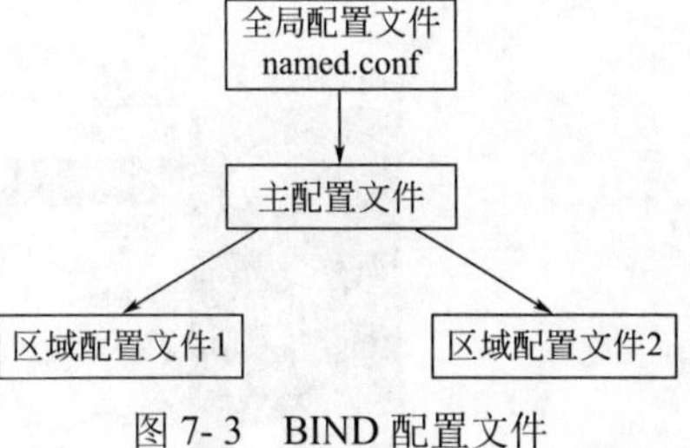

图 7-3　BIND 配置文件

7.2.4　BIND 配置文件结构

BIND 的全局配置文件是 named.conf，在没有使用 chroot 机制时，该文件位于“/etc”目录下；如果使用了 chroot 机制，则该文件位于“/var/named/chroot/etc”目录下。不管有没有使用 chroor 机制，配置方法是一样的，只是目录不同而已。在 RHEL 5 版本中，默认不提供 named.conf 文件。

除了全局配置文件外，DNS 服务器还有若干主配置文件和区域配置文件。当 BIND 启动时，首先读取全局配置文件中 BIND 的相关配置信息，其中最主要的信息是主配置文件的存放路径，然后读取区域配置文件中的 DNS 记录，完成域名解析工作。BIND 配置文件结构如图 7-3 所示。

7.3　项目实施

任务 1　安装 DNS 服务器

1. 任务描述

管理员要为公司配置 DNS 服务器，并提供域名解析服务，这就需要安装 DNS 服务器软件。

2. 任务分析

在安装操作系统过程中，可以选择是否安装 DNS 服务器，如果不确定是否安装了 DNS 服务器，可以使用命令进行查询。安装时使用 rpm 命令，需要先挂载光盘。安装完成后，查询安装的文件，并且启动 DNS 服务器，设置 DNS 服务器在下次系统登录时自动运行。

3. 安装 DNS 服务器

在安装 Red Hat Enterprise Linux 5 时，可以选择是否安装 DNS 服务器。如果不能确定 DNS 服务器是否已经安装，可以采取在“终端”中输入命令 *rpm –qa | grep bind* 进行验证。如果如图 7-4 所示，说明系统已经安装 DNS 服务器主程序包。

也可以在图形环境下单击“系统”菜单，选择“管理”中的“服务器设置”菜单项，如果显示“域名服务系统”选项，如图 7-5 所示，则说明已经安装 DNS 服务器。

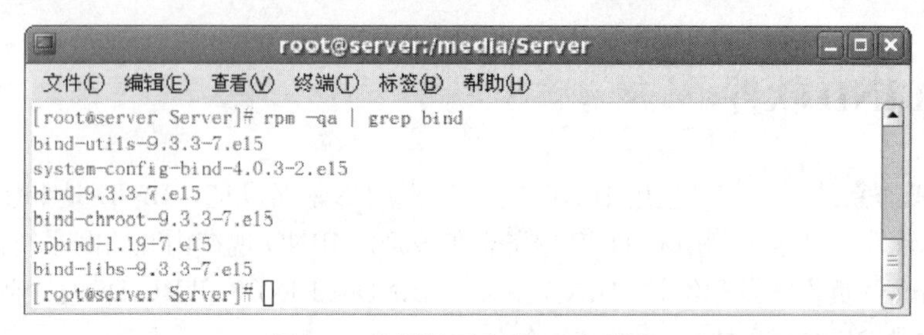

图 7-4　检测是否安装 DNS 服务

图 7-5　图形化查看 DNS 服务

如果安装系统时没有选择 DNS 服务器，则需要进行安装。在 Red Hat Enterprise Linux 5 安装盘中带 DNS 服务器安装程序。

BIND 软件包主要包含以下几个软件。

① bind-9.3.3-7.el5.i386.rpm：该包是 DNS 服务器的主程序包，服务器必须安装此程序包。

② bind-chroot-9.3.3-7.el5.i386.rpm：该包用于改变程序执行时根目录的位置，安装了该包后，服务器的路径变化为“/var/named/chroot”，保护了服务器的安全。

③ caching-nameserver-9.3.3-7.el5.i386.rpm：该包是 DNS 服务器缓存文件软件包，它提供了全局配置文件、主配置文件和区域配置文件的模版。

④ system-config-bind-4.0.3-2.el5.noarch.rpm：该包是 DNS 服务器图形化配置工具，利用此工具可以更加直观地配置 DNS 服务器。

管理员将安装光盘放入光驱后，使用命令 *mount/dev/cdrom/mnt* 进行挂载，然后使用命令 *cd /mnt/Server* 进入目录，运行命令：*rpm-ivh bind-9.3.3-7.el5.i386.rpm* 即可开始安装程序，如图 7-6 所示。使用类似的命令 *rpm-ivh caching-nameserver-9.3.3-7.el5.i386.rpm*、*rpm-ivh bind-chroot- 9.3.3-7.el5.i386.rpm*、*rpm-ivh system-config-bind-4.0.3-2.el5. noarch. rpm*，将其他 4 个软件包进行同样安装。

4．启动与关闭 DNS 服务器

DNS 的配置完成后，必须重新启动服务器。可以有两种方法进行启动与关闭 DNS 服务器。

（1）利用命令启动 DNS 服务器。可以在“终端”命令窗口运行命令 *service named start* 来启动、命令 *service named stop* 来关闭或命令 *service named restart* 来重新启动 DNS 服务器，如图 7-7～图 7-9 所示。

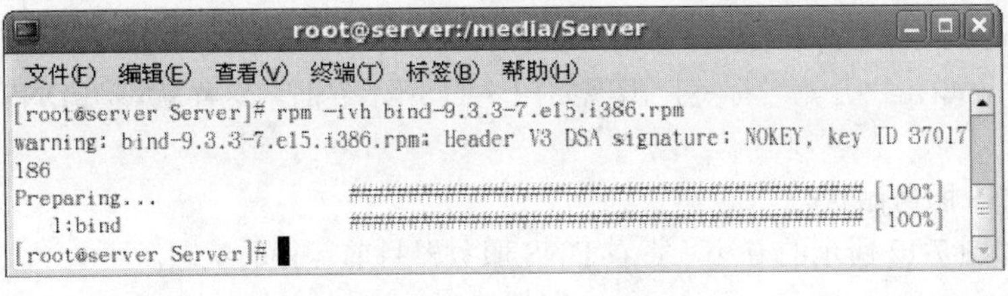

图 7-6　安装 DNS 服务

图 7-7　启动 DNS 服务

图 7-8　停止 DNS 服务

图 7-9　重新启动 DNS 服务

（2）利用图形化界面启动与关闭 DNS 服务器。用户也可以利用图形化桌面进行 DNS 服务器的启动与关闭。在图形界面下使用“服务”对话框，进行 DNS 服务器的启动与运行。单击“系统”菜单，选择“管理”选项，再选择“服务器设置”选项中的“服务”选项，出现如图 7-10 所示对话框。

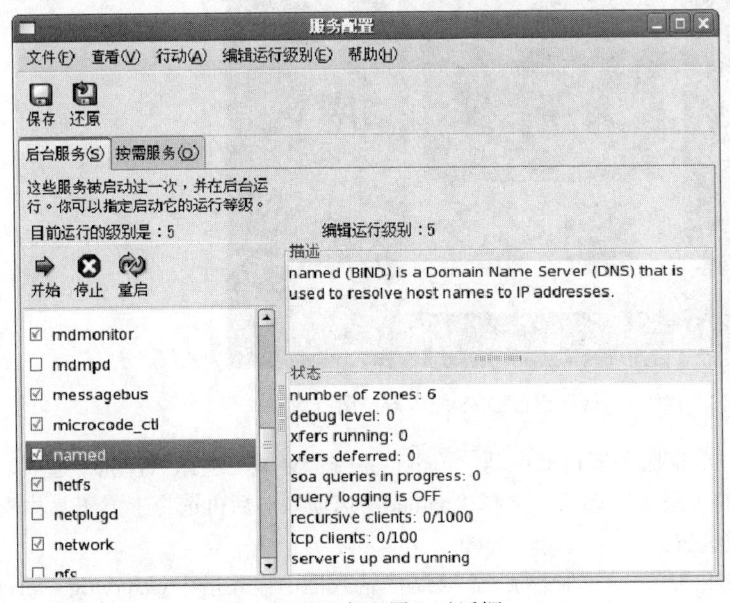

图 7-10　“服务配置”对话框

图 7-11　启动正常提示框

选择“named”，利用“开始”、“停止”和“重启”标签，可以完成服务器的停止、开始以及重新启动。例如，单击“开始”标签，出现如图 7-11 所示界面。这样就说明 DNS 服务器已经正常启动。

5．查看 DNS 服务器状态

可以利用如图 7-12 所示的方法，查看 DNS 服务器目前运行的状态。

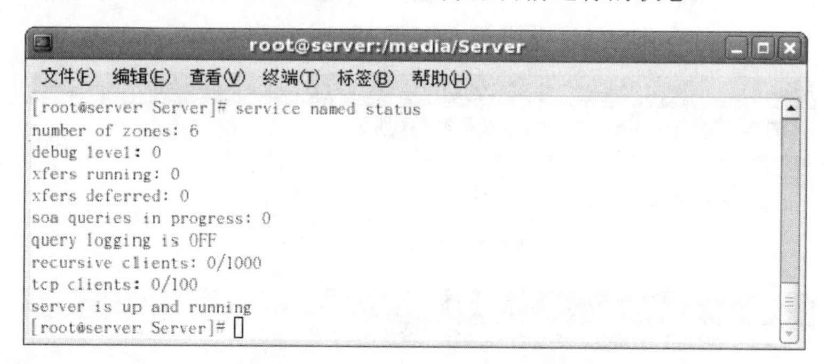

图 7-12　查看 DNS 服务器状态

6. 设置开机时自动运行 DNS 服务器

开启 DNS 服务器是非常重要的，在开机时应该自动启动，可节省每次手动启动的时间，并且可以避免因 DNS 服务器没有开启而停止服务的情况。

在开机时自动开启 DNS 服务器，有以下几种方法。

（1）通过 ntsysv 命令设置 DNS 服务器自动启动。在“终端”输入框中输入 *ntsysv* 命令后，出现如图 7-13 所示对话框，将光标移动到“smb”选项，然后按“空格”键选择，最后使用“Tab”键将光标移动到“确定”按钮，并按“Enter”键完成设置。

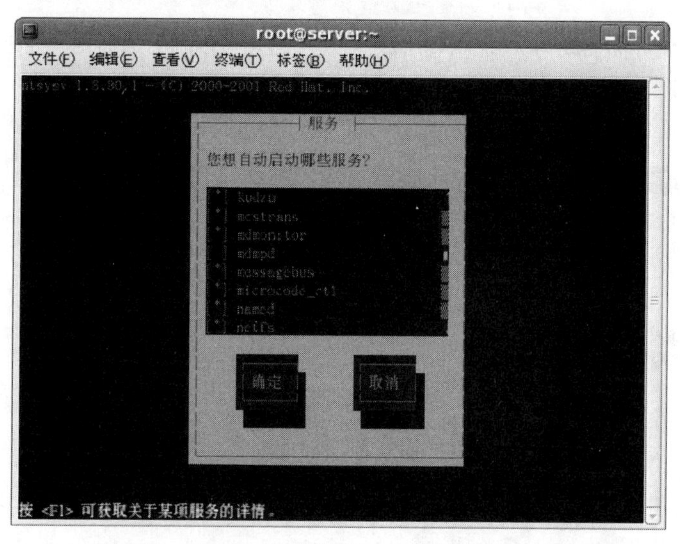

图 7-13　以“ntsysv”设置 DNS 服务器自动启动

（2）以“服务配置”设置 DNS 服务器自动启动。单击“系统”菜单，选择“管理”选项，再选择“服务器设置”选项中的“服务”选项，选择“named”选项，然后再选择上方工具栏中的“文件”|“保存”，即可完成设置。

（3）以“chkconfig”设置 DNS 服务器自动启动。在“终端”输入框中输入指令 *chkconfig --level 5 named on*，如图 7-14 所示。

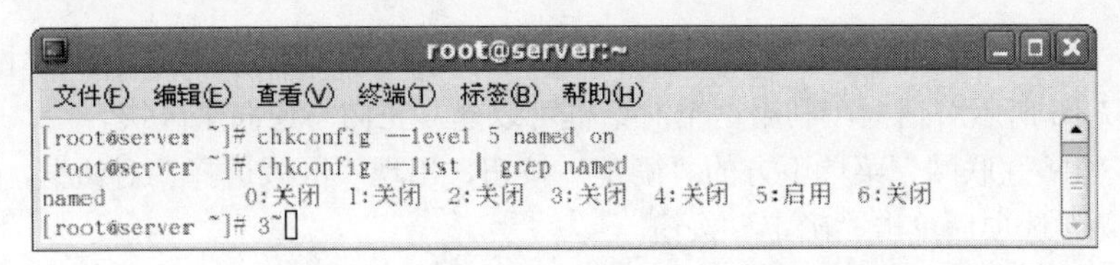

图 7-14　以“chkconfig”设置 DNS 服务器自动启动

以上的指令表示，如果系统运行 Run Level 5 时，即系统启动图形界面的模式时，将自动启动 DNS 服务器。也可以配合“-list”参数的使用，来显示每个 Level 是否自动运行 DNS 服务器。

任务 2　利用图形化配置工具配置 DNS 服务器

1. 任务描述

本任务将为公司提供域名解析服务，在 DNS 服务器上为公司建立区域名 lnjd.com；使用域名 ftp.lnjd.com 访问公司 FTP 站点；使用域名 web1.lnjd.com 和 web2.lnjd.com 访问公司网站；使用域名 mail.lnjd.com 访问邮件服务器。目前公司的网络中只存在一台 DNS 服务器，而且需要提供反解析的服务，为了达到容错的目的，必须将 IP 地址为 192.168.14.8 的 DNS 服务器设置为辅助服务器，以防止主要 DNS 服务器出现故障时产生服务中断。

2. 任务分析

作为公司的网络管理员，为了完成该任务，必须先进行网络规划。因为公司规模限制，两个 Web 服务器的 IP 地址分别设置为 192.168.14.5 和 192.168.14.6， FTP 服务器 IP 地址设置为 192.168.14.1，主要 DNS 服务器的 IP 地址设置为 192.168.14.3，辅助 DNS 服务器的 IP 地址设置为 192.168.14.8，邮件服务器的 IP 地址设置为 192.168.14.4。

管理员的任务就是在 DNS 服务器上建立域名 lnjd.com，并在该区域建立主机记录 web1.lnjd.com、web2.lnjd.com、ftp.lnjd.com 和 mail.lnjd.com，然后建立反向区域，提供反解析的服务。

3．创建正向主区块

（1）单击“系统”菜单，选择“管理”选项，再选择“服务器设置”选项，单击“域名服务系统”选项，出现图 7-15 所示配置对话框。如果在启动图形化配置工具时，提示缺少 named.root 文件，可以将/var/named/chroot/var/named/named.zero 文件复制为：/var/ named/ chroot/var/named/ named.root 文件，再启动即可成功打开图形化配置工具。

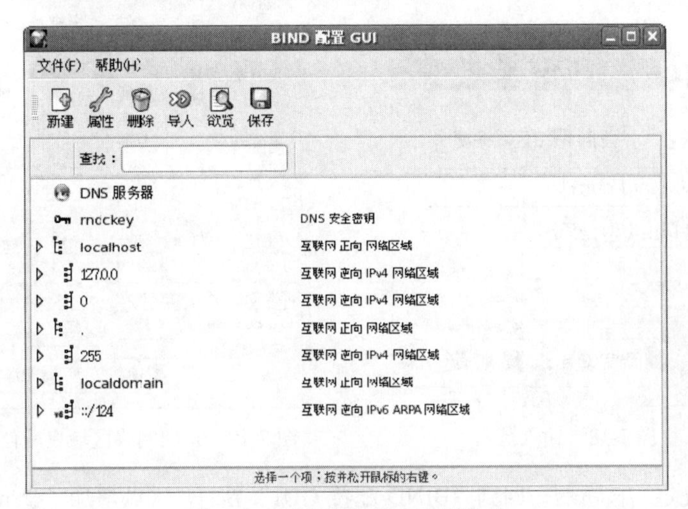

图 7-15　域名服务基本配置信息

（2）单击“BIND 配置 GUI”选项中的“新建”标签，在出现的菜单中选择“网络区域”选项，出现如图 7-16 所示对话框，利用这个对话框可以建立正向与逆向主区块。

（3）单击“IN 互联网”菜单下方的“确定”按钮，出现“区域选择”对话框，如图 7-17 所示，选择“正向”选项后单击“确定”按钮。

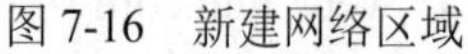
图 7-16　新建网络区域

图 7-17　来源类型选择

（4）在“新区域网络来源”对话框中，输入公司域名 lnjd.com.，如图 7-18 所示，在域名后一定要加一个“.”，表示域名结束，不再加入父域的名称作为后缀。在“网络区域类型”对话框中，选择“master”类型，即主 DNS 服务器，单击“确定”按钮。

（5）出现“lnjd.com.网络区域权威信息”对话框，如图 7-19 所示，在该对话框中，将“权威名称服务器”下方的文本框内容修改为 dns.lnjd.com，可以看出网络区域文件路径为 lnjd.com.db。

图 7-18　输入域名

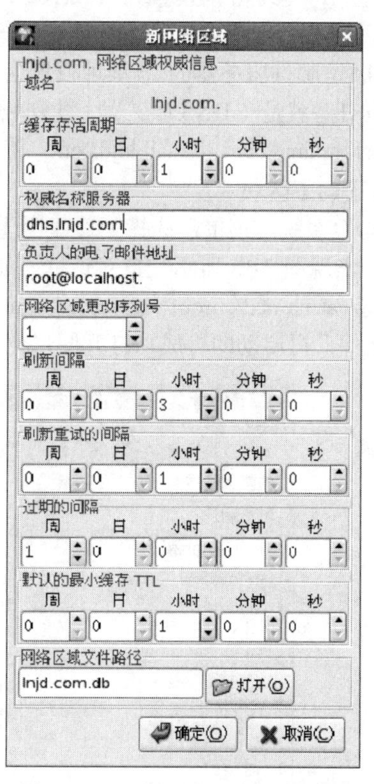

图 7-19　正向网络区域权威信息

（6）单击“确定”按钮后，回到“BIND 配置 GUI”界面，区域增加了“lnjd.com”，展开后可以看到名称服务器是 dns.lnjd.com，如图 7-20 所示。

（7）单击正向区域“lnjd.com”的右键，选择“添加”按钮，在出现的菜单中，选择“A　IPv4 地址”，如图 7-21 所示，在“域名”文本框中输入域名 web1.lnjd.com.，在“IPv4 地址”文本框中输入 IP 地址 192.168.14.4。然后单击“确定”按钮。

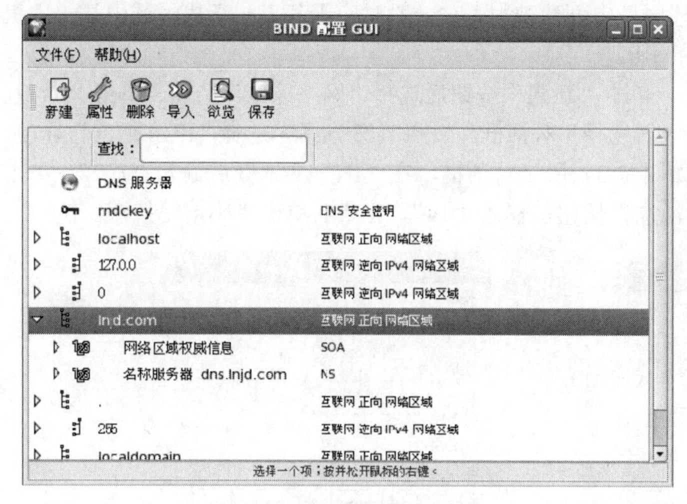

图 7-20　添加了正向区域

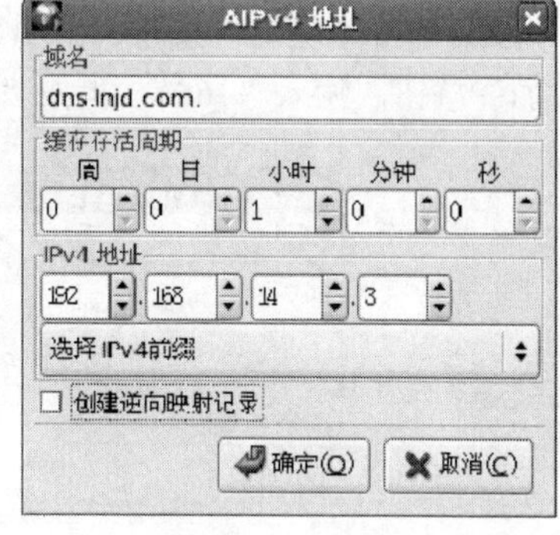

图 7-21　创建主机记录

（8）使用同样的方法增加 4 个主机记录，第一个主机名称为 web1.lnjd.com.，IP 地址为 192.168.14.4；第二个主机名称为 web2.lnjd.com.，IP 地址为 192.168.14.5；第三个主机名称为 ftp.lnjd.com.，IP 地址为 192.168.14.1；第四个主机名称为 mail.lnjd.com.，IP 地址为 192.168.14.4。单击“确定”按钮保存，创建完成后如图 7-22 所示。

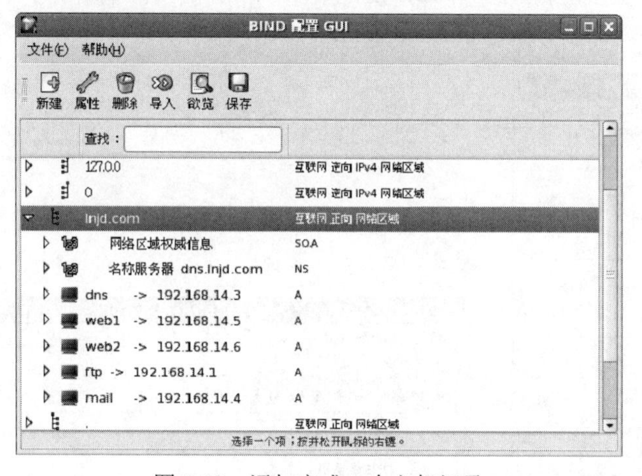

图 7-22　添加完成 5 个主机记录

4．创建逆向主区块

在网络中，大部分 DNS 搜索都是正向搜索，但为了实现客户端对服务器的访问，不仅需要将一个域名解析成 IP 地址，还需要将 IP 地址解析成域名，这就需要使用反向查找功能。在 DNS 服务器中，通过主机名查询其 IP 地址的过程称为正向查询，而通过 IP 地址查询其主机名的过程叫做反向查询。

DNS 提供了反向查找功能，可以让 DNS 客户端通过 IP 地址来查找其主机名称，例如 DNS 客户端可以查找拥有某个 IP 地址的主机名称。反向区域并不是必需的，也可在需要时创建。

当利用反向查找来将 IP 地址解析成主机名时，反向区域的前面半部分是其网络 ID（Network ID）的反向书写，而后半部分必须是.in-addr.arpa。in-addr.arpa 是 DNS 标准中为反向查找定义的特殊域，并保留在 Internet DNS 名称空间中，以便提供切实可靠的方式执行反向查询。反向查找采取问答形式进行，就好像向 DNS 服务器询问“您能告诉我使用某个 IP 地址的计算机的 DNS 名称吗”。

由于是建立在 DNS 中，所以 in-addr.arpa 域树要求定义其他资源记录（RR）类型——指针（PTR）RR。这种 RR 用于在反向查找区域中创建映射，它一般对应于其正向查找区域中某一主机的 DNS 计算机名的主机（A）命名的 RR。

（1）在“BIND 配置 GUI”窗口，单击“新建”按钮后选择“网络区域”选项，单击“IN 互联网”下方的“确定”按钮，出现“区域选择”对话框，如图 7-23 所示，选择“IPv4 逆向”选项。

（2）单击“确定”按钮，出现如图 7-24 所示对话框，在“IN”文本框后输入“192”，单击“添加”按钮，输入“168”，再按“添加”按钮，输入“14”。完成后单击“确定”按钮。

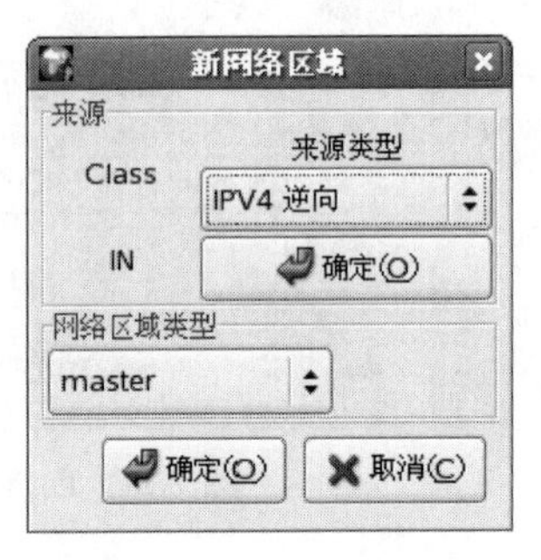

图 7-23　创建逆向区域

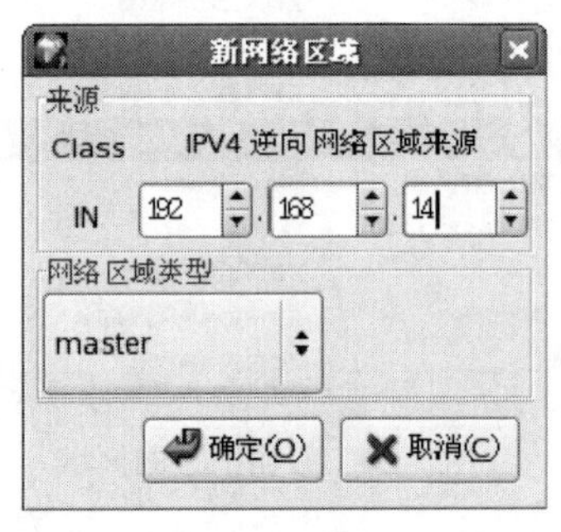

图 7-24　输入逆向区域网络地址

（3）出现“14.168.192.in-addr.arpa”网络区域权威信息对话框，将“权威名称服务器”下方的文本框内容修改为 dns.lnjd.com，可以看出网络区域文件路径为 192.168.14.db，如图 7-25 所示。

（4）单击“确定”按钮后，回到“BIND 配置 GUI”界面，区域增加了“192.168.14”逆向区域，展开后可以看到名称服务器是 dns.lnjd.com，如图 7-26 所示。

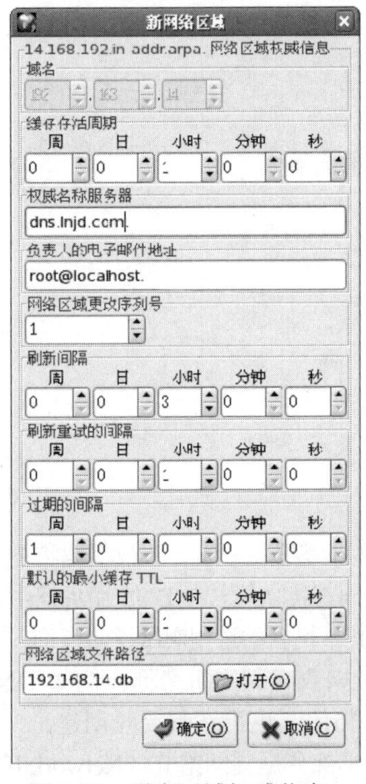

图 7-25　逆向区域权威信息

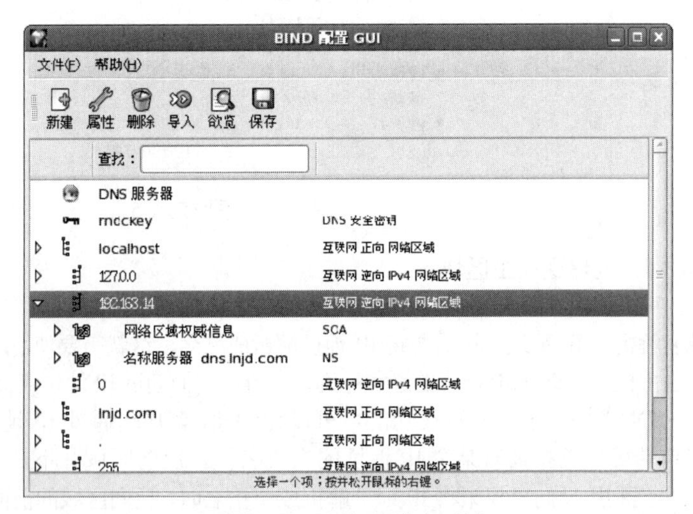

图 7-26　添加了逆向区域

（5）单击逆向区域“192.168.14”的右键，选择“添加”按钮，在出现的菜单中，选择“PTR 逆向地址影射”，如图 7-27 所示，在“域名”文本框中输入 DNS 服务器 IP 地址的最后一位“3”，在“主机名”文本框中输入 dns.lnjd.com.，然后单击“确定”按钮。

使用同样的方法增加其他 4 个 PTR 记录，完成后如图 7-28 所示。

图 7-27　创建 PTR 记录

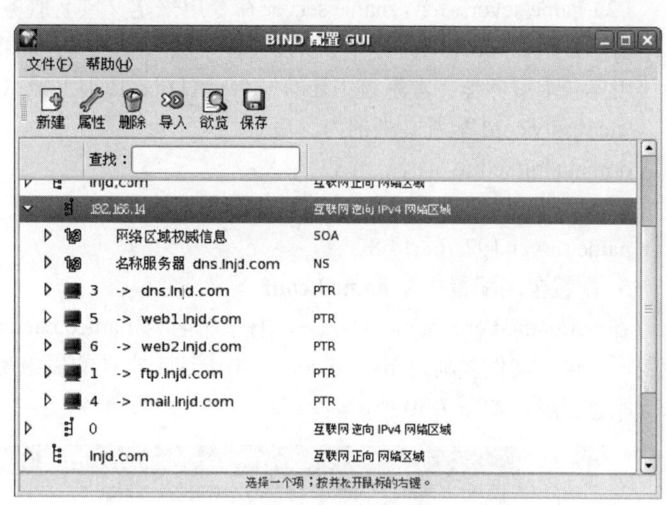

图 7-28　添加完成 5 个 PTR 记录

任务 3　利用配置文件配置 DNS 服务器

1. 任务描述

与任务 2 相同。

2. 任务分析

图形化配置工具可以首先架设 DNS 服务器任务，但是管理员更多地采用配置文件进行 DNS 服务器配置。

首先修改 DNS 服务器的名称和主 DNS 服务器，然后编辑全局配置文件 named.conf，配置相关参数，并将主配置文件的路径定义为“named.zone”，在主配置文件中定义正向区域文件名称为 lnjd.com.zone，反向区域文件名称为 14.168.192.zone，接着创建正向区域文件，添加记录 web1.lnjd.com、web2.lnjd.com、mail.lnjd.com 和 ftp.lnjd.com，再创建反向区域文件，添加指针记录，建立反向解析服务，并且将 IP 地址为 192.168.14.8 的计算机设置为辅助服务器。

3．为 DNS 服务器设置 IP 地址和计算机名

（1）使用命令 *ifconfig eth0 192.168.14.3 netmask 255.255.255.0*，将 DNS 服务器的 IP 设置为 192.168.14.3。

（2）使用命令 *hostname dns.lnjd.com*，将 DNS 服务器的名称设置为 dns.lnjd.com。

4. 编写配置文件/etc/resolv.conf，修改主 DNS 服务器

如果要保证 DNS 服务器配置完成后能正常工作，需要将主 DNS 服务器指向网络中的 DNS 服务器的 IP 地址。

使用命令打开 *vi /etc/resolv.conf* 文件，/etc/resolv.conf 文件用来设置网络中 DNS 服务器的 IP 地址。/etc/resolv.conf 客户端配置文件的内容如图 7-29 所示。

（1）domain 命令。domain 命令用来定义所属网域，后接域名 lnjd.com，此命令专用在 DNS 服务器的/etc/resolv.conf 配置文件中。

```
search lnjd.com
name server 192.168.14.3
```

图 7-29　客户端配置文件

（2）name sever 命令。name server 命令用来定义域名服务器，后接域名服务器的 IP 地址，如本网络中是 192.168.14.3。用户可以设置多个域名服务器，如果第一个服务器不能提供服务时就自动使用第二个服务器。本系统中还有一台计算机，IP 地址是 192.168.14.8，作为辅助域名服务器，那么/etc/resolv.conf 配置文件的内容就是：

domain lnjd.com；

name server 192.168.14.3；

name server 192.168.14.8。

5. 配置全局配置文件 named.conf

在/var/named/chroot/etc 目录下，有一个名为 named.caching-nameserver.conf 的全局配置文件模版，将这个文件复制为 named.conf，由于这个文件的属组是 named，所以在复制时使用参数-p 保留原有权限，如图 7-30 所示。

图 7-30　复制全局配置文件

使用命令 *vi named.conf* 打开文件，其内容如图 7-31 所示。

```
options {
        listen-on port 53 { 127.0.0.1; }; //修改为 listen-on port 53 { any; }
        listen-on-v6 port 53 { ::1; };
        directory        "/var/named";
        dump-file        "/var/named/data/cache_dump.db";
        statistics-file "/var/named/data/named_stats.txt";
        memstatistics-file "/var/named/data/named_mem_stats.txt";
        query-source     port 53;
        query-source-v6 port 53;
        allow-query   { localhost; }; //修改为 allow-query   { any; }
};
logging {
        channel default_debug {
                file "data/named.run";
                severity dynamic;
        };
};
view localhost_resolver {
        match-clients     { localhost; };//修改为 match-clients     { any; }
        match-destinations { localhost; };//修改为 match-destinations { any; }
        recursion yes;
          include"/etc/named.rfc1912.zones";//修改为 include "/etc/named.zone"
};
```

图 7-31　全局配置文件内容

全局配置文件 named.conf 分为以下三个部分。

（1）options 部分。用于指定 BIND 服务的参数，常用的参数如下。

① listen：指定 BIND 侦听的 DNS 查询请求的本机 IP 地址及端口。

② Directory：指定区域配置文件所在的路径。其默认值是“/var/named”，如果安装了 chroot，该路径就是一个相对路径，绝对路径是“/var/named/chroot/var/named”。

③ allow-query：指定接受 DNS 查询请求的客户端。

（2）logging 部分。用于指定 BIND 服务的日志参数。

（3）view 部分。用于指定主配置文件存放路径及名称，也用于配置策略 DNS。常用的参数有以下几个：

① match-clients：指定提交 DNS 客户端的源 IP 地址范围；

② match-destinations：指定提交 DNS 客户端的目标 IP 地址范围；

③ include：用于指定主配置文件，默认的文件“/etc/named.rfc1912.zones”是主配置文件的模版文件。

在本任务中，需要修改的部分在 options 选项中，将侦听 IP“127.0.0.1”改为“any”，把允许查询网段“allow-query”后面的“localhost”改为“any”。在 view 选项中，把“提交 DNS 客户端的源 IP 地址范围”和“提交 DNS 客户端的目标 IP 地址范围”后面的“localhost”改为“any”。同时，修改主配置文件为“/etc/named.zone”。

6．配置主配置文件 name.zone

在/var/named/chroot/etc 目录下，有一个名为 named.rfc1912.zones 文件，这是主配置文件模板，使用-p 参数将该文件复制，名称为 name.zone（该名称是在全局配置文件中由参数 include 进行的定义），保留原有权限，即该文件的属组是 named，如果复制时没有加参数-p，也可以使用命令 chgrp 进行修改，如图 7-32 所示。

图 7-32 准备主配置文件

使用命令 *vi named.zone* 在 Vi 编辑器打开配置文件，编写主文件配置内容如图 7-33 所示。

```
zone "lnjd.com" IN {
        type master;
        file "lnjd.com.zone";
        allow-update { none; };
};

zone "14.168.192.in-addr.arpa" IN {
        type master;
        file "14.168.192.zone";
        allow-update { none; };
};
```

图 7-33 主配置文件内容

下面逐一介绍这个配置文件中的内容。

（1）定义正向解析区域文件

```
zone "lnjd.com" IN {
        type master;
        file "lnjd.com.zone";
        allow-update { none; };
};
```

在这个区域定义了进行 DNS 服务的主服务器，DNS 数据库的文件为“lnjd.com.zone”。数据库文件可以称为主查询文件，通过查询主查询文件，可以由 DNS 域名查询 IP 地址。

在这个解析区域有以下三个设置项目。

① type 设置掌管本域的 DNS 服务器类型。有三种类型：master、Slave、Hint。

master 是该服务器域的 master server，掌管第一手的 DNS 数据，每个域一定有一个 master server 负责；Slave master 是备份服务器，Master 与 slave 服务器在对客户提供服务时，并没有区别，主要区别在于管理者更新时，直接更新 master 的数据，slave 的数据由 master 传送备份而来；Hint 类型表示区域是根域“.”，它是整个因特网的最高层。

简单理解即是：master 表示定义的是主域名服务器；slave 表示定义的是辅助域名服务器；Hint 表示是互联网中根域名服务器。

② File 用来指定具体存放DNS记录的文件。这个文件的位置是相对于option中设置directory的相对路径。“lnjd.com.zone”文件在系统中的绝对路径就是/var/named/chroot/var/named/lnjd.com.zone。

（2）定义反向解析区域文件

```
zone "14.168.192.in-addr.arpa" IN {
        type master;
        file "14.168.192.zone";
        allow-update { none; };
};
```

定义反向解析区域，即“14.168.192.in-addr.arpa.zone”，主反向查询文件为 14.168.192.in-addr.arpa.zone。反向查询的作用是由 IP 地址查询 DNS 域名。有一些网络应用程序必须使用反解析的功能。in-addr.arpa.是固定的定义格式，不能更换其他名字。

7．编写正向解析区域文件/var/named/chroot/var/named/lnjd.com.zone

在目录/var/named/chroot/var/named 下有正向解析区域文件的配置模板 named.zero，使用参数-p 将其复制，名称为 lnjd.com.zone（该名称是在主配置文件中进行的定义），保留原有权限，即该文件的属组是 named，如果复制时没有加参数-p，也可以使用命令 chgrp 进行修改，如图 7-34 所示。

图 7-34 准备正向解析区域文件

使用命令 *vi lnjd.com.zone* 在 Vi 编辑器打开配置文件，编写主文件配置内容如图 7-35 所示。下面逐一介绍配置文件的各字段内容。

（1）SOA 记录

@ IN SOA dns.lnjd.com.. root.localhost.

```
$TTL 86400
@     IN    SOA dns.lnjd.com.   root.localhost (
                42 ; serial
                3H; refresh
                15M ; retry
                1W ; expire
                1D ; ttl
                )
            IN      NS      dns.lnjd.com.
dns         IN      A       192.168.14.3
web1 IN     A       192.168. 14.5
web2 IN     A       192.168. 14.6
mail  IN    A       192.168. 14.4
ftp         INA     192.168. 14.1
```

图 7-35　正向解析区域文件

在这个记录中，各部分的意义分别如下。

① @代表相应的域名，在这里代表 lnjd.com，即表示一个域名记录定义的开始。如果在正向解析文件中遇到@符号，则替换成 lnjd.com，在正解区域文件中首先要定义的是正解区域(lnjd.com)的声明。

② IN 表示后面的数据使用的是 INTERNET 标准。

③ SOA 全名是 Source Of Authority，每一个 DNS 数据库文件的第一条记录都是 SOA 记录，设置整个网域地区的基本信息，包括 DNS 主机、正解区域的序号、管理员账号和各类联网存活时间。SOA 表示授权开始。

④ dns.lnjd.com 是这个域的主域名服务器，这个主机的名称在文件中必定有一条 A 记录，不能以 CNAME 记录的名称为授权来源。

⑤ root.localhost 是管理员的邮件地址。这里邮件地址应该是 root@localhost. lnjd.com，但是因为@在文件中用来代表域名，所以用.代替。当 DNS 发生数据更新时，会将信息自动寄到指定的 E-mail 地址 root.localhost. lnjd.com 中。

⑥ 42 ; serial：本行表示正向解析文件的序号，前面的数字表示配置文件的修改版本，格式是年月日当日修改的次数，每次修改这个配置文件时都应该修改这个数字，当更改过 primary/master DNS 数据后，secondary/slave 服务器在与 primary/master DNS 作对比时，才会自动更新 DNS 数据库，以达到同步，否则，primary/master DNS 数据库的更新就没有意义。

⑦ 3H ; refresh ：本行定义的是以秒为单位的刷新频率，即规定辅域名服务器 secondary/slave 多长时间查询一个主服务器 primary/master，以保证从服务器的数据是最新的。DNS 默认使用的时间单位是小时，如本例中 3H，表示每隔 3 小时辅域名服务器会询问主域名服务器一次，也可以使用单位小时、天、周，其中小时用 H 表示，天用 D 表示，周用 W 表示。

⑧ 15M ;retry：本行这个值是规定了以分钟为单位的重试的时间间隔，当辅助服务器试图在主服务器上查询更时，而连接失败了，这个值规定了辅助服务器多长时间后再试。默认单位是分钟。

⑨ 1W ; expiry ：本行用来规定辅助服务器在向主服务更新失败后，secondary/slave 所提供域数据的有效时间。上述的数值是以周为单位的。例如，此字段值为 1W，表示如果 secondary/slave DNS 整整一周都没有与 primary/master DNS 进行联络更新。进行查证是否要更新数据时，那么 secondary/slave DNS 服务器的数据就会变成不合法的，当其他的 DNS 服务器来询问时，便会响应

“目前数据都已过时（expired），不能使用”，默认的时间也是周。

⑩ 1D ; ttl ：TTL 的全名是 Time-to-Live，这条记录的作用是用来通知对方 DNS 保留查询数据时间。单位一般是天。

（2）NS 记录。NS 是 name server 的意思，NS 记录设置这个域中的名称服务器，如下所示：

IN NS dns.lnjd.com.

在此区域里，必须指定哪一台计算机为域名服务器。在第一行省略了@，实际上完整的记录是“lnjd.com IN NS dns.lnjd.com.”，整行的意义是：域 lnjd.com 的解析都由 dns.lnjd.com.这台主机做解析。第二行的 dns，就是 dns.lnjd.com，整行的意义就是：进行域名解析的服务器 dns.lnjd.com 的 IP 地址是 192.168.14.3。这两行是 DNS 服务器里最重要的声明，如果不指明服务器是谁，就无法提供域名解析的服务。

（3）IN 记录。IN 是一种 Class Type，代表所指定的网络类型。IN 代表 Internet，Class Type 有 CHAOS、HESIOD 及 ANY 三种值。

（4）A 资源记录。A 为 address，就是指定主机域名与 IP 地址的对应记录数据。

```
web1    IN  A   192.168. 14.5
web2    IN  A   192.168. 14.6
mail IN A   192.168. 14.4
ftp   INA   192.168. 14.1
```

8. 编写反向解析区域文件/var/named/chroot/var/named/14.168.192.zone

在目录/var/named/chroot/var/named 下有正向解析区域文件的配置模版 named.local，使用参数-p 将其复制，名称为 14.168.192.zone（该名称是在主配置文件中进行的定义），保留原有权限，即该文件的属组是 named，如果复制时没有加参数-p，也可以使用命令 chgrp 进行修改，如图 7-36 所示。

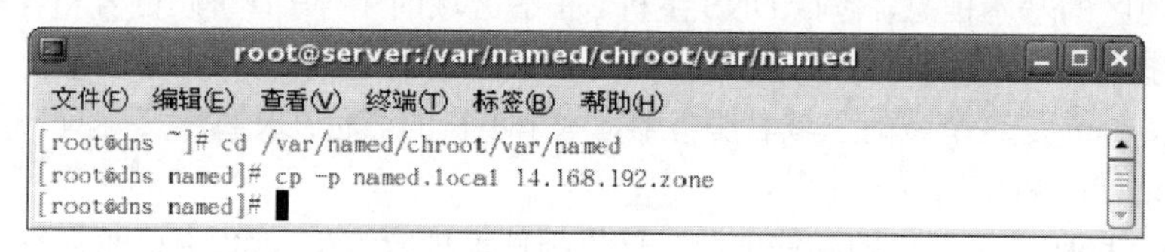

图 7-36 准备反向解析区域文件

使用命令 *vi 14.168.192.zone* 在 Vi 编辑器打开配置文件，编写主文件配置内容如图 7-37 所示。

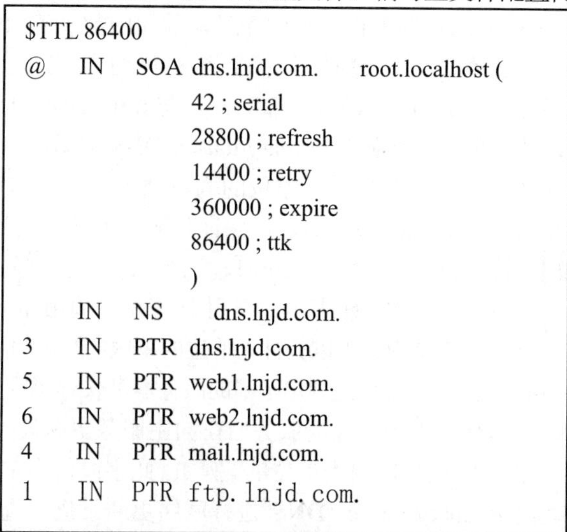

```
$TTL 86400
@   IN  SOA dns.lnjd.com.   root.localhost (
            42 ; serial
            28800 ; refresh
            14400 ; retry
            360000 ; expire
            86400 ; ttk
            )
    IN  NS   dns.lnjd.com.
3   IN  PTR dns.lnjd.com.
5   IN  PTR web1.lnjd.com.
6   IN  PTR web2.lnjd.com.
4   IN  PTR mail.lnjd.com.
1   IN  PTR ftp. lnjd. com.
```

图 7-37 反向解析区域文件

SOA 字段在正向解析文件已经进行了详细的介绍，编写格式是一样的，不过在此文件中，默认的时间单位都是秒。

（1）NS 字段

@ IN NS dns.lnjd.com.

这是反向解析文件的重要记录，作用就是将 IP 地址对应到域名服务器。完整的编写格式应该是 14.168.192.in-addr.arpa.　IN　NS　dns.lnjd.com.

由于@会承接/etc/named.conf 所定义的反向解析区 14.168.192.in-addr.arpa，使得其值为 14.168.192.in-addr.arpa，因此在反向解析文件中此记录可以简写为

@ IN NS dns.lnjd.com.

（2）PTR 资源记录。在正向解析文件里，IN A 的作用是将完整域名对应到 IP 地址，而反向解析文件里可使用 IN PTR，将 IP 地址对应到完整域名。其写法如下：

```
3    IN   PTR dns.lnjd.com.
5    IN   PTR web1.lnjd.com.
6    IN   PTR web2.lnjd.com.
4    IN   PTR mail.lnjd.com.
1    IN   PTR ftp.lnjd.com.
```

在 IP 地址 3、5、6、4 和 1 的末尾没有加“.”，DNS 会自动补成 3.14.168.192. in-addr.arpa，5.14.168.192. in-addr.arpa，6.14.168.192. in-addr.arpa 和 4.14.168.192. in-addr.arpa 和 1.14.168.192. in-addr.arpa，然后根据 IN PTR 将反解 IP 地址指向完整域名，分别为 dns.lnjd.com.、web1.lnjd.com.、web2.lnjd.com.、mail.lnjd.com.和 ftp.lnjd.com.。

9．配置辅助 DNS 服务器

在大型网络中，通过配置辅助 DNS 服务器可以提高 DNS 服务的可靠性。在 BIND 中配置辅助区域时，其主要 DNS 服务器可以是任何操作系统上的其他 DNS 服务器。本公司管理员已经在 192.168.14.3 服务器上配置了主 DNS 服务器，现在要在 192.168.14.8 上配置辅助 DNS 服务器。

（1）在 IP 地址为 192.168.14.3 的主 DNS 服务器上修改全局配置文件 namedconf，使用命令 vi /var/named/chroot/etc/named.conf 打开全局配置文件，在 options 部分增加参数 allow-transfer { 192.168.14.8; };，如图 7-38 所示，表示当前 DNS 服务器的所有主要区域都可以将数据传输到指定的辅助 DNS 服务器上。

（2）在 IP 地址为 192.168.14.8 辅助 DNS 服务器上，进行与主 DNS 服务器全局配置文件相同的操作，即将文件/var/named/chroot/etc/named.caching-nameserver.conf 复制为 named. conf，复制时一定要使用-p 参数，修改内容与图 7-3 完全相同。

（3）将配置文件/var/named/chroot/etc/named.rfc1912.zones，复制为主配置文件 named. zone，复制时一定要使用-p 参数，修改为如图 7-39 所示。

在配置辅助 DNS 服务器时，将参数“type”类型修改为“slave”，表示这是一个辅助 DNS 服务器区域，参数“file”给出的路径是一个相对路径，绝对路径是/var/named/chroot/var/named/slaves。将辅助区域的配置文件放在目录 slaves 下不是必需的，也可以放在其他目录下，但必须保证存放的目录的属主和属组都是 named，否则 BIND 将无法从主要区域传输的 DNS 信息写入文件中。

（4）在辅助 DNS 服务器上，不需要建立解析区域文件，因为复制区域的数据是从主 DNS 服务器传输过来的。

```
options {
        listen-on port 53 { any; };
        listen-on-v6 port 53 { ::1; };
        directory       "/var/named";
        dump-file       "/var/named/data/cache_dump.db";
        statistics-file "/var/named/data/named_stats.txt";
        memstatistics-file "/var/named/data/named_mem_stats.txt";
        query-source    port 53;
        query-source-v6 port 53;
        allow-query     { any };
          allow-farword { 192.168.14.8 ; } ;
};
logging {
        channel default_debug {
                file "data/named.run";
                severity dynamic;
        };
};
view localhost_resolver {
        match-clients     { any };
        match-destinations { any; };
        recursion yes;
        include"/etc/named. zone";
};
```

图 7-38 在主 DNS 服务器上指定辅助 DNS 服务器

```
zone "lnjd.com" IN {
        type slave;
        file "slaves/lnjd.com.zone";
        masters { 192.168.14.3; };
};

zone "14.168.192.in-addr.arpa" IN {
        type slave;
        file "slaves/14.168.192.zone";
        masters { 192.168.14.3; };
} ;
```

图 7-39 复制 DNS 服务器主配置文件配置内容

任务 4　客户端连接 DNS 服务器

1. 任务描述

在 DNS 服务器设置完成后，利用客户端进行测试，并进行域名解析，以确保 DNS 服务器设置成功。

2. 任务分析

不论客户端使用的是 Windows 操作系统，还是 Linux 操作系统，验证 DNS 服务器的方法都一样，可以使用 ping 命令进行验证，也可以使用 nslookup 命令进行验证，还可以使用 host 命令进行验证。不管是哪种操作系统，首先必须设置首选 DNS 服务器的 IP 地址为 192.168.14.3，即本公司的 DNS 服务器地址。如果是 Windows 操作系统，设置方法是修改"网上邻居"｜"本地连接属性"｜"Internet 协议（TCP / IP）"｜"属性"的"首选 DNS 服务器"的 IP 地址为 192.168.14.3，如果是 Linux 操作系统，修改配置文件/etc/resolv.conf 中的 name server 为 192.168.14.3。

当 DNS 服务器启动以后，可以使用 ping、dig、nslookup 和 host 等工具，测试 DNS 服务器是否能够完成域名和 IP 地址之间的解析。

3. 使用 ping 命令进行测试

可以使用 ping 命令测试 DNS 服务器是否正常运行。Ping 命令的格式是

ping　-c 次数　IP 地址（或域名）

在"终端"输入框中输入 ping 命令，ping 命令可以接 IP 地址或者域名，参数 c 可设置响应的次数，例如-c 3，表示 ping3 次；如果不使用 c 参数，ping 会不断地与 IP 地址联系并输出结果，直到使用【Ctrl】+【C】键结束。如果管理员在系统中已经设置了 DNS 服务器，IP 地址是 192.168.14.3，域名是 dns.lnjd.com.，则可以使用 ping 命令做如下测试。

输入 *ping –c 3 web1.lnjd.com*，如果系统中网络域名正确，并且 DNS 服务正常，就会看到如图 7-40 所示内容。

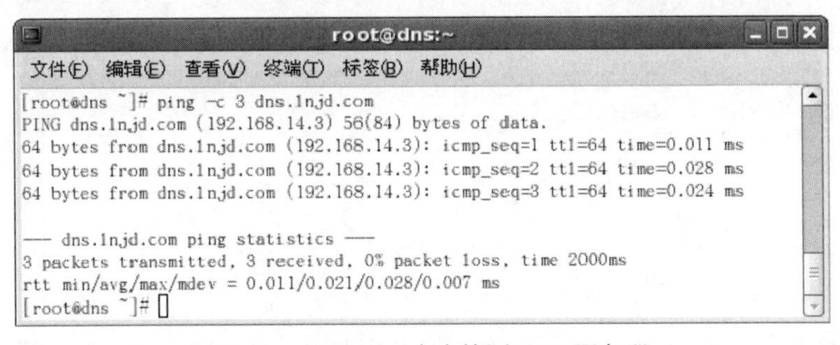

图 7-40　使用 ping 命令检测 DNS 服务器

4．使用 nslookup 命令进行测试

Linux 系统提供了 nslookup 工具，在"终端"输入框中输入：*nslookup*，就可以进入交换式 nslookup 环境。出现提示符">"时，输入命令 server，就会显示当前 DNS 服务器的地址和域名，否则表示 named 没能正常启动。管理员需要验证域名 web1.lnjd.com、web2.lnjd.com、ftp.lnjdcom 和 mail.lnjd.com 的域名和 IP 地址的映射。

（1）检查正向 DNS 解析。在 nslookup 提示符下，输入带域名的主机名，nslookup 显示域名 web1.lnjd.com 的 IP 地址是 192.168.14.5、域名 web2.lnjd.com 的 IP 地址是 192.168.14.6、域名 ftp.lnjdcom 的 IP 地址是 192.168.14.1、域名 mail.lnjd.com 的 IP 地址是 192.168.14.4，如图 7-41 所示。

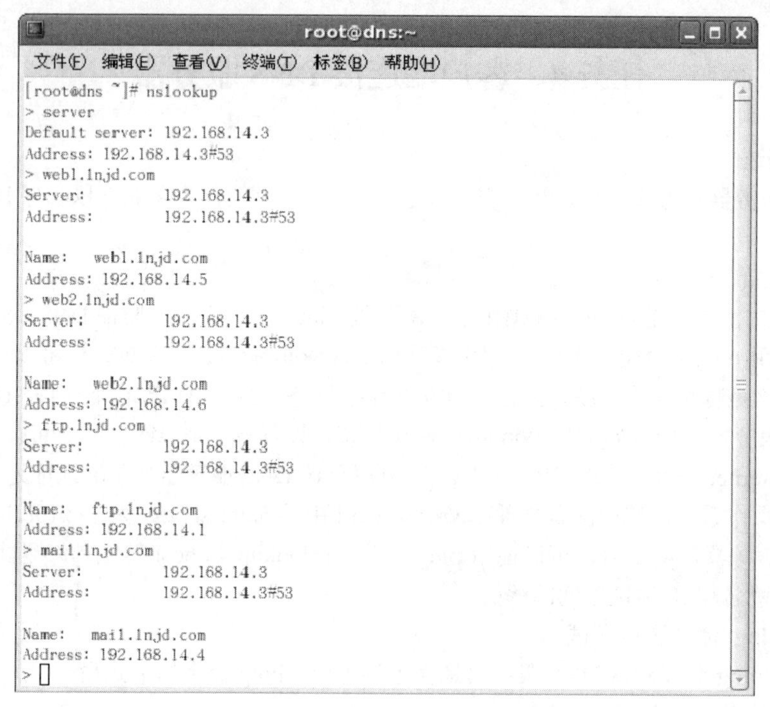

图 7-41　验证正向解析功能

（2）检查反向 DNS 解析。在 nslookup 提示符下，输入 IP 地址 192.168.14.5、192.168.14.6、192.168.14.1、192.168.4.199 和 192.168.14.4，nslookup 将回答该 IP 地址所对应的完整的域名，如图 7-42 所示。

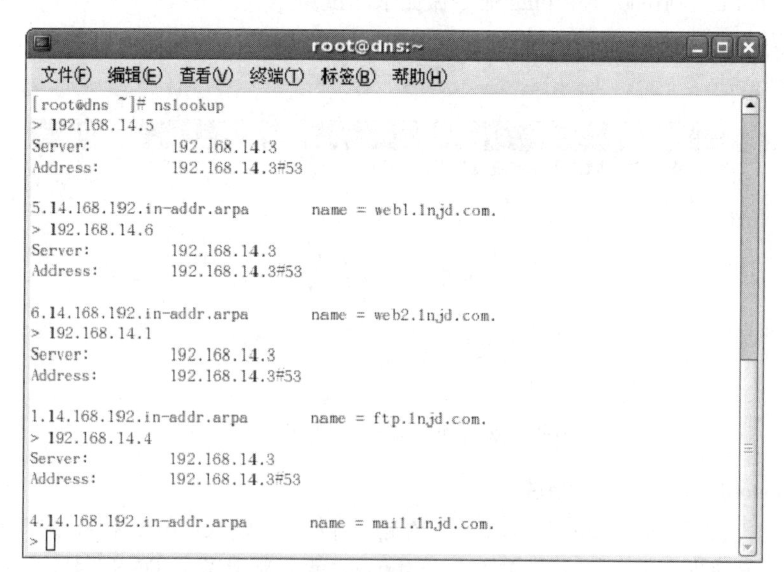

图 7-42　验证反向解析功能

5．使用 Host 命令进行测试

（1）检查正向 DNS 解析。在“终端”提示符下输入 host+域名，显示域名 web1.lnjd.com 的 IP 地址是 192.168.14.5，域名 web2.lnjd.com 的 IP 地址是 192.168.14.6，域名 ftp.lnjdcom 的 IP 地址是 192.168.14.1，域名 mail.lnjd.com 的 IP 地址是 192.168.14.4，如图 7-43 所示。

图 7-43　使用 host 命令检测正向解析功能

（2）检查反向 DNS 解析。在“终端”提示符下输入 host+ IP 地址：192.168.14.5、192.168.14.6、192.168.14.1 和 192.168.14.4，解析出 IP 地址所对应的完整的域名，如图 7-44 所示。

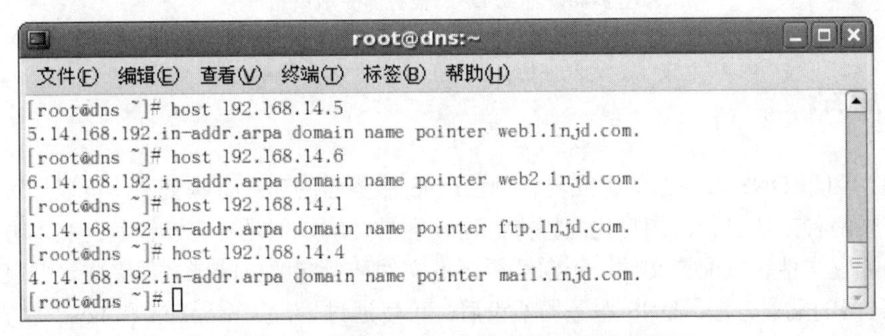

图 7-44　使用 host 命令检测反向解析功能

6．验证辅助 DNS 服务器

（1）修改辅助 DNS 服务器的/etc/resolv.conf 文件，将 server name 设置为 192.168.14.3。

（2）使用命令 *ls /var/named/chroot/var/named/slaves* 查看目录 slaves 下没有任何文件。

（3）使用命令 *service named restart* 重新启动 named，再查看目录 slaves 下，已经有了两个文件 14.168.192.zone 和 lnjd.com.zone，如图 7-45 所示。这两个文件不是复制 DNS 服务器自己创建的，而是从主 DNS 服务器 192.168.14.3 传输过来的。

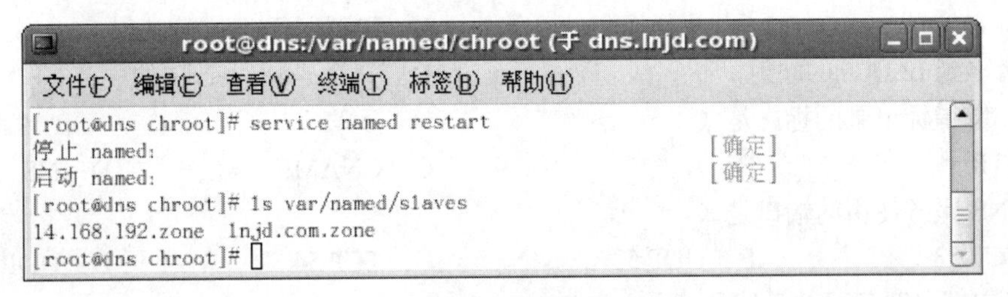

图 7-45　自动生成解析区域文件

（4）使用命令 *nslookup* 进入交互环境，首先输入 *server* 查看到系统中默认的 DNS 服务器是 192.168.14.3，使用命令 server 192.168.14.8 将 DNS 服务器修改为 192.168.14.8，根据提示可以看出系统已经将 DNS 服务器设置为 192.168.14.8，然后输入域名 web1.lnjd.com、web2.lnjd.com 等域名和 IP 地址，都能进行正确解析，如图 7-46 所示，说明辅助 DNS 服务器 192.168.14.8 已经正常工作。

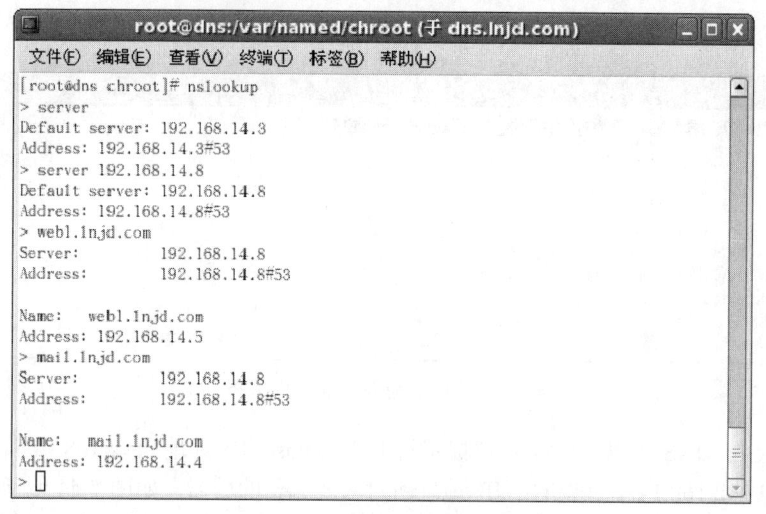

图 7-46 辅助 DNS 服务器完成解析

项目总结

本项目学习了 DNS 服务器的建立与管理，DNS 服务器的建立有些繁琐，可以通过图形化配置和文本方式两种方法进行。图形化配置方法比较容易理解，但是安全性较差；文本方式配置主要通过全局配置文件、主配置文件、正向解析区域文件和反向解析区域文件完成，并且要掌握辅助 DNS 服务器的配置方法。DNS 服务器架设后，可以通过 ping、nsookup 和 host 等方式进行验证，完成域名解析。

项目练习

一、选择题

1 在 Linux 环境下，能实现域名解析的功能软件模块是（ ）。

A．apache　　B．dhcpd　　C．BIND　　D．smb

2．在 DNS 服务器配置文件中，A 类资源记录是（ ）。

A．官方信息　　B．IP 地址到名字的映射

C．名字到 IP 地址的映射　　D．一个 name server 的规范

3．DSN 指针记录的标志是（ ）。

A．PTR　　B．A　　C．CNAME　　D．NS

4．DNS 服务使用的端口是（ ）。

A．TCP 53　　B．UDP 53　　C．TCP 54　　D．UDP 69

5．指定域名服务器的文件是（ ）。

A．/etc/hosts　　B．/etc/network　　C．/.profile　　D．/etc/resolv.conf

二、填空题

1．DNS 的守护进程是__________。

2．重启 DNS 服务器使用命令__________。

3．DNS 服务器的软件包主要有__________、__________、__________和__________（不要求版本号）

4．DNS 的配置文件主要有＿＿＿＿＿、＿＿＿＿＿和＿＿＿＿＿。

5．设置 DNS 服务开机自动运行的命令是＿＿＿＿＿。

6．顶级域名有三类，分别是＿＿＿＿＿、＿＿＿＿＿和＿＿＿＿＿。

7．DNS 服务器的查询模式有＿＿＿＿＿和＿＿＿＿＿。

三、实训：配置 DNS 服务器

1．实训目的

（1）掌握 DNS 服务器的基本知识。

（2）能够配置 DNS 服务器。

（3）能够在行客户端进行使用。

2．实训环境

（1）Linux 服务器。

（2）Windows 客户机。

（3）Linux 客户机。

3．实训内容

（1）规划 DNS 服务器的共享资源，分配资源使用者的权限，并画出网络拓扑图。

（2）配置 DNS 服务器。

（3）使用客户端进行验证。

（4）设置 DNS 服务器自动运行。

4．实训要求

实训分组进行，可以 2 人一组，小组讨论，确定方案后进行讲解，教师给予指导，全体学生参与评价。方案实施过程中，一台计算机作为 DNS 服务器，另一台计算机作为客户机，要轮流进行角色转换。

5．实训总结

完成实训报告，总结项目实施中出现的问题。

项目 8　架设 Web 服务器

8.1　项目背景分析

WWW（World Wide Web）即万维网，也称 Web 服务，是因特网上最受欢迎的服务之一。万维网是因特网上一个完全分布的信息系统，它能以超链接的方式，方便地访问连接在因特网上的位于全世界范围的信息。

【能力目标】

① 掌握 Web 协议的基本知识；
② 能够安装 Web 服务器；
③ 能够配置 Web 服务器；
④ 能够访问 Web 服务器。

【项目描述】

某公司网络管理员，要以 Linux 网络操作系统为平台，建设公司的网站，公司的域名为 lnjd.com，公司局域网络拓扑如图 8-1 所示，Web 服务器的 IP 地址是 192.168.14.5 和 192. 168.14.6。

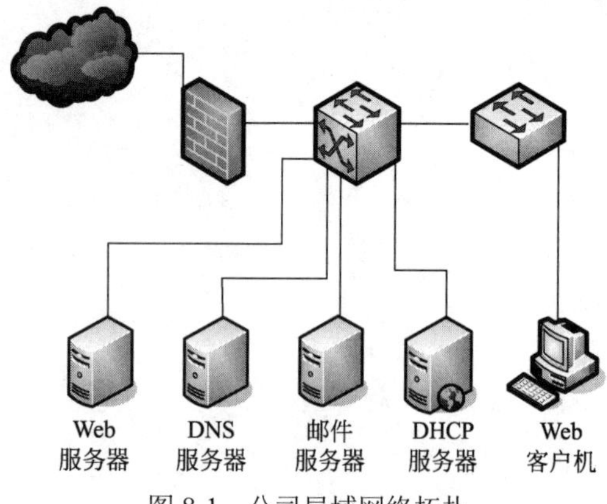

图 8-1　公司局域网络拓扑

【项目要求】

① 安装 Apache 服务器软件。
② 配置 Web 服务器，使用域名 www.lnjd.com 访问公司网站。
③ 配置个人主页功能。
④ 建立基于用户认证的虚拟目录。
⑤ 建立访问控制的虚拟目录。
⑥ 建立基于不同端口的虚拟主机。
⑦ 建立基于 IP 的虚拟主机。
⑧ 建立基于名称的虚拟主机。

【项目提示】

作为公司的网络管理员，为了完成该项目，首先进行项目分析，Web 服务器需要进行安装，这是首要任务。服务器安装后，需要编写网页，并使用域名 www.lnjd.com 访问公司网站，由任务 2 实现，任务 2 分别使用文本方式和图形化配置方式两种方法实现。任务 3 实现为每位员工开通个人主页功能，只要编写好个人主页，输入域名 http://www.lnjd.com/~用户名，即可访问个人主页。任务 4 设置虚拟目录的用户认证功能，实现只能由通过认证的用户才能访问网站。任务 5 实现访问控制，设置只有指定网段和指定域名才能访问网站。任务 6、任务 7 和任务 8 实现架设多个站点，其中任务 6 使用基于不同端口技术，任务 7 使用基于 IP 地址的技术，任务 8 使用基于域名的技术，任务 7 和任务 8 分别使用图形化工具和文本方式两种方法实现。

8.2 项目相关知识

8.2.1 Web 概述

WWW 服务采用客户/服务器模式工作，使用超文本传输协议 HTTP（HyperText Transfer Protocol）和超文本标记语言 HTML（HyperText Markup Language），利用资源定位器 URL，完成一个页面到另一个页面的链接，为用户提供界面一致的信息浏览系统。

在万维网中，信息资源以页面的形式存储在服务器中，这些页面采用超文本方式对信息进行组织，通过统一资源定位符（URL），将位于不同地区、不同服务器上的页面链接在一起。用户通过浏览器向 WWW 服务器发出请求，服务器端根据客户端的请求内容，将保存在服务器中的某个页面返回给客户端，浏览器接收到页面后进行解析，最终将图、文、声并茂的画面，呈现给用户。

8.2.2 Apache 服务器

Apache 来自“a patchy server”的读音，意思是充满补丁的服务器，经过多次修改，Apache 已经成为世界上最流行的 Web 服务器软件之一。Apache 的特点是简单、速度快、性能稳定，并可以作为代理服务器来使用。Apache 的主要特征：可以运行在所有的计算机平台；支持最新的 HTTP 协议；支持虚拟主机；简单而强有力的基于文件的配置；支持通用网关接口 CGI；支持 Java Servlets；集成 Perl 脚本编程语言等。

8.2.3 统一资源定位符

互联网中有无数的 WWW 服务器，每个服务器上又存放着无数的页面，用户如何能够方便地获取所需要的页面呢？这就是统一资源定位符的作用。

统一资源定位符（Uniform Resource Locators，URL）是对可以从因特网上得到的资源的位置和访问方法的一种简洁的表示。URL 给资源的位置提供一种抽象的识别方法，可以用这种方法给资源定位。只要能够对资源定位，系统就可以对资源进行各种操作，如存取、更新、替换和查找等。具体地说，就是用户可以利用 URL 指明使用什么协议访问哪台服务器上的什么文件。

URL 的格式如下。

<URL 的访问方式>://<主机>:<端口>/<路径>

URL 的访问方式即协议类型，常用的协议类型有超文本传输协议（HTTP）、文件传输协议（FTP）和新闻（NEWS）。

主机项是必需的，端口和路径有时可以省略。

例如，一个网页的 URL 为 http：//www. fudan.edu.cn/student/index.html，http 为协议类型，www.fudan.edu.cn 是服务器即主机名，student/index.html 是路径即文件名。HTTP 的端口是 80，通常可以省略。如果使用非 80 端口，则需要指明端口号，如 http：//www. fudan.edu.cn：8080/student/index.html。

8.2.4 超文本传输协议

HTTP 是面向对象的应用层协议，它是建立在 TCP 基础之上的。每个万维网网点都有一个服务器进程，它不断地监听 TCP 的端口 80，以便发现是否有客户进程向它发出连接请求。一旦监听到连接建立请求，并建立了 TCP 连接以后，浏览器就向服务器发出浏览某个页面的请求，服务器就返回所请求的页面作为响应，最后，TCP 连接就被释放了。在浏览器与服务器进行交互的过程中，必须遵守一定的规则，这个规则就是 HTTP 协议。

服务器和浏览器利用 HTTP 协议进行交互的过程如下。

① 浏览器确定 Web 页面的 URL；

② 浏览器请求域名服务器解析的 IP 地址；

③ 浏览器向主机的 80 端口请求一个 TCP 连接；

④ 服务器对连接请求进行确认，建立连接的过程完成；

⑤ 浏览器发出请求页面报文；

⑥ 服务器以 index.html 页面的具体内容响应浏览器；

⑦ WWW 服务器关闭 TCP 连接；

⑧ 浏览器将页面 index.html 的文本信息显示在屏幕上；

⑨ 如果 index.html 页面包含图像等非文本信息，则浏览器需要为每个图像建立一个新的 TCP 连接，从服务器获得图像并显示。

8.2.5 超文本标记语言

超文本标记语言（HTML）是制作万维网页面的标准语言，计算机的页面制作都采用标准 HTML 语言格式，这样在通信的过程中就不会有障碍。

HTML 语言的语法与格式很简单，可以使用任何文本编辑器进行编写。下面举例说明几种常用的格式与标签。打开记事本，编写如下内容：

```
<html>
<title> homepage</title>
<body>
<h2>This is my firse homepage</h2>
</body>
</html>
```

其中，“<”表示一个标签的开始；

“>”表示一个标签的结束；

<html>…</html>声明这是用 HTML 写成的文档；

<title>…</title>定义页面的标题；

<body>…</body>定义页面的主体；

该文件保存名称为“index.html”，保存位置为“/var/www/html”，打开页面后如图 8-2 所示。

8.2.6 Apache 服务器的主配置文件 httpd.conf

Apache 的配置主要是通过配置文件 httpd.conf 来完成的，在配置过程中，只要根据实际网络情况，修改少数的配置文件内容就可完成 Apache 功能，也可以通过图形化配置界面来完成，网络管理员可以根据自己的习惯来选择配置的方法。

图 8-2　编写主页

httpd.conf 配置文件位于/etc/httpd/conf 目录下。我们可以利用 httpd.conf，对 Apache 服务器进行全局配置、主服务器的参数定义、虚拟主机的设置。

httpd.conf 是一个文本文件，可以用 Vi、Kate 等文本编辑工具进行修改。该配置文件分为以下 3 个小节：

Section 1: Global Environment；

Section 2: 'Main' server configuration；

Section 3: Virtual Hosts。

第一小节定义全局环境；第二小节定义主服务器配置；第三小节定义虚拟主机。每个小节都有若干个配置参数，每个配置参数都有详尽的英文解释，用#号引导。

1. 第一小节：全局环境设置

（1）ServerRoot "/etc/httpd"。它指定在何处保存服务器的配置、错误及日志文件。系统默认的存放位置是文件夹/etc/httpd。

（2）PidFile "run/httpd.pid"。该参数记录 httpd 进程的进程号。httpd 进程在提供服务的时候，原始的父进程只有一个，但为了更好地给用户提供服务，httpd 父进程可以复制自己，并且可以生成多个子进程协同完成任务，提供服务。对 httpd 父进程发送信号将影响所有的 httpd 进程。PidFile 参数中就是记录了父进程的进程号。

（3）TimeOut 300 TimeOut。该参数定义客户端和服务器连接的超时时间。如果客户端请求与服务器建立连接，超过这个时间，服务器将断开连接，单位一般是秒。本配置文件中 TimeOut 的时间设置为 300s，意思就是如果在 300s 内没有收到请求或送出页面，则切断连接。

（4）MaxKeepAliveRequests 100。MaxKeepAliveRequests 为一次连接可以进行的 HTTP 请求的最大请求次数。将其值设为 0，表示一次连接可以发送的 HTTP 请求的次数没有限制。但实际中客户端程序在一次连接中不要求请求太多的页面，通常达不到这个上限就完成连接了。这个参数不用设置，使用默认值 100 即可。

（5）KeepAlive on。在 HTTP 1.0 中，一次连接只能传输一次 HTTP 请求，但在 HTTP1.1 中，参数 KeepAlive 是由客户端发送的，客户端要求一次连接、多次传输功能，这样就可以在一次连接中传递多个 HTTP 请求。将参数 KeepAlive 设置为 on 状态，表示打开这项功能。

（6）KeepAliveTimeout 15。客户端一次连接可以发送多个请求，如果各请求之间时间过长，必定会造成服务器时间资源的浪费。KeepAliveTimeout 参数测试一次连接中的多次请求传输的时间，如果服务器已经完成了一次请求，但在 KeepAliveTimeout 规定的时间内，没有接收到客户端的下一次请求，服务器就断开连接。本配置文件中 KeepAliveTimeout 的时间设置为 15 秒。

（7）MinSpareServers 5 和 MaxSpareServers 20。MinSpareServers 与 MaxSpareServers 参数设置空闲的服务器进程数量。MinSpareServers 设置下限，MaxSpareServers 设置上限。

Web 服务器在为客户提供服务时，由 HTTP 进程以及产生的子进程完成相应的服务，产生子进程肯定要产生时间延迟。为了减少这个延迟，Web 服务器要预先产生多个空闲的子进程，这些子进程驻留在内存中。如果接收到了来自客户端的请求，就立即使用这些空闲的子进程提供服务，这样就不会因为产生子进程而造成时间延迟。

Apache 会定期检查有多少个 HTTP 进程正在等待连接请求，如果空闲的 HTTP 守护进程多于 MaxSpareServers 参数指定的值，例如本配置文件是 20，则 Apache 会终止某些空闲进程；如果空闲 HTTP 进程少于 MinSpareServers 参数指定的值，本例中为 5，则 Apache 会产生新的 HTTP 进程。

（8）MaxClients 150。该参数限制 Apache 所能提供服务的最高数值。服务器的能力是有限的，不可能同时处理无限多的连接请求，因此，参数 Maxclient s 规定服务器支持的最多并发访问的客户数，即同一时间连接的数目不能超过这个数值。一旦连接数目达到这个限制，Apache 服务器则不再为别的连接提供服务，以免系统性能大幅度下降。

本配置文件规定最大连接数是 150 个。这个参数限制了 MinSpareServers 和 MaxSpareServers 的设置，它们不应该大于这个参数的设置。

（9）MaxRequestsPerChild 100。该参数限制每个子进程在生存周期中所能处理的请求数目。使用子进程方式为客户提供服务，经常是一个子进程为一次连接服务，这样，每次连接都需要生成子进程、退出子进程的操作，使得这些操作占用了 CPU 的时间。Apache 采用一个进程可以为多次连接提供服务。一次连接结束后，子进程不是马上退出系统，而是等待下一次连接请求。

但是，一个进程在提供服务过程中，要不断申请和释放内存空间，次数多了会造成内存碎片，降低系统的性能。所以，MaxRequestsPerChild 参数定义了每个进程所能提供的连接请求次数。一旦达到该数目，这个子进程就会被中止。

本配置文件 MaxRequestsPerChild 参数的数值是 100，也就是每个进程在生存周期内可以为 100 个客户连接请求提供服务。

（10）Listen。该参数用来指定 Apache 服务器的监听端口。一般来说，标准的 HTTP 服务默认端口号是 80，一般使用这个数值。

2. 第二小节：主服务器设置

（1）User apache 与 Group apache。User 和 Group 配置是 Apache 的安全保证，Apache 在打开端口之后，就将其本身设置为这两个选项的用户和组权限，并进行运行，这样就降低了服务器的危险性。在这个配置文件中，User 和 Group 设置的值均是 Apache。

（2）ServerAdmin root@localhost。该参数用于设置 WWW 服务器管理员的 e-mail 地址。这将在 HTTP 服务出现错误的条件下返回给浏览器，以便让 Web 使用者和管理员联系，报告错误。

（3）ServerName www.example.com。服务器的 DNS 名称。为了方便用户，在访问 Apache 服务器时，可以用用户比较熟悉的主机名代替 Apache 服务器的实际名称。ServerName 参数使得用户可以自行设置主机名，但是这个名称必须是已经在 DNS 服务器上注册的主机名。如果当前主机没有已注册的名字，也可以指定 IP 地址。

（4）DocumentRoot "/var/www/html"。该参数定义服务器对外发布的超文本文档存放的路径，客户端请求的 URL 就被映射为这个目录下的网页文件。这个目录下的子目录，以及使用符号连接指示的文件和目录都能被浏览器访问，只是要在 URL 上使用同样的相对目录名。

（5）AddDefaultCharset ISO-8859-1。设置默认返回页面的编码，默认编码是 ISO-8859-1，使用的是欧美语言，页面中如果出现汉字，在客户端看到的页面是乱码。可以在 IE 浏览器中，选择“查看”|“编码”中的简体中文（GB2312），就可以看到正常页面，但是每次让客户这样操作比较麻烦。最好的解决办法是管理员在服务器端进行设置，将配置选项 AddDefaultCharset 的内容设置为 GB2312，对于有各种语言的网站来说，可以将 AddDefaultCharset 的内容注释掉，这样，浏览器可以自己检测语言显示页面。

（6）<Directory />

```
Options FollowSymlinks
AllowOverride none
</Directory >
```

设置 Apache 根目录的访问权限和访问方式。

（7）<Directory “/var/www/html”>

```
Options Indexes FollowSymlinks
AllowOverride none
Order allow,deny
Allow from all
</Directory >
```

设置 Apache 主服务器网页文件存放目录的访问权限。

（8）<IfModule mod_userdir.c>

```
UserDir disable
#UserDir public_html
</IfModule >
```

设置用户是否可以在自己的目录下建立 public_html 目录来存放网页，如果设置为 UserDir public_html，则用户就可以通过 http://服务器域名/~用户名来访问其中的内容。

（9）DirectoryIndex index.html index.html.var。设置预设首页，默认是 index.html。

3. 第三小节：虚拟主机设置

通过配置虚拟主机，可以在单个服务器上运行多个 Web 站点，对于访问量不大的站点来说，可以降低运营成本。虚拟主机可以基于 IP 地址、主机名和端口号。基于 IP 地址的虚拟主机，需要计算机配置多个 IP 地址，并为每个 Web 站点分配一个唯一的 IP 地址；基于主机名的虚拟主机要求拥有多个主机名，并且为每个 Web 站点分配一个主机名；基于端口号的虚拟主机，要求不同的 Web 站点通过不同的端口号进行监听，这些端口号只要系统没有使用即可。

虚拟主机默认配置举例如下：

```
NameVirtualHost *：80
<VirtualHost *：80>
        ServerAdmin Webmaster@dummy-host.example.com
    DocumentRoot /www/docs/dummy-host.example.com
        ServerName dummy-host.example.com
        ErrorLog logs/dummy-host.example.com-error_log
    CustomLog    logs/dummy-host.example.com-access_log commom
</VirtualHost>
```

8.3 项 目 实 施

任务 1　安装 Apache 服务器

1. 任务描述

在 Linux 操作系统中，Web 服务器软件是 Apache。Apache 是世界著名的 Web 服务器，Apache 具有多种优点，例如，可以跨平台运行，可以运行在 Windows、Linux 和 Unix 等多种操作系统上；源代码开放，支持很多功能模块；工作性能和稳定性高。此任务要求安装 Apache 软件。

2. 任务分析

在安装操作系统过程中，可以选择是否安装 Apache 服务器，如果不确定是否安装了 Apache 服务器，可以使用命令进行查询。安装时使用 rpm 命令，需要先挂载光盘。安装完成后，查询安装的文件，并且启动 Web 服务器，设置 Web 服务器在下次系统登录时自动运行。

3. 安装 Apache 软件

在安装 Red Hat Enterprise Linux 5 时，会提示用户是否安装 Apache 服务器。用户可以选择在安装系统时完成 Apache 软件包的安装。如果不能确定 Apache 服务器是否已经安装，可以采取在“终端”输入框中输入命令 *rpm –qa | grep httpd* 进行验证。如果如图 8-3 所示，则说明系统已经安装 Apache 服务器。

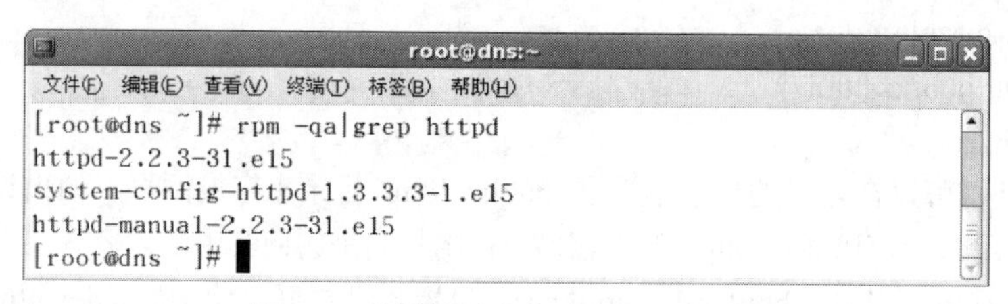

图 8-3　检测是否安装 Apache 服务器

如果安装系统时没有选择 Apache 服务器，则需要进行安装。在 Red Hat Enterprise Linux 5 安装盘中带有 Apache 服务器安装程序。

Apache 软件包主要包含以下几个软件。

（1）httpd-2.2.3-29.el5.i386.rpm。该包是 Apache 服务的主程序包，服务器必须安装此程序包。

（2）httpd-devel-2.2.3-29.el5.i386.rpm。Apache 开发程序包。

（3）httpd-manual-2.2.3-29.el5.i386.rpm。Apache 手册文档，包含 HTML 格式的 Apache 计划及 Apache User’s Guide 说明指南。

（4）system-config-httpd-1.3.3.3-1.el5.noarch.rpm。该包是 Apache 服务器图形化配置工具，利用此工具可以更直观地配置 Apache 服务器。

管理员将安装光盘放入光驱后，使用命令 *mount /dev/cdrom /media* 进行挂载，然后使用命令 *cd /media/Server* 进入目录，最后使用命令 *ls | grep httpd* 找到 httpd-2.2.3-29. el5.i386.rpm 安装包，如图 8-4 所示。

然后，在“应用程序”|“附件”中选择“终端”命令窗口并运行命令 *rpm –ivh httpd-2.2.3-29.el5.i386.rpm*，开始安装程序。如果出现软件关联错误的提示信息，说明安装软件包 httpd-2. 2. 3-29. el5.i386. rpm 需要先安装 libpq.so.4、libarp-1.so.0 和 libarputil-1.so.0。

```
root@dns:/media/Server
文件(F) 编辑(E) 查看(V) 终端(T) 标签(B) 帮助(H)
[root@dns ~]# mount /dev/cdrom /media
mount: block device /dev/cdrom is write-protected, mounting read-only
[root@dns ~]# cd /media/Server
[root@dns Server]# ls | grep httpd
httpd-2.2.3-31.el5.i386.rpm
httpd-devel-2.2.3-31.el5.i386.rpm
httpd-manual-2.2.3-31.el5.i386.rpm
system-config-httpd-1.3.3.3-1.el5.noarch.rpm
[root@dns Server]# 
```

图 8-4　找到安装包

其中，libpq.so.4 属于 postgresql-libs-8.1.11-1.el5.i386. rpm，libarp-1.so.0 和 libarputil-1.so.0 属于 apr-util-1.2.7-7.el5.i386. rpm。因为其他软件包有关联关系，还需要安装以下软件包：

[root@dns Server]rpm -ivh postgresql-libs-8.1.11-1.el5.i386. rpm

[root@dns Server]rpm -ivh apr-1.2.7-7.i386. rpm

[root@dns Server]rpm -ivh apr-util-1.2.7-7.el5.i386. rpm

[root@dns Server]rpm -ivh httpd-2.2.3-29.el5.i386.rpm

[root@dns Server]rpm -ivh httpd-devel-2.2.3-29.el5.i386.rpm

[root@dns Server]rpm -ivh httpd-manual-2.2.3-29.el5.i386.rpm

[root@dns Server]rpm -ivh system-config-httpd-1.3.3.3-1.el5.noarch.rpm

其中，安装软件包 system-config-httpd-1.3.3.3-1.el5.noarch.rpm 如图 8-5 所示。

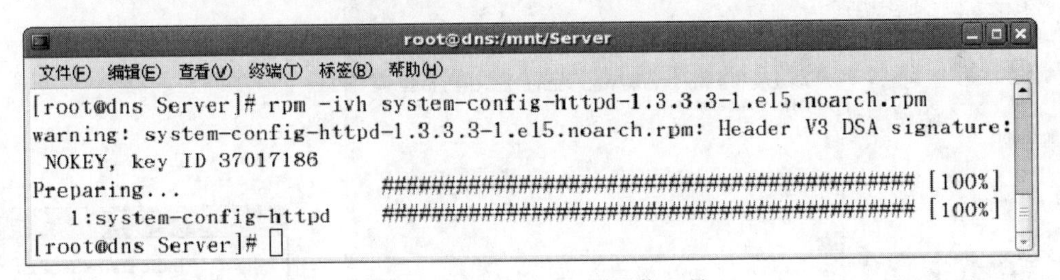

图 8-5　安装 Apache 图形化工具

4．启动与关闭 Apache 服务器

Apache 的配置完成后，必须重新启动服务器。可以有两种方法进行启动与关闭服务器。

（1）利用命令启动与关闭 Apache 服务器。可以在“终端”命令窗口运行命令 *service httpd start* 来启动、命令 *service httpd stop* 来关闭或命令 *service httpd restart* 来重新启动 Apache 服务器，如图 8-6～图 8-8 所示。

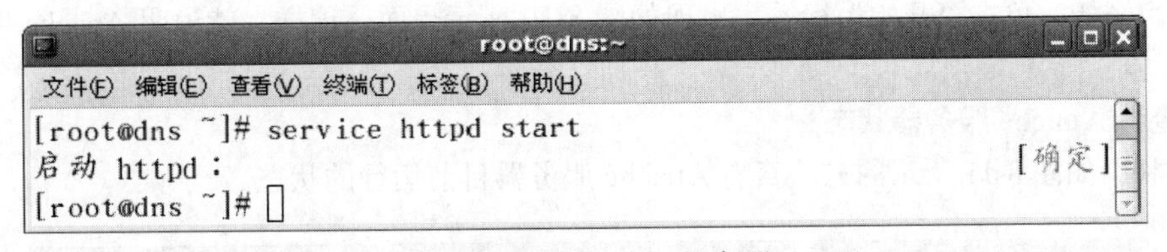

图 8-6　启动 Apache 服务器

（2）利用图形化界面启动与关闭 Apache 服务器。用户也可以利用图形化桌面进行 Apache 服务器的启动与关闭。在图形界面下使用“服务”对话框，进行 Apache 服务器的启动与运行。单击“系统”菜单，选择“管理”选项，再选择“服务器设置”选项中的“服务”选项，出现如图 8-9 所示对话框。

```
root@dns:~
文件(F) 编辑(E) 查看(V) 终端(T) 标签(B) 帮助(H)
[root@dns ~]# service httpd stop
停止 httpd：                                              [确定]
[root@dns ~]#
```

图 8-7　停止 Apache 服务器

图 8-8　重新启动 Apache 服务器

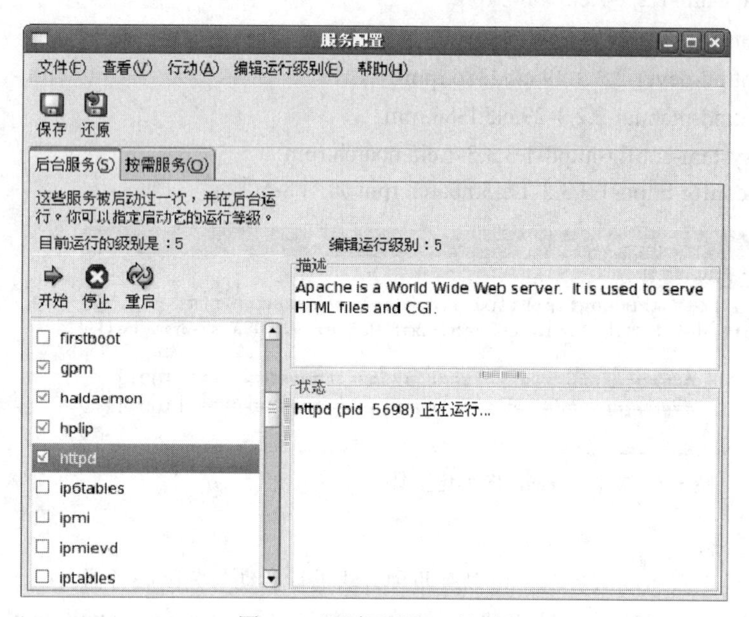

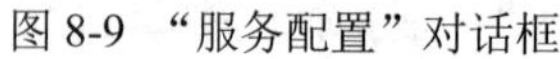

图 8-9 “服务配置”对话框　　　　图 8-10　启动正常提示框

选择“httpd”，利用“开始”、“停止”和“重启”标签，可以完成服务器的停止、开始以及重新启动。例如，单击“开始”标签，出现如图 8-10 所示界面，这样，就说明 Apache 服务器已经正常启动。

5. 查看 Apache 服务器状态

可以利用如图 8-11 所示的方法查看 Apache 服务器目前运行的状态。

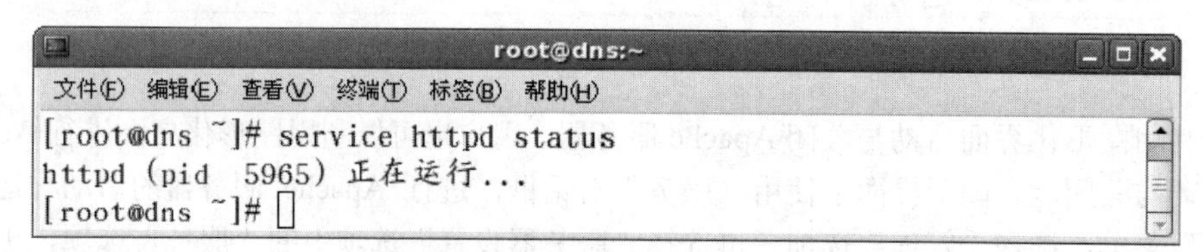

图 8-11　查看 Apache 服务器状态

6. 设置开机时自动运行 Apache 服务器

开启 Apache 服务器是非常重要的，在开机时应该自动启动，可以节省每次手动启动的时间，并且可以避免因 Apache 服务器没有开启而停止服务的情况。

在开机时自动开启 Apache 服务器，有以下几种方法。

（1）通过 ntsysv 命令设置 Apache 服务器自动启动。在“终端”输入框中输入 ntsysv 命令后，出现如图 8-12 所示对话框，将光标移动到“httpd”选项，然后按“空格”键选择，最后使用“Tab”键将光标移动到“确定”按钮，并按“Enter”键完成设置。

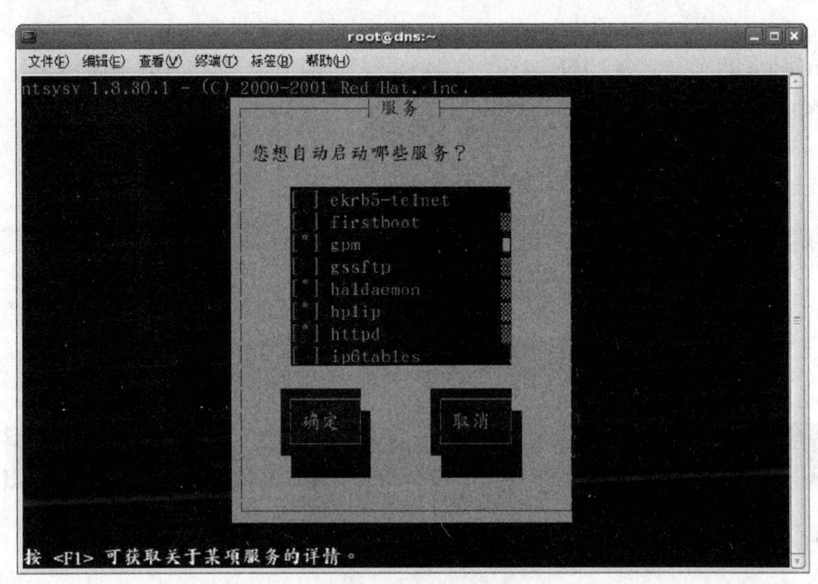

图 8-12　以“ntsysv”设置 FTP 服务器自动启动

（2）以“服务配置”设置 Apache 服务器自动启动。单击“系统”菜单，选择“管理”选项，再选择“服务器设置”选项中的“服务”选项，选择“httpd”选项，然后再选择上方工具栏中的“文件”|“保存”，即可完成设置。

（3）以“chkconfig”设置 Apache 服务器自动启动。在“终端”输入框中输入指令 chkconfig--level 5 httpd on，如图 8-13 所示。

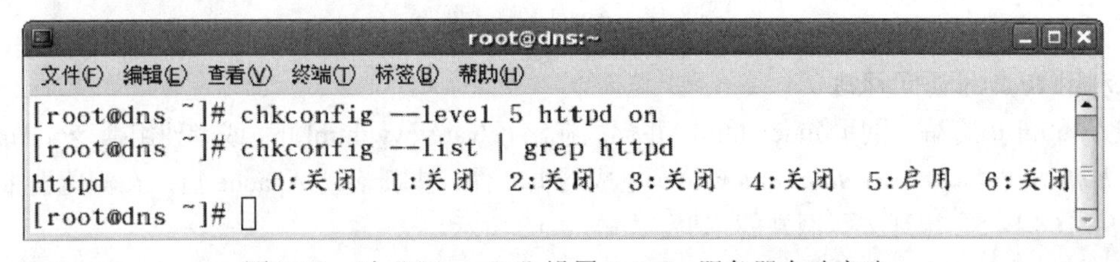

图 8-13　以“chkconfig”设置 Apache 服务器自动启动

以上的指令表示如果系统运行 Run Level 5 时，即系统启动图形界面的模式时，自动启动 Apache 服务器，也可以配合“-list”参数的使用，来显示每个 Level 是否自动运行 Apache 服务器。

任务 2　配置 Web 服务器，访问公司网站

1. 任务描述

使用 Apache 服务器架设公司的网站，使用域名 www.lnjd.com 访问公司网站首页，再使用别

名 news 访问虚拟目录。

2. 任务分析

首先将 Web 服务器的 IP 地址设置为 192.168.14.5，然后利用 Apache 服务器架设 Web 服务器，实现客户机访问公司网站；再在 DNS 服务器中添加主机记录 www.lnjd.com，使用域名 www.lnjd.com 访问公司网站，最后利用 Apache 的虚拟目录功能，使用虚拟目录 news 访问公司的新闻网页。

3.设置 IP 地址和 DNS 服务器

使用命令 *ifconfig eth0 192.168.14.5 netmask 255.255.255.0*，将 Web 服务器的 IP 地址设置为 192.168.14.5，使用命令 *hostname dns.lnjd.com*，将主机名称设置为 dns.lnjd.com，修改配置文件 /etc/resolv.conf 的 nameserver 192.168.14.3，将 DNS 服务器地址设置为 192.168.14.3。

4.测试 Apache 服务器

Apache 服务器安装并使用命令 *service httpd start* 启动后，可以在 Web 浏览器中输入 http://192.168.14.5，出现测试网页，如图 8-14 所示。

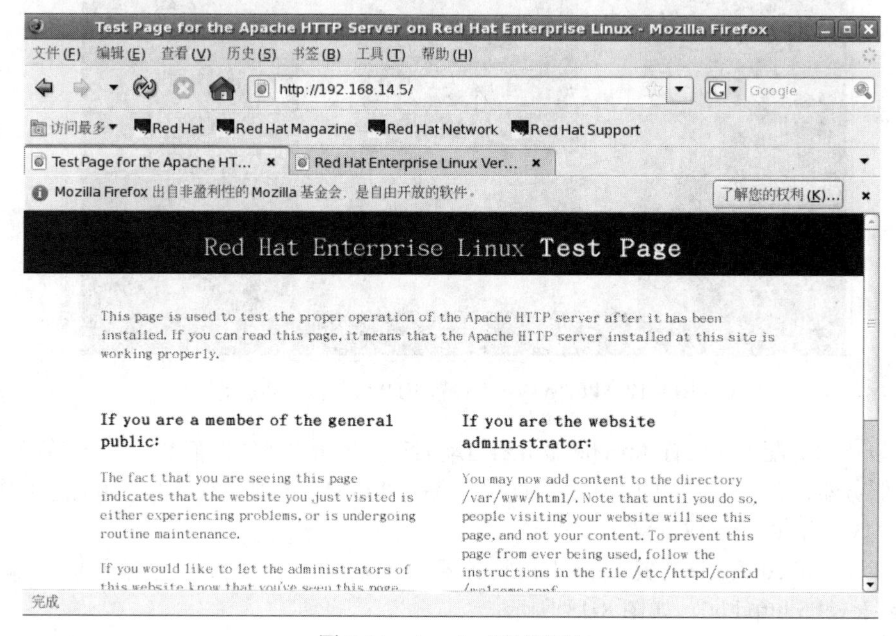

图 8-14　Apache 测试页面

5.利用 IP 地址访问网站

使用 html 语言编写网页 index.html，并存放在路径/var/www/html 下，或者使用命令 *echo This is first homepage>/var/www/html/index.html* 生成网页文件，重新启动 Apache 后，在浏览器中输入 http://192.168.14.5，出现公司网站的首页，如图 8-15 所示。

图 8-15　使用 IP 地址访问网站

6. 利用域名访问网站

如果使用域名访问站点，需要在 DNS 服务器中设置相应的记录，这部分内容已经在项目 7 任务 3 中进行了详细的介绍，这里不再赘述。简单地说，就是首先设置全局配置文件 named.conf，将 listen-on port 53 { 127.0.0.1; }; 修改为 **listen-on port 53 { any; }**，allow-query { localhost; }; //修改为 **allow-query { any; }**，match-clients { localhost; };//修改为 **match-clients { any; }**，match-destinations { localhost; };//修改为 **match-destinations { any; }**，并且指定主配置文件名称为 named.zone。

主配置文件 named.zone 具体内容如下所示：

```
zone "lnjd.com" IN {
        type master;
        file "lnjd.com.zone";
        allow-update { none; };
};
```

在该配置文件中，设定正向解析区域文件为 lnjd.com.zone，如图 8-16 所示。

```
$TTL 86400
@     IN    SOA dns.lnjd.com.   root.localhost (
                42 ; serial
                3H; refresh
                15M ; retry
                1W ; expire
                1D ; ttl
                )
      IN        NS   dns.lnjd.com.
dns   IN        A    192.168.14.3
www IN    A     192.168. 14.5
```

图 8-16　正向解析区域文件

使域名 www.lnjd.com 对应 IP 地址 192.168.14.5，并且使用 nslookup 命令验证域名正确。

在浏览器中输入 http://www.lnjd.com，出现公司网站的首页，如图 8-17 所示。

图 8-17　使用域名访问网站

7. 建立虚拟目录

要从 Web 站点主目录以外的其他目录发布站点，可以使用虚拟目录实现。虚拟目录是一个位于 Apache 服务器主目录之外的目录，它不包含在 Apache 服务器的主目录中，但在客户机看来，它与位于主目录的子目录是一样的。每一个虚拟目录都有一个别名，客户端通过这个别名来访问虚拟目录。

在 Apache 服务器的主配置文件 httpd.conf 中，通过 Alias 指令设置虚拟目录。默认情况下，该文件已经建立了/icons 和/manual 两个虚拟目录，它们对应的物理路径是/var/www/icons 和/var/www/manual。

（1）使用命令 *mkdir -p /xuni* 建立物理目录，使用命令 *cd /xuni* 进入该目录，再使用命令 *echo This is news site> index.html* 创建网页，如图 8-18 所示。

```
root@dns:/xuni
文件(F) 编辑(E) 查看(V) 终端(T) 标签(B) 帮助(H)
[root@dns chroot]# vi var/named/lnjd.com.zone
[root@dns chroot]# cd
[root@dns ~]# mkdir -p /xuni/
[root@dns ~]# cd /xuni
[root@dns xuni]# echo This is news site > index.html
[root@dns xuni]#
```

图 8-18 创建物理目录和网页文件

（2）使用命令 *chmod 705 index.htm*l 修改默认网页文件 index.html 的权限，使其他用户具有读和执行权限，如图 8-19 所示。

图 8-19 修改并查看 index.html 权限

（3）使用 Vi 编辑器修改主配置文件 httpd.conf，并添加语句 Alias /news “/xuni”，如图 8-20 所示。

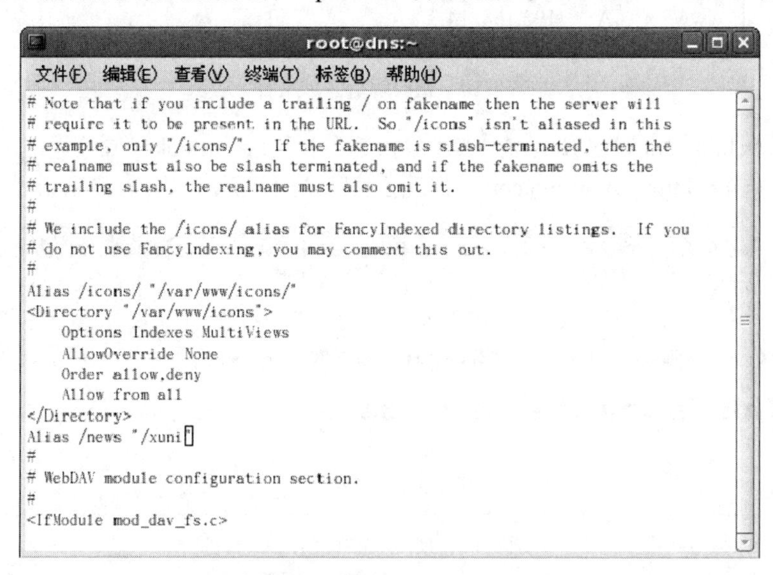

图 8-20 修改 httpd.conf 文件

（4）使用命令 *service httpd restart* 重启 Apache 服务器。

（5）在浏览器中输入 http://www.lnjd.com/news 访问虚拟目录，如图 8-21 所示。

图 8-21　访问虚拟目录

8．使用图形化方式实现

架设 Web 服务器也可以使用图形化工具实现，对于初学者来说，使用图形化工具配置 Web 服务器更直观，更容易理解。

（1）设置 IP 地址和 DNS 服务器。网络管理员在架设网站之前，需要设置 DNS 服务器的 IP 地址和网站使用的 IP 地址，设置的步骤如下。

① 在图形环境下单击“系统”菜单，选择“管理”选项中的“网络”菜单项，进入网络配置的图形化窗口，如图 8-22 所示。

② 单击“设备 eth0”标签，选择“编辑”按钮，出现如图 8-23 所示对话框，设置 IP 地址为 192.168.14.5，子网掩码为 255.255.255.0，网关地址为 192.168.14.254。

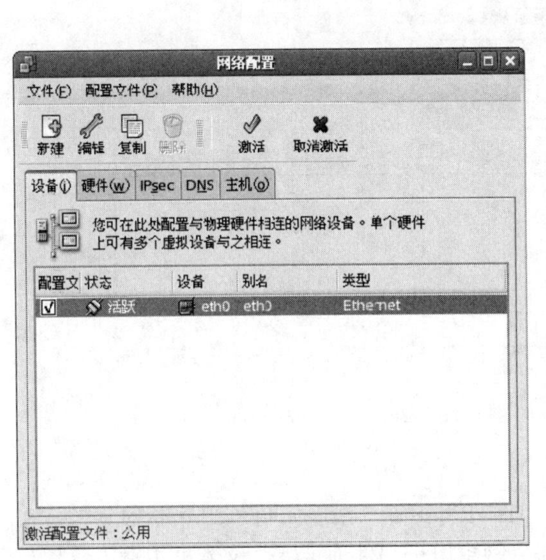

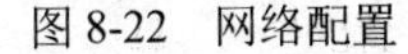

图 8-22　网络配置

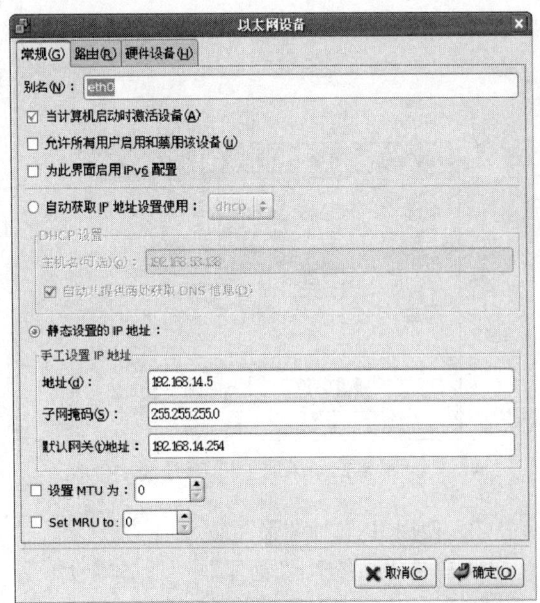

图 8-23　设置 IP 地址

③ 返回“网络配置”窗口，选择“DNS” 标签，出现 DNS 配置对话框，如图 8-24 所示，将 DNS 服务器的 IP 地址设置为 192.168.14.3，主机名设置为 www.lnjd.com。

④ 返回“网络配置”窗口，选择“主机”标签，出现主机配置对话框，单击“新建”按钮，出现如图 8-25 所示对话框，将主机的 IP 地址设置为 192.168.14.5，主机名设置为 www.lnjd.com。完成后如图 8-26 所示。

⑤ 设置完成后，单击“激活”按钮，设备的状态变为活跃，按照提示进行保存，所设置的配置即可生效。

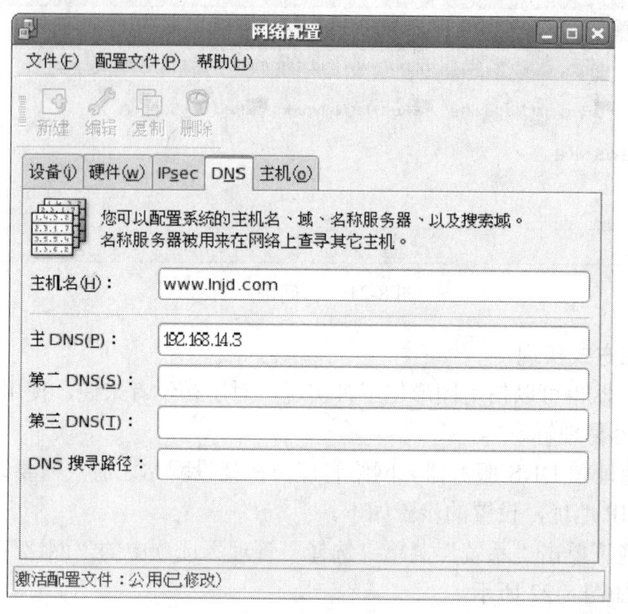

图 8-24　设置 DNS 服务器

图 8-25　添加主机 IP 地址

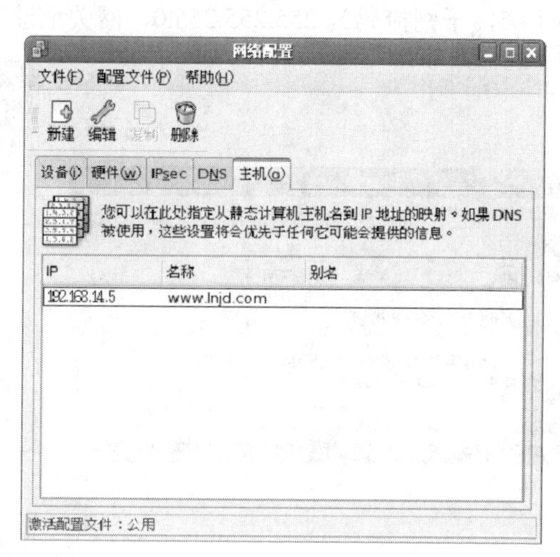

图 8-26　添加主机后的窗口

（2）使用 IP 地址架设网站

① 单击“系统”|“管理”|“服务器设置”|“HTTP”标签，出现如图 8-27 所示对话框，在“服务器名（S）”文本框中输入 www.lnjd.com，在“网主电子邮件地址(e)”文本框中输入管理员的电子邮件地址，如 root@lnjd.com。

② 单击“虚拟主机”标签，如图 8-28 所示。

③ 单击“编辑”按钮，如图 8-29 所示，在这个对话框中可以看到“常规选项”中有“虚拟主机名”、“文档根目录”、“IP 地址”和“服务器主机名称”等内容，“文档根目录” 是第一个网站主页存放的位置，网络管理员在规划时将主页存放在/var/www/html 目录中，所以此项不用修改。在“网主电子邮件地址（e）”文本框中输入管理员的电子邮件地址，如 root@lnjd.com。在“主机信息”选项卡中选择“基于 IP 的虚拟主机”，在“IP 地址”中输入网站的 IP 地址 192.168.14.5，在“服务器主机名称”中输入网站的域名 www.lnjd.com。

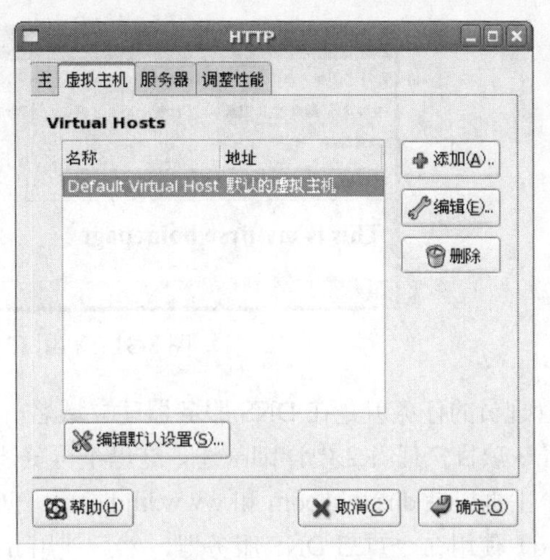

图 8-27　apache 配置窗口　　　　图 8-28　虚拟主机标签

④ 选择“页码选项”按钮，如图 8-30 所示，这个选项可以设置目录搜寻顺序，默认搜寻的主页是 index.html。管理员编写的第一个网站的主页名称为 index.html，并且将该网页文件存放于默认的网站主目录中，即/var/www/html。也可以将自己编写的主页添加到搜寻目录中，单击“添加”按钮即可完成。完成后按照提示保存。

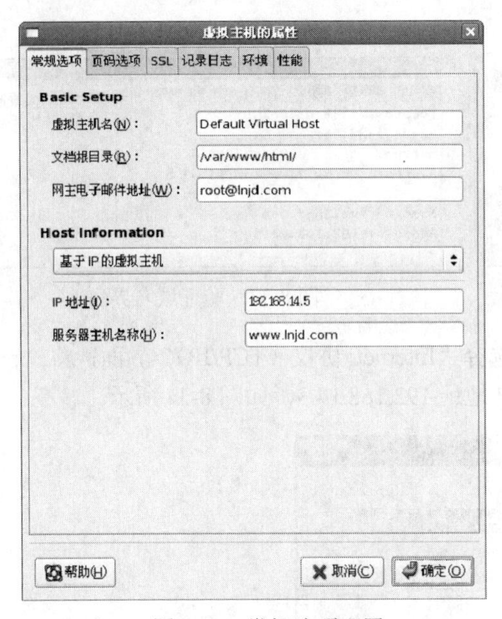

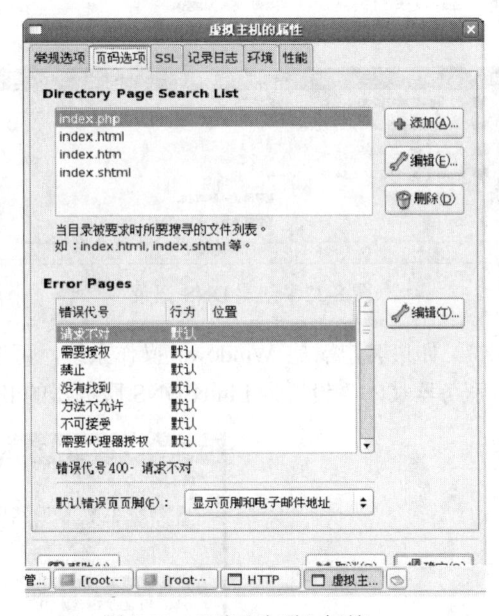

图 8-29　常规选项配置　　　　图 8-30　“页码选项”标签

（3）启动 Apache 服务器。单击“系统”菜单，选择“管理”选项，再选择“服务器设置”选项中的“服务”选项，出现如图 8-9 对话框，选择“httpd”选项，单击“开始”标签，出现如图 8-10 所示提示界面，即可成功启动服务器。

（4）访问 Web 站点。在客户端进行访问时，客户端采用 Windows 操作系统，在 IE 浏览器的地址栏中输入 http://192.68.14.5，可以看到网站的主页，如图 8-31 所示。

（5）设置 DNS 服务器。访问互联网时，使用的是方便用户记忆的域名，而不是 IP 地址，例如，我们想访问搜狐网站时，在 IE 地址栏中输入的是 www.sohu.com，而不是实际的 IP 地址 61.135.133.104。该域名在因特网上使用前，必须先向 DNS 管理机构申请注册才有效。

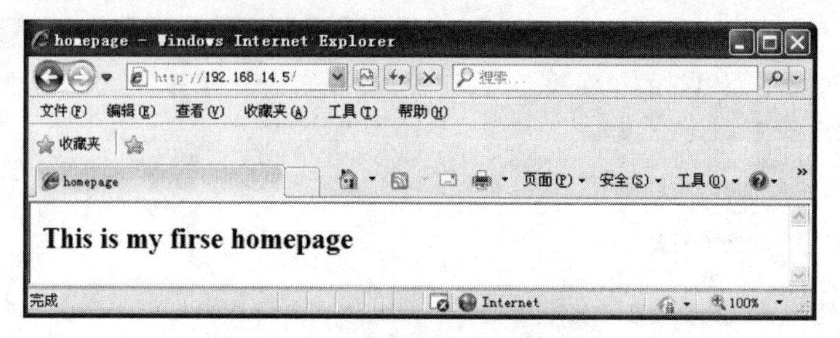

图 8-31　利用 IP 地址访问站点

管理员的任务就是在 DNS 服务器建立域名，如使用 www.lnjd.com 访问这个网站（此部分内容已经在项目 7 任务 2 中详细阐述，这里不再赘述），可以创建正向区域 lnjd.com，并且在其中创建两个主机记录 dns.lnjd.com 和 www.lnjd.com，创建完成后如图 8-32 所示。

（6）使用命令重启 DNS 服务器，然后使用 nslookup 命令对域名进行验证，如图 8-33 所示。

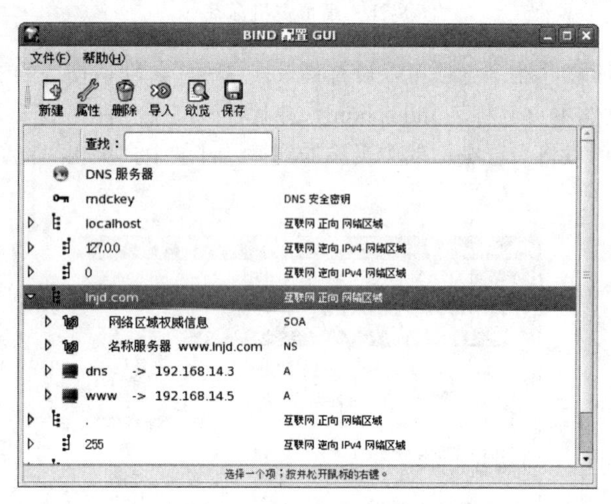

图 8-32　创建 DNS 记录

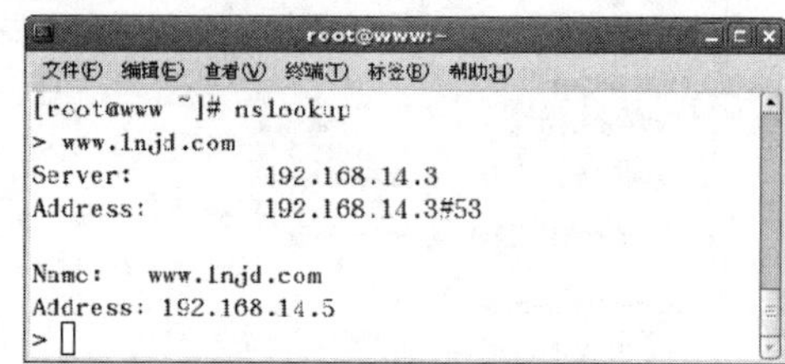

图 8-33　验证域名界面

（7）如果客户端是 Windows 操作系统，可选择“Internet 协议（TCP/IP）”界面，将“首选 DNS 服务器（P）”设置为 Linux DNS 服务器的 IP 地址 192.168.14.3，如图 8-34 所示。

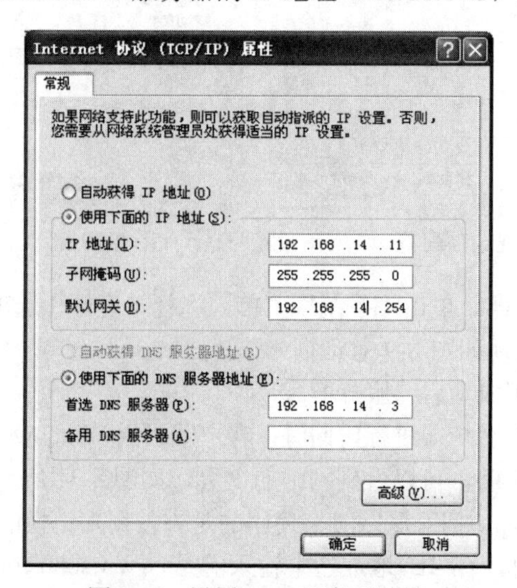

图 8-34　设置 DNS 服务器地址

（8）在浏览器中输入 http://www.lnjd.com，将出现公司网站的首页，如图 8-35 所示。

图 8-35　Windows 客户机访问网站

任务 3　配置个人主页功能

1. 任务描述

公司为每位员工建立个人主页，提供沟通平台，用户可以方便地管理自己的空间。此任务将为系统中用户 rose 设置个人主页。

2. 任务分析

为了实现个人主页功能，首先需要修改 Apache 服务器的主配置文件，启用个人主页功能，设置用户个人主页主目录，然后创建个人主页，再创建用户，修改用户的家目录/home/rose，权限为 705，使其他用户具有访问和读取的权限，最后在浏览器中输入 http://www.lnjd.com/~rose 并进行访问验证。

3. 修改 Apache 服务器的主配置文件 httpd.conf

使用 Vi 编辑器修改主配置文件 httpd.conf，找到以下模块：

```
<IfModule mod_userdir.c>
    UserDir disable
    #UserDir public_html
  </IfModule >
```

默认情况下，Apache 服务器没有开启个人主页功能，需要由 UserDir disable 指定，在该指令前加上“#”注释符，表示开启个人主页功能，同时将指令#UserDir public_html 前的注释符去掉，指定个人主页的主目录为 public_html。该目录在用户的主目录中，本任务中是/home/rose/public_html。

4. 创建用户

使用命令 *useradd rose* 创建本任务中需要的用户 rose。用户创建后会在/home 中自动创建目录 rose。

5. 创建目录、网页文件和修改权限

使用命令 *cd /home/rose* 进入目录，再使用命令 *mkdir public_html* 创建网页主目录，然后使用命令 *echo This is public homepage>public_html/index.html* 创建网页文件，最后使用命令 *chmod 705 /home/rose* 修改 rose 目录权限，使其他用户有读取和执行权限，如图 8-36 所示。

6. 重启服务器

使用命令 service httpd restart 重启 Apache 服务器。

```
[root@dns ~]# useradd rose
[root@dns ~]# cd /home/rose
[root@dns rose]# mkdir public_html
[root@dns rose]# echo This is public homepage > public_html/index.html
[root@dns rose]# chmod 705 /home/rose
[root@dns rose]# 
```

图 8-36　创建目录和网页文件

7. 访问个人主页

在浏览器中输入 http://www.lnjd.com/~rose 访问个人主页，如图 8-37 所示。

图 8-37　访问个人主页

任务 4　建立基于用户认证的虚拟目录

1. 任务描述

为用户 rose 设置认证的虚拟目录。

2. 任务分析

为了实现基于用户认证的虚拟目录功能，首先需要修改 Apache 服务器的主配置文件，创建虚拟目录，再设置目录权限，然后创建密码文件，再准备网页，最后在浏览器中输入 http://www.lnjd.com/rz 进行访问验证。

3．修改 Apache 服务器的主配置文件 httpd.conf

使用 Vi 编辑器修改主配置文件 httpd.conf，添加虚拟目录如下：

```
Alias /rz “/virt/rz”
<Directory “/virt/rz”>
        Options Indexes
    AllowOverride Authconfig
    AuthType basic
    AuthName “Input user and password”
    AuthUserFile /var/www/html/htpasswd
    Require valid-user
</Directory>
```

Options 设置特定目录中的服务器特性，参数 Indexes 表示允许目录浏览，当访问的目录中没有 DirectoryIndex 参数指定的网页文件时，会列出目录中的目录清单；AllowOverride 设置如何使用访问控制文件.htpasswd，该文件是一个访问控制文件，用来配置相应目录的访问方法，如果设置为None，表示禁止使用所有指令，即忽略文件.htapasswd，如果设置为 Authconfig，则表示开启认证、授权以及安全的相关指令；AuthType basic 为基本身份认证；AuthName 表示当浏览器弹出认证对话框时出现的提示信息；AuthUserFile 指定了用户密码文件，本任务中将该文件设置为网站的主目录/var/www/html 中，并设定名称为 hypassword；Require 设置允许访问虚拟目录的用户，valid-user 表示该密码文件中所有用户都可以访问，如果只允许用户 rose 访问，可以设置为 Require User rose。

4. 生成认证文件

访问控制文件.htpasswd 默认不存在，使用命令 *htpasswd -c /var/www/html/thpasswd rose* 来创建该文件，参数-c 表示新创建一个密码文件，再添加用户时就不用加该参数了，输入密码即可成功将用户 rose 添加到该密码文件中，如图 8-38 所示。

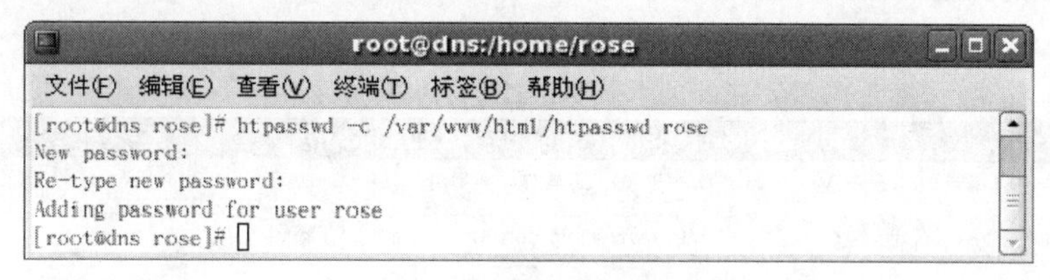

图 8-38　创建密码文件

5. 创建目录、网页文件

使用命令 *mkdir -p /virt/rz* 创建虚拟目录对应的物理目录，然后使用命令 *echo This is Renzheng homepage>/virt/rz/index.html* 创建网页文件，如图 8-39 所示。

图 8-39　创建目录和网页文件

6. 重启 Apache 服务器

使用命令 *service httpd restart*，重启 Apache 服务器。

7. 访问网页

在浏览器中输入 http://www.lnjd.com/rz 访问虚拟目录，如图 8-40 所示，需要输入用户名和密码，输入用户 rose 和密码，成功访问网页，如图 8-41 所示。如果用户密码输入错误，不会获得访问权限，一直停留在验证的界面。如果不知道用户名和密码，按“取消”选项，出现如图 8-42 所示提示，表示验证是必需的。

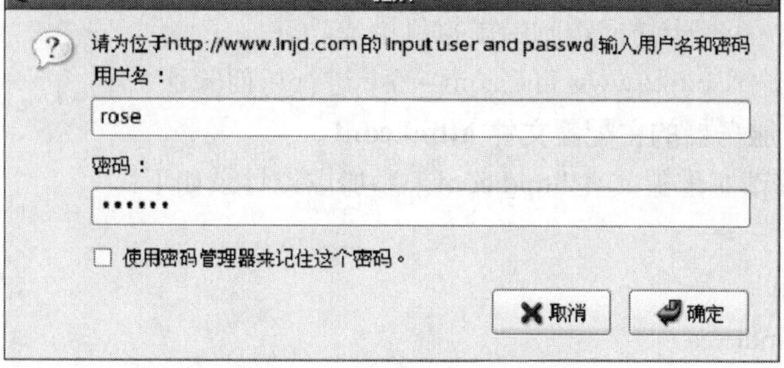

提示
请为位于http://www.lnjd.com的 input user and passwd 输入用户名和密码
用户名：
rose
密码：
••••••
使用密码管理器来记住这个密码。
取消　确定

图 8-40　提示输入用户名和密码窗口

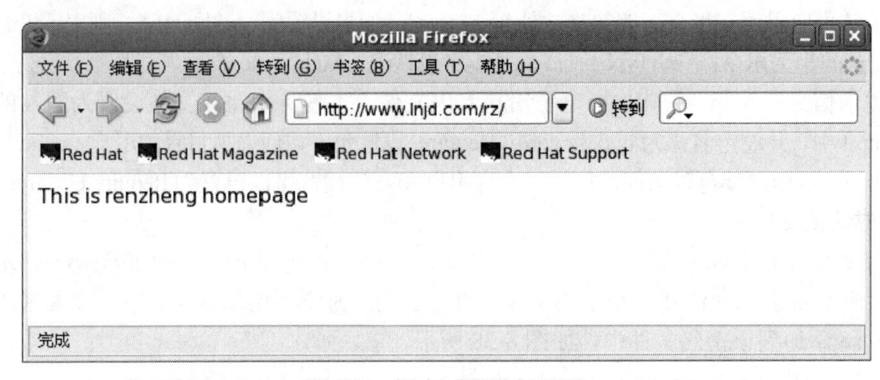

图 8-41 认证成功访问网页

图 8-42 认证失败提示网页

任务 5 建立访问控制的虚拟目录

1. 任务描述

禁止域名 lnjd.com 和网段 192.168.14.0 访问 Web 站点。

2. 任务分析

为了实现访问控制的虚拟目录功能，首先需要修改 Apache 服务器的主配置文件，创建访问列表，再设置目录和网页，然后进行验证。若出现拒绝访问页面，再将拒绝访问列表删除，如果再次访问网页成功，说明基于访问控制的虚拟目录成功。

最后在浏览器中输入 http://www.lnjd.com/~rose 进行访问验证。

3. 修改 Apache 服务器的主配置文件 httpd.conf

使用 Vi 编辑器修改主配置文件 httpd.conf，添加虚拟目录如下：

```
Alias /jj "/virt/jj"
<Directory "/virt/jj">
        Options Indexes
    AllowOverride none
```

Order deny,allow
Deny from lnjd.com
Deny from 192.168.14.0/24
</Directory>

Options 与 AllowOverride 参数同任务 3；Order 用于指定 Apache 缺省的访问权限，以及 Allow 和 Deny 语句的处理顺序；Deny 定义拒绝访问控制列表；Allow 定义允许访问控制列表。

指令有以下两种形式。

① Order Allow,Deny：在执行拒绝访问规则之前，先执行允许访问规则，默认情况下将会拒绝所有没有明确被允许的客户。

② Order Deny,Allow：在执行允许访问规则之前，先执行拒绝访问规则，默认情况下将会允许所有没有明确被允许的客户。

Deny 和 Allow 指令后面需要写访问控制列表，访问控制列表可以使用如下几种形式。

① All：表示所有客户。

② 域名：表示域内所有客户，如 lnjd.com。

③ IP 地址：可以指定完整的 IP 地址或部分 IP 地址。

④ 网络/子网掩码：如 192.168.14.0/255.255.255.0。

⑤ CIDR 规范：如 192.168.14.0/24。

本任务默认规则是允许所有客户访问，但是域名 lnjd.com 和 192.168.14..0 网段的客户除外。

4. 创建目录、网页文件

使用命令 *mkdir /virt/jj* 创建虚拟目录对应的物理目录，然后使用命令 *echo This is jujue homepage>/virt/jj/index.html* 创建网页文件，如图 8-43 所示。

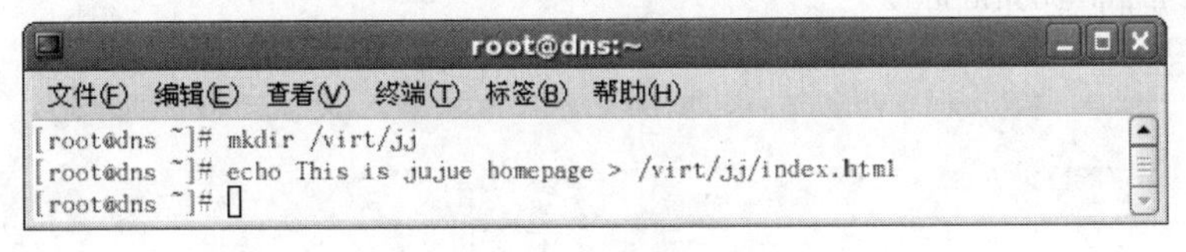

图 8-43　创建目录和网页文件

5. 重启 Apache 服务器

使用命令 service httpd restart 重启 Apache 服务器。

6. 访问网页

在浏览器中输入 http://www.lnjd.com/jj 访问虚拟目录，如图 8-44 所示，拒绝访问。

7. 修改虚拟目录

再次使用 Vi 编辑器修改主配置文件 httpd.conf，修改虚拟目录如下：

Alias /jj "/virt/jj"
<Directory "/virt/jj">
Options Indexes
AllowOverride none
Order deny,allow
</Directory>

将拒绝访问列表删除。

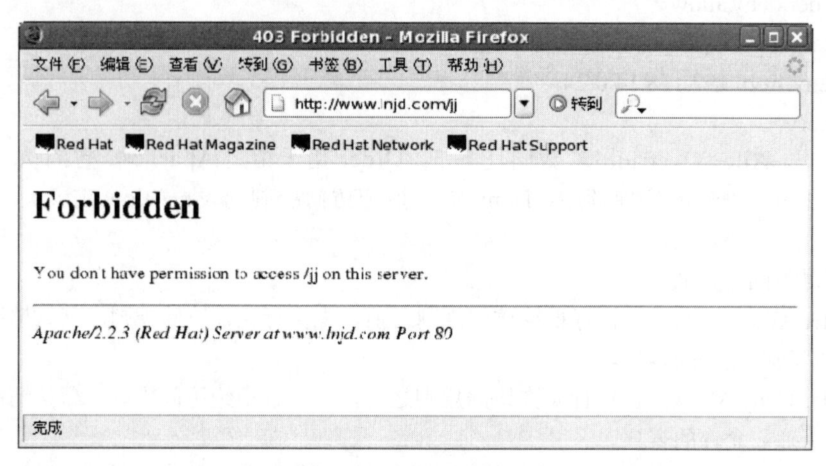

图 8-44　拒绝访问网站

8. 使用 service httpd restart 命令

使用命令 *service httpd restart* 重启 Apache 服务器。

9. 访问虚拟目录

在浏览器中输入 http://www.lnjd.com/jj 访问虚拟目录，如图 8-45 所示，成功访问。

图 8-45　去掉拒绝规则，成功访问网站

任务 6　配置基于不同端口的虚拟主机

1. 任务描述

基于端口号的虚拟主机技术，可以在一个 IP 地址上建立多个站点，只需要服务器有一个 IP 地址即可，所有的虚拟主机共享同一个 IP，各虚拟主机之间通过不同的端口号进行区分。在设置基于端口号的虚拟主机的配置时，需要利用 Listen 语句设置所监听的接口。

2. 任务分析

为了实现基于端口号的虚拟主机，首先需要修改 Apache 服务器的主配置文件，设置不同端口 8080 和 8000，再创建存放网页的目录，两个站点的目录分别是/var/www/port8000 和/var/www/port8080，然后准备网页，最后在浏览器中输入 http://192.168.14.5:8000 和 http://192.168.14.5:8080 进行访问验证。

3. 虚拟主机概述

虚拟主机是在网络服务器上划分出一定的磁盘空间供用户放置站点、应用组件等，提供必要的站点功能、数据存放和传输功能。虚拟主机也叫网站空间，就是把一台运行在互联网上的服务器划分成多个虚拟服务器，每一个虚拟服务器都有独立的域名和完整的 Internet 服务器功能，如提供 WWW、FTP 和 E-mail 等功能。

使用虚拟主机技术架设多个站点有三种方法，分别是基于端口的虚拟主机技术、基于 IP 地址的虚拟主机技术和基于名称的虚拟主机技术。

4. 修改 Apache 服务器的主配置文件 httpd.conf

使用 Vi 编辑器修改主配置文件 httpd.conf，修改内容如下。

```
Listen 8000
Listen 8080
<VirtualHost 192.168.14.5:8000>
        DocumentRoot /var/www/port8000
          DirectoryIndex index.html
     Serveradmin root@lnjd.com
     ErrorLog    logs/port8000-error_log
     CustomLog logs/port8000-access_log commom
</VirtualHost>
<VirtualHost 192.168.14.5:8080>
        DocumentRoot /var/www/port8080
          DirectoryIndex index.html
     Serveradmin root@lnjd.com
     ErrorLog    logs/port8080-error_log
     CustomLog logs/port8080-access_log commom
</VirtualHost>
```

设置两个监听端口 Listen 8000 和 Listen 8080，在 VirtualHost 中设置端口号、网站主目录位置和默认文档。

5. 创建目录、网页文件

使用命令 *mkdir -p /var/www/port8000* 和命令 *mkdir -p /var/www/port8080* 创建网站主目录，然后使用命令 *echo This is site of port8000>/var//www/port8000/index.html* 和命令 *echo This is site of port 8080>/var//www/port/8080/index.html* 创建网页文件，如图 8-46 所示。

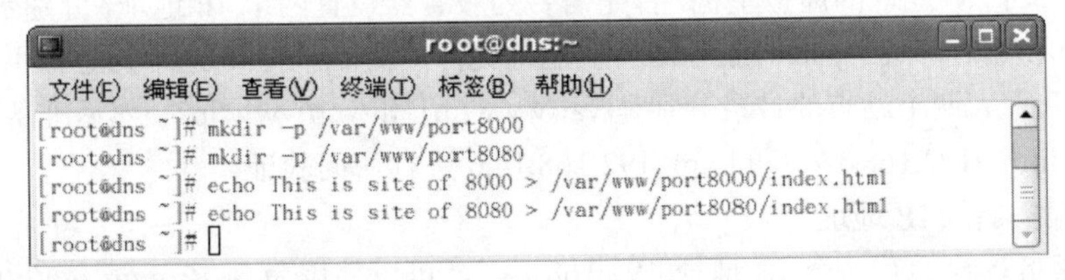

图 8-46 创建目录和网页文件

6. 重启 Apache 服务器

使用命令 service httpd restart 重启 Apache 服务器。

7. 访问网页

在浏览器中输入 http://www.lnjd.com:8000 访问端口为 8000 的站点，如图 8-47 所示；输入 http://www.lnjd.com:8080 访问端口为 8080 的站点，如图 8-48 所示，也可以使用 IP 地址进行访问。

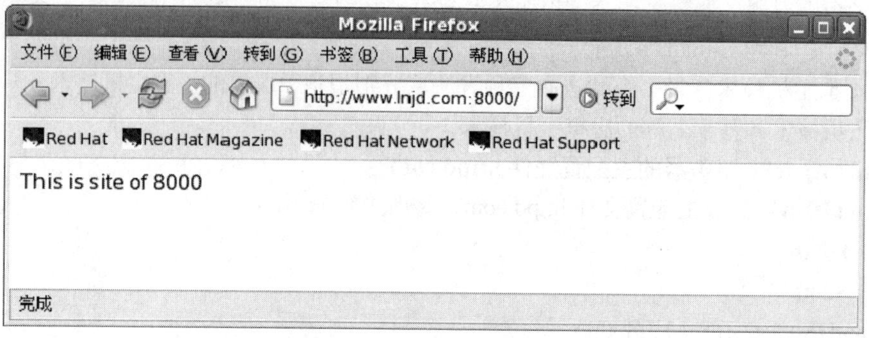

图 8-47　基于端口 8000 的站点

图 8-48　基于端口 8080 的站点

任务 7　配置基于 IP 地址的虚拟主机

1.任务描述

基于 IP 地址的虚拟主机技术，可以在不同 IP 地址上建立多个站点，需要为服务器配置多个 IP 地址，各虚拟主机之间通过不同的 IP 地址进行区分。

2.任务分析

为了实现基于 IP 地址的虚拟主机，首先需要为服务器设置两个 IP 地址，分别是 192.168.14.7 和 192.168.14.6，然后修改 Apache 服务器的主配置文件，设置不同 IP 地址的虚拟主机选项，再创建存放网页的目录，两个站点的目录分别是/var/www/ip1 和/var/www/ip2，然后准备网页，最后在浏览器中输入 http://192.168.14.7 和 http://192.168.14.6 进行访问验证。

3．设置服务器的 IP 地址

Apache 服务器已经有一个 IP 地址 192.168.14.5，可以使用命令 *ifconfig eth0:0 192.168.14.6 netmask 255.255.255.0* 和命令 *ifconfig eth0:0 192.168.14.7 netmask 255.255.255.0*，为该服务器再设置两个 IP 地址。eth0:0 是网卡 eth0 的别名，IP 地址可以独立使用，设置完成后使用命令 *ifconfig* 查看有多个 IP 地址。

4. 修改 Apache 服务器的主配置文件 httpd.conf

使用 Vi 编辑器修改主配置文件 httpd.conf，修改内容如下。

```
Listen 80
<VirtualHost 192.168.14.7>
```

```
        DocumentRoot /var/www/ip1
          DirectoryIndex index.html
    Serveradmin root@lnjd.com
    ErrorLog    logs/ip1-error_log
    CustomLog logs/ip1-access_log commom
</VirtualHost>
<VirtualHost 192.168.14.6>
        DocumentRoot /var/www/ip2
          DirectoryIndex index.html
    Serveradmin root@lnjd.com
    ErrorLog    logs/ip2-error_log
    CustomLog logs/ip2-access_log commom
</VirtualHost>
```

设置监听端口为 80，在 VirtualHost 中设置 IP 地址、网站主目录位置和默认文档。

5. 创建目录、网页文件

使用命令 *mkdir -p /var/www/ip1* 和命令 *mkdir -p /var/www/ip2* 创建网站主目录，然后使用命令 *echo This is site of ip1>/var//www/ip1/index.html* 和命令 *echo This is site of ip2>/var//www/ip2/index.html* 创建网页文件，如图 8-49 所示。

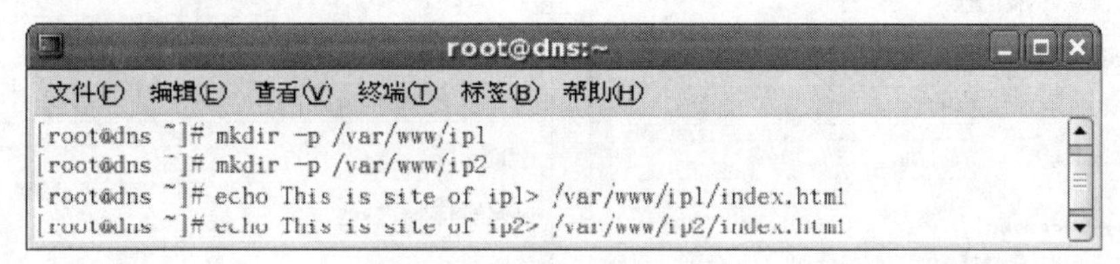

图 8-49　创建目录和网页文件

6. 重启 Apache 服务器

使用命令 service httpd restart 重启 Apache 服务器。

7. 访问网页

在浏览器中输入 http://192.168.14.7 访问站点，如图 8-50 所示，输入 http://192.168.14.6 访问站点，如图 8-51 所示。

图 8-50　访问基于 192.168.14.7 的站点

8. 使用图形化方式实现

（1）单击“系统”｜“管理”｜“服务器设置”｜“HTTP”标签，选择“主”标签，出现如图 8-52 所示对话框，在“服务器名（S）”文本框中输入 web1.lnjd.com，在“网主电子邮件地址(e)”文本框中输入管理员的电子邮件地址，如 root@lnjd.com。

图 8-51　访问基于 192.168.14.6 的站点

（2）单击“虚拟主机” 标签，再单击“编辑”按钮，在“Host Information” （主机信息）选项卡中，选择“基于 IP 的虚拟主机”，在“IP 地址”中输入第一个网站的 IP 地址 192.168.14.6，将文档根目录修改为/var/www/ip1，如图 8-53 所示。

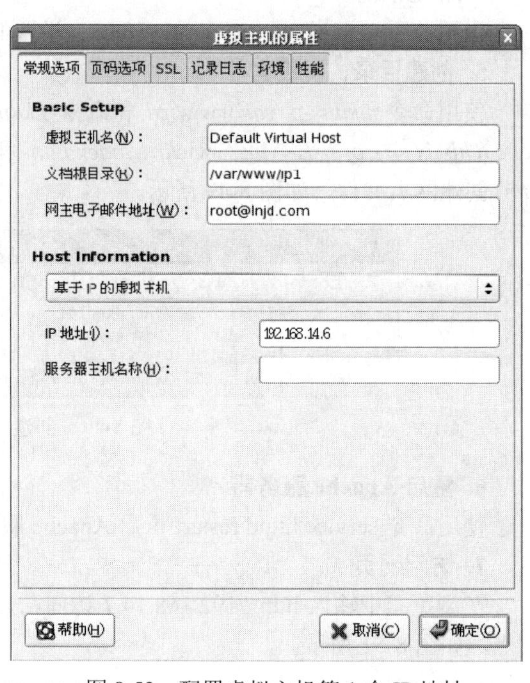

图 8-52　Apache 配置窗口　　　　图 8-53　配置虚拟主机第 1 个 IP 地址

（3）单击“确定” 按钮后，回到“虚拟主机”对话框，单击“添加”按钮，如图 8-54 所示，将“文档根目录”修改为第二个网站主页存放的位置，即/var/www/ip2 目录中，在“网主电子邮件地址(e)”文本框中输入管理员的电子邮件地址，如 rootii@lnjd.com。在“Host Information”选项卡中选择“基于 IP 的虚拟主机”，在“IP 地址”中输入第二个网站的 IP 地址 192.168.14.7，完成后如图 8-55 所示，创建了 2 个虚拟主机，按照提示保存。

（4）重新启动 Apache 服务器。

（5）创建目录、网页文件。使用命令 *mkdir -p /var/www/ip1* 和命令 *mkdir -p /var/www/ ip2* 创建网站主目录，然后使用命令 *echo This is site of ip1>/var//www/ip1/index.html* 和命令 *echo This is site of ip2>/var//www/ip2/index.html* 创建网页文件。

（6）在浏览器中输入 http://192.168.14.7 访问站点，如图 8-50 所示，输入 http://192.168.14.6 访问站点，如图 8-51 所示。

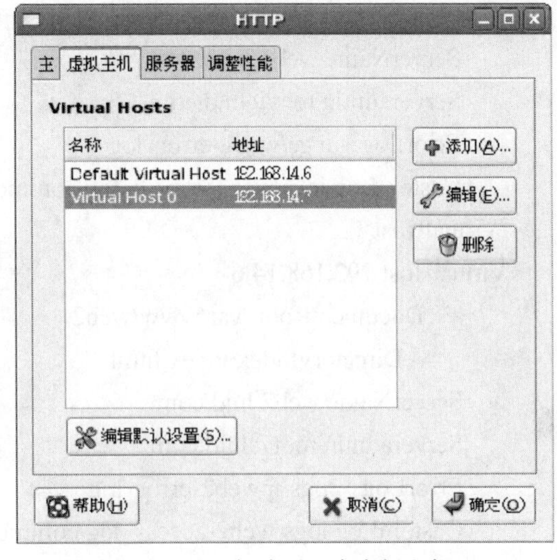

图 8-54　配置虚拟主机第 2 个 IP 地址　　图 8-55　创建了 2 个虚拟主机

任务 8　配置基于名称的虚拟主机

1. 任务描述

基于名称的虚拟主机技术，可以在不同域名上建立多个站点，服务器只有一个 IP 地址即可，需要为服务器配置多个域名，各虚拟主机之间通过不同的域名进行区分。

2. 任务分析

为了实现基于名称的虚拟主机，首先需要为服务器设置两个域名，分别是 web1.lnjd.com 和 web2.lnjd.com，两个域名对应的 IP 地址都是 192.168.14.6，然后修改 Apache 服务器的主配置文件，设置不同虚拟主机选项，再创建存放网页的目录，两个站点的目录分别是/var/www/web1 和/var/www/web2，然后准备网页，最后在浏览器中输入 http://web1.lnjd.com 和 http://web2.lnjd.com 进行访问验证。

3. 设置域名

设置基于名称的虚拟主机，需要在 DNS 服务器中设置域名 web1.lnjd.com 和 web2.lnjd.com，这部分内容已经在项目 7 任务 3 中进行了详细的介绍，这里不再赘述。简单地说，就是首先设置全局配置文件 named.conf，指定主配置文件名称为 named.zone，在 named.zone 中设定正向解析区域文件为 lnjd.com.zone，在正向解析区域文件 lnjd.com.zone 中必须有主机记录：

```
web1 IN   A    192.168. 14.6
web2 IN   A    192.168. 14.6
```

并且修改配置文件/etc/resolv.conf，指定 DNS 服务器地址为 192.168.14.3，即 nameserver 192.168.14.3。最后利用 nslookup 命令解析域名 web1.lnjd.com 和 web2.lnjd.com，必须保证解析正确，否则基于名称的虚拟主机无法成功。

4. 修改 Apache 服务器的主配置文件 httpd.conf

使用 Vi 编辑器修改主配置文件 httpd.conf，修改内容如下。

```
NameVirtualHost 192.168.14.6:80
<VirtualHost 192.168.14.6>
        DocumentRoot /var/www/web1
          DirectoryIndex index.html
    ServerName web1.lnjd.com
    Serveradmin root@lnjd.com
    ErrorLog   logs/web1-error_log
    CustomLog logs/web1-access_log commom
</VirtualHost>
<VirtualHost 192.168.14.6>
        DocumentRoot /var/www/web2
          DirectoryIndex index.html
    ServerName web2.lnjd.com
    Serveradmin root@lnjd.com
    ErrorLog   logs/ipweb2-error_log
    CustomLog logs/web2-access_log commom
</VirtualHost>
```

设置 NameVirtualHost 为 192.168.14.6，在 VirtualHost 中设置域名、网站主目录位置和默认文档。

5. 创建目录、网页文件

使用命令 *mkdir -p /var/www/web1* 和命令 *mkdir -p /var/www/web2* 创建网站主目录，然后使用命令 *echo This is site of web1 >/var//www/web1/index.html* 和命令 *echo This is site of web2>/var//www/web2/index.html* 创建网页文件，如图 8-56 所示。

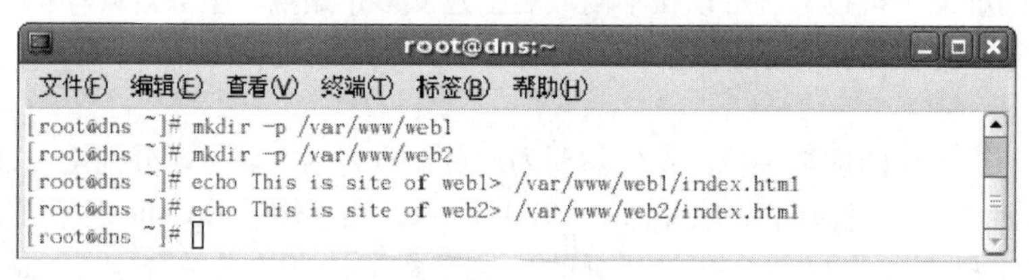

图 8-56　创建目录和网页文件

6. 重启 Apache 服务器

使用命令 service httpd restart 重启 Apache 服务器。

7. 访问网页

在浏览器中输入 http://web1.lnjd.com 访问站点，如图 8-57 所示，输入 http://web2.lnjd.com 访问站点，如图 8-58 所示。

图 8-57　使用域名访问第一个网站

图 8-58　使用域名访问第二个网站

8. 使用图形化方式实现

（1）单击“系统”｜“管理”｜“服务器设置”｜“HTTP”标签，选择“主”标签，在“服务器名（S）”文本框中输入 web1.lnjd.com，在“网主电子邮件地址(e)”文本框中输入管理员的电子邮件地址，如 root@lnjd.com。

（2）单击“虚拟主机”标签，再单击“编辑”按钮，将文档根目录修改为/var/www/web1，在“Host Information”（主机信息）选项卡中选择“基于名称的虚拟主机”，在“IP 地址”中输入 IP 地址 192.168.14.6，“主机名”文本框中输入域名“web1.lnjd.com”，如图 8-59 所示。

（3）单击“确定”按钮后，回到“虚拟主机”对话框，单击“添加”按钮，如图 8-60 所示，将“文档根目录”修改为第二个网站主页存放的位置，即/var/www/web2 目录中，在“网主电子邮件地址(e)”文本框中输入管理员的电子邮件地址，如 rootii@lnjd.com。在“Host Information”选项卡中选择“基于名称的虚拟主机”，在“IP 地址”中输入同一个 IP 地址 192.168.14.6，“主机名”文本框中输入域名“web1.lnjd.com”。完成后按照提示保存。

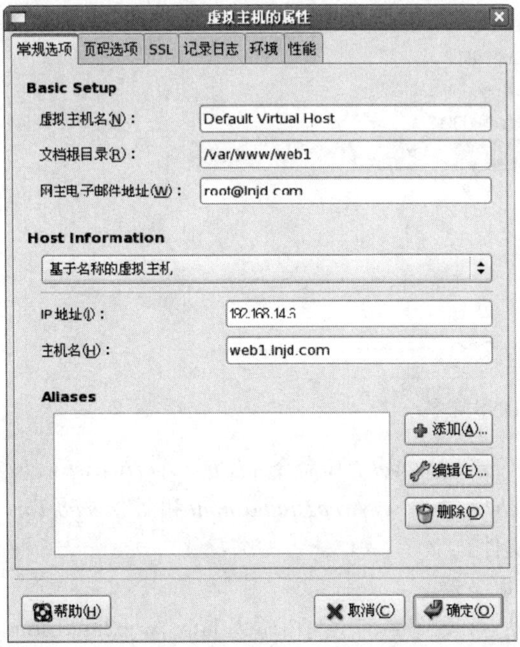

图 8-59　创建第一个网站

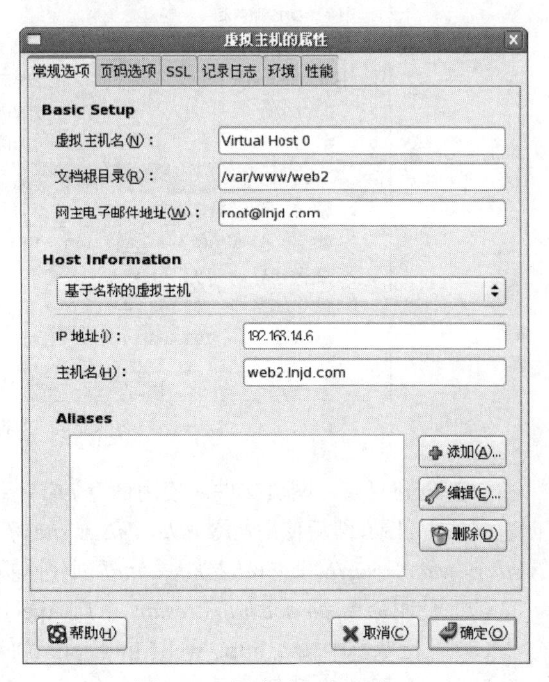

图 8-60　创建第二个网站

（4）在图 8-60 中，单击“确定”按钮后，出现了两个虚拟主机，如图 8-61 所示。

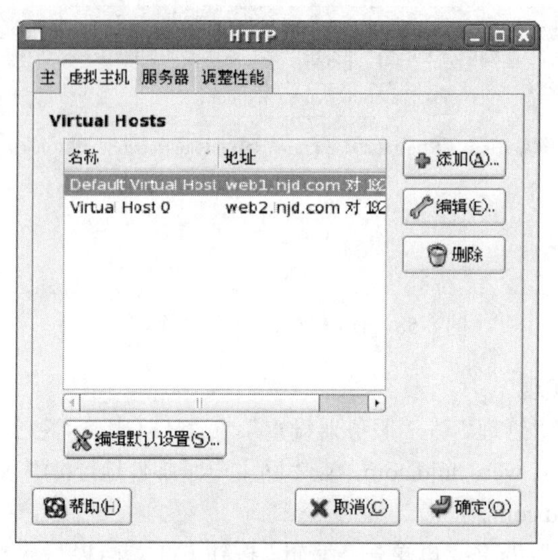

图 8-61　虚拟主机创建完成后的窗口

（5）在“域名服务”配置窗口中创建域名 lnjd.com，添加主机记录 web1.lnjd.com 和 web2.lnjd.com，完成后如图 8-62 所示。

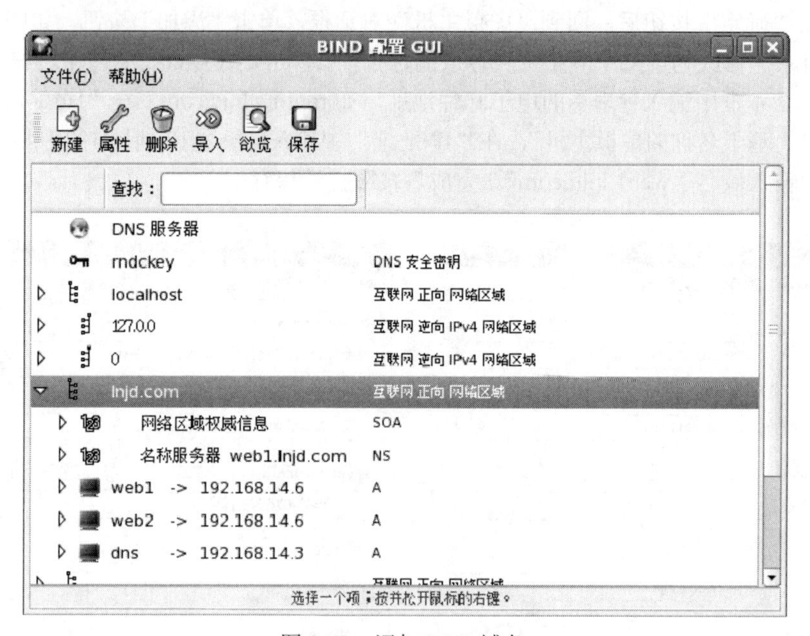

图 8-62　添加 DNS 域名

（6）创建目录、网页文件。使用命令 *mkdir -p /var/www/web1* 和命令 *mkdir-p /var/www/ web2* 创建网站主目录，然后使用命令 *echo This is site of web1>/var/www/web1/index.html* 和命令 *echo This is site of web2>/var//www/web2/index.html* 创建网页文件。

（7）使用命令 *service httpd restart* 重启 Apache 服务器。

（8）在浏览器中输入 http://web1.lnjd.com 访问站点，如图 8-57 所示，输入 http://web2.lnjd.com 访问站点，如图 8-58 所示。

项目总结

本项目学习了 Web 服务器的建立与管理，Web 服务器主要通过 Apache 软件进行配置，要求掌握服务器安装、配置 Web 服务器；使用域名 www.lnjd.com 访问公司网站，配置个人主页功能，建立基于用户认证的虚拟目录，建立访问控制的虚拟目录，建立基于不同端口的虚拟主机，建立基于 IP 的虚拟主机和建立基于名称的虚拟主机。

项目练习

一、选择题

1．在 Apache 基于用户名的访问控制中，生成用户密码文件的命令是（　　）。

A．smbpasswd　　B．htpasswd　　C．passwd　　D．password

2．下面（　　）不是 Apache 基于主机的访问控制指令。

A．allow　　B．deny　　C．all　　D．order

3．Web 服务器的主配置文件是（　　）。

A．smb.conf　　B．vsftpd.conf　　C．dhcpd.conf　　D．httpd.conf

4．Web 服务器采用的端口是（　　）。

A．53　　B．80　　C．21　　D．69

5．访问 Web 服务器采用的协议是（　　）。

A．http　　B．ftp　　C．dns　　D．web

二、填空题

1. Apache 服务器的主配置文件包含的三个部分是__________、__________和__________。

2．启动 Web 服务器使用命令__________。

3．Web 就是__________，Web 的英文全称是__________。

4．Apache 服务器存放文档的默认根目录是__________。

5．设置 Web 服务器开机自动运行的命令是__________。

三、实训：配置 Web 服务器

1．实训目的

（1）掌握 Web 服务器的基本知识。

（2）能够配置 Web 服务器。

（3）能够对客户端进行验证。

2．实训环境

（1）Linux 服务器。

（2）Windows 客户机。

（3）查看网卡的 IP 地址是否设置正确，检测 Linux 服务器和 Windows 客户机是否连通，查看 Apache 服务程序是否安装，查看防火墙是否允许 Web 服务。

3．实训内容

（1）规划 Web 服务器资源和访问资源的用户权限，并画出网络拓扑图。

（2）配置 Web 服务器。

① 启动 Web 服务器。

② 使用域名 www.lnjd.com 访问公司网站。

③ 配置个人主页功能。

④ 建立基于用户认证的虚拟目录。

⑤ 建立访问控制的虚拟目录。

⑥ 建立基于不同端口的虚拟主机。

⑦ 建立基于 IP 的虚拟主机。

⑧ 建立基于名称的虚拟主机。

（3）在客户端进行上传和下载。

在客户端分别使用浏览器和命令方式访问 Web 服务器。

（4）设置 Web 服务器自动运行。

4．实训要求

实训分组进行，可以 2 人一组，小组讨论，确定方案后进行讲解，教师给予指导，全体学生参与评价。方案实施过程中，一台计算机作为 Web 服务器，另一台计算机作为客户机，要轮流进行角色转换。

5．实训总结

完成实训报告，总结项目实施中出现的问题。

项目9 架设 FTP 服务器

9.1 项目背景分析

文件传输协议 FTP（File Transfer Protocol），用于实现文件在远端服务器和本地主机之间的传送。本项目将介绍以 Linux 操作系统为平台，使用 vsftpd 服务器软件架设 FTP 服务器，实现文件上传和下载等功能。

【能力目标】

① 掌握 FTP 协议的基本知识；

② 能够安装 FTP 服务器；

③ 能够配置 FTP 服务器；

④ 能够访问 FTP 服务器。

【项目描述】

某公司局域网拓扑如图 9-1 所示，该公司以 Linux 网络操作系统为平台，建设公司 FTP 服务器，实现各部门之间的文件传送功能，并实现用户隔离的 FTP 站点。FTP 服务器的 IP 地址是 192.168.14.1。

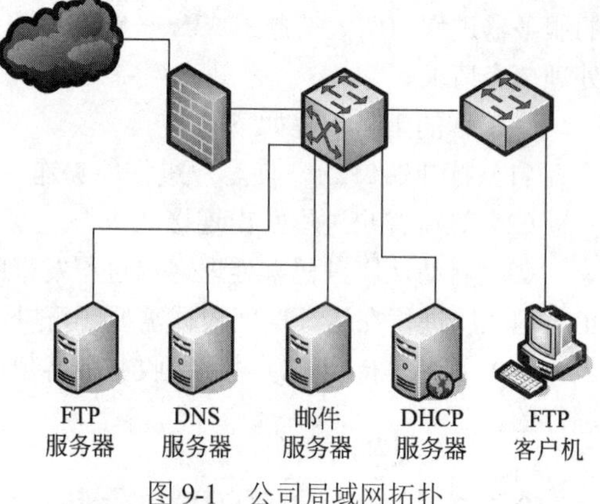

图 9-1　公司局域网拓扑

【项目要求】

（1）安装 vsftpd 服务器软件。

（2）配置匿名用户访问 FTP 服务器。匿名用户可以下载文件，但是不能上传文件，进行服务器配置后，使匿名用户能够上传和下载文件，并且可以创建目录。

（3）配置本地用户访问 FTP 服务器。本地用户有 rose、mark 和 john，配置 FTP 服务器，使用户 rose 不能访问 FTP 服务器，其他用户可以访问服务器，并且在 mark 登录服务器后，出现“Welcome to FTP Server”信息。

（4）将所有的本地用户都锁定在宿主目录中。为了系统安全，当本地用户登录时，不能切换到系统中其他目录，只能在宿主“/home/用户名”目录中。

（5）设置只有特定用户才能访问 FTP 服务器。

【项目提示】

网络管理员为了完成该项目，首先进行项目分析，FTP 服务器需要进行安装，完成任务 1。安装后，匿名用户可以下载文件，但是不能上传文件，进行服务器配置后，使匿名用户能够上传和下载文件，由任务 2 实现。为了实现任务 3，需要创建 3 个用户 rose、mark 和 John，设置 ftpusers

文件，即设置黑名单，禁止 rose 访问 FTP 服务器，并在用户登录时出现欢迎信息。任务 4 实现将本地用户锁定在用户的主目录中，需要修改主配置文件中的 chroot 项目。任务 5 实现特定用户访问 FTP 服务器，需要修改文件 user_list，即设置白名单。

9.2 项目相关知识

9.2.1 FTP 概述

因特网服务器中存有大量的共享软件和免费资源，要想从服务器中把文件传送到客户机上或者将客户机上的资源传送至服务器，就必须在两台机器中进行文件传送，此时双方要遵循一定的规则，如规定传送文件的类型与格式。基于 TCP 的文件传输协议 FTP 和基于 UDP 的简单文件传输协议 TFTP，都是文件传送时使用的协议。它们的特点是：复制整个文件，即若要存取一个文件，就必须先获得一个本地的文件副本。如果要修改文件，只能对文件的副本进行修改，然后将修改后的副本传回到原节点。

文件传输协议 FTP（File Transfer Protocol）用于实现文件在远端服务器和本地主机之间的传送。FTP 采用的传输层协议是面向连接的 TCP 协议，使用端口 20 和 21。其中 20 端口用于数据传输，21 端口用于控制信息的传输。控制信息和数据信息能够同时传输，这是 FTP 的特殊之处。

FTP 的另一个特点是：假如用户处于不活跃的状态，服务器会自动断开连接，强迫用户在需要时重新建立连接。

FTP 使用客户端/服务器模式。一个 FTP 服务器进程可同时为多个客户进程提供服务。FTP 的服务器进程由两大部分组成：一个主进程，负责接收新的请求；另外有若干个从属进程，负责处理单个请求。

主进程的工作步骤如下。

（1）打开端口 21，使客户进程能够连接上。

（2）等待客户进程发出连接请求。

（3）启动从属进程来处理客户进程发来的请求。从属进程对客户进程的请求处理完毕后即终止，但从属进程在运行期间根据需要还可以创建其他一些子进程。

（4）回到等待状态，继续接收其他客户进程发来的请求。主进程和从属进程的处理是并发地进行的。

9.2.2 vsftpd 的用户类型

用户必须经过身份验证才能登录到 FTP 服务器，然后才可以访问和传输 FTP 服务器上的文件。vsftpd 的用户主要分为三类：匿名用户、本地系统用户和虚拟用户。

匿名用户是在 vsftpd 服务器上没有用户账号的用户。如果 vsftpd 服务器提供匿名用户功能，那么当客户端访问 FTP 服务器时，就可以输入匿名用户名，匿名用户名是 ftp 或者 amonymous，然后输入用户的 E-mail 地址作为口令进行登录，也可以不输入密码直接登录，这是 vsftpd 默认允许的方式，vsftpd 服务器默认是允许匿名用户下载数据，不能上传数据。当匿名用户登录到服务器后，进入的目录是“/var/ftp”。

本地系统用户是在安装 vsftpd 服务的 Linux 操作系统上拥有的用户账号，本地系统用户输入自己的名称和密码可登录到 FTP 服务器上，并且直接进入该用户的主目录。vsftpd 在默认情况下，允许本地系统用户访问，并且允许该用户进入系统中其他目录，这存在安全隐患。

相对于本地系统用户来说，虚拟用户只是 FTP 服务的专有用户，虚拟用户只能访问 FTP 服务器所提供的资源，不能访问 FTP 服务器所在主机的其他目录。对于需要提供下载，但又不希望所有用户都可以匿名下载，并且又考虑到主机的安全和管理方便的 FTP 站点来说，虚拟用户是一种很好的解决方案。虚拟用户需要在 vsftpd 服务器中进行相应配置才可以使用。

9.2.3　主配置文件 vsftpd.conf

FTP 服务器的配置主要是通过配置文件 vsftpd.conf 来完成的，使用 Vi 编辑器打开配置文件 vi /etc/vsftpd/vsftpd.conf，这是 FTP 服务器安装后的默认设置，其主要内容如图 9-2 所示。

```
anonymous_enable=YES
local_enable=YES
write_enable=YES
local_umask=022
dirmessage_enable=YES
xferlog_enable=YES
connect_from_port_20=YES
xferlog_std_format=YES
listen=YES
pam_service_name=vsftpd
userlist_enable=YES
tcp_wrappers=YES
```

图 9-2　配置文件 vsftpd. conf 内容

在该配置文件中，没有显示注释行的内容，即以“#”开头的配置语句行。下面逐一介绍配置文件中的内容和作用。

（1）anonymous_enable=YES。允许匿名登录。

（2）local_enable=YES。允许本地用户登录。

（3）write_enable=YES。开放本地用户的写权限。

（4）local_umask=022。设置本地用户的文件生成掩码为 022，默认值为 077。

（5）dirmessage_enable=YES。当切换到目录时，显示该目录下的.message 隐含文件的内容，这是由于默认情况下有 message_file＝.message 的设置。

（6）xferlog_enable=YES。激活上传和下载日志。

（7）connect_from_port_20=YES。启用 FTP 数据端口的连接请求。

（8）xferlog_std_format=YES。使用标准的 ftpd xferlog 日志格式

（9）listen=YES。使 vsftpd 处于独立启动模式。

（10）pam_service_name=vsftpd。设置 PAM 认证服务的配置文件名称，该文件存放在/etc/pam.d 目录下。

（11）userlist_enable=YES。激活 vsftpd，检查 userlist_file 指定的用户是否可以访问 vsftpd 服务器，userlist_file 的默认值是/etc/vsftpd.user_list。由于默认情况下 userlist_deny＝YES，所以/etc/vsftpd.user_list 文件中所列的用户均不能访问此 vsftpd 服务器。

（12）tcp_wrappers=YES。使用 tcp_wrappers 作为主机访问控制方式。

9.3 项 目 实 施

任务 1　安装 FTP 服务器

1. 任务描述

在 Linux 操作系统中，FTP 服务器软件众多，比较流行的是 vsftpd（Very Secure ftpd）。vsftpd 具有安全、高速和稳定等性能。此任务要求安装 vsftpd 软件。

2. 任务分析

在安装操作系统过程中，可以选择是否安装 FTP 服务器，如果不确定是否安装了 FTP 服务器，可使用命令进行查询。安装时使用 rpm 命令，需要先挂载光盘。安装完成后，查询安装的文件，并且启动 FTP 服务器，设置 FTP 服务器在下次系统登录时自动运行。

3．安装 vsftpd 软件

在安装 Red Hat Enterprise Linux 5 时，会提示用户是否安装 FTP 服务器。用户可以选择在安装系统时完成 FTP 软件包的安装。如果不能确定 FTP 服务器是否已经安装，可以采取在”终端”窗口中输入命令 *rpm-qa/grep vsftpd* 进行验证。如果如图 9-3 所示，说明系统已经安装 FTP 服务器。

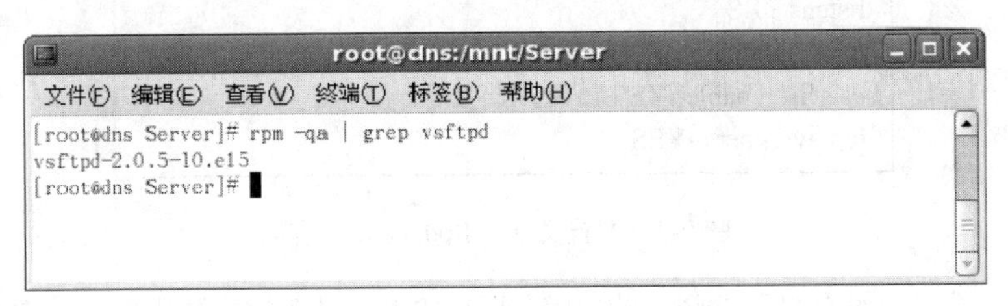

图 9-3　检测是否安装 FTP 服务

如果安装系统时没有选择 FTP 服务器，需要进行安装。在 Red Hat Enterprise Linux 5 安装盘中带有 FTP 服务器安装程序，用户也可以到网站 http://vsftpd.beasts.org 下载 FTP 服务器的最新版本安装软件包。

管理员将安装光盘放入光驱后，使用命令 *mount /dev/cdrom /media* 进行挂载，然后使用命令 *cd /media/Server* 进入目录，使用命令 *ls/grep vsftpd* 找到 vsftpd-2.0.5-10.e l5. i386.rpm 安装包，如图 9-4 所示。

图 9-4　找到安装包

然后，在“应用程序”|“附件”中选择“终端”命令窗口，运行命令 *rpm -ivh vsftpd-2.0.5-10.el5.i386.rpm* 即可开始安装程序，如图 9-5 所示。

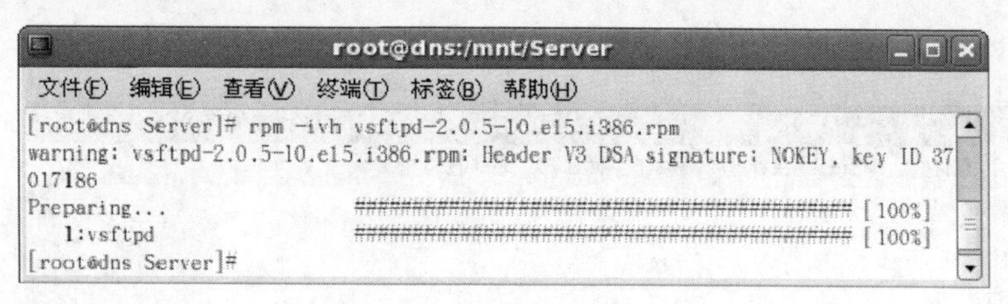

图 9-5　安装 FTP 服务

在安装完 vsftpd 服务后，可以利用指令来查看安装后产生的文件，如图 9-6 所示。

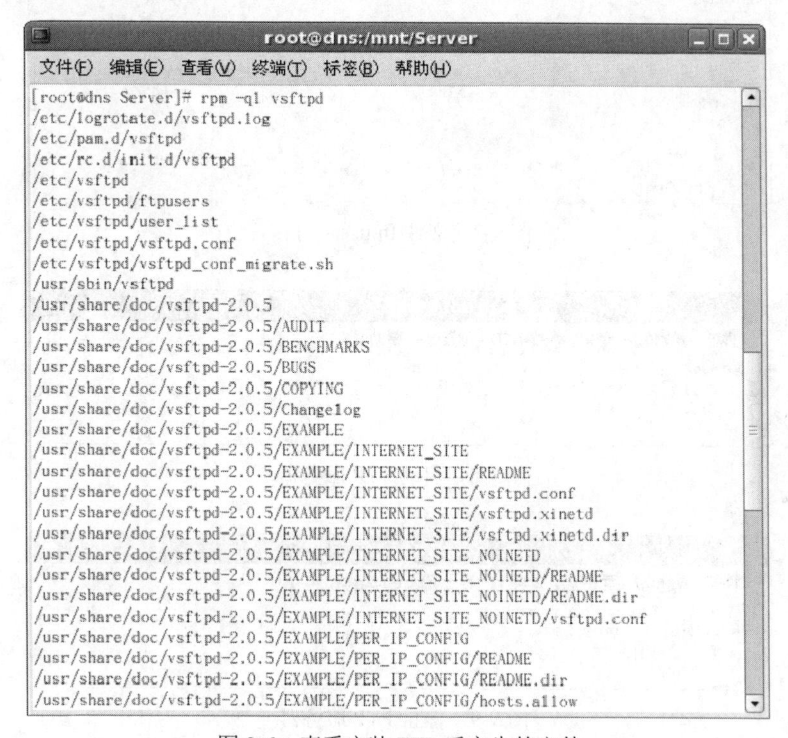

图 9-6　查看安装 FTP 后产生的文件

在图 9-6 所示的文件中，最重要的文件有 3 个。

第一个是“/etc/vsftpd/vsftpd.conf”，它是主配置文件。vsftpd 几乎提供了 FTP 服务器所应该具有的所有功能，这些功能都是通过修改配置文件 vsftpd.conf 实现的。

第二个是“/etc/vsftpd/ftpusers”，它指定了哪些用户不能访问 FTP 服务器。通常是 Linux 操作系统的超级用户和系统用户。可以使用命令 *cat /etc/vsftpd/ftpusers* 查看文件的默认内容，如图 9-7 所示。

第三个是“/etc/vsftpd/user_list”，它指定的用户在 /etc/vsftpd/vsftpd. conf 中设置了 userlist_enable=YES，当 userlist_deny=YES 时，不能访问 FTP 服务器。

在/etc/vsftpd/vsftpd. conf 中设置了 userlist_enable=YES，当 userlist_deny=NO 时，仅仅允许 /etc/vsftpd. user_list 中指定的用户能访问 FTP 服务器。

4．启动与关闭 FTP 服务器

FTP 的配置完成后，必须重新启动服务，可以有以下两种方法进行启动与关闭。

（1）利用命令启动与关闭 FTP 服务器。可以在“终端”命令窗口运行命令 *service vsftpd start* 来启动、命令 *service vsftpd stop* 来关闭或命令 *service vsftpd restart* 来重新启动 FTP 服务器，如图 9-8～图 9-10 所示。

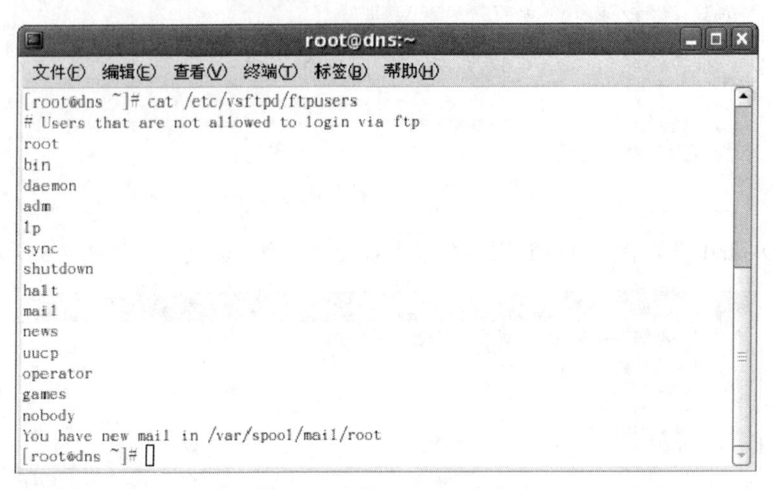

图 9-7　文件 ftpusers 内容

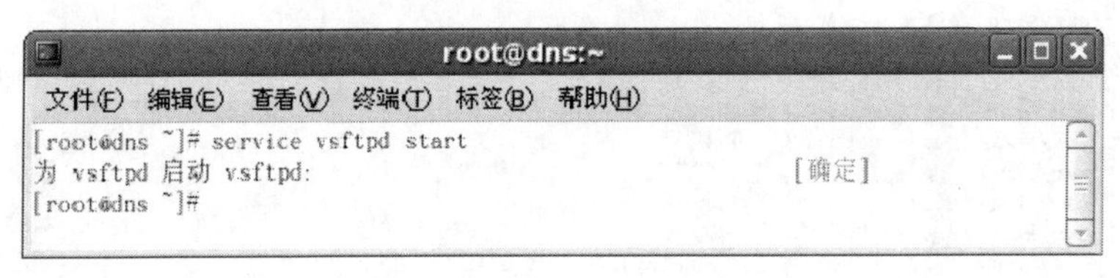

图 9-8　启动 FTP 服务器

图 9-9　停止 FTP 服务器

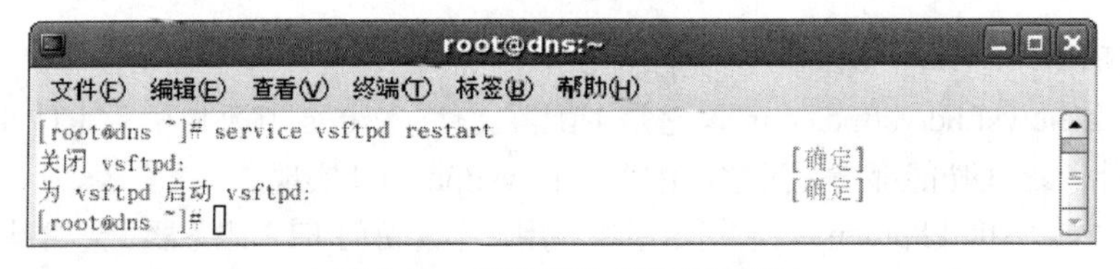

图 9-10　重新启动 FTP 服务器

（2）利用图形化界面启动与关闭 FTP 服务器。用户也可以利用图形化界面进行 FTP 服务器的启动与关闭。在图形化界面下，使用“服务”对话框，进行 FTP 服务器的启动与运行。单击“系统”菜单，选择“管理”选项，再选择“服务器设置”选项中的“服务”选项，出现如图 9-11 对话框。

选择“vsftpd”，利用 “开始”、“停止”和“重启”标签，可以完成服务器的停止、开始以及重新启动。例如，单击“开始”标签，出现如图 9-12 所示界面，这样就说明 FTP 服务器已经正常启动。

5．查看 FTP 服务器状态

可以利用如图 9-13 所示的方法查看 FTP 服务器目前运行的状态。

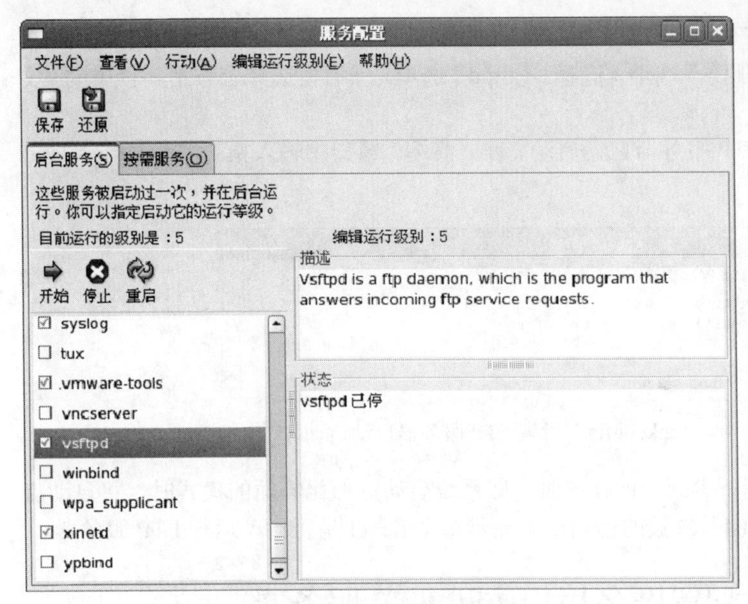

图 9-11　“服务配置”对话框

图 9-12　启动正常提示框

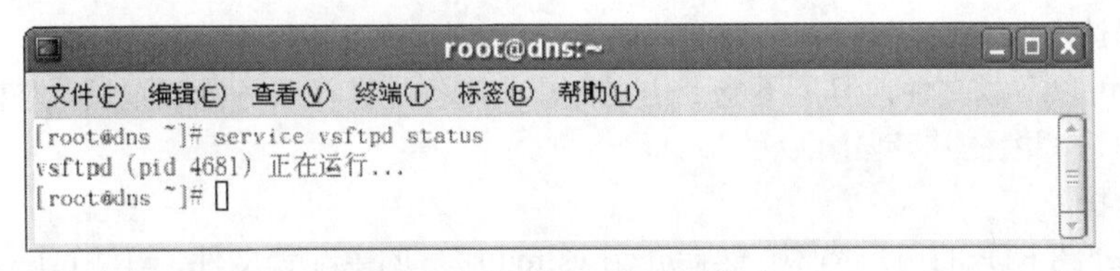

图 9-13　查看 FTP 服务器状态

6. 设置开机时自动运行 FTP 服务器

FTP 服务器是非常重要的服务器，在开机时应该自动启动，节省每次手动启动的时间，并且可以避免因 FTP 服务器没有开启而停止服务的情况。

在开机时自动开启 FTP 服务器，有以下几种方法。

（1）通过 ntsysv 命令设置 FTP 服务器自动启动。在“终端”中输入 *ntsysv* 命令后，出现如图 9-14 所示对话框，将光标移动到“vsftpd”选项，然后按“空格”键选择，最后使用“Tab”键将光标移动到“确定”按钮，并按“Enter”键完成设置。

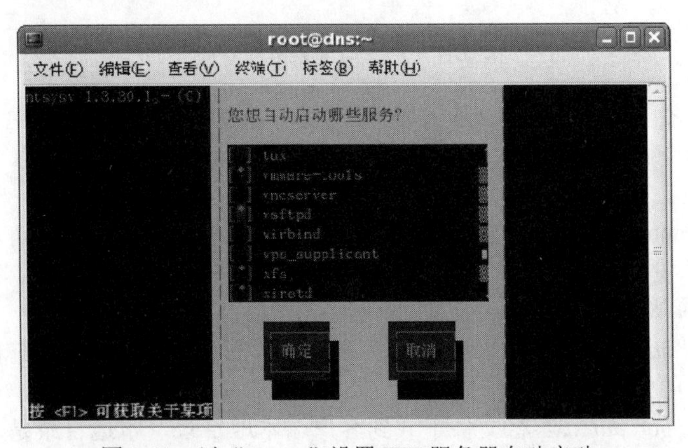

图 9-14　以“ntsysv”设置 FTP 服务器自动启动

（2）以“服务配置”设置 FTP 服务器自动启动。单击“系统”菜单，选择“管理”选项，再选择“服务器设置”选项中的“服务”选项，选择“vsftpd”选项，然后再选择上方工具栏中的“文件”|“保存”，即可完成设置。

（3）以“chkconfig”设置 FTP 服务器自动启动。在“终端”窗口中输入指令 chkconfig --level 5 vsftpd on，如图 9-15 所示。

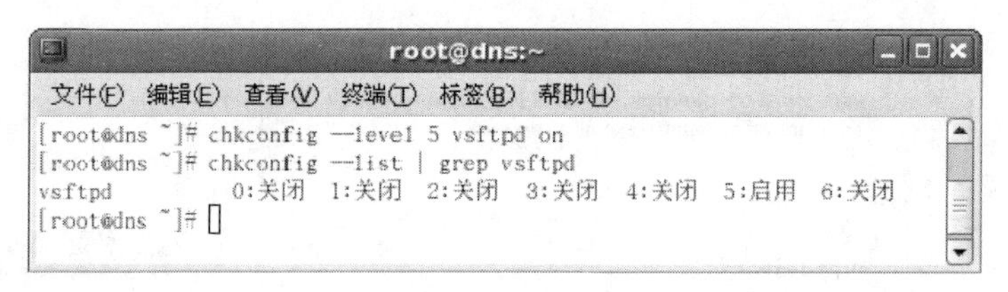

图 9-15　以“chkconfig”设置 FTP 服务器自动启动

以上的指令表示如果系统运行 Run Level 5 时，即系统启动图形化界面的模式时，将自动启动 FTP 服务器，也可以配合“-list”参数的使用，来显示每个 Level 是否自动运行 FTP 服务器。

任务 2　配置匿名用户访问 FTP 服务器

1. 任务描述

匿名用户可以下载文件，但是不能上传文件，此任务是进行服务器配置后，使匿名用户能够上传和下载文件，并且能够创建目录。

2. 任务分析

此任务先介绍 FTP 的用户类型，然后介绍 vsftpd 服务的主配置文件，再测试匿名用户下载功能，在客户端分别使用命令方式和 IE 浏览器进行连接服务器并下载，然后进行长传文件操作，提示失败，再进行服务器设置后，能成功上传文件到 FTP 服务器。

3. 测试匿名账号下载功能

（1）在默认情况下，匿名服务器下载目录/var/ftp/pub 中没有任何内容，管理员将网络中共享的一些图片和软件复制到此目录中，如图 9-16 所示，共享的文件有 data.txt 和 share.txt。

图 9-16　FTP 服务器下载文件

（2）使用 FTP 客户端连接到 FTP 服务器。在“运行”窗口中输入 cmd 或者单击“开始”|“程序”|“附件”|“命令提示符”命令，出现命令窗口，输入 ftp 192.168.14.1 命令，出现如图 9-17 所示对话框。

使用匿名账号 anonymous 或者 ftp 登录，密码可以输入 E-mail 地址，也可以不输入。

（3）在“ftp>”提示符下，输入命令“ls–1”查看匿名 FTP 服务器目录，看到目录下有一个目录“pub”，如图 9-18 所示。

（4）使用命令“*cd pub*”进入匿名 FTP 服务器目录，然后使用命令 *ls–1* 查看 pub 目录下的内容，查看结果如图 9-19 所示。

（5）使用命令 *get data.txt* 将文件下载到客户端本地目录，本地目录是 C:\Document and Setting\administrator，使用命令!*dir* 查看本地文件，在命令前加“!”号表示在客户端进行操作。其结果如图 9-20 所示，可以看到文件 data.txt 显示在本地目录中。

```
C:\WINDOWS\system32\cmd.exe - ftp 192.168.14.1
Microsoft Windows XP [版本 5.1.2600]
(C) 版权所有 1985-2001 Microsoft Corp.

C:\Documents and Settings\Administrator>ftp 192.168.14.1
Connected to 192.168.14.1.
220 (vsFTPd 2.0.5)
User (192.168.14.1:(none)): ftp
331 Please specify the password.
Password:
230 Login successful.
ftp> _
```

图 9-17　连接到 FTP 服务器

```
C:\WINDOWS\system32\cmd.exe - ftp 192.168.14.1
ftp> ls -l
200 PORT command successful. Consider using PASV.
150 Here comes the directory listing.
drwxr-xr-x    2 0        0            4096 Oct 31 01:07 pub
226 Directory send OK.
ftp: 收到 61 字节，用时 0.00Seconds 61000.00Kbytes/sec.
ftp>
```

图 9-18　显示匿名 FTP 服务器目录

```
C:\WINDOWS\system32\cmd.exe - ftp 192.168.14.1
ftp> cd pub
250 Directory successfully changed.
ftp> ls
200 PORT command successful. Consider using PASV.
150 Here comes the directory listing.
data.txt
share.txt
226 Directory send OK.
ftp: 收到 21 字节，用时 0.00Seconds 21000.00Kbytes/sec.
ftp> _
```

图 9-19　显示 pub 目录内容

```
C:\WINDOWS\system32\cmd.exe - ftp 192.168.14.1
ftp> get data.txt
200 PORT command successful. Consider using PASV.
150 Opening BINARY mode data connection for data.txt (25 bytes
226 File send OK.
ftp: 收到 25 字节，用时 0.00Seconds 25000.00Kbytes/sec.
ftp> !dir
 驱动器 C 中的卷没有标签。
 卷的序列号是 4522-0001

 C:\Documents and Settings\Administrator 的目录

2014-10-31  10:25    <DIR>          .
2014-10-31  10:25    <DIR>          ..
2013-12-16  08:44    <DIR>          AppData
2014-10-31  10:32                25 data.txt
2014-10-23  09:51    <DIR>          Favorites
2014-10-31  08:05    <DIR>          My Documents
2013-11-11  10:20    <DIR>          Packet Tracer 5.2
2014-10-31  10:08                 0 share.txt
2014-10-17  13:51    <DIR>          「开始」菜单
2014-10-31  08:17    <DIR>          桌面
               2 个文件             25 字节
               8 个目录 66,098,823,168 可用字节
ftp> _
```

图 9-20　下载文件 data.txt

在 ftp>提示符下可以执行很多操作，可以使用 help 命令或者？进行查看，如图 9-21 所示。

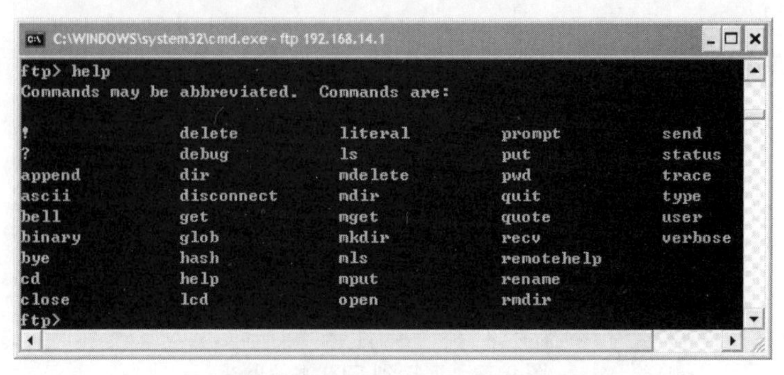

图 9-21 查看 ftp>下可以使用的命令

在 Windows 操作系统中，也可以使用图形化界面进行查看，如图 9-22 所示。

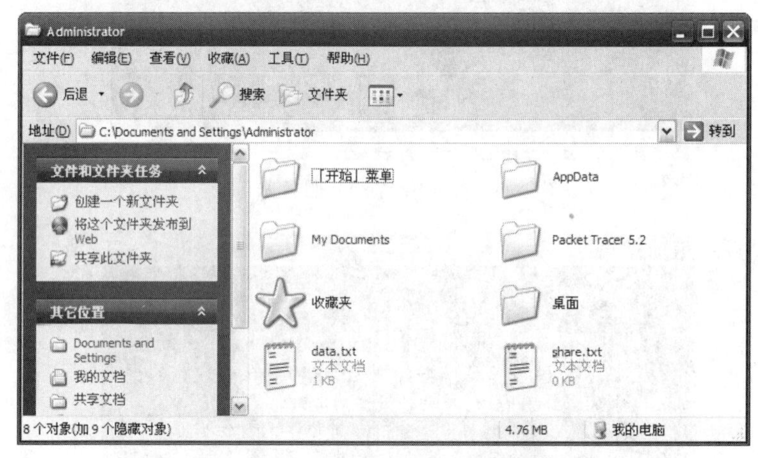

图 9-22 查看下载文件 data. txt

（6）在 Windows 客户端，也可以利用 IE 浏览器进行连接，打开 IE 浏览器，在地址栏中输入 ftp 192.168.14.1 命令，将出现如图 9-23 所示窗口。

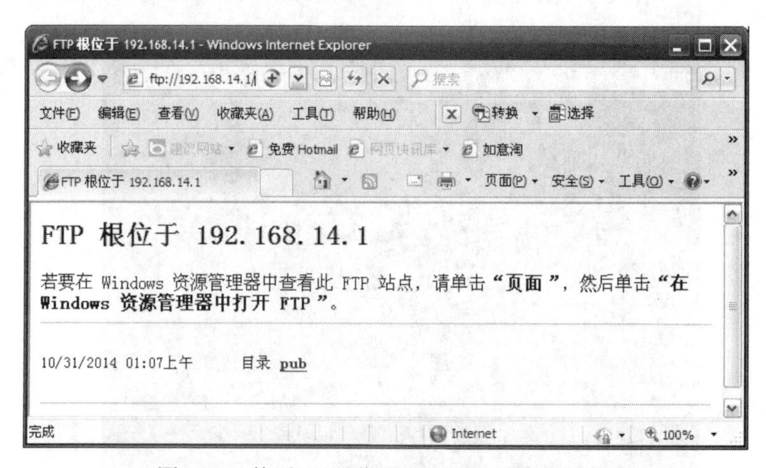

图 9-23 使用 IE 浏览器进行 FTP 服务器连接

4．实现匿名账号上传功能

（1）将本地目录中的文件 mark.txt 上传到 pub 目录中，执行命令 *put mark.doc*，如图 9-24 所示。

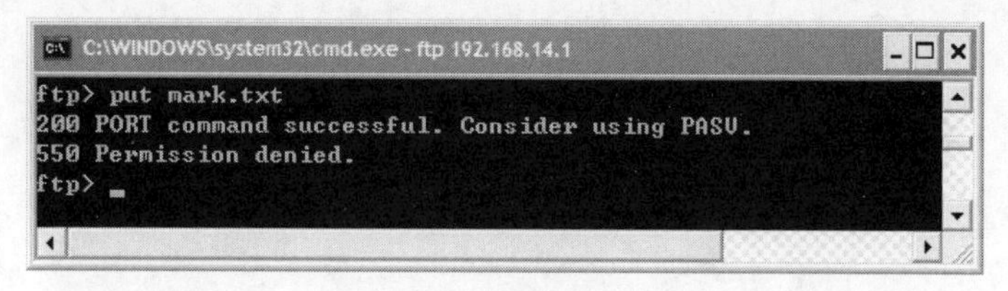

图 9-24　上传文件失败

从图 9-24 中可以看出，上传文件失败，这是因为默认情况下，FTP 服务器是不允许匿名客户端向服务器传输文件的。

（2）修改配置文件，使匿名客户可以上传文件。使用命令 *vi/etc/vsftpd/vsftpd.conf* 打开配置文件，将以下两行前的＃删除：

#anon_upload_enable=YES

#anon_mkdir_write_enable=YES

第一行的作用是允许匿名用户上传，第二行的作用是开启匿名用户的写和创建目录的权限。若要使这两行设置生效，同时还要求：

anonymous_enable=YES

write_enable=YES

这 2 行命令默认情况下已经开启。

（3）使用命令 *service vsftpd restart* 重新启动 vsftpd 服务器。

（4）为了实现上传功能，还要保证系统中文件系统有写入权限，使用命令 *ll /var/ftp* 查看 pub 文件夹的权限，如图 9-25 所示。pub 的权限为 drwxr-xr-x，即其他用户没有写入权限。为其他用户增加写入权限，可以使用命令 *chmod o+w/var/ftp/pub*。

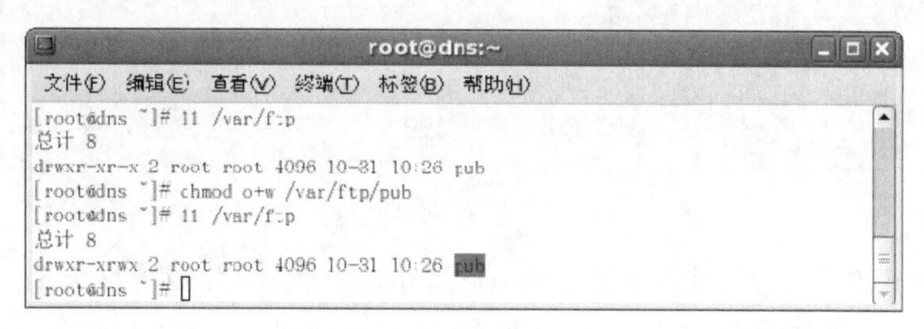

图 9-25　设置 ftp 属性

（5）重新测试匿名用户上传，重新连接到 FTP 服务器，执行 put 命令。首先使用命令 *cd pub* 进入 pub 目录，执行命令 *put mark.txt*，最后使用命令 *ls* 进行查看，如图 9-26 所示，已经成功将图片上传到 FTP 服务器中，创建目录也已经成功。

```
C:\WINDOWS\system32\cmd.exe - ftp 192.168.14.1
ftp> cd pub
250 Directory successfully changed.
ftp> put mark.txt
200 PORT command successful. Consider using PASV.
150 Ok to send data.
226 File receive OK.
ftp> ls
200 PORT command successful. Consider using PASV.
150 Here comes the directory listing.
data.txt
mark.txt
share.txt
226 Directory send OK.
ftp: 收到 31 字节，用时 0.00Seconds 31000.00Kbytes/sec.
ftp>
```

图 9-26　上传文件成功

任务 3　配置本地用户访问 FTP 服务器

1.任务描述

本地用户登录 FTP 服务器时，登录名为本地用户名，口令为本地用户的口令。本地用户可以离开自己的/home 目录，切换至有权访问的其他目录，并在权限允许的情况下进行上传和下载，默认情况下可以上传和下载文件。该任务实现本地用户能成功访问 FTP 服务器，然后拒绝某些用户访问 FTP 服务器，并且设置用户登录服务器时出现欢迎信息。

2.任务分析

此任务首先创建访问 FTP 服务器需要的本地用户 rose、mark 和 john，并设置密码，使用用户 rose 登录 FTP 服务器，实现上传和下载文件，然后将用户 rose 添加到文件 ftpusers 中，实现拒绝 rose 用户登录服务器，文件 ftpusers 中列举的用户名单相当于黑名单。最后使用用户 mark 登录，出现欢迎消息“Welcome to FTP Server”。

3．测试本地账户

（1）创建系统用户 rose、mark 和 john，并设置密码，如图 9-27 所示。

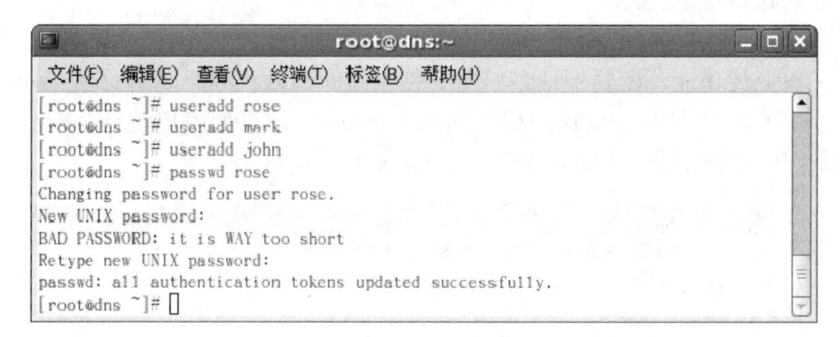

图 9-27　添加用户

（2）登录 FTP 服务器，使用新建立的用户名 rose 和密码。如图 9-28 所示，使用命令 pwd 显示账户工作目录是/home/rose。

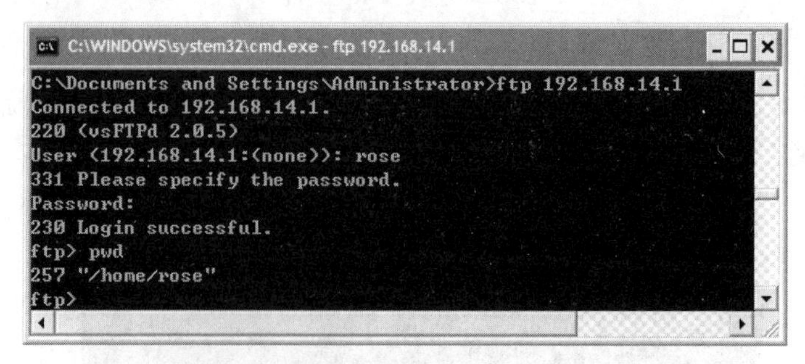

图 9-28　使用账户 rose 登录 FTP 服务器

（3）测试下载文件，首先使用命令 *ls* 查看目录中的内容，然后使用命令 *get 1.png* 下载文件到本地目录中，如图 9-29 所示。

（4）测试上传文件，首先使用命令*!dir* 查看目录中的内容，或者新建一个文件 rose.txt，然后使用命令 *put rose.txt* 将本地目录中的 rose.txt 上传到 FTP 服务器的/home/rose 中，文件名仍然为 rose.txt，如图 9-30 所示。

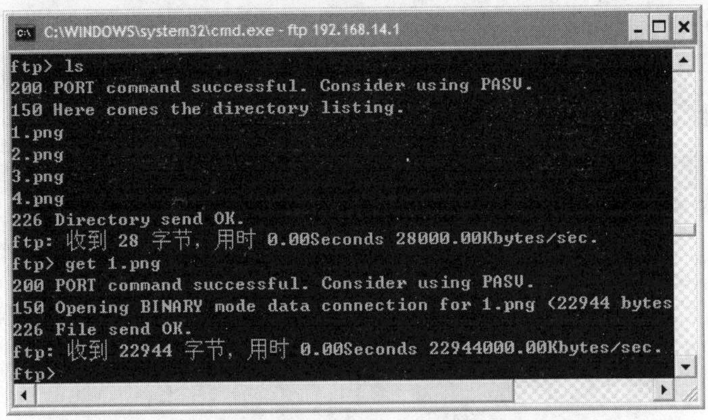

```
C:\WINDOWS\system32\cmd.exe - ftp 192.168.14.1
ftp> ls
200 PORT command successful. Consider using PASV.
150 Here comes the directory listing.
1.png
2.png
3.png
4.png
226 Directory send OK.
ftp: 收到 28 字节，用时 0.00Seconds 28000.00Kbytes/sec.
ftp> get 1.png
200 PORT command successful. Consider using PASV.
150 Opening BINARY mode data connection for 1.png (22944 bytes
226 File send OK.
ftp: 收到 22944 字节，用时 0.00Seconds 22944000.00Kbytes/sec.
ftp>
```

图9-29　使用账户cpl下载文件

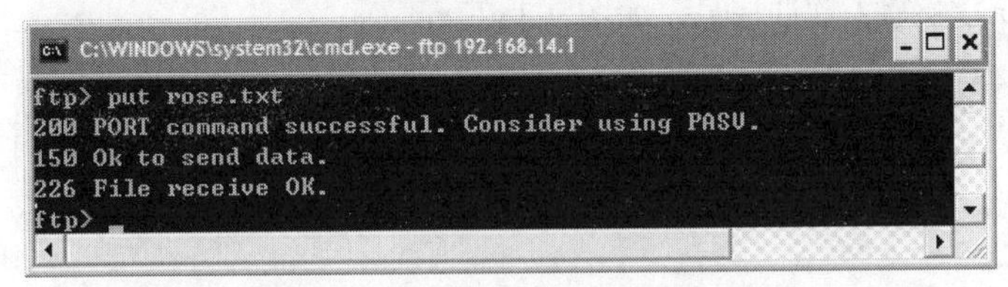

图9-30　使用账户rose上传文件

4. 拒绝用户rose访问FTP服务器

使用命令*vi /etc/vsftpd/ftpusers*打开该文件，将用户rose写在文件的末尾，如图9-31所示。

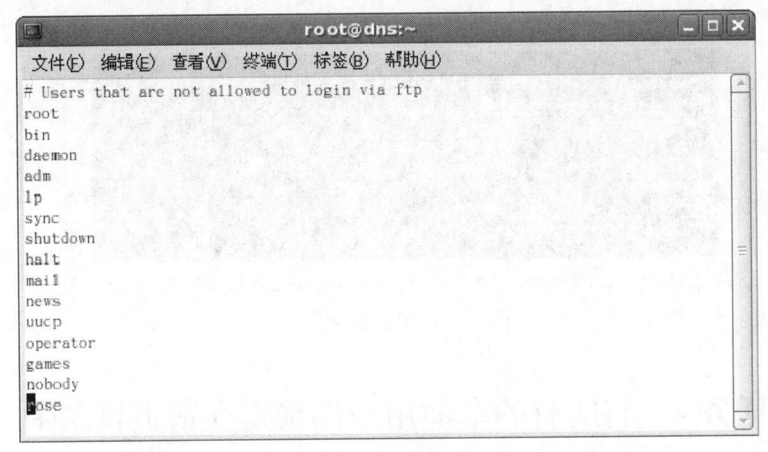

图9-31　添加rose用户

使用同样方法，用rose进行登录服务，出现“login failed”提示，如图9-32所示。

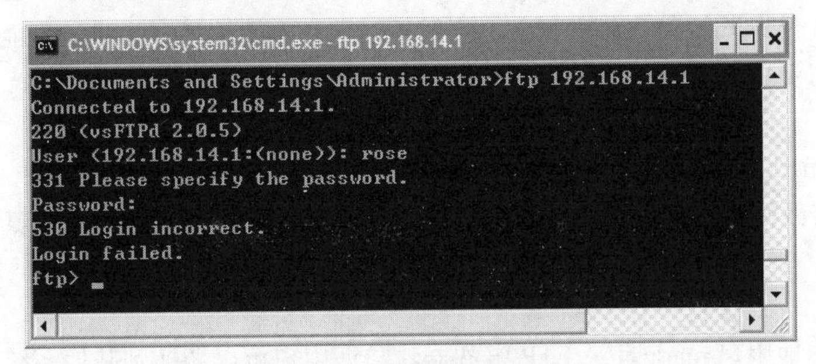

图9-32　登录失败提示

5. 设置本地用户登录 FTP 服务器后出现提示信息

（1）当本地用户 mark 登录服务器后，出现“Welcome to FTP Server”信息。进入 mark 用户的主目录，并创建目录 welcome，修改目录 welcome 的属主和属组都为 mark，如图 9-33 所示。

图 9-33 准备登录目录

（2）使用 echo 命令写入欢迎信息，如图 9-34 所示。

图 9-34 写入欢迎信息

（3）在客户端进行登录测试。使用用户 mark 登录，出现提示信息“230-Welcome to FTP Server”，如图 9-35 所示。

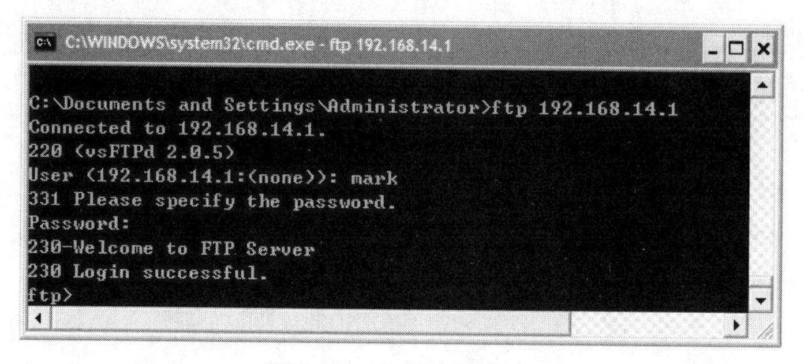

图 9-35 出现欢迎信息

任务 4 将所有的本地用户都锁定在宿主目录中

1. 任务描述

vsftpd 服务器默认允许本地用户登录系统后，可以切换到其他系统目录，包括根目录等系统目录，这样存在安全隐患。为了系统安全，此任务要求当本地用户登录时，不能切换到系统中其他目录，只能在宿主目录“/home/用户名”中。

2. 任务分析

先使用用户 mark 登录到 FTP 服务器上，进行目录切换，可以发现该用户能切换到任意目录，然后进行设置，修改配置文件，使本地用户只能访问自己的目录，无法切换到其他目录，提高系统的安全性。

3. 实现过程

（1）先使用本地用户 mark 登录 FTP 服务器，验证用户可以切换到其他系统目录，如图 9-36

所示。用户登录时进入用户的主目录/home/mark，可以成功切换到根目录。

```
C:\WINDOWS\system32\cmd.exe - ftp 192.168.14.1
C:\Documents and Settings\Administrator>ftp 192.168.14.1
Connected to 192.168.14.1.
220 (vsFTPd 2.0.5)
User (192.168.14.1:(none)): mark
331 Please specify the password.
Password:
230-Welcome to FTP Server
230 Login successful.
ftp> pwd
257 "/home/mark"
ftp> cd /
250 Directory successfully changed.
ftp> pwd
257 "/"
ftp> _
```

图 9-36　用户可以切换目录

（2）修改配置文件 vi /etc/vsftpd/vsftpd. conf，在#chroot_list_enable 语句上方增加一条语句 chroot_local_user=YES，然后重启 vsftpd 服务器。

（3）重新使用 mark 用户登录，执行切换目录后，使用命令 *ls* 查看当前目录文件，看到了 welcome 目录，说明用户还在主目录中，无法切换到系统其他目录，即锁定在主目录/home/mark 中，增强了系统安全性。如图 9-37 所示。

```
C:\WINDOWS\system32\cmd.exe - ftp 192.168.14.1
ftp> cd /
250 Directory successfully changed.
ftp> pwd
257 "/"
ftp> ls
200 PORT command successful. Consider using PASV.
150 Here comes the directory listing.
welcome
226 Directory send OK.
ftp: 收到 9 字节，用时 0.00Seconds 9000.00Kbytes/sec.
ftp>
```

图 9-37　用户锁定在主目录中

任务 5　设置只有特定用户才可以访问 FTP 服务器

1. 任务描述

FTP 服务器默认允许所有本地用户访问，这样安全性不高，为了提高 FTP 服务器安全，可以禁止所有用户访问，然后再允许特定的用户访问，即设置白名单。此任务实现只有特定用户才能访问 FTP 服务器。

2. 任务分析

实现现特定用户访问 FTP 服务器，需要修改文件 user_list，在此任务中，只有用户 rose 和 mark 可以访问服务器，而其他用户如 john 等都不可以访问 FTP 服务器。

3. 实现过程

（1）在任务 3 中，已经将 rose 用户设置为拒绝登录到 FTP 服务器，要将此设置还原，可以修改配置文件/etc/vsftpd/ftpusers，将 rose 从该文件中删除，允许 rose 登录到服务器上。

（2）编辑配置文件 vsftpd.conf，userlist_enable=YES 选项默认开启，再增加一行内容

userlist_deny=no，即表示在用户列表中的用户允许访问 FTP 服务器，其他用户不允许访问。

（3）编辑配置文件/etc/vsftpd/user_list，将用户 rose 和 mark 添加在末尾。如图 9-38 所示。

```
root@dns:/home/mark
文件(F) 编辑(E) 查看(V) 终端(T) 标签(B) 帮助(H)
# vsftpd userlist
# If userlist_deny=NO, only allow users in this file
# If userlist_deny=YES (default), never allow users in this file, and
# do not even prompt for a password.
# Note that the default vsftpd pam config also checks /etc/vsftpd/ftpusers
# for users that are denied.
root
bin
daemon
adm
lp
sync
shutdown
halt
mail
news
uucp
operator
games
nobody
mark
rose
~
~
~
~
~
~
~
~
```

图 9-38　将用户添加到 user_list 文件中

该文件中还有很多其他用户，是不是都可以登录到 FTP 服务器中呢？是不可以登录的，因为这些用户也存在于文件 ftpusers 中，是被拒绝登录到 FTP 服务器中的。

（4）重启服务器后，使用 mark 和 rose 能成功登录，但是使用用户 john 登录时失败，如图 9-39 所示。

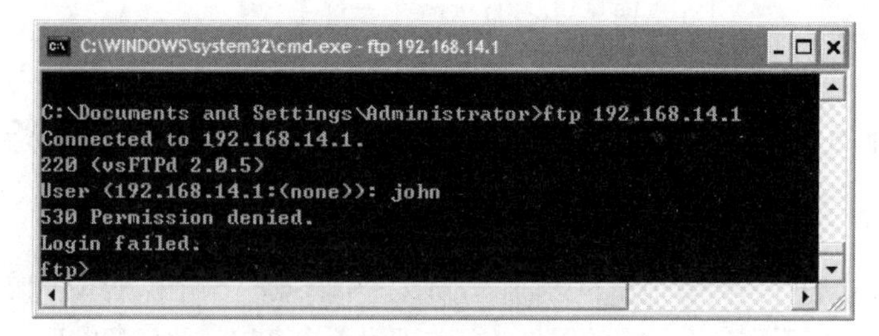

图 9-39　john 用户登录失败

项目总结

本项目学习了 FTP 服务器的建立与管理，FTP 服务器主要通过 vsftpd 软件进行配置，要求掌握服务器安装，配置匿名用户访问 FTP 服务器，配置本地用户访问 FTP 服务器，将所有的本地用户锁定在宿主目录中；设置只有特定用户才可以访问 FTP 服务器，这些任务的完成需要配置的文件包括 vsftpd.conf、ftpusers 和 user_list，要求熟练掌握相关知识。

项目练习

一、选择题

1．客户机从 FTP 服务器下载文件使用（　　）命令。

A．put　　B．get　　C．mput　　D．mget

2．将用户加入以下（　　）文件中，可能会阻止用户访问 FTP 服务器。

A．ftpusers　　B．user_list　　C．vsftpd.conf　　D．dhcpd.conf

3．FTP 服务器的主配置文件是（　　）。

A．smb.conf　　B．vsftpd.conf　　C．dhcpd.conf　　D．httpd.conf

4．FTP 服务器采用的端口是（　　）。

A．53　　B．80　　C．21　　D．69

5．FTP 服务器采用的协议是（　　）。

A．http　　B．ftp　　C．dns　　D．web

6．向 FTP 服务器上传文件使用命令（　　）。

A．put　　B．get　　C．mput　　D．mget

二、填空题

1．vsftpd 的用户主要分为三类：__________、__________和__________。

2．启动 FTP 服务器使用命令__________。

3．FTP 服务就是__________，FTP 的英文全称是__________。

4．匿名用户登录到 FTP 服务器上，默认的路径是__________。

5．设置 FTP 服务器开机自动运行的命令是__________。

三、实训：配置 FTP 服务器

1．实训目的

（1）掌握 FTP 服务器的基本知识。

（2）能够配置 FTP 服务器。

（3）能够进行客户端验证。

2．实训环境

（1）Linux 服务器。

（2）Windows 客户机。

（3）查看网卡的 IP 地址是否设置正确，检测 Linux 服务器和 Windows 客户机是否连通，查看 vsftpd 服务器程序是否安装，查看防火墙是否允许 FTP 服务。

3．实训内容

（1）规划 FTP 服务器资源和访问资源的用户权限，并画出网络拓扑图。

（2）配置 FTP 服务器。

① 启动 FTP 服务器。

② 实现匿名用户上传文件。

③ 创建本地用户，实现上传和下载功能。

④ 将用户锁定在自己的主目录中。

⑤ 拒绝某些本地用户访问 FTP 服务器。

（3）在客户端进行上传和下载操作。

（4）在客户端分别使用浏览器和命令方式访问 FTP 服务器。

（5）设置 FTP 服务器自动运行。

4．实训要求

实训分组进行，可以 2 人一组，小组讨论，确定方案后进行讲解，教师给予指导，全体学生参与评价。方案实施过程中，一台计算机作为 FTP 服务器，另一台计算机作为客户机，要轮流进行角色转换。

5．实训总结

完成实训报告，总结项目实施中出现的问题。

项目 10　架设邮件服务器

10.1　项目背景分析

电子邮件是 Internet 上应用很广泛的服务，通过电子邮件系统，用户可以用非常低廉的价格、以非常快速的方式，在几秒钟之内与世界各地的网络用户联系，只需要承担上网费。这些电子邮件可以是文字、图像、声音等各种方式。很多企业经常使用免费电子邮件系统，搭建公司的邮件服务器，使员工之间便利地进行通信。

【能力目标】

① 掌握邮件服务器的基本知识；
② 能够安装邮件服务器；
③ 能够配置邮件服务器；
④ 能够进行邮件发送与接收。

【项目描述】

某公司局域网拓扑如图 10-1 所示，该公司以 Linux 网络操作系统为平台，建设公司邮件服务器站点，实现用户之间发送和接收邮件功能。邮件服务器的 IP 地址是 192.168.14.4，域名是 mail.lnjd.com。

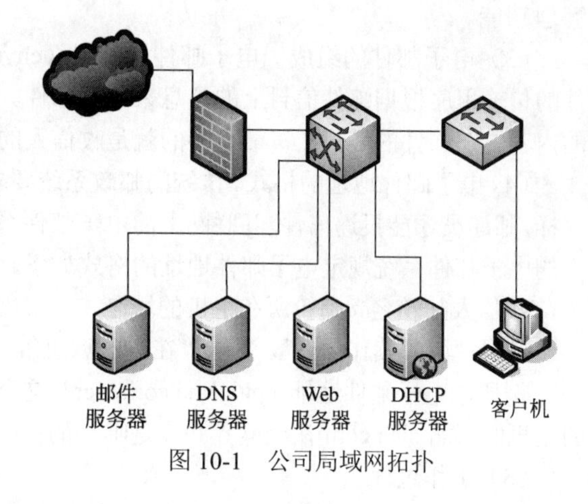

图 10-1　公司局域网拓扑

【项目要求】

① 安装邮件服务器软件；
② 配置邮件服务器的域名；
③ 配置邮件服务器；
④ 客户端使用邮件服务器。

【项目提示】

作为公司的网络管理员，为了完成该项目，首先必须进行项目分析。邮件服务器需要进行安装，还要安装 Sendmail 相关软件和 Dovecot 软件。安装后，首先设置 DNS 服务器，设置邮件服务器的域名为 mail.lnjd.com，然后配置邮件服务器，利用 Sendmail 相关软件和 Dovecot 软件构建邮件服务器，完成发送邮件和接收邮件功能。最后，在客户端使用 Telnet 软件进行邮件发送和接收测试。

10.2　项目相关知识

（1）电子邮件特点。电子邮件不仅包含文本信息，还可包含声音、图像、视频、应用程序等各类计算机文件。与其他通信方式相比，电子邮件具有以下特点。

① 电子邮件比人工邮件传递迅速，可达到的范围广，而且比较可靠。

② 电子邮件与电话系统相比，它不要求通信双方都在场，而且不需要知道通信对方在网络中的具体位置。

③ 电子邮件可以实现一对多的邮件传送，这样可以使一位用户向多人发出通知的过程变得容易。

④ 电子邮件可以将文字、图像、语音等多种类型的信息集成在一个邮件中传送，因此它是多媒体信息传送的重要手段。

（2）电子邮件系统的基本构成。一个电子邮件系统的组成如图 10-2 所示。

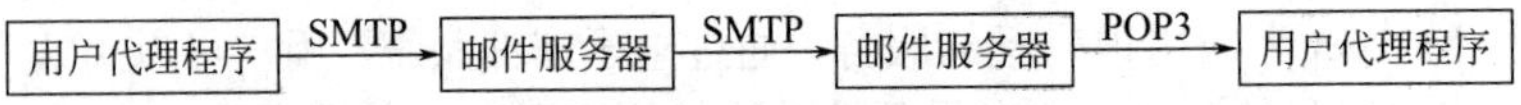

用户代理程序 —SMTP→ 邮件服务器 —SMTP→ 邮件服务器 —POP3→ 用户代理程序

图 10-2　电子邮件系统结构

邮件的发送协议为 SMTP，即简单电子邮件发送协议。邮件下载协议为 POP，即邮局协议，目前经常使用的是第 3 个版本，称为 POP3 协议。用户通过 POP3 协议将邮件下载到本地 PC 进行处理，ISP 邮件服务器上的邮件会自动删除。IMAP 因特网报文存取协议，也是邮件下载协议，但它与 POP 协议不同，它支持在线对邮件的处理，邮件的检索与存储等操作不必先下载到本地。用户不发送删除命令，邮件一直保存在邮件服务器上。常用的收发电子邮件的软件有 Exchange、Outlook Express、Foxmail 等，这些软件提供邮件的接收、编辑、发送及管理功能。

（3）电子邮件的组成。电子邮件由信封（envelope）和内容（content）两部分组成。电子邮件的传输程序根据邮件信封上的信息来传送邮件。用户在自己的邮箱中读取邮件时才能见到邮件的内容。在邮件的信封上，最重要的就是收信人的地址。

（4）电子邮件地址的格式。传统的邮政系统要求发信人在信封上写清楚收信人的姓名和地址，这样，邮递员才能投递信件。互联网上的电子邮件系统也要求用户有一个电子邮件地址。TCP/IP 体系的电子邮件系统规定电子邮件地址的格式如下。

收信人邮箱名@邮箱所在主机的域名

符号“@”读作“at”，表示“在”的意思。

例如，电子邮件地址 cpl@sina.com，cpl 这个用户名在该域名的范围内是唯一的，邮箱所在的主机的域名 sina.com 在全世界必须是唯一的。

（5）工作过程

① 用户通过用户代理程序撰写、编辑邮件。在发送栏填入收件人的邮件地址。邮件地址格式为“信箱名@邮件服务器域名”。

② 撰写完邮件后，单击“发送”按钮，准备将邮件通过 SMTP 协议传送到发送邮件服务器。

③ 发送邮件服务器将邮件放入邮件发送缓存队列中，等待发送。

④ 接收邮件服务器将收到的邮件保存到用户的邮箱中，等待收件人提取邮件。

⑤ 收件人在方便的时候，使用 POP3 协议从接收邮件服务器中提取电子邮件，通过用户代理程序进行阅览、保存及其他处理。

（6）SMTP 协议。简单邮件传输协议 SMTP 是电子邮件系统中的一个重要协议，它负责将邮件从一个“邮局”传送给另一个“邮局”。SMTP 的最大特点是简单和直观，它不规定邮件的接收程序如何存储邮件，也不规定邮件发送程序多长时间发送一次邮件，它只规定发送程序和接收程序之间的命令和应答。

协议实现的过程，是双方信息交换的过程。SMTP 协议正是规定了进行通信的两个 SMTP 进程间是如何交换信息的。SMTP 使用 C/S 模式工作，因此发送方为客户端（Client 端），接收方为服务器端（Server 端）。

SMTP 规定了 14 条命令和 21 种响应信息。每条命令由 4 个字母组成，而响应信息一般由 1 个 3 位数字代码开始，后面附上简单的说明。

SMTP 协议的工作过程可分为如下 3 个过程。

① 建立连接：在这一阶段，SMTP 客户请求与服务器的 25 端口建立一个 TCP 连接。一旦连接建立，SMTP 服务器和客户端就开始相互通告自己的域名，同时确认对方的域名。

② 邮件传送：SMTP 客户利用命令，将邮件的源地址、目的地址和邮件的具体内容传递给 SMTP 服务器，SMTP 服务器进行相应的响应并接收邮件。

③ 连接释放：SMTP 客户发出退出命令，服务器在处理命令后进行响应，随后关闭 TCP 连接。

SMTP 协议也有以下缺点。

① SMTP 不能传送可执行文件或其他的二进制对象。

② SMTP 限于传送 7 位的 ASCII。许多其他非英语国家的文字（如中文、俄文，甚至带重音符号的法文或德文）都无法传送。

③ SMTP 服务器会拒绝超过一定长度的邮件。

某些 SMTP 的实现并没有完全按照 SMTP 标准执行。

（7）POP3 协议。当邮件到来后，首先存储在邮件服务器的电子邮箱中。如果用户希望查看和管理这些邮件，则可以通过 POP3 协议将邮件下载到用户所在的主机。邮局协议 POP 是一个非常简单、但功能有限的邮件读取协议，现在使用的是它的第 3 个版本 POP3。POP 也使用客户机/服务器的工作方式。在接收邮件的用户计算机中，必须运行 POP 客户程序，而在用户所连接的 ISP 的邮件服务器中则运行 POP 服务器程序。

10.3　项 目 实 施

任务 1　安装邮件服务器

1. 任务描述

现在常用的邮件服务器有很多，在 Windows 平台下，常用 Exchange、Mdaemon 等软件搭建 SMTP、POP3 服务的邮件服务器。在 Linux 平台下，常用邮件服务器软件有 Sendmail、Postfix 或 Dococot 等，其中常用 Sendmail 软件提供 SMTP 服务，即发送邮件服务器，使用 Dovecot 提供 POP3 服务，搭建接收邮件服务器。

2. 任务分析

在安装操作系统过程中，可以选择是否安装邮件服务器，如果不确定是否安装了邮件服务，可以使用命令进行查询。安装时使用 rpm 命令，需要先挂载光盘。安装完成后，查询安装的文件，并且启动邮件服务器，设置邮件服务器在下次系统登录时自动运行。

3. 安装 Sendmail 软件

在安装 Red Hat Enterprise Linux 5 时，会提示用户是否安装邮件服务器。用户可以选择在安装系统时完成邮件软件包的安装。如果不能确定邮件服务器是否已经安装，可以采取在“终端”

窗口中输入命令 *rpm -qa | grep sendmail* 进行验证。如果如图 10-3 所示，说明系统已经安装邮件服务器。

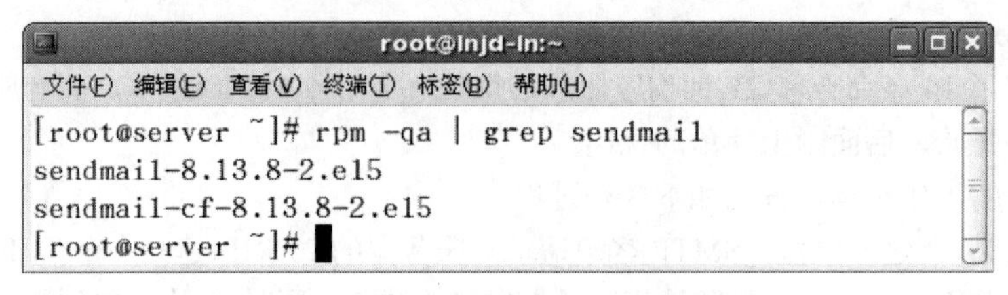

图 10-3　检测是否安装邮件服务

如果安装系统时没有选择 Sendmail 服务器，则需要进行安装。

Sendmail 的相关软件包包括以下内容。

（1）sendmail-8.13.8-2.el5.i386.rpm ：Sendmail 的主程序包，服务器端必须安装该软件包。

（2）m4-1.4.5-3.el5.1.i386.rpm：宏处理过滤软件包。

（3）sendmail-cf-8.13.8-2.el5.i386.rpm：宏文件包。

（4）sendmail-doc-8.13.8-2.el5.i386.rpm：服务器的说明文档。

（5）dovecot-1.0.7-7.el5.i386.rpm：接收邮件软件包，安装时注意安装顺序。

管理员将安装光盘放入光驱后，使用命令 *mount /dev/cdrom /media* 进行挂载，然后使用命令 *cd /media/Server* 进入目录，使用命令 *ls | grep sendmail* 找到 sendmail-8.13.8-2.el5.i386.rpm 安装包，如图 10-4 所示。

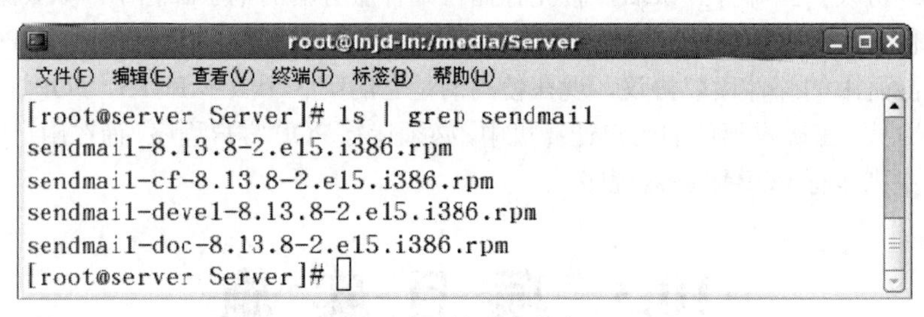

图 10-4　找到安装包

然后，在“应用程序”|“附件”中选择“终端”命令窗口，运行命令 *rpm -ivh sendmail-8.13.8-2.el5.i386.rpm* 即可开始安装程序，如图 10-5 所示。

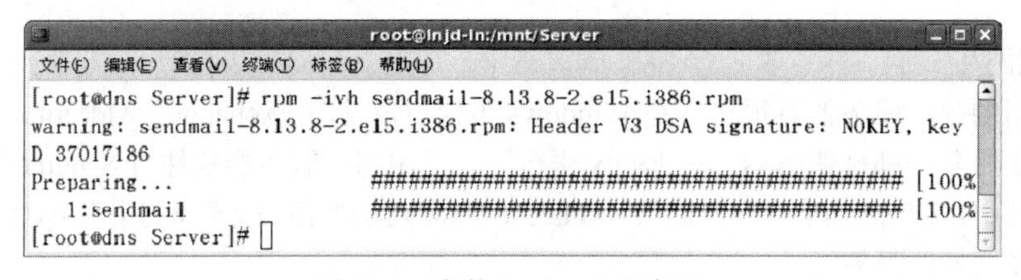

图 10-5　安装 Sendmail 服务器

使用类似的命令安装其他的软件包如下。

[root@server server]#*rpm –ivh sendmail-cf-8.13.8-2.el5.i386.rpm*

[root@server server]#*rpm –ivh sendmail-doc-8.13.8-2.el5.i386.rpm*

[root@server server]#*rpm –ivh m4-1.4.5-3.el5.1.i386.rpm*

[root@server server]#*rpm –ivh dovecot-1.0.7-7.el5.i386.rpm*

在安装完邮件服务器后，可以利用有关指令来查看安装后产生的文件，如图 10-6 所示。

```
[root@server ~]# rpm -ql sendmail
/etc/aliases.db
/etc/mail
/etc/mail/Makefile
/etc/mail/access
/etc/mail/access.db
/etc/mail/domaintable
/etc/mail/domaintable.db
/etc/mail/helpfile
/etc/mail/local-host-names
/etc/mail/mailertable
/etc/mail/mailertable.db
/etc/mail/sendmail.cf
/etc/mail/sendmail.mc
/etc/mail/submit.cf
/etc/mail/submit.mc
/etc/mail/trusted-users
```

图 10-6　查看安装 Sendmail 后产生的文件

在上述的文件中，最重要的文件有以下几个。

/etc/mail/sendmail.cf：Sendmail 服务的主配置文件。

/etc/mail/sendmail.mc：Sendmail 服务的宏文件。

/etc/mail/local-host-names：用于设置服务器所负责投递的域。

/etc/mail/access.db：数据库文件，用于实现中继代理。

/etc/aliases：用于定义 Sendmail 邮箱别名。

Sendmail 服务的主配置文件 sendmail.cf 控制着 Sendmail 的所有行为，但是用了大量的宏代码进行配置，很难理解，所以通常利用容易配置的文件 sendmail.mc 生成 sendmail.cf。

sendmail.cf 是 Sendmail 的配置文件，在安装了 Linux 操作系统之后，它将自动生成一个仅提供本机使用的 sendmail.cf 文件。Sendmail 还提供了一个 sendmail.cf 的生成器 m4，它通过一系列的人机对话来生成一个用户定制的 sendmail.cf。

4. 启动与关闭邮件服务器

Sendmail 的配置完成后，必须重新启动服务器。可以有两种方法进行启动与关闭邮件服务器。

（1）利用命令启动与关闭 Sendmail 服务器。可以在“终端”命令窗口运行命令 *service sendmail start* 来启动、命令 *service sendmail stop* 来关闭或命令 *service sendmail restart* 来重新启动 Sendmail 服务，如图 10-7~图 10-9 所示。

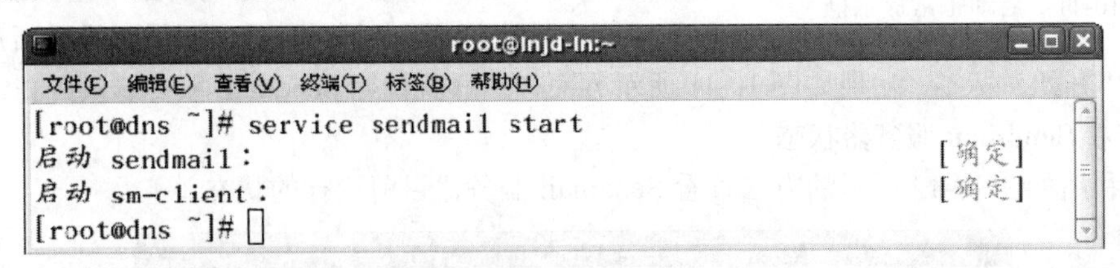

图 10-7　启动 Sendmail 服务器

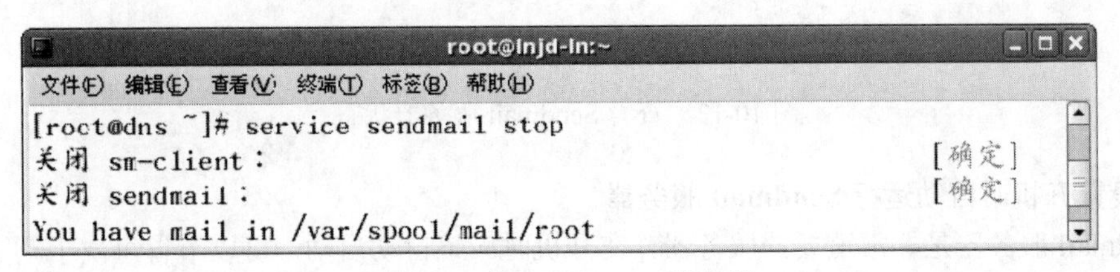

图 10-8　停止 Sendmail 服务器

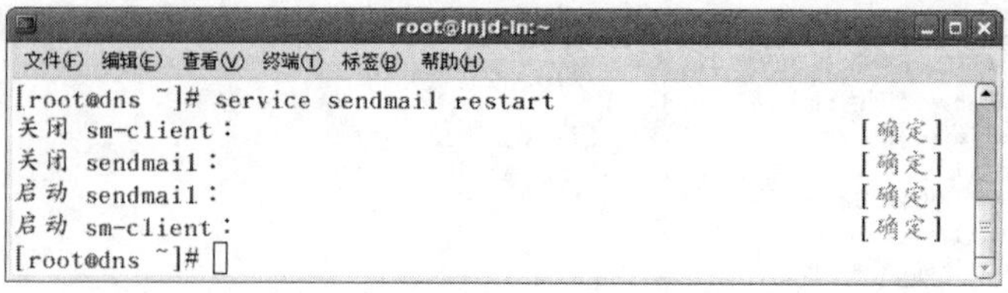

```
[root@dns ~]# service sendmail restart
关闭 sm-client：                                    [确定]
关闭 sendmail：                                     [确定]
启动 sendmail：                                     [确定]
启动 sm-client：                                    [确定]
[root@dns ~]#
```

图 10-9 重新启动 Sendmail 服务器

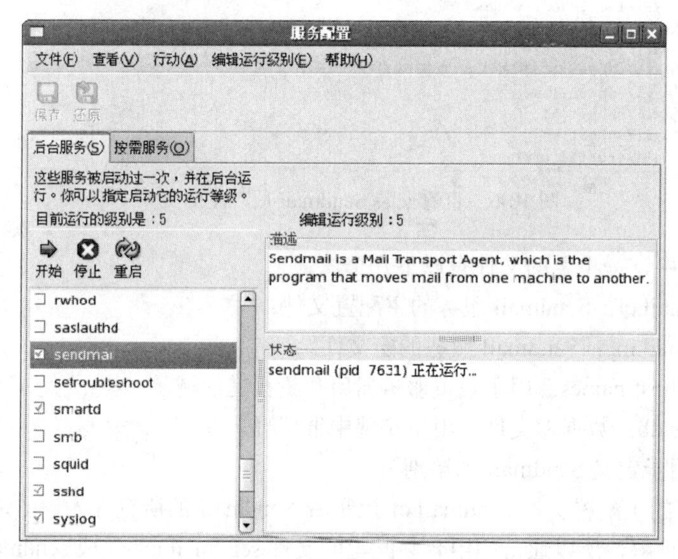

图 10-10 “服务配置”对话框

图 10-11 启动正常提示框

（2）利用图形化界面启动与关闭 Sendmail 服务器。用户也可以利用图形化界面进行 Sendmail 服务器的启动与关闭。在图形化界面下使用“服务”对话框，进行 Sendmail 服务器的启动与运行。单击“系统”菜单，选择“管理”选项，再选择“服务器设置”选项中的“服务”选项，出现如图 10-10 所示对话框。

选择“sendmail”选项，利用“开始”、“停止”和“重启”标签，可以完成服务器的停止、开始以及重新启动。例如，单击“开始”标签，出现如图 10-11 所示界面，这样就说明 Sendmail 服务器已经正常启动。

5. 查看 Sendmail 服务器状态

可以利用如图 10-12 所示的方法查看 Sendmail 服务器目前运行的状态。

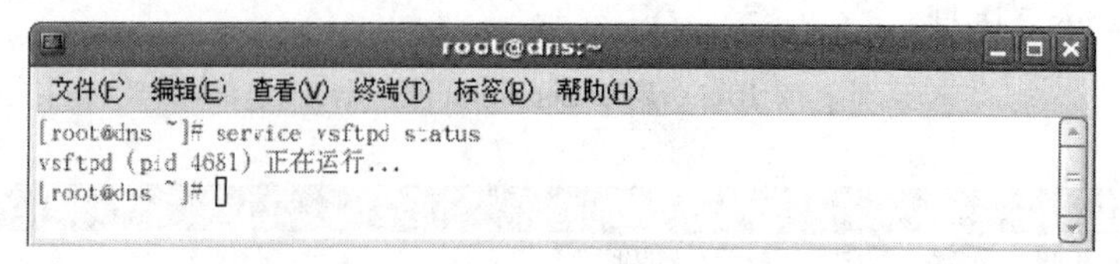

图 10-12 查看 Sendmail 服务器状态

6. 设置开机时自动运行 Sendmail 服务器

Sendmail 服务器是非常重要的服务器，在开机时应该自动启动，可以节省每次手动启动的时间，并且可以避免因邮件服务器没有开启而停止服务的情况。

在开机时自动开启 Sendmail 服务器，有以下几种方法。

（1）通过 ntsysv 命令设置 Sendmail 服务器自动启动。在“终端”窗口中输入 *ntsysv* 命令后，出现如图 10-13 所示对话框，将光标移动到“sendmail”选项，然后按“空格”键选择，最后使用“Tab”键将光标移动到“确定”按钮，并按“Enter”键完成设置。

图 10-13　以“ntsysv”设置 Sendmail 服务器自动启动

（2）以“服务配置”设置邮件服务器自动启动。单击“系统”菜单，选择“管理”选项，再选择“服务器设置”选项中的“服务”选项，选择“sendmail”选项，然后再选择上方工具栏中的“文件”|“保存”，即可完成设置。

（3）以“chkconfig”设置 Sendmail 服务器自动启动。在“终端”窗口中输入指令 chkconfig --level 5 sendmail on，如图 10-14 所示。

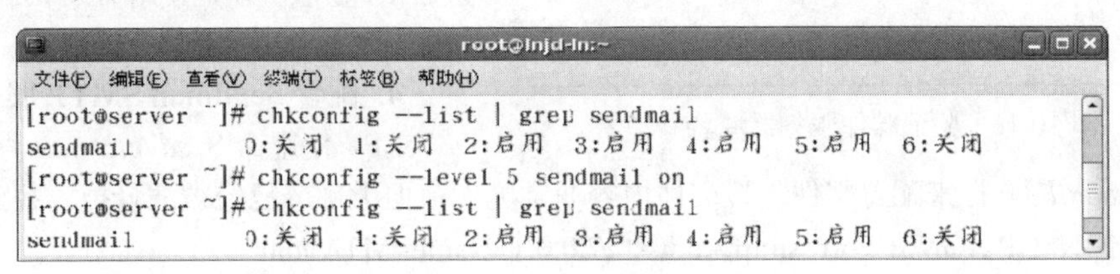

图 10-14　以“chkconfig”设置 Sendmail 服务器自动启动

以上的指令表示如果系统运行 Run Level 5 时，即系统启动图形化界面的模式时，自动启动 Sendmail 服务器，也可以配合“-list”参数的使用，来显示每个 Level 是否自动运行邮件服务器。

任务 2　配置邮件服务器

1. 任务描述

邮件服务器是企业中最常使用的一种服务，利用此服务，员工可以方便地进行通信和传输数据。此任务利用 Sendmail 软件和 Dovecot 软件架设邮件服务器。

2. 任务分析

此任务先配置 DNS 服务器，然后配置 SMTP，即邮件发送服务器。实现的步骤主要有：修改 /etc/mail/sendmail.mc 文件，使用 m4 工具编译产生 sendmail.cf 文件，启动 Sendmail 服务器，再修改/etc/mail/access 文件，编译生成 access.db，再修改/etc/mail/local-host-names 文件，创建用户；然后配置 POP3 协议来连接邮件服务器，使用 Doccot 软件来架设 POP 邮件服务器。

3. 配置 DNS 服务器

为了在网络中正确定位邮件服务器的位置，首先为 lnjd.com 区域设置邮件转发器，即 MX 资源记录。

按照项目 7 的任务 3 方式，设置全局配置文件和主配置文件，在主配置文件 named.zone 中，设定正向解析区域文件为 lnjd.com.zone，该正向解析区域文件内容如图 10-15 所示。

```
$TTL 86400
@    IN    SOA dns.lnjd.com.    root.localhost (
               42 ; serial
               3H; refresh
               15M ; retry
               1W ; expire
               1D ; ttl
               )
          IN    NS    dns.lnjd.com.
dns       IN    A     192.168.14.3
@              IN    MX 10    mail.lnjd,com.
mail  IN    A    192.168. 14.4
```

图 10-15　正向解析区域文件

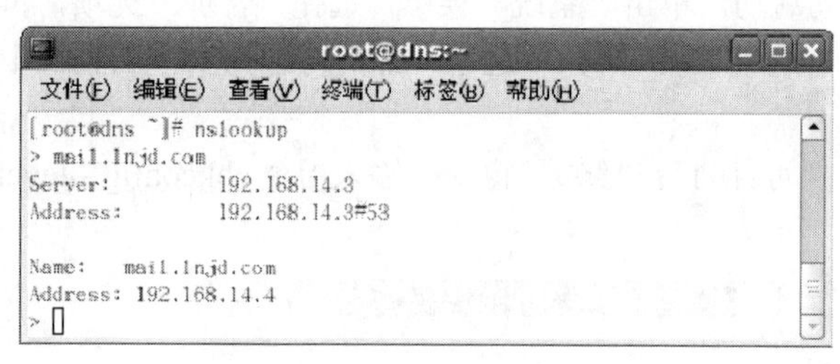

图 10-16　验证邮件服务器域名

设置邮件服务器地址为 192.168.14.4，域名为 mail.lnjd.com，邮件转发器 MX 的优先级为 10。

保存后使用命令 *service named restartt* 重启 DNS 服务器，使用命令 nslookup 进行域名验证，如图 10-16 所示。

4. 配置 Sendmail SMTP 服务器

（1）使用命令 *cd /etc/mail* 查看目录，使用 *vi sendmail.mc* 打来配置文件。该文件内容非常庞大，但大部分已经被注释掉，找到 116 行：

DAEMON_OPTIONS(`Port=smtp,Addr=127.0.0.1, Name=MTA')dnl

将 127.0.0.1 修改为 0.0.0.0，表示由默认的只监听本机的服务器，修改为允许从所有网络接收邮件，或者将该行直接注释掉#。如图 10-17 所示。

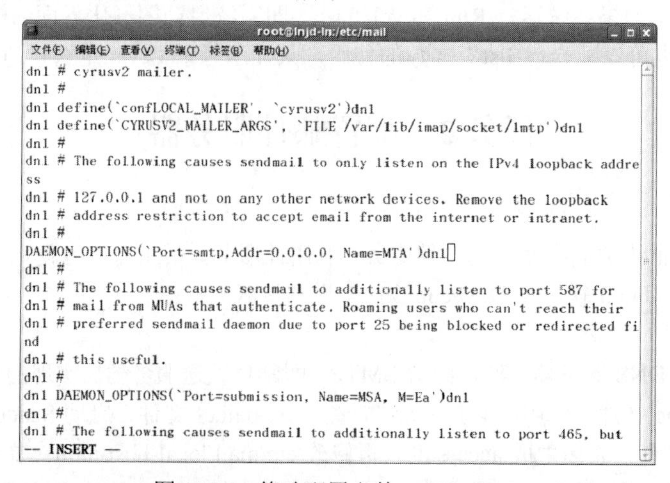

图 10-17　修改配置文件 sendmail.mc

（2）使用 m4 命令，即 *m4 sendmail.mc >sendmail.cf*，从 sendmail.mc 生成 sendmail.cf。

（3）使用命令 *service sendmail restart* 重新启动服务器。如图 10-18 所示。

图 10-18　生成文件 sendmail.cf

（4）修改 local-host-names 文件，使用命令 *vi local-host-names* 打开配置文件，添加本服务器负责接收的域 lnjd.com，如图 10-19 所示。设置完成后重启邮件服务器。

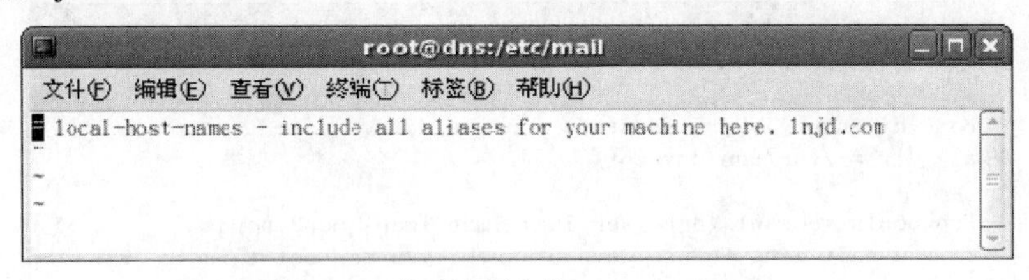

图 10-19　修改配置文件 local-host-names

（5）配置 access 文件，配置允许转发邮件的客户端地址范围。使用命令 *vi access* 打开配置文件，输入如图 10-20 所示内容，允许为来自 192.168.14.0/24 地址范围的客户端转发邮件。

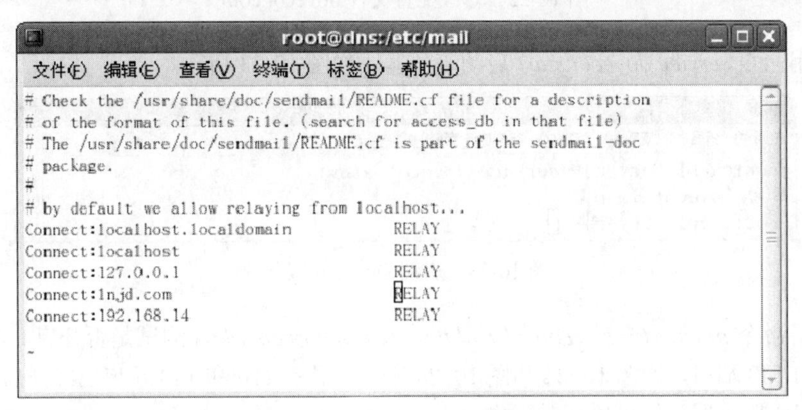

图 10-20　修改配置文件 access

（6）运行命令 *makemap hash access.db < access* 生成新的 access.db 文件。access 只是一个文本文件，运行了命令 *makemap hash access.db < access* 才会生成真正的中继数据库。

5. 配置 Dovecot POP3 服务器

Sendmail 只能实现 SMTP 服务，也就是邮件的发送服务，如果客户端使用 Outlook 或 Poxmail 接收邮件，必须使用 POP3 协议来接收邮件服务器。所以，在服务器上还需要安装并启用支持 POP3 协议的服务器软件。

Dovecot 是一个开源的 IMAP4 和 POP3 邮件服务器，支持 Linux/UNIX 系统。Dovecot 所支持的 POP3 和 IMAP4 协议，能够使客户端从服务器接收邮件。

（1）安装 Dovecot 服务器。使用命令 *rpm -ivh　dovecot-1.0.7-7.el5.i386.rpm* 安装软件，如图 10-21 所示。

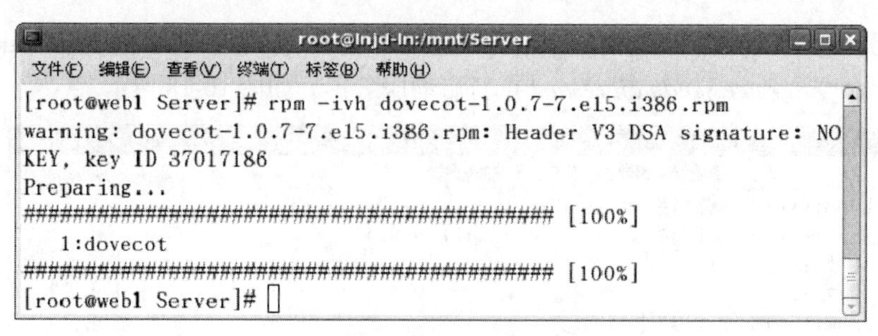
```
[root@web1 Server]# rpm -ivh dovecot-1.0.7-7.el5.i386.rpm
warning: dovecot-1.0.7-7.el5.i386.rpm: Header V3 DSA signature: NOKEY, key ID 37017186
Preparing...
########################################### [100%]
   1:dovecot
########################################### [100%]
[root@web1 Server]#
```

图 10-21 安装 dovecot 软件

（2）使用命令 *vi /etc/dovecot.conf* 打开配置文件，将命令行#protocols = imap imaps pop3 pop3s 前的注释符号去掉，支持 IMAP4 和 POP3 等协议，如图 10-22 所示。

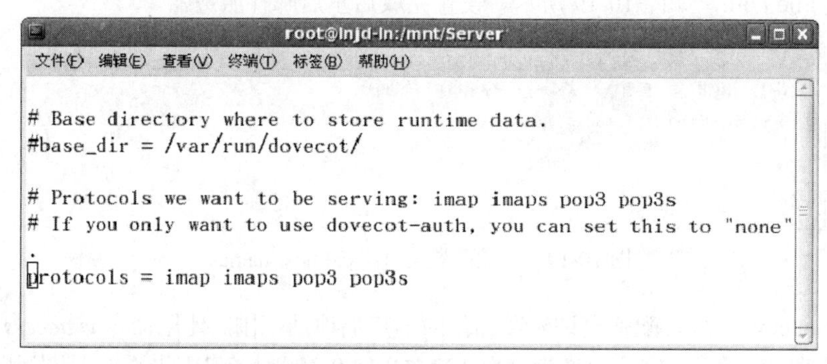
```
# Base directory where to store runtime data.
#base_dir = /var/run/dovecot/

# Protocols we want to be serving: imap imaps pop3 pop3s
# If you only want to use dovecot-auth, you can set this to "none".
protocols = imap imaps pop3 pop3s
```

图 10-22 修改配置文件 dovecot.conf

（3）使用命令 *service dovecot start* 启动服务器，如图 10-23 所示。

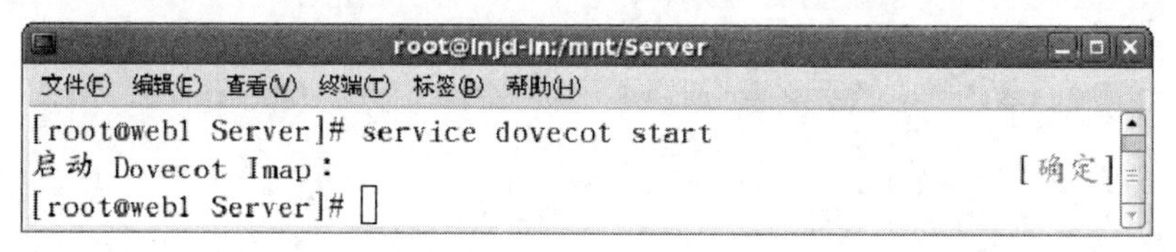
```
[root@web1 Server]# service dovecot start
启动 Dovecot Imap:                                   [确定]
[root@web1 Server]#
```

图 10-23 启动 Dovecot 服务

（4）使用命令 *netstat-an|grep 110 和 netstat-an|grep 143*，测试是否开启 POP3 的 110 端口和 IMAP4 的 143 端口，如图 10-24 和图 10-25 所示，显示 110 和 143 端口已经开启，表示 POP3 服务器和 IMAP4 服务器已经可以正常工作。

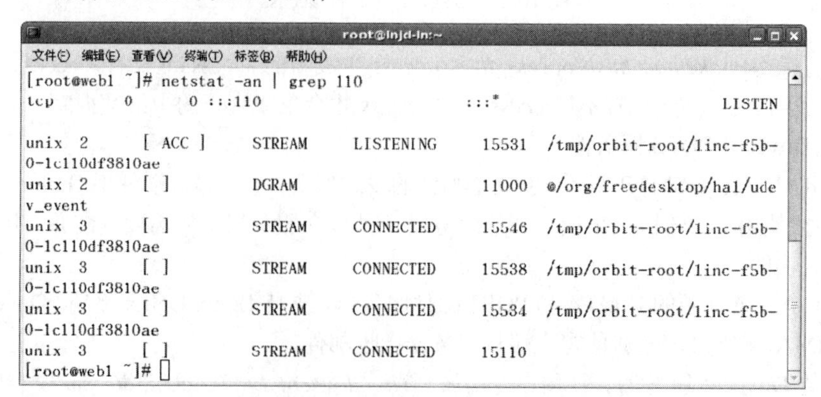
```
[root@web1 ~]# netstat -an | grep 110
tcp        0      0 :::110                      :::*                        LISTEN
unix  2      [ ACC ]     STREAM     LISTENING     15531  /tmp/orbit-root/linc-f5b-0-1c110df3810ae
unix  2      [ ]         DGRAM                    11000  @/org/freedesktop/hal/udev_event
unix  3      [ ]         STREAM     CONNECTED     15546  /tmp/orbit-root/linc-f5b-0-1c110df3810ae
unix  3      [ ]         STREAM     CONNECTED     15538  /tmp/orbit-root/linc-f5b-0-1c110df3810ae
unix  3      [ ]         STREAM     CONNECTED     15534  /tmp/orbit-root/linc-f5b-0-1c110df3810ae
unix  3      [ ]         STREAM     CONNECTED     15110
[root@web1 ~]#
```

图 10-24 查看开启 POP3 服务器

```
root@lnjd-ln:~
文件(F) 编辑(E) 查看(V) 终端(T) 标签(B) 帮助(H)
[root@web1 ~]# netstat -an | grep 143
tcp        0      0 :::143                      :::*                        L
ISTEN
unix  2      [ ACC ]     STREAM     LISTENING     14304  @/tmp/dbus-3XyFcX5Qh
T
unix  2      [ ACC ]     STREAM     LISTENING     14346  /tmp/orbit-root/linc
-edd-0-2b9cd59e97b1a
unix  2      [ ACC ]     STREAM     LISTENING     14352  /tmp/orbit-root/linc
-e90-0-3008a94f2c031
unix  3      [ ]         STREAM     CONNECTED     16143  /tmp/.X11-unix/X0
unix  3      [ ]         STREAM     CONNECTED     14351
unix  2      [ ]         DGRAM                    14342
unix  3      [ ]         STREAM     CONNECTED     14328  /tmp/.X11-unix/X0
unix  3      [ ]         STREAM     CONNECTED     14327
unix  3      [ ]         STREAM     CONNECTED     14326  /tmp/.X11-unix/X0
unix  3      [ ]         STREAM     CONNECTED     14325
unix  3      [ ]         STREAM     CONNECTED     14318
unix  3      [ ]         STREAM     CONNECTED     14317
[root@web1 ~]#
```

图 10-25　查看开启 IMAP 服务器

任务 3　调试 Sendmail 服务器

1. 任务描述

在 Sendmail 服务器设置完成后，利用 Telnet 进行测试，并且进行邮件发送和接收。

2. 任务分析

当 Sendmail 服务器搭建好以后，可以使用 Telnet 命令，直接登录到服务器的 25 端口发送邮件，再登录到 110 端口进行邮件接收。为了进行邮件发送和接收，创建两个系统账户 mail1 和 mail2。

Telnet 是进行远程登录的标准协议，它是当今 Internet 上应用最广泛的协议之一。它把用户正在使用的终端或计算机变成网络某一远程主机的仿真终端，使得用户可以方便地使用远程主机上的软、硬件资源。

3. 查看 Telnet 是否安装

（1）在“终端”窗口中输入命令 *rpm -qa / grep telnet* 进行验证。如图 10-26 所示，说明系统已经安装 Telnet 客户端软件，但是没有安装服务器软件。Telnet 的服务器端软件是 telnet-server-0.17-38.el5.i386.rpm。

（2）将安装光盘放入光驱后，使用命令 *mount /dev/cdrom /media* 进行挂载，然后使用命令 *cd /media/Server* 进入目录，运行命令：*rpm –ivh telnet-server-0.17-38.el5.i386.rpm* 即可开始安装程序，使用类似的命令 *rpm –ivh xinetd-2.3.14-10.el5.i386.rpm* 可以安装关联的软件包。

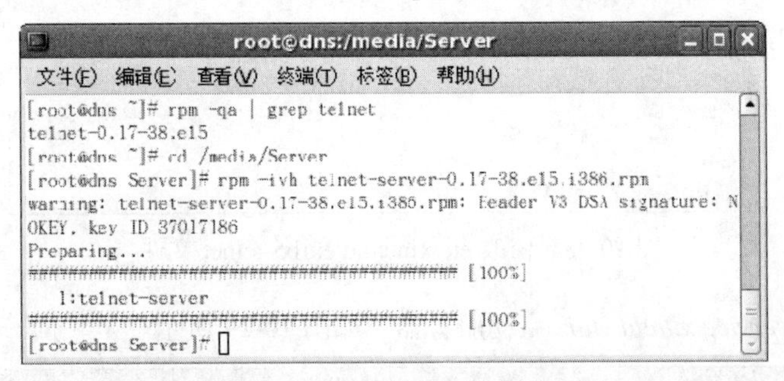

图 10-26　安装 Telnet 服务

4. 启动 Telent 服务器

Telnet 服务器并不像其他服务器（如 HTTP 和 FTP 等）一样作为独立的守护进程运行，它使用 xinetd 程序管理，这样不但能提高安全性，而且还能使用 xinetd 对 Telnet 服务器进行配置管理。

Telnet 服务器安装后，默认情况下不会被 xinetd 启用，还要修改文件/etc/xinetd.d/telnet 将其启用。/etc/xinetd.d/telnet 文件是 xinetd 程序配置文件的一部分，可以通过它来配置 Telnet 服务器的运行参数。编辑文件/etc/xinetd.d/telnet，找到语句“disable = yes”，将其改为“disable = no”，然后使用命令*/etc/init.d/xinetd restart* 重新启动 xinetd 服务器。

（1）使用 Vi 编辑器，打开文件/etc/xinetd.d/telnet，找到 disable = yes，将 yes 改为 no，如图 10-27 所示，启动 Telnet 服务器。

```
root@dns:~
文件(F) 编辑(E) 查看(V) 终端(T) 标签(B) 帮助(H)
# default: on
# description: The telnet server serves telnet sessions; it uses \
#       unencrypted username/password pairs for authentication.
service telnet
{
        flags           = REUSE
        socket_type     = stream
        wait            = no
        user            = root
        server          = /usr/sbin/in.telnetd
        log_on_failure  += USERID
        disable         = no
}
```

图 10-27　修改/etc/xinetd.d/telnet 文件

（2）使用 Vi 编辑器，打开文件/etc/xinetd.d/ekrb5-telnet，将 disable = no 中的 no 改为 yes，如图 10-28 所示，关闭加密功能。

```
root@dns:~
文件(F) 编辑(E) 查看(V) 终端(T) 标签(B) 帮助(H)
# default: off
# description: The kerberized telnet server accepts only telnet sessions, \
#              which use Kerberos 5 authentication and encryption.
service telnet
{
        flags           = REUSE
        socket_type     = stream
        wait            = no
        user            = root
        server          = /usr/kerberos/sbin/telnetd
        server_args     = -e
        log_on_failure  += USERID
        disable         = yes
}
~
~
~
~
~
~
~
~
~
"/etc/xinetd.d/ekrb5-telnet" 14L, 347C
```

图 10-28　修改/etc/xinetd.d/ekrb5-telnet 文件

（3）使用命令 *service xinetd start* 启动服务器，如图 10-29 所示。

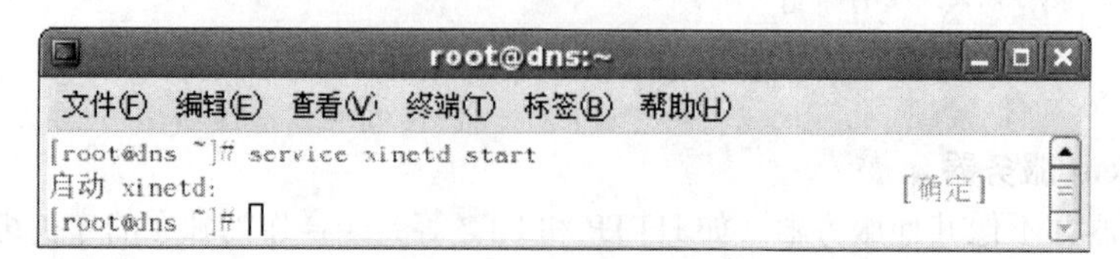

图 10-29　启动服务器

（4）Telnet 服务器所使用的默认端口是 23，使用命令 *netstat -na | grep* 23 查看端口状态，如图 10-30 所示，端口 23 已经处于监听状态。

```
root@dns:~
文件(F) 编辑(E) 查看(V) 终端(T) 标签(B) 帮助(H)
[root@dns ~]# netstat -na |grep 23
tcp        0      0 0.0.0.0:23                  0.0.0.0:*                   LIST
EN
unix  2      [ ACC ]     STREAM     LISTENING     12991  /tmp/orbit-root/linc-f6
7-0-6eca30a2311f5
unix  3      [ ]         STREAM     CONNECTED     113239
unix  3      [ ]         STREAM     CONNECTED     13008  /tmp/orbit-root/linc-f6
7-0-6eca30a2311f5
unix  3      [ ]         STREAM     CONNECTED     12998  /tmp/orbit-root/linc-f6
7-0-6eca30a2311f5
unix  3      [ ]         STREAM     CONNECTED     12994  /tmp/orbit-root/linc-f6
7-0-6eca30a2311f5
unix  3      [ ]         STREAM     CONNECTED     12399
unix  3      [ ]         STREAM     CONNECTED     12392  /var/run/dbus/system_bu
s_socket
unix  3      [ ]         STREAM     CONNECTED     12391
unix  3      [ ]         STREAM     CONNECTED     12390  @/tmp/dbus-uYRA9ERFDA
unix  3      [ ]         STREAM     CONNECTED     12389
unix  3      [ ]         STREAM     CONNECTED     12388  /tmp/.X11-unix/X0
```

图 10-30　查看开启 Telnet 服务器

（5）利用 telnet 命令完成邮件地址为 mail1@lnjd.com 的用户，向邮件地址为 mail2@lnjd.com 的用户，发送主题为“test”的邮件。

具体操作过程如图 10-31 所示。

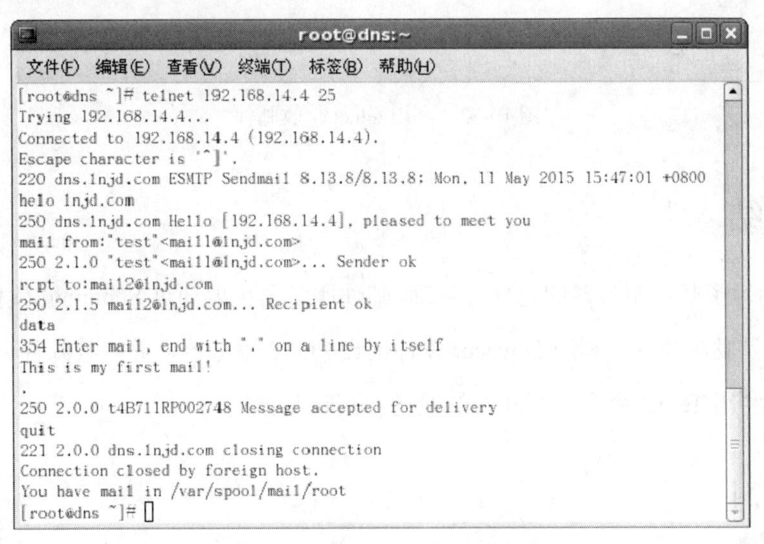

```
root@dns:~
文件(F) 编辑(E) 查看(V) 终端(T) 标签(B) 帮助(H)
[root@dns ~]# telnet 192.168.14.4 25
Trying 192.168.14.4...
Connected to 192.168.14.4 (192.168.14.4).
Escape character is '^]'.
220 dns.lnjd.com ESMTP Sendmail 8.13.8/8.13.8; Mon, 11 May 2015 15:47:01 +0800
helo lnjd.com
250 dns.lnjd.com Hello [192.168.14.4], pleased to meet you
mail from:"test"<mail1@lnjd.com>
250 2.1.0 "test"<mail1@lnjd.com>... Sender ok
rcpt to:mail2@lnjd.com
250 2.1.5 mail2@lnjd.com... Recipient ok
data
354 Enter mail, end with "." on a line by itself
This is my first mail!
.
250 2.0.0 t4B711RP002748 Message accepted for delivery
quit
221 2.0.0 dns.lnjd.com closing connection
Connection closed by foreign host.
You have mail in /var/spool/mail/root
[root@dns ~]#
```

图 10-31　利用 telnet 发送邮件

① 在“终端”窗口中输入命令 *telnet 192.168.14.4 25*，表示利用 telnet 连接邮件服务器的 25 端口。

② 出现“220 dns.lnjd.com ESNTP Sendmail…”提示，其中回应代码“220”表示 SMTP 服务器开始提供服务。输入命令 *helo lnjd.com*，表示利用命令 helo 向服务器表明身份。

③ 出现“250 dns.lnjd.com hello [192.168.14.4], Please to meet you”提示，其中回应代码“250”表示命令指令完毕，回应正确。输入命令 *mail from: “test” <mail1@lnjd.com>*，表示设置信件标题和发件人地址，其中信件标题是 test，发件人地址是 mail1@lnjd.com。

④ 出现“250 2.1.0 mail1@lnjd.com…Sender ok”提示，输入命令 *rcpt to: “test”*

<mail2@lnjd.com>，表示利用命令 rcpt to 设置收件人地址，收件人地址是 mail2@lnjd.com。

⑤ 出现“250 2.1.0 mail2@lnjd.com…Recipient ok”提示，输入命令 *data*，表示开始写信件内容了，输入信件内容“This is my first mail”后，按照提示输入一个单行的“.”结束信件。回应代码“354”表示可以输入信件内容，并以“.”结束。

⑥ 最后输入命令“quit”，退出 telnet 登录。

（6）利用 Telnet 命令从邮件服务器接收邮件。

① 在“终端”窗口中输入命令 *telnet 192.168.14.4 10*，表示利用 telnet 连接邮件服务器的 110 端口。

② 输入命令 user mail2，表示利用 user 命令输入用户的用户名 mail2。

③ 输入命令 pass 123456，表示利用命令 pass 输入 mail2 账户的密码。

④ 输入命令 list，表示利用命令 list 命令获得 mail2 账户邮箱中各邮件的编号。

⑤ 输入命令 retr 1，表示接收邮件编号是 1 的邮件，如图 10-32 所示。

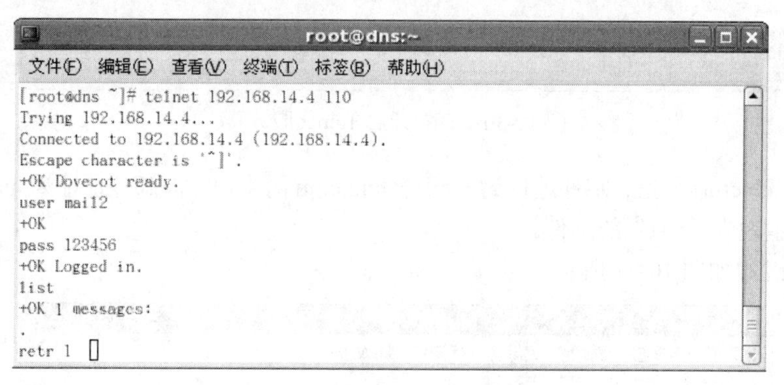

图 10-32 利用 telnet 接收邮件

项目总结

本项目学习了邮件服务器的建立与管理，邮件服务器主要通过 Sendmail 软件架设 SMTP 邮件服务器并且发送邮件；利用 Dovecot 软件架设 POP3 服务器，并接收邮件。邮件服务器架设完成后，利用 Telnet 命令进行邮件的发送和接收测试。

项目练习

一、选择题

1．客户机从邮件服务器下载文件使用（　　）协议。

A．SMTP　　B．POP3　　C．MIME　　D．HTTP

2．用来实现中继代理的文件是（　　）。

A．sendmail.cf　　B．sendmail.mc　　C．access　　D．local-host-name

3．Sendmail 服务器的主配置文件是（　　）。

A．sendmail.cf　　B．sendmail.mc　　C．access　　D．local-host-name

4．SMTP 协议采用的端口是（　　）。

A．143　　B．110　　C．21　　D．25

5．POP3 协议所使用的端口是（　　）。

A．25　　B．80　　C．110　　D．143

二、填空题

1．配置邮件服务器，需要安装的软件包主要如下：＿＿＿＿＿＿、＿＿＿＿＿＿、＿＿＿＿＿＿、＿＿＿＿＿＿和＿＿＿＿＿＿。

2．启动 Sendmail 服务器，使用命令＿＿＿＿＿＿。

3．SMTP 工作在 TCP 协议上默认端口是＿＿＿＿＿＿，POP3 工作在 TCP 协议上默认端口是＿＿＿＿＿＿。

4．常用的与电子邮件相关的协议是＿＿＿＿＿＿、＿＿＿＿＿＿和＿＿＿＿＿＿。

5．设置 Sendmail 服务器开机自动运行的命令是＿＿＿＿＿＿。

三、实训：配置邮件服务器

1．实训目的

（1）掌握邮件服务器的基本知识。

（2）能够配置邮件服务器。

（3）能够进行客户端验证。

2．实训环境

（1）Linux 服务器。

（2）Linux 客户机。

（3）查看网卡的 IP 地址是否设置正确，检测 Linux 服务器和 Linux 客户机是否连通，查看 Sendmail 服务程序是否安装，查看防火墙是否允许 Sendmail 服务。

3．实训内容

（1）规划 Sendmail 服务器资源和访问资源的用户权限，并画出网络拓扑图。

（2）配置 Sendmail 服务器。

① 启动 Sendmail 服务器。

② 配置 Dovecot 服务器。

③ 启动 Dovecot 服务器。

（3）使用 Telnet 进行邮件的发送和接收。

（4）设置 Sendmail 服务器自动运行。

4．实训要求

实训分组进行，可以 2 人一组，小组讨论，确定方案后进行讲解，教师给予指导，全体学生参与评价。方案实施过程中，一台计算机作为 Linux 服务器，另一台计算机作为客户机，要轮流进行角色转换。

5．实训总结

完成实训报告，总结项目实施中出现的问题。

项目 11　架设防火墙

11.1　项目背景分析

防火墙是一种非常重要的网络安全工具，利用防火墙可以保护企业内部网络免受外网的威胁，作为网络管理员，掌握防火墙的安装和配置非常重要。

【能力目标】

① 理解包过滤防火墙的作用与原理；

② 能够安装 Iptables 服务器；

③ 能够配置 Iptables 服务器。

【项目描述】

某公司网络管理员，要以 Linux 网络操作系统为平台，配置包过滤防火墙，保护公司的服务器，公司服务器的 IP 地址是 192.168.14.2，公司局域网拓扑如图 11-1 所示。

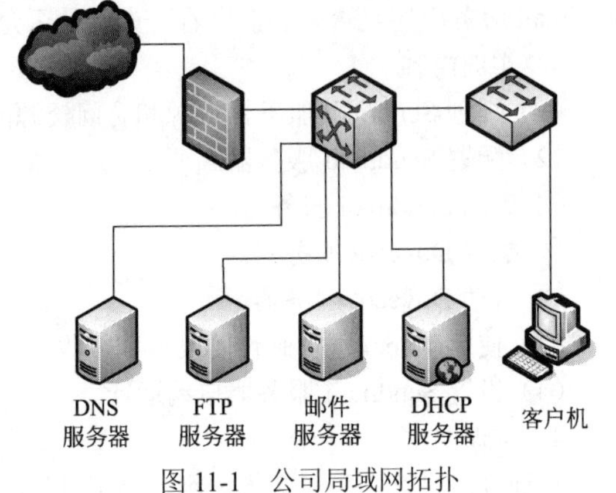

图 11-1　公司局域网拓扑

【项目要求】

① 安装 Iptables 服务器软件。

② 配置 Iptables 服务器。

③ 客户机验证包过滤规则。

【项目提示】

网络管理员首先安装 Iptables 服务器软件，然后利用 iptables 命令编写规则，先禁止所有的数据包通过服务器，再依次编写规则放行允许的数据包，保障服务器的安全，最后在客户端进行验证，检验规则是否生效。

11.2　项目相关知识

11.2.1　防火墙概述

防火墙是指隔离在本地网络与外界网络之间的一道防御系统，是此类防范措施的总称。防火墙的工作原理如图 11-2 所示。

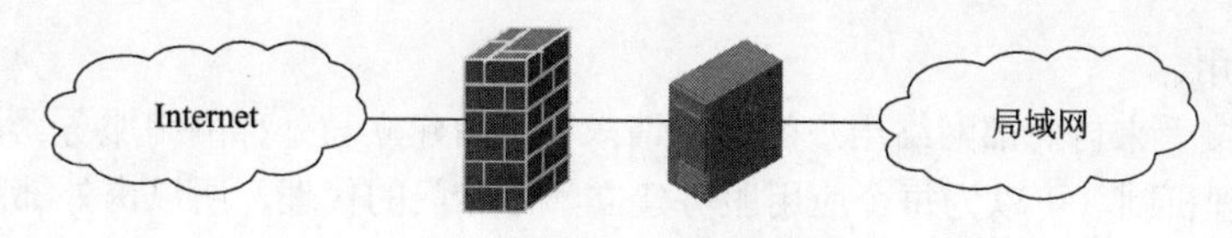

图 11-2　防火墙工作原理

从图 11-2 中可以看出，防火墙主要功能是过滤两个网络的数据包，一般保护的是局域网。一般公司局域网都通过拨号或专线接入互联网，局域网内部使用私有地址。为了保护公司局域网免遭互联网攻击者的入侵，需要在局域网和互联网的接入点上放置防火墙。

防火墙可以使用硬件来实现，也可以使用软件来实现。本任务采用 Linux 内核即软件来实现防火墙技术。

防火墙通常具备以下几个特点。

（1）位置权威性。网络规划中，防火墙必须位于网络的主干线路。只有当防火墙是内、外部网络之间通信的唯一通道时，才可以全面、有效地保护企业内部的网络安全。

（2）检测合法性。防火墙最基本的功能是确保网络流量的合法性，只有满足防火墙策略的数据包才能够进行相应转发。

（3）检测稳定性。防火墙处于网络边缘，它是连接网络的唯一通道，时刻都会经受网络入侵的考验，所以其稳定性对于网络安全而言，至关重要。

11.2.2　防火墙的种类

防火墙的分类方法多种多样，不过从传统意义上讲，防火墙大致可以分为三大类，分别是“包过滤”、“应用代理”和“状态检测”。无论防火墙的功能多么强大，性能多么完善，归根结底都是在这 3 种技术的基础之上进行功能扩展的。

（1）包过滤防火墙。包过滤是最早使用的一种防火墙技术，它检查每一个接收的数据包，查看其中可用的基本信息，如源地址和目的地址、端口号、协议等。然后，将这些信息与设立的规则相比较，符合规则的数据包通过，否则将被拒绝，数据包丢弃。

现在防火墙所使用的包过滤技术基本上都属于“动态包过滤”技术，它的前身是“静态包过滤”技术，也是包过滤防火墙的第一代模型。虽然适当地调整和设置过滤规格，可以使防火墙工作更加安全有效，但是这种技术只能根据预计的过滤规格进行判断，显得有些笨拙。后来人们对包过滤技术进行了改进，并把这种改进后的技术称之为“动态包过滤”。在保持“静态包过滤”技术所有优点的基础上，动态包过滤功能还会对已经成功与计算机连接的报文传输进行跟踪，并且判断该连接所发送的数据包是否会对系统构成威胁，从而有效地阻止有害的数据继续传输。虽然与静态包过滤技术相比，动态包过滤技术需要消耗更多的系统资源，消耗更多的时间来完成包过滤工作，但是目前市场上几乎已经见不到静态包过滤技术的防火墙了，能选择的大部分是动态包过滤技术的防火墙。

包过滤防火墙根据建立的一套规则，检查每一个通过的网络包，或者丢弃，或者通过。它需要配置多个地址，表明它有两个或两个以上网络连接接口。例如，作为防火墙的设备可能有两块网卡（NIC），一块连到内部网络，另一块连到公共的 internet。

（2）代理防火墙。随着网络技术的不断发展，包过滤防火墙的不足不断显现，人们发现一些特殊的报文攻击，可以轻松突破包过滤防火墙的保护，例如，SYN 攻击、ICMP 洪水等。因此，人们需要一种更为安全的防火墙保护技术，在这种需求下，“应用代理”技术防火墙诞生了。一时间，以代理服务器作为专门为用户保密或者突破访问限制的数据转发通道，在网络当中被广泛使用。

代理防火墙接受来自内部网络用户的通信请求，然后建立与外部网络服务器单独的连接，其采用的是一种代理机制，可以为每个应用服务建立一个专门的代理，所以内外部网络之间的通信不是直接的，而是都需要先经过代理服务器审核，通过审核后再由代理服务器代为连接，内、外部网络主机没有任何直接会话的机会，从而加强了网络的安全性。应用代理技术并不是单纯地在代理设备中嵌入包过滤技术，而是采用一种称为“应用协议分析”的新技术。

“应用协议分析”技术工作在 OSI 模型的最高层即应用层上，也就是说防火墙所接触到的所有数据形式和用户所看到的是一样的，而不是带着 IP 地址和端口号等的数据形式。对于应用层的数据过滤要比包过滤更为繁琐和严格。它可以更有效地检查数据是否存在危害，而且，由于“应用代理”防火墙是工作在应用层，防火墙还可以实现双向限制，在过滤外部网络有害数据的同时，监控内部网络的数据，管理员可以配置防火墙，实现一个身份验证和连接的功能，进一步防止内部网络信息泄露所带来的隐患。

代理防火墙通常支持的一些常见的应用服务有：HTTP、HTTPS/SSL、SMTP、POP3、IMAP、NNTP、TELNET、FTP、IRC。

虽然“应用代理”技术比包过滤技术更加完善，但是“应用代理”防火墙也存在问题，当用户对网速要求较高时，代理防火墙就会成为网络出口的瓶颈。防火墙需要为不同的网络服务建立专门的代理服务，而代理程序为内、外部网络建立连接时需要时间，所以会增加网络延时，但对于性能可靠的防火墙可以忽略该影响。

（3）状态检测技术。状态检测技术是继“包过滤”和“应用代理”技术之后的防火墙技术，它是基于“动态包过滤”技术之上发展而来的新技术。这种防火墙加入了一种被称为“状态检测”的模块，它会在不影响网络正常工作的情况下，采用抽取相关数据的方法，对网络通信的各个层进行监测，并根据各种过滤规则做出安全决策。

“状态检测”技术保留了“包过滤”技术中对数据包的头部、协议、地址、端口等信息进行分析的功能，并进一步发展“会话过滤”功能。在每个连接建立时，防火墙会为链接构造一个会话状态，里面包含了连接数据包的所有信息，以后每个连接都基于状态信息进行。这种检测方法的优点是能对每个数据包的内容进行监控，一旦建立了一个会话状态，则此后的数据传输都要以这个会话状态作为依据。例如，一个连接的数据包源端口号为 8080，那么在这以后的数据传输过程中，防火墙都会审核这个包的源端口是不是 8080，如果不是就拦截这个数据包，而且，会话状态的保留是有时间限制的，在限制的范围内，如果没有再进行数据传输，这个会话状态就会被丢弃。状态检测可以对包的内容进行分析，从而摆脱了传统防火墙仅局限于过滤包头信息的弱点，而且这个防火墙可以不必开放过多的端口，从而进一步杜绝了可能因开放过多端口而带来的安全隐患。

11.2.3 Linux 内核的 Netfilter 架构

从 1.1 内核开始，Linux 就具有包过滤功能了，管理员可以根据自己的需要定制其工具、行为和外观，无需昂贵的第三方工具。

虽然 Netfilter/iptables IP 信息包过滤系统被称为单个实体，但它实际上由两个组件 Netfilter 和 iptables 组成。

（1）内核空间。Netfilter 组件也称为内核空间，是内核的一部分，由一些“表”（table）组成，每个表由若干“链”（chains）组成，而每条链中可以有一条或数条规则（rule）。

（2）用户空间。iptables 组件是一种工具，也称为用户空间，它使插入、修改和移去信息包过滤表中的规则变得容易。

11.2.4 Netfilter 的工作原理

Netfilter 的工作过程如下。

（1）用户使用 iptables 命令在用户空间设置过滤规则，这些规则存储在内核空间的信息包过滤表中，而在信息包过滤表中，规则被分组放在链中。这些规则具有目标，它们告诉内核对来自某些源地址、前往某些目的地或具有某些协议类型的信息包做些什么。如果某个信息包与规则匹配，就使用目标 ACCEPT 允许该包通过，还可以使用 DROP 或 REJECT 来阻塞并杀死信息包。

根据规则所处理的信息包的类型，可以将规则分组在以下三个链中：

① 处理入站信息包的规则被添加到 INPUT 链中；

② 处理出站信息包的规则被添加到 OUTPUT 链中；

③ 处理正在转发的信息包的规则被添加到 FORWARD 链中。

INPUT 链、OUTPUT 链和 FORWARD 链是系统默认的 filter 表中的 3 各默认主链。

（2）内核空间接管过滤工作。当规则建立并将链放在 filter 表之后，就可以进行真正的信息包过滤工作了，这时内核空间从用户空间接管工作。

Netfilter/iptables 系统对数据包进行过滤的流程如图 11-3 所示。

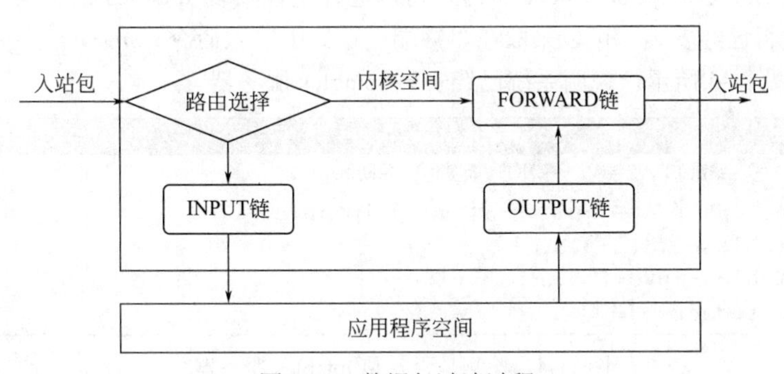

图 11-3　数据包过滤过程

包过滤工作要经过如下步骤。

（1）路由。当信息包到达防火墙时，内核先检查信息包的头信息，尤其是信息包的目的地，这个过程称为路由。

（2）根据情况将数据包送往包过滤表的不同的链。

① 如果信息包来源于外界，并且数据包的目的地址是本机，防火墙是打开的，那么内核将它传递到内核空间信息包过滤表的 INPUT 链。

② 如果信息包来源于系统本机或系统所连接的内部网上的其他源，并且此信息包要前往另一个外部系统，那么信息包将被传递到 OUTPUT 链。

③ 信息包来源于外部系统，并且是前往外部系统的信息包，则将被传递到 FORWARD 链。

（3）规则检查。将信息包的头信息与它所传递到的链中的每天规则进行比较，看它是否与某个规则完全匹配。

① 如果信息包与某条规则匹配，那么内核就对该信息包执行由该规则的目标指定的操作。如果目标为 ACCEPT，则允许该信息包通过，并将该包发给相应的本地进程处理；如果目标为 DROP 或 REJECT，则不允许该包通过，并将该包阻塞并杀死。

② 如果信息包与这条规则不匹配，那么它将与链中的下一条规则进行比较。

③ 最后，如果信息包与链中的任何规则都不匹配，那么内核将参考该链的策略来决定如何处理该信息包。

11.3 项 目 实 施

任务1 安装 Iptables 服务器

1. 任务描述

管理员要为公司配置包过滤防火墙，为公司服务器提供保护，需要安装 Iptables 服务器软件。

2. 任务分析

在安装操作系统过程中，可以选择是否安装 Iptables 服务器。如果不确定是否安装了 Iptables 服务，使用命令进行查询。安装时使用 rpm 命令，需要先挂载光盘。安装完成后，查询安装的文件，并且启动 Iptables 服务器，设置 Iptables 服务器在下次系统登录时自动运行。

3. 安装 Iptables 软件

在安装 Red Hat Enterprise Linux 5 时，可以选择是否安装 Iptables 服务器。如果不能确定 Iptables 服务器是否已经安装，可以采取在“终端”窗口中输入命令 *rpm –qa* | *grep iptables* 进行验证。如果如图 11-4 所示，说明系统已经安装 Iptables 服务器。

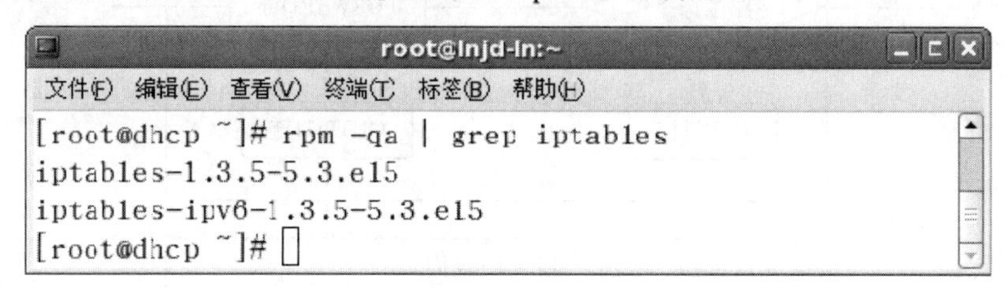

图 11-4 检测是否安装 Iptables 服务器

如果安装系统时没有选择 Iptables 服务器，则需要进行安装。在 Red Hat Enterprise Linux 5 安装盘中带有 Iptables 服务器安装程序。

管理员将安装光盘放入光驱后，使用命令 *mount /dev/cdrom /mnt* 进行挂载，然后使用命令 *cd /mnt/Server* 进入目录，使用命令 *ls* | *grep iptables* 找到 iptables-1.3.5-1.2.1.i386.rpm 安装包，如图 11-5 所示。

图 11-5 找到安装包

然后，在“应用程序”|“附件”中选择“终端”命令窗口，运行命令 rpm –ivh iptables-1.3.5-1.2.1.i386.rpm，即可开始安装程序。

在安装完 Iptables 服务器后，可以利用以下的指令来查看安装后产生的文件，如图 11-6 所示。

```
[root@dns ~]# rpm -ql iptables
/etc/rc.d/init.d/iptables
/etc/sysconfig/iptables-config
/lib/iptables
/lib/iptables/libipt_CLASSIFY.so
/lib/iptables/libipt_CLUSTERIP.so
/lib/iptables/libipt_CONNMARK.so
/lib/iptables/libipt_DNAT.so
/lib/iptables/libipt_DSCP.so
/lib/iptables/libipt_ECN.so
/lib/iptables/libipt_LOG.so
/lib/iptables/libipt_MARK.so
/lib/iptables/libipt_MASQUERADE.so
/lib/iptables/libipt_MIRROR.so
/lib/iptables/libipt_NETMAP.so
/lib/iptables/libipt_NFQUEUE.so
/lib/iptables/libipt_NOTRACK.so
/lib/iptables/libipt_REDIRECT.so
/lib/iptables/libipt_REJECT.so
/lib/iptables/libipt_SAME.so
/lib/iptables/libipt_SNAT.so
/lib/iptables/libipt_TARPIT.so
/lib/iptables/libipt_TCPMSS.so
/lib/iptables/libipt_TOS.so
```

图 11-6　查看安装 Iptables 后产生的文件

防火墙安装完成后，可以使用图形化方式进行配置，打开“系统” | “管理” | “安全级别和防火墙”，如图 11-7 所示。该图显示已启用防火墙功能，并且只允许 SSH 服务。

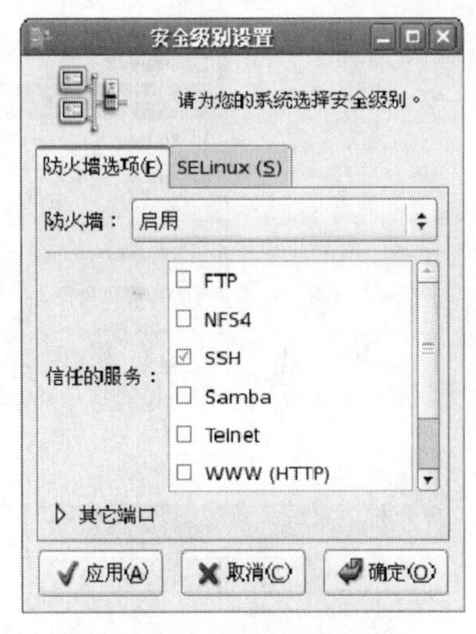

图 11-7　防火墙图形化工具

系统管理员在安装系统时可以选择开启防火墙或者禁用防火墙功能。选择禁用防火墙功能时，并不是将防火墙组件从系统中移除，而是把所有链的默认规则配置为 ACCEPT，并删除所有规则，以允许所有通信。

4. 启动与关闭 Iptables 服务器

Iptables 的配置完成后，必须重新启动服务器，可以有两种方法进行启动与关闭。

（1）利用命令启动与关闭 Iptables 服务器。可以在“终端”命令窗口运行命令 *service iptables start* 来启动、命令 *service iptables stop* 来关闭或命令 *service iptables restart* 来重新启动 Iptables 服务器，如图 11-8～图 11-10 所示。

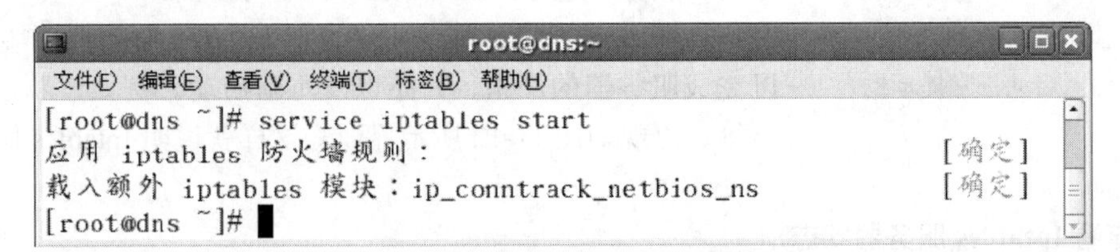

图 11-8　启动 Iptables 服务器

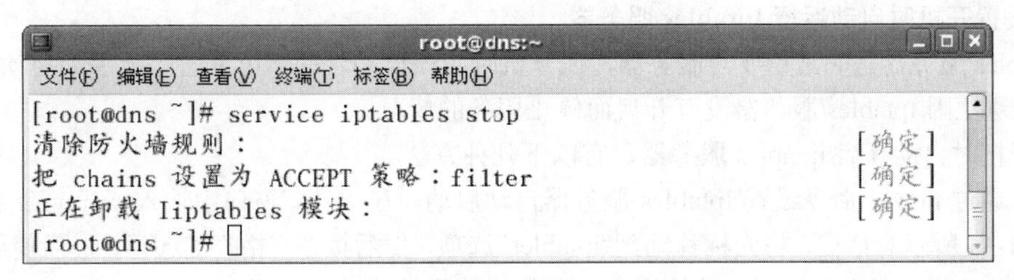

图 11-9　停止 Iptables 服务器

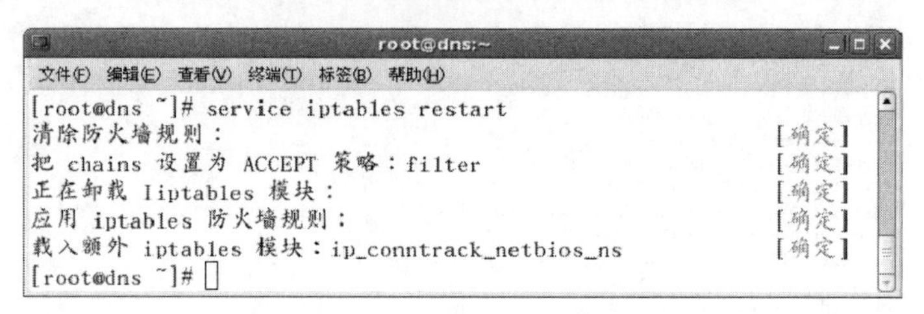

图 11-10 重新启动 Iptables 服务器

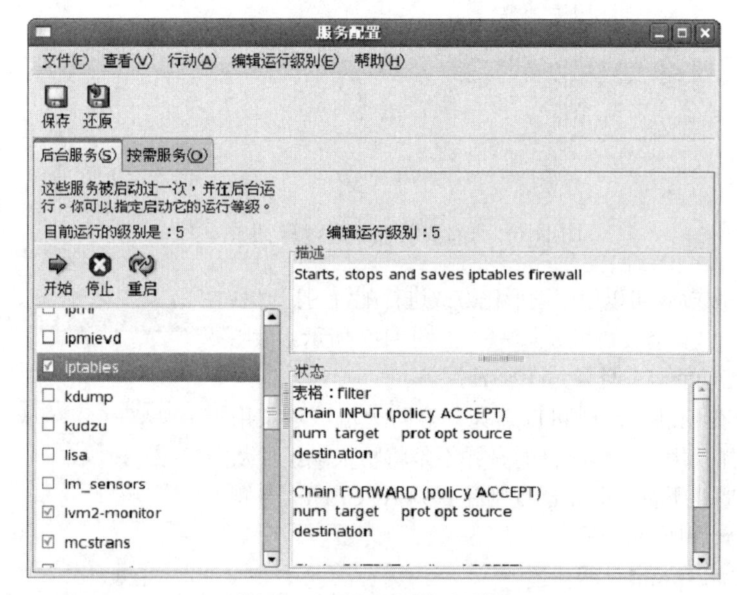

图 11-11 服务配置对话框

图 11-12 启动正常提示框

（2）利用图形化界面启动与关闭 Iptables 服务器。用户也可以利用图形化界面进行 Iptables 服务器的启动与关闭。在图形界面下使用"服务"对话框，进行 Iptables 服务器的启动与运行。单击"系统"菜单，选择"管理"选项，再选择"服务器设置"选项中的"服务"选项，出现如图 11-11 对话框。

选择"iptables"选项，利用"开始"、"停止"和"重启"标签，可以完成服务器的停止、开始以及重新启动。例如，单击"开始"标签，出现如图 11-12 所示界面，这样就说明 Iptables 服务器已经正常启动。

5. 查看 Iptables 服务器状态

可以利用如图 11-13 所示的方法查看 Iptables 服务器目前运行的状态。

6. 设置开机时自动运行 Iptables 服务器

Iptables 服务器是非常重要的服务器，在开机时应该自动启动，可节省每次手动启动的时间，并且可以避免因 Iptables 服务器没有开启而停止服务的情况。

在开机时自动开启 Iptables 服务器，有以下几种方法。

（1）通过 ntsysv 命令设置 Iptables 服务器自动启动。在"终端"窗口中输入 *ntsysv* 命令后，出现如图 11-14 所示对话框，将光标移动到"iptables"选项，然后按"空格"键选择，最后使用"Tab"键将光标移动到"确定"按钮，并按"Enter"键完成设置。

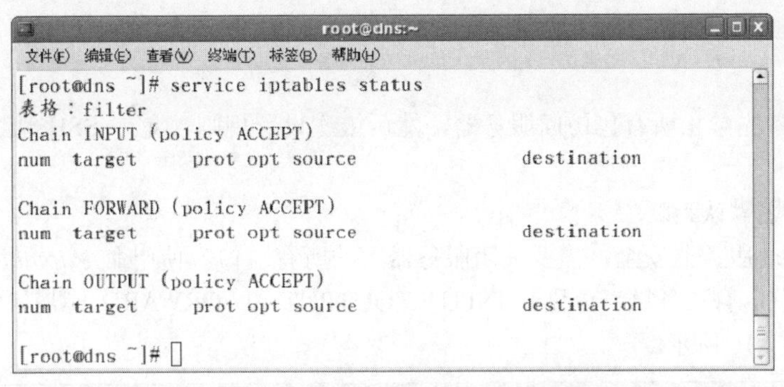

图 11-13　查看 Iptables 服务器状态

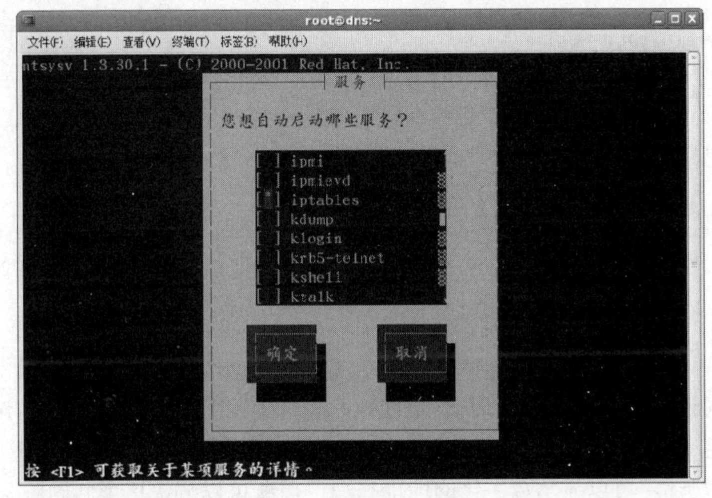

图 11-14　以“ntsysv”设置 Iptables 服务器自动启动

（2）以“服务配置”设置 Iptables 服务器自动启动。单击“系统”菜单，选择“管理”选项，再选择“服务器设置”选项中的“服务”选项，选择“iptables”选项，然后再选择上方工具栏中的“文件”|“保存”，即可完成设置。

（3）以“chkconfig”设置 Iptables 服务器自动启动。在“终端”窗口中输入指令 *chkconfig --level 5 iptables on*，如图 11-15 所示。

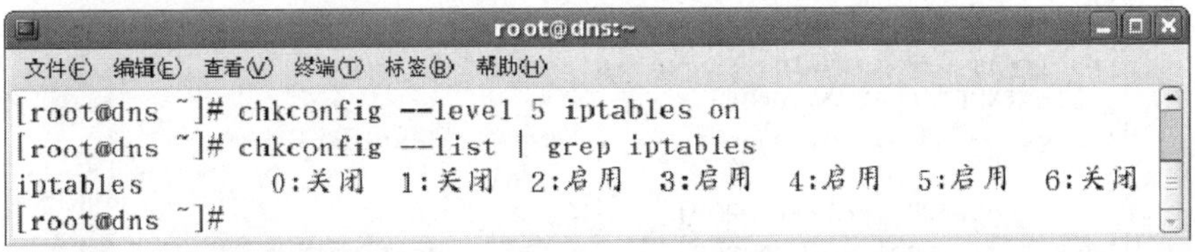

```
root@dns:~
文件(F) 编辑(E) 查看(V) 终端(T) 标签(B) 帮助(H)
[root@dns ~]# chkconfig --level 5 iptables on
[root@dns ~]# chkconfig --list | grep iptables
iptables        0:关闭  1:关闭  2:启用  3:启用  4:启用  5:启用  6:关闭
[root@dns ~]#
```

图 11-15　以“chkconfig”设置 Iptables 服务器自动启动

以上的指令表示如果系统运行 Run Level 5 时，即系统启动图形界面的模式时，将自动启动 Iptables 服务器，也可以配合“-list”参数的使用，显示每个 Level 是否自动运行 Iptables 服务器。

任务 2　配置 Iptables 服务器

1. 任务描述

管理员要为公司配置 Iptables 服务器，允许 SSH 服务、Web 服务、DNS 服务，禁止 FTP

服务。

2. 任务分析

网络管理员首先禁止所有包访问服务器，然后依次设置规则，允许 SSH 服务、Web 服务和 DNS 服务。

3. 改变防火墙默认策略

为了保证 Web 服务器安全，需要关闭服务器上的所有端口。使用命令 *iptables –L —n* 查看服务器上的默认设置，有三条链，分别是 INPUT、OUTPUT 和 FORWARD，默认的“policy”值是 ACCEPT，如图 11-16 所示。

图 11-16 查看服务器默认包过滤设置

命令 *iptables –L —n* 的作用是列出防火墙上所有规则。参数—L 的功能是列出表/链中的所有规则。包过滤防火墙只使用 filter 表，此表是默认的表，使用参数—L 就可列出 filter 表中的所有规则，但是使用这个命令时，iptables 将逆向解析 IP 地址，会花费很多时间，造成显示信息速度慢，但是使用参数—n，可以显示数字化的地址和端口，就可以解决这个问题。

从图 11-16 中可以看到，防火墙默认策略是允许所有的包通过，这对服务器来说是非常危险的。为了保证服务器安全，需要使用命令 *iptables –P*，将所有链的默认策略修改为禁止所有包通过，并且使用命令查看，发现“policy”值已修改为 DROP，如图 11-17 所示。

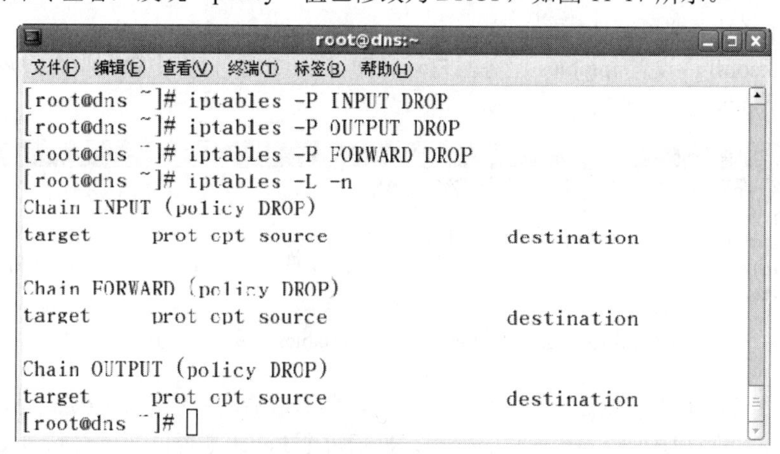

图 11-17 修改防火墙规则为禁止所有包通过

命令 iptables –P 的功能是为永久链指定默认策略。

4. 设置服务器允许 SSH 协议通过，提供远程登录功能

（1）查看 SSH 协议使用端口。客户端远程登录到服务器时，使用的是 SSH 协议，SSH 协议使用的端口，可以使用命令 *grep http /etc/services* 进行查看，如图 11-18 所示，可以看到 SSH 协议使用的端口是 22，传输层协议使用的是 TCP 协议。

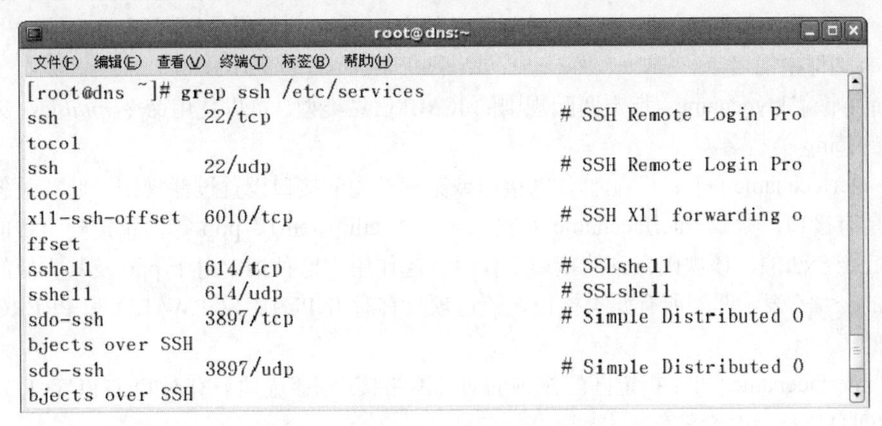

图 11-18 查看 http 协议使用的端口

（2）配置规则。使用命令 *iptables –A INPUT –p tcp –d 192.168.14.2 --dport 22 –j ACCEPT* 配置 INPUT 链，使用命令 *iptables –A OUTPUT –p tcp –s 192.168.14.2--sport 22 –j ACCEPT* 配置 OUTPUT 链，如图 11-19 所示。

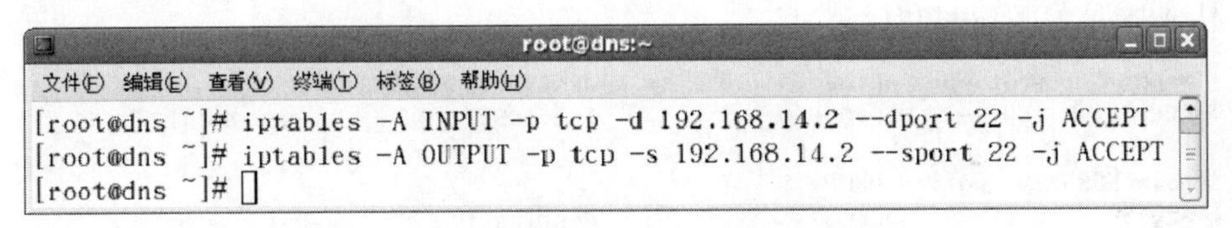

图 11-19　配置允许 ssh 协议通过的规则

客户端使用 22 端口远程访问服务器，访问请求通过 INPUT 链进入服务器，目的地址是本机地址 192.168.14.2，可以省略，目的端口是 22。当服务器的应答返回给客户端时，通过 OUPPUT 链传出去，同样使用 22 端口，源地址是服务器，可以省略。

（3）命令解释——iptables。命令 *iptables* 的功能是设置包过滤防火墙。命令 *iptables* 的格式是：

iptables [t table] CMD [chain] [rule matcher] [-j target]

① 操作命令

-A 或--append：在所选链的链尾加入一条或多条规则。

-D 或--delete：从所选链中删除一条或多条匹配的规则。

-L 或--list：列出指定链的所有规则，如果没有指定链，则列出所有链中的所有规则。

-F 或--flush：清除指定链和表中的所以规则，如果没有指定链，则将所有链都清空。

-P 或--policy：为永久链指定默认规则，即指定内置链策略。

-C 或--check：检查给定的包是否与指定链的规则相匹配。

-h：显示帮助信息。

② 规则匹配器

-p, [!] protocol：指出要匹配的协议，可以是 tcp、udp、icmp 和 all。协议名前缀“! ”为逻辑非，表示除去该协议之外的所有协议。

-s [!] address[/mask]：根据源地址或地址范围，确定是否允许或拒绝数据包通过过滤器。

--sport [!] port [:port]：指定匹配规则的源端口或端口范围，可以用端口号，也可以用

/etc/services 文件中的名字。

-d [!] address[/mask]：根据目的地址或地址范围，确定是否允许或拒绝数据包通过过滤器。

--dport [!] port [:port]：指定匹配规则的目的端口或端口范围，可以用端口号，也可以用/etc/services 文件中的名字。

--icmp-type [!] typename：指定匹配规则的 ICMP 信息类型，可以使用命令 *iptables –p icmp –h* 查看有效的 icmp 类型名。

-i [!] interfacename [+] ：匹配单独的接口或某种类型的接口设置过滤规则。此参数忽略时，默认符合所有接口。参数 interfacename 是接口名，如 eth0、eth1、ppp 等，指定一个目前不存在的接口是完全合法的，该规则直到此接口工作时才起作用。这种指定对于 ppp 及其类似的连接是非常有用的。“+”表示匹配所有此类接口，该选项只有对 INPUT、FORWARD 和 PREROUTING 链是合法的。

-o [!] interfacename [+] ：指定匹配规则的对外网络接口，该选项只有对 OUTPUT、FORWARD 和 POSTROUTING 链是合法的。

（4）使用命令 *iptables –L –n --line-numbers* 列出防火墙上所有规则，同时显示每个策略的行号，如图 11-20 所示。

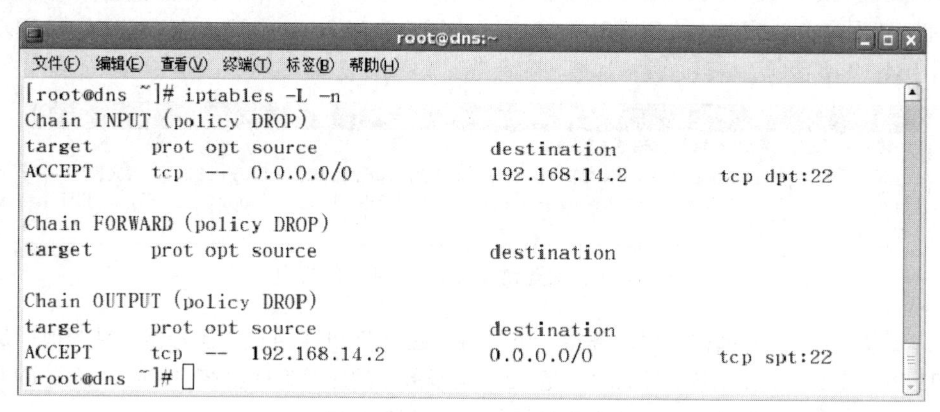

图 11-20　查看带行号的规则

（5）使用命令 *netstat –tnl* 查看本机开启的端口，如图 11-21 所示，虽然有很多端口开启，但是配置了包过滤策略后，只有通过 22 端口的数据包才能通过。

```
root@dns:~
文件(F) 编辑(E) 查看(V) 终端(T) 标签(B) 帮助(H)
[root@dns ~]# netstat -tnl
Active Internet connections (only servers)
Proto Recv-Q Send-Q Local Address        Foreign Address      State
tcp        0      0 127.0.0.1:2208       0.0.0.0:*            LISTEN
tcp        0      0 0.0.0.0:111          0.0.0.0:*            LISTEN
tcp        0      0 127.0.0.1:631        0.0.0.0:*            LISTEN
tcp        0      0 0.0.0.0:926          0.0.0.0:*            LISTEN
tcp        0      0 127.0.0.1:2207       0.0.0.0:*            LISTEN
tcp        0      0 :::22                :::*                 LISTEN
[root@dns ~]#
```

图 11-21 查看本机开启的端口

（6）使用命令 *service iptables save* 将已经设置的规则进行保存，如图 11-22 所示，该命令将规则存在文件/etc/sysconfig/iptables 中，也可以使用命令 *iptables-save > /etc/sysconfig/iptables* 将规则追加到文件中，服务器在重新启动时，会自动加载 iptables 中的规则。

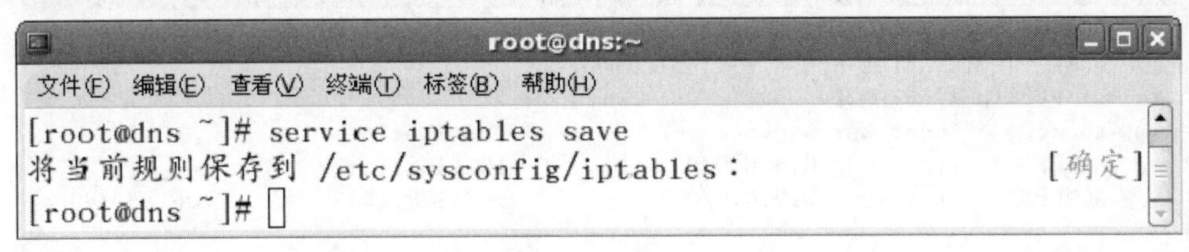

图 11-22　保存规则

5. 设置服务器允许 http 协议通过，提供 Web 服务

（1）查看 http 协议使用端口。客户端访问 Web 服务器时，使用的是 http 协议，对于 http 协议使用的端口，可以使用命令 grep http /etc/services 进行查看，如图 11-23 所示，可以看到 http 协议使用的端口是 80，传输层协议使用的是 TCP 协议。

```
root@dns:~
文件(F) 编辑(E) 查看(V) 终端(T) 标签(B) 帮助(H)
[root@dns ~]# grep http /etc/services
#       http://www.iana.org/assignments/port-numbers
http            80/tcp          www www-http    # WorldWideWeb HTTP
http            80/udp          www www-http    # HyperText Transfer Protocol
https           443/tcp                         # MCom
https           443/udp                         # MCom
gss-http        488/tcp
gss-http        488/udp
http-alt        8008/tcp
http-alt        8008/udp
http-mgmt       280/tcp                         # http-mgmt
```

图 11-23　查看 http 协议使用的端口

（2）配置规则。使用命令 *iptables –A INPUT –p tcp –d 192.168.14.2 --dport 80 –j ACCEPT* 配置 INPUT 链，使用命令 *iptables –A OUTPUT –p tcp –s 192.168.14.2--sport 80 –j ACCEPT* 配置 OUTPUT 链，如图 11-24 所示。

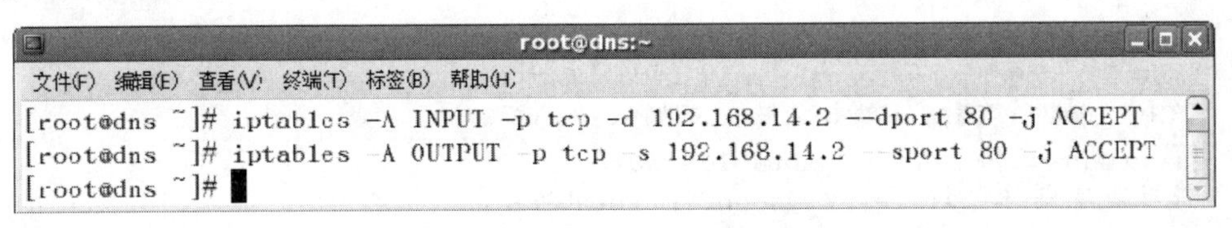

图 11-24　配置允许 http 协议通过的规则

客户端使用 80 端口访问 Web 服务器，访问请求通过 INPUT 链进入服务器，目的地址是本机地址 192.168.14.2，可以省略，目的端口是 80；当 Web 服务器的应答返回给客户端时，通过 OUPPUT 链传出去，同样使用 80 端口，源地址是 Web 服务器，可以省略。

（3）使用命令 *iptables –L —n --line-numbers* 列出防火墙上所有规则，同时显示每个策略的行号，如图 11-25 所示。

（4）使用命令 *netstat –tnl* 查看本机开启的端口，如图 11-26 所示，虽然有很多端口开启，但是配置了包过滤策略后，只有通过 80 端口的数据包才能通过。

（5）使用命令 *service iptables save* 将已经设置的规则进行保存，如图 11-27 所示，该命令将规则存在文件/etc/sysconfig/iptables 中，也可以使用命令 *iptables-save > /etc/sysconfig/iptables* 将规则追加到文件中，服务器在重新启动时，会自动加载 iptables 中的规则。

```
[root@dns ~]# iptables -L -n --line-numbers
Chain INPUT (policy DROP)
num  target     prot opt source               destination
1    ACCEPT     tcp  --  0.0.0.0/0            192.168.14.2        tcp dpt:22
2    ACCEPT     tcp  --  0.0.0.0/0            192.168.14.2        tcp dpt:80

Chain FORWARD (policy DROP)
num  target     prot opt source               destination

Chain OUTPUT (policy DROP)
num  target     prot opt source               destination
1    ACCEPT     tcp  --  192.168.14.2         0.0.0.0/0           tcp spt:22
2    ACCEPT     tcp  --  192.168.14.2         0.0.0.0/0           tcp spt:80
[root@dns ~]#
```

图 11-25　查看带行号的规则

```
tcp        0      0 127.0.0.1:631               0.0.0.0:*                   LISTEN
tcp        0      0 0.0.0.0:924                 0.0.0.0:*                   LISTEN
tcp        0      0 0.0.0.0:445                 0.0.0.0:*                   LISTEN
tcp        0      0 127.0.0.1:2207              0.0.0.0:*                   LISTEN
tcp        0      0 :::80                       :::*                        LISTEN
tcp        0      0 :::22                       :::*                        LISTEN
tcp        0      0 :::443                      :::*                        LISTEN

[root@dns ~]#
```

图 11-26　查看本机开启的端口

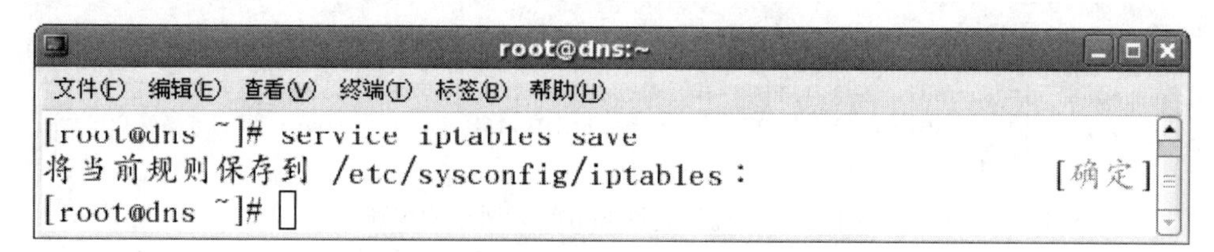

图 11-27　保存规则

6. 设置 DNS 服务请求允许通过

现在只有 http 协议可以通过服务器，但是客户端访问 Web 网站时，必须使用域名解析服务，所以一定要允许 DNS 服务通过服务器。

（1）使用命令 *grep domain /etc/services* 查看 DNS 服务端口，如图 11-28 所示，使用端口 53。

（2）使用命令 *iptables –A OUTPUT –p udp --dport 53 –j ACCEPT*，配置 Web 服务器发出的域名解析请求允许通过，再使用命令 *iptables –A INPUT –p udp --sport 53 –j ACCEPT*，配置允许 DNS 服务器的应答通过 Web 服务器，如图 11-29 所示。

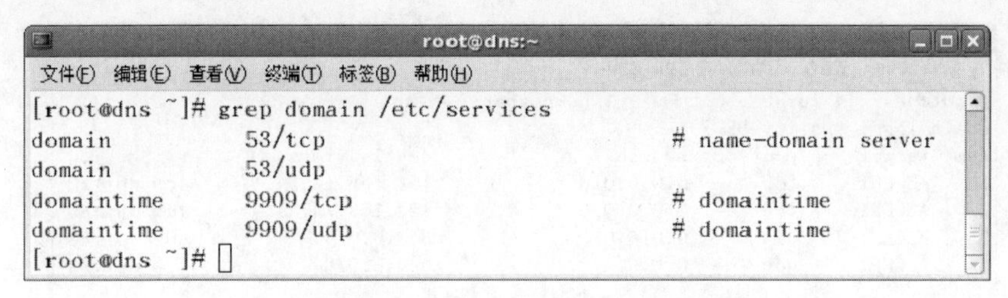

图 11-28　查看 DNS 服务使用的端口

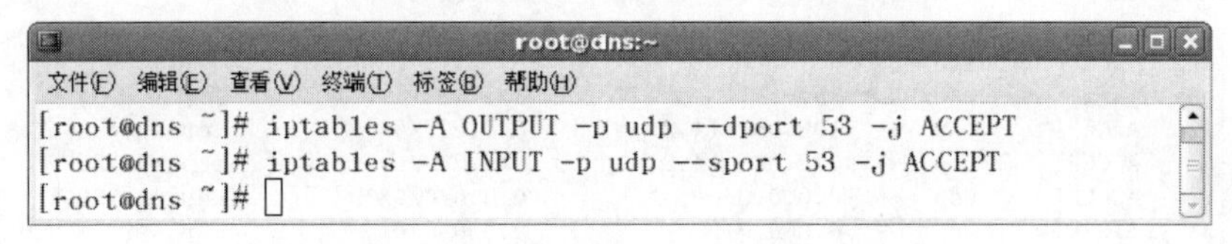

图 11-29　配置允许 DNS 客户机通过的规则

（3）使用命令 *iptables –L –n* 查看配置的策略，如图 11-30 所示，此时服务器上已经有两个规则，分别允许 80 端口和 53 端口的访问。

```
root@dns:~
文件(F) 编辑(E) 查看(V) 终端(T) 标签(B) 帮助(H)
[root@dns ~]# iptables -L -n --line-numbers
Chain INPUT (policy DROP)
num  target     prot opt source               destination
1    ACCEPT     tcp  --  0.0.0.0/0            192.168.14.2        tcp dpt:22
2    ACCEPT     tcp  --  0.0.0.0/0            192.168.14.2        tcp dpt:80
3    ACCEPT     udp  --  0.0.0.0/0            0.0.0.0/0           udp spt:53

Chain FORWARD (policy DROP)
num  target     prot opt source               destination

Chain OUTPUT (policy DROP)
num  target     prot opt source               destination
1    ACCEPT     tcp  --  192.168.14.2         0.0.0.0/0           tcp spt:22
2    ACCEPT     tcp  --  192.168.14.2         0.0.0.0/0           tcp spt:80
3    ACCEPT     udp  --  0.0.0.0/0            0.0.0.0/0           udp dpt:53
[root@dns ~]#
```

图 11-30　查看服务器规则

（4）如果 Web 服务器本身也是域名服务器，Web 服务器是作为 DNS 客户机配置的规则，只允许域名解析请求发出和接收来自 DNS 服务器的应答，如果 Web 服务器本身也是域名服务器，需要设置规则允许接收来自 DNS 客户端的请求和允许返回客户端的应答规则，分别使用命令，*iptables –A INPUT –p udp --dport 53 –j ACCEPT* 和 *iptables –A OUTPUT –p udp --dport 53 –j ACCEPT* 如图 11-31 所示。

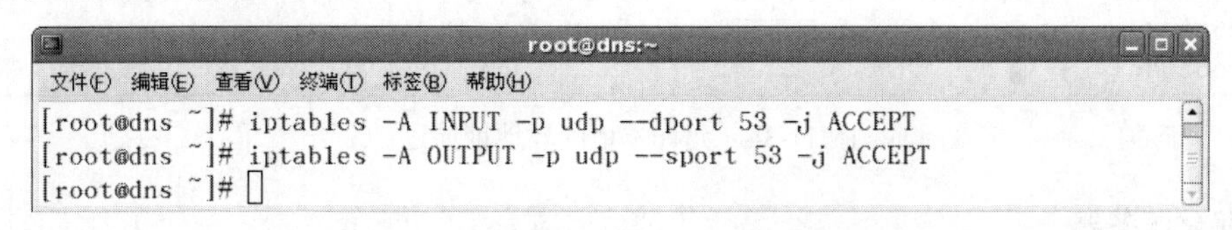

图 11-31　配置允许 DNS 服务器通过的规则

（5）使用命令 *iptables –L –n* 查看配置的策略，如图 11-32 所示。这说明如果一个主机既是客户机又是服务器，则需要设置两个规则。

7. 设置允许本地服务通过

使用命令 *netstat –tnl* 查看本机开启的服务，如图 11-33 所示，

```
[root@dns ~]# iptables -L -n --line-numbers
Chain INPUT (policy DROP)
num  target     prot opt source               destination
1    ACCEPT     tcp  --  0.0.0.0/0            192.168.14.2        tcp dpt:22
2    ACCEPT     tcp  --  0.0.0.0/0            192.168.14.2        tcp dpt:80
3    ACCEPT     udp  --  0.0.0.0/0            0.0.0.0/0           udp spt:53
4    ACCEPT     udp  --  0.0.0.0/0            0.0.0.0/0           udp dpt:53

Chain FORWARD (policy DROP)
num  target     prot opt source               destination

Chain OUTPUT (policy DROP)
num  target     prot opt source               destination
1    ACCEPT     tcp  --  192.168.14.2         0.0.0.0/0           tcp spt:22
2    ACCEPT     tcp  --  192.168.14.2         0.0.0.0/0           tcp spt:80
3    ACCEPT     udp  --  0.0.0.0/0            0.0.0.0/0           udp dpt:53
4    ACCEPT     udp  --  0.0.0.0/0            0.0.0.0/0           udp spt:53
[root@dns ~]#
```

图 11-32　查看规则

```
[root@dns ~]# netstat -tnl
Active Internet connections (only servers)
Proto Recv-Q Send-Q Local Address               Foreign Address             State
tcp        0      0 127.0.0.1:2208              0.0.0.0:*                   LISTEN
tcp        0      0 0.0.0.0:139                 0.0.0.0:*                   LISTEN
tcp        0      0 0.0.0.0:111                 0.0.0.0:*                   LISTEN
tcp        0      0 127.0.0.1:631               0.0.0.0:*                   LISTEN
tcp        0      0 0.0.0.0:924                 0.0.0.0:*                   LISTEN
tcp        0      0 0.0.0.0:445                 0.0.0.0:*                   LISTEN
tcp        0      0 127.0.0.1:2207              0.0.0.0:*                   LISTEN
tcp        0      0 :::80                       :::*                        LISTEN
tcp        0      0 :::22                       :::*                        LISTEN
tcp        0      0 :::443                      :::*                        LISTEN
[root@dns ~]#
```

图 11-33　查看本机服务

在图 11-33 中，发现有很多默认端口守候在 127.0.0.1 地址，即使本机客户端在访问本机服务器时，也会被拒绝。如果本地回环地址不开启，将会导致本机内部不能正常运行，而打开服务器也不会造成不良影响，所以可以使用命令 *iptables A INPUT –s 127.0.0.1 –d 127.0.0.1 –j ACCEPT* 和命令 *iptables A OUTPUT –s 127.0.0.1 –d 127.0.0.1 –j ACCEPT*，允许本地回环地址通过，如图 11-34 所示。

```
[root@dns ~]# iptables -A INPUT -s 127.0.0.1 -d 127.0.0.1 -j ACCEPT
[root@dns ~]# iptables -A OUTPUT -s 127.0.0.1 -d 127.0.0.1 -j ACCEPT
[root@dns ~]#
```

图 11-34　允许本地回环地址通过

8. 优化服务器

包过滤防火墙基本上已经配置完成了，仔细分析这些策略，可以发现防火墙配置还不够严密，还有可能存在被利用的弱点。分析配置在 80 端口上的规则，客户端的请求通过 INPUT 链进入服务器，必须接收，这没有问题，但是服务器经过 OUTPUT 链返回的应答就存在安全隐患。万一服务器产生漏洞，被病毒利用，从 80 端口主动发出一个请求，是否允许通过，按照规则是允许通过的。为了防止没有请求过的包从 80 端口出去，管理员需要为从服务器发出的包检查状态，检查发出的包是否是客户端请求的包，Linux 支持这样的匹配检查。

使用命令 *iptables –A OUTPUT –p tcp --sport 80 –m state --state ESTABLISHED –j ACCEPT*，为从服务器发出的包进行状态匹配，只有和本机建立过的连接才允许从 80 端口出去，如图 11-35 所示。

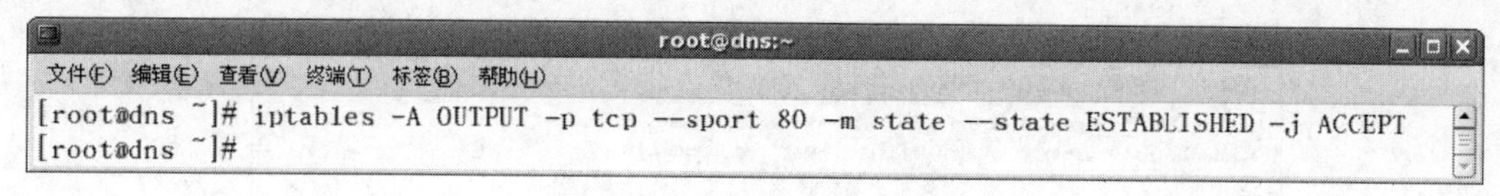

图 11-35　配置检查状态规则

使用命令 *iptables –L –n --list-numbers* 查看配置的策略，如图 11-36 所示。

```
root@dns:~
文件(F) 编辑(E) 查看(V) 终端(T) 标签(B) 帮助(H)
[root@dns ~]# iptables -L -n --line-numbers
Chain INPUT (policy DROP)
num  target     prot opt source               destination
1    ACCEPT     tcp  --  0.0.0.0/0            192.168.14.2        tcp dpt:22
2    ACCEPT     tcp  --  0.0.0.0/0            192.168.14.2        tcp dpt:80
3    ACCEPT     udp  --  0.0.0.0/0            0.0.0.0/0           udp spt:53
4    ACCEPT     udp  --  0.0.0.0/0            0.0.0.0/0           udp dpt:53
5    ACCEPT     all  --  127.0.0.1            127.0.0.1

Chain FORWARD (policy DROP)
num  target     prot opt source               destination

Chain OUTPUT (policy DROP)
num  target     prot opt source               destination
1    ACCEPT     tcp  --  192.168.14.2         0.0.0.0/0           tcp spt:22
2    ACCEPT     tcp  --  192.168.14.2         0.0.0.0/0           tcp spt:80
3    ACCEPT     udp  --  0.0.0.0/0            0.0.0.0/0           udp dpt:53
4    ACCEPT     udp  --  0.0.0.0/0            0.0.0.0/0           udp spt:53
5    ACCEPT     all  --  127.0.0.1            127.0.0.1
6    ACCEPT     tcp  --  0.0.0.0/0            0.0.0.0/0           tcp spt:80
state ESTABLISHED
[root@dns ~]#
```

图 11-36　查看规则

使用命令 *iptables –D OUTPUT 2*，删除 OUTPUT 链中的第一条规则，并查看结果如图 11-37 所示。

```
root@dns:~
文件(F) 编辑(E) 查看(V) 终端(T) 标签(B) 帮助(H)
[root@dns ~]# iptables -L -n --line-numbers
Chain INPUT (policy DROP)
num  target     prot opt source               destination
1    ACCEPT     tcp  --  0.0.0.0/0            192.168.14.2        tcp dpt:22
2    ACCEPT     tcp  --  0.0.0.0/0            192.168.14.2        tcp dpt:80
3    ACCEPT     udp  --  0.0.0.0/0            0.0.0.0/0           udp spt:53
4    ACCEPT     udp  --  0.0.0.0/0            0.0.0.0/0           udp dpt:53
5    ACCEPT     all  --  127.0.0.1            127.0.0.1

Chain FORWARD (policy DROP)
num  target     prot opt source               destination

Chain OUTPUT (policy DROP)
num  target     prot opt source               destination
1    ACCEPT     tcp  --  192.168.14.2         0.0.0.0/0           tcp spt:22
2    ACCEPT     tcp  --  192.168.14.2         0.0.0.0/0           tcp spt:80
3    ACCEPT     udp  --  0.0.0.0/0            0.0.0.0/0           udp dpt:53
4    ACCEPT     udp  --  0.0.0.0/0            0.0.0.0/0           udp spt:53
5    ACCEPT     all  --  127.0.0.1            127.0.0.1
6    ACCEPT     tcp  --  0.0.0.0/0            0.0.0.0/0           tcp spt:80
state ESTABLISHED
[root@dns ~]#
```

图 11-37　删除规则

9. 使用配置文件配置防火墙

防火墙的配置除了使用命令 iptables 以外，也可以使用配置文件进行操作，配置文件是/etc/sysconfig/iptables，可使用 Vi 编辑器打开，如图 11-38 所示，可以直接进行编辑。

```
root@dns:~
文件(F) 编辑(E) 查看(V) 终端(T) 标签(B) 帮助(H)
# Firewall configuration written by system-config-securitylevel
# Manual customization of this file is not recommended.
*filter
:INPUT ACCEPT [0:0]
:FORWARD ACCEPT [0:0]
:OUTPUT ACCEPT [0:0]
:RH-Firewall-1-INPUT - [0:0]
-A INPUT -j RH-Firewall-1-INPUT
-A FORWARD -j RH-Firewall-1-INPUT
-A RH-Firewall-1-INPUT -i lo -j ACCEPT
-A RH-Firewall-1-INPUT -p icmp --icmp-type any -j ACCEPT
-A RH-Firewall-1-INPUT -p 50 -j ACCEPT
-A RH-Firewall-1-INPUT -p 51 -j ACCEPT
 A RH Firewall 1 INPUT  p udp   dport 5353  d 224.0.0.251  j ACCEPT
-A RH-Firewall-1-INPUT -p udp -m udp --dport 631 -j ACCEPT
-A RH-Firewall-1-INPUT -p tcp -m tcp --dport 631 -j ACCEPT
-A RH-Firewall-1-INPUT -m state --state ESTABLISHED,RELATED -j ACCEPT
-A RH-Firewall-1-INPUT -m state --state NEW -m tcp -p tcp --dport 22 -j ACCEPT
-A RH-Firewall-1-INPUT -j REJECT --reject-with icmp-host-prohibited
COMMIT
~
~
```

图 11-38　防火墙的配置文件

任务 3　客户端验证防火墙

1. 任务描述

在防火墙服务器设置完成后，利用客户端进行测试，以确保防火墙规则设置成功。

2. 任务分析

为了验证防火墙规则，需要在设置之前和设置之后进行访问，使用 SSH 服务协议进行验证。

3. 了解 SSH

SSH 是一个在应用程序中提供安全通信的协议，通过 SSH 可以安全地访问服务器，因为 SSH 基于成熟的公钥加密体系，把所有传输的数据进行加密，保证数据在传输时不被恶意破坏、泄露和篡改。SSH 还使用了多种加密和认证方式，解决了传输中数据加密和身份认证的问题，能有效防止网络嗅探和 IP 欺骗等攻击。

目前 SSH 协议已经经历了 SSH 1 和 SSH 2 两个版本，它们使用了不同的协议来实现，二者互不兼容。SSH 2 不管在安全、功能上，还是在性能上都比 SSH 1 有优势，所以目前被广泛使用的是 SSH2。

4. 使用 putty 软件测试

从客户机 Windows 使用 SSH 服务远程登录到 Linux 服务器上，可以使用 Putty 软件，该软件可以从互联网上下载。

（1）首先在 Linux 上使用命令 *service sshd start* 开启 SSH 服务功能，如图 11-39 所示。

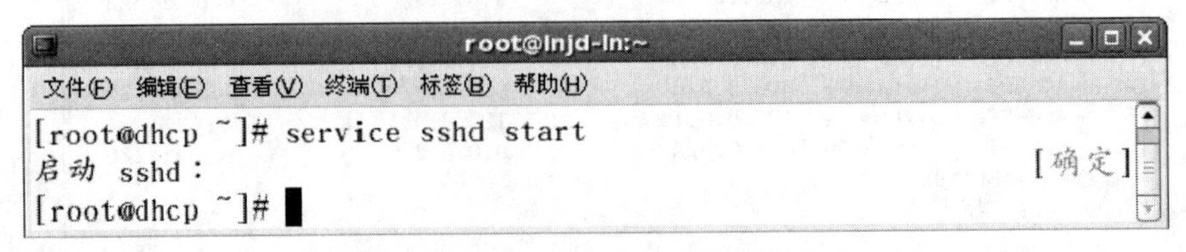

图 11-39　启动 SSH 服务

（2）在 Windows 上，打开 Putty 软件，输入防火墙的 IP 地址 192.168.14.2，端口使用默认端口 22，协议选择 SSH，如图 11-40 所示。

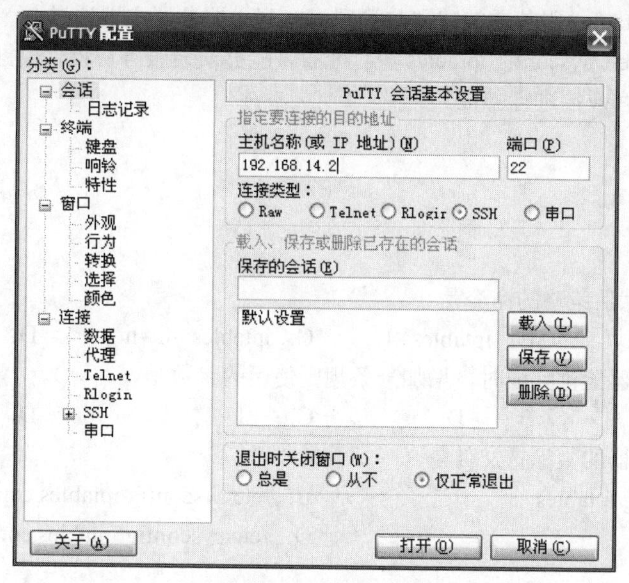

图 11-40　使用 Putty 软件远程登录

（3）在出现的提示中，如图 11-41 所示，按照要求在“login as”中输入用户名“root”，再输入用户 root 的密码，即可成功登录到 Linux 服务器。

图 11-41　输入用户名和密码

（4）改变防火墙默认策略为禁止所有数据包通过，使用命令 *iptables –P　INPUT DROP*、*iptables –P OUTPUT DROP*、*iptables –P FORWARD DROP* 后，断开 putty 连接，再次进行连接，出现如图 11-42 所示提示，不能登录。

图 11-42　防护墙拒绝登录

（5）使用命令 *iptables –A INPUT –p tcp –d 192.168.14.2 --dport 22 –j ACCEPT* 配置 INPUT 链，使用命令 *iptables –A OUTPUT –p tcp –s 192.168.14.2--sport 22 –j ACCEPT* 配置 OUTPUT 链，运行 SSH 服务通过。

（6）再次使用 putty 登录，又能成功登录了。

项目总结

本项目学习了 Iptables 服务器的建立与管理，Iptables 服务器主要通过命令 iptables 进行配置，也可以通过配置文件/etc/sysconfig/iptables 进行配置，能够安装服务协议，根据网络需求进行各种服务器过滤，并能在客户端进行验证。

项目练习

一、选择题

1．查看防火墙默认策略的命令是（　　）。

A．iptables—L　　B．iptables –l　　C．iptables –L –n　　D．iptables save

2．Iptables 服务器配置完成时，增加一条规则使用的参数是（　　）。

A．A　　B．—D　　C．—P　　D．—F

3．Iptables 服务器的主配置文件是（　　）。

A．/etc/sysconfig/iptables　　B．/etc/sysconfig/iptables.conf

C．/etc/iptables　　D．/etc/sysconfig/iptables.conf

二、填空题

1．防火墙的种类包括__________、__________和__________三种。

2．重启 Iptables 服务器使用命令__________。

3．Netfilter/iptables IP 信息包过滤系统被称为单个实体，它由两个组件__________和__________组成。

4．设置 Iptables 服务器开机自动运行的命令是__________。

三、实训：配置 Iptables 服务器

1．实训目的

（1）掌握 Iptables 服务器的基本知识。

（2）能够配置 Iptables 服务器，允许服务器运行 SSH 登录、提供 Web 服务和 FTP 服务。

（3）能够进行客户端验证。

2．实训环境

（1）Linux 服务器。

（2）Windows 客户机。

3．实训内容

（1）规划 Iptables 服务器，并画出网络拓扑图。

（2）配置 Iptables 服务器。

（3）在客户端进行验证。

（4）设置 Iptables 服务器自动运行。

4．实训要求

实训分组进行，可以 2 人一组，小组讨论，确定方案后进行讲解，教师给予指导，全体学生参与评价。方案实施过程中，一台计算机作为 Iptables 服务器，另一台计算机作为客户机，要轮流进行角色转换。

5．实训总结

完成实训报告，总结项目实施中出现的问题。

项目 12　架设 NAT

12.1　项目背景分析

NAT（Network Address Translation），即网络地址转换，是解决内网用户访问互联网常用的方式，它位于使用专用地址 Intranet 和使用公网地址 Internet 之间，主要功能包括：从 Intranet 传出的数据包由 NAT 将它们的专用地址转换为公用地址，从 Internet 传入的数据包由 NAT 将它们的公用地址转换为专用地址，支持多重服务器和负载均衡，实现透明代理。

【能力目标】

① 理解 NAT 原理；
② 理解 Netfilter/iptables 系统；
③ 能够配置 NAT。

【项目描述】

某公司网络管理员，要以 Linux 网络操作系统为平台配置 NAT，实现公司不同网络之间互访，公司局域网拓扑如图 12-1 所示。

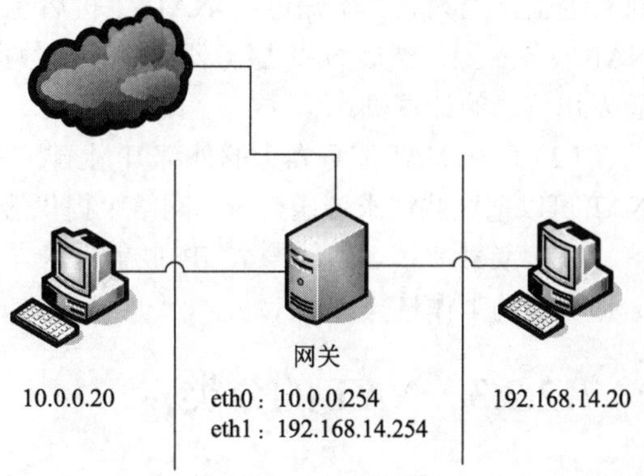

网关
10.0.0.20
eth0：10.0.0.254
eth1：192.168.14.254
192.168.14.20

图 12-1　某公司局域网拓扑

【项目要求】

① 网关安装了双网卡，eht0 接口的 IP 是 10.0.0.1/24，eth1 接口的 IP 地址是 192.168.14.2/24。
② 该公司有两个内部网络，网络地址分别是 10.0.0.0/24 和 192.168.14.0/24。
③ 在网关上配置 SNAT（源地址转换），实现两个网络之间的互相访问。
④ 在网关上配置 DNAT（目的地址转换），保护 Web 服务器 192.168.14.5。

【项目提示】

公司的网络管理员需要首先完成 Iptables 安装，在项目 11 中已经完成了安装，并且将默认规则设置为所有数据包不能通过，设置了在端口 80 和 53 的 INPUT 和 OUTPUT 规则。本任务要继续使用 Iptbales 进行 NAT 设置，配置 SNAT，实现 10.0.0.0 和 192.168.14.0 两个网络之间能够互相访问；配置 DNAT，保护 Web 服务器 192.168.14.5，使客户端访问 Web 服务器时隐藏实际地址。

12.2　项目相关知识

12.2.1　NAT 原理

NAT 主要是用来简化和保存 IP 地址，它可让原来无法连接互联网，但是可以使用内部私有地址的主机成功接入互联网，私有地址有 10.0.0.0/8、172.16.0.0/12 和 192.168.0.0/16，这些地址可以在局域网中重复使用，因为整个网络都可以凭借 NAT 上的一个外网 IP 地址接入互联网，大大减少 IP 地址的需求。NAT 的工作原理如图 12-2 所示。

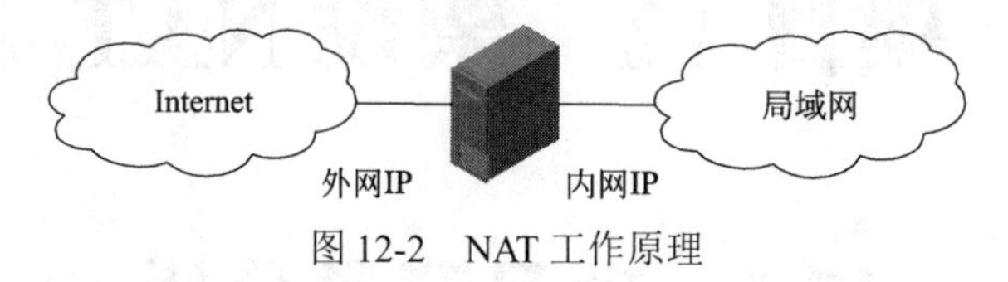

图 12-2　NAT 工作原理

12.2.2　NAT 的优点

NAT 是通过修改数据包的源 IP 地址、目的 IP 地址、源端口和目的端口来实现的。NAT 的优点主要有以下几点。

（1）减少 IP 地址使用量。在使用 NAT 以后，互联网上的主机会误以为它正在与 NAT 服务器进行通信，因为它并不知道在 NAT 主机后包含一个局域网。于是，回传的数据包会直接发送到 NAT 服务器上，然后 NAT 服务器再将这个数据包头文件目的地址的 IP 地址，更改为局域网中真正发出信息的计算机。

（2）可在 NAT 服务器上的外部 IP 上建立多个“IP 映射”。当收到传给哪些 IP 映射的请求时，NAT 可以把这些请求转送给内部网络中提供服务的服务器。

（3）负载平衡。将同一个 IP 映射请求，分别导向到其他运行相同服务的服务器，可减少单一服务器的工作量。

12.2.3　NAT 的分类

NAT 分为以下两种不同的类型。

（1）源 NAT（Source NAT，SNAT）。SNAT 是指修改第一个包的源地址，即改变连接的来源地。Linux 操作系统的伪装（Masquerading）非常出名，SNAT 会在包送出之前的最后一刻做好 Post-Routing 动作，它是 NAT 的一种特殊形式。

（2）目的 NAT（Detiantion NAT，DNAT）。DNAT 是指修改第一个包的目的地址，即改变连接的目的地。DNAT 总是在包进入之后立刻进行 Pre-Routing 动作。端口转发、负载均衡和透明代理都属于 DNAT。

12.2.4　Linux 内核的 Netfilter 架构

在项目 11 中，介绍了 filter 表中有 INPUT 链、OUTPUT 链和 FORWARD 链。在 Netfilter/iptables 系统的内核空间中共有三个默认的表，每个表中可用的链见表 12-1。

表 12-1　Netfilter/iptables 内核空间默认的表和链

表名	链名	可使用的目标动作	描述
filter	INPUT OUTPUT FORWARD	ACCEPT DROP REJECT LOG TOS	包过滤

续表

表名	链名	可使用的目标动作	描述
nat	PREROUTING OUTPUT POSTROUTING	SNAT MASQUERADE DNAT REDIRECT	IP NAT 和 IP 伪装
mangle	PREROUTING POSTROUTING INPUT OUTPUT FORWARD	TTL TOS MARK	允许通过改变包的内容进一步“矫正”包

本任务重点使用 nat 表，mangle 表不经常使用，目前还在开发中。

12.2.5 NAT 的工作原理

NAT 的工作过程如下。

（1）用户使用 iptables 命令，在用户空间设置 NAT 规则，这些规则存储在内核空间的 NAT 表中。这些规则具有目标，它们告诉内核对特定的信息包做些什么。

根据规则所处理的信息包的类型，可以将规则分组在以下三个链中：

① SNAT 的信息包被添加到 POSTROUTING 链中；

② DNAT 的信息包被添加到 PREROUTING 链中；

③ 直接从本地出站的信息包的规则被添加到 OUTPUT 链中。

POSTROUTING 链、PREROUTING 链和 OUTPUT 链是系统默认的 nat 表中的 3 个默认主链。

（2）内核空间接管 NAT 工作。当规则建立并将链放在 NAT 表之后，就可以进行真正的信息包过滤工作了，这时内核空间从用户空间接管工作。

Netfilter/iptables 系统实现数据包过滤的过程如图 12-3 所示。

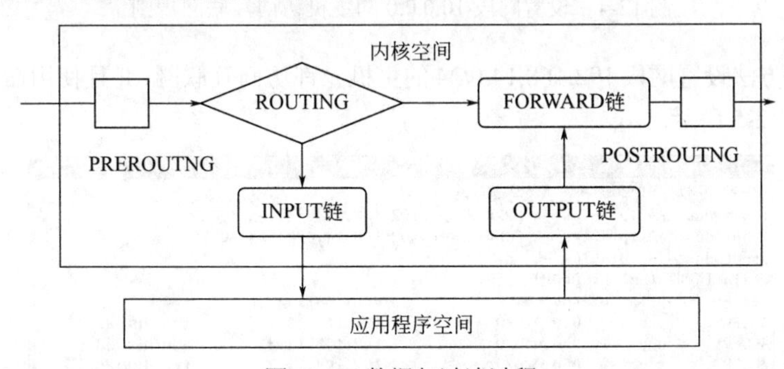

图 12-3 数据包过滤过程

NAT 工作要经过如下步骤。

① DNAT。若包是被送往 PREROUTING 链的，并且匹配了规则，则执行 DNAT 或 REDIRECT 目标。为了使用数据包得到正确路由，必须在路由之间进行 DNAT。

② 路由。内核检查数据包的头信息，尤其是数据包的目的地。

③ 处理本进程产生的包。对 nat 表 OUTPUT 链中的规则实施规则检查，对匹配的包执行目标动作。

④ SNAT。若包是被送往 POSTROUTING 链的，并且匹配了规则，则执行 SNAT 或

MASQUERADE 目标。系统在决定了数据包的路由之后才执行该链中的规则。

12.3 项 目 实 施

任务 配置 NAT

1. 任务描述

管理员要为公司配置 NAT，实现 SNAT 和 DNAT。

2. 任务分析

本任务要使用 Iptbales 进行 NAT 设置，配置 SNAT，实现 10.0.0.0 和 192.168.14.0 两个网络之间能够互相访问，配置 DNAT，保护 Web 服务器 192.168.14.5，使客户端访问 Web 服务器时隐藏实际地址。

3. 配置 FORWARD 链

在项目 11 中配置了 INPUT 链和 OUTPUT 链，没有设置 FORWARD 链，FORWARD 链的配置方法和 INPUT 链、OUTPUT 链是一样的，不同的是经过 FORWARD 链的数据包不是发给本机，而是通过本地路由发送给别人的。只有在路由器上才需要设置 FORWARD 链，现在让网关承担路由器的功能，让局域网的数据包通过该网关接入互联网，使用命令 *iptables –A FORWARD –s 10.0.0.0/24 –j ACCEPT*，设置允许网段为 10.0.0.0/24 的主机访问互联网的规则，再使用命令 *iptables –A FORWARD –d 10.0.0.0/24* –j ACCEPT，设置允许互联网访问网段 10.0.0.0/24 的主机的规则，如图 12-4 所示。

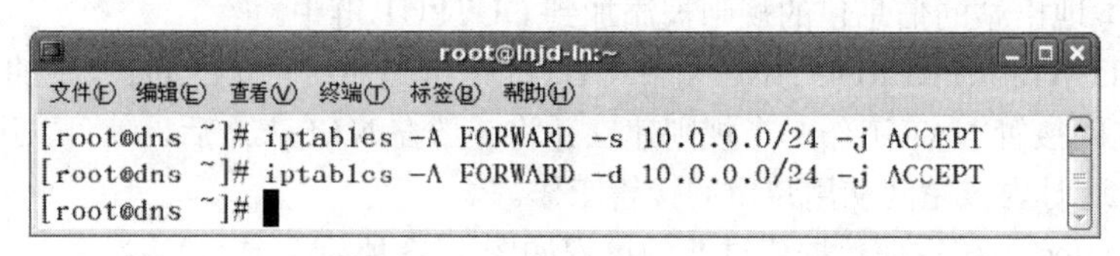

图 12-4 设置网段 10.0.0.0 的主机访问互联网规则

使用同样的方法设置网段 192.168.14.0/24 的主机允许访问互联网，并且使用命令 *iptables -L -n* 进行查看，如图 12-5 所示。

```
root@lnjd-ln:~
文件(F) 编辑(E) 查看(V) 终端(T) 标签(B) 帮助(H)
[root@dns ~]# iptables -A FORWARD -s 192.168.14.0/24 -j ACCEPT
[root@dns ~]# iptables -A FORWARD -d 192.168.14.0/24 -j ACCEPT
[root@dns ~]# iptables -L -n
Chain INPUT (policy DROP)
target     prot opt source               destination
ACCEPT     tcp  --  0.0.0.0/0            192.168.14.2        tcp dpt:22
ACCEPT     udp  --  0.0.0.0/0            192.168.14.2        udp dpt:53
ACCEPT     tcp  --  0.0.0.0/0            192.168.14.2        tcp dpt:80

Chain FORWARD (policy DROP)
target     prot opt source               destination
ACCEPT     all  --  10.0.0.0/24          0.0.0.0/0
ACCEPT     all  --  0.0.0.0/0            10.0.0.0/24
ACCEPT     all  --  192.168.14.0/24      0.0.0.0/0
ACCEPT     all  --  0.0.0.0/0            192.168.14.0/24

Chain OUTPUT (policy DROP)
target     prot opt source               destination
ACCEPT     tcp  --  192.168.14.2         0.0.0.0/0           tcp spt:22
ACCEPT     udp  --  192.168.14.2         0.0.0.0/0           udp spt:53
ACCEPT     tcp  --  192.168.14.2         0.0.0.0/0           tcp spt:80
[root@dns ~]#
```

图 12-5 设置网段 192.168.14.0 的主机访问互联网规则

FORWARD 链设置规则后，并不能生效，还需要打开内核中的转发文件，这个文件的存放位置是/proc/sys/net/ipv4/ip_forward，可使用以下命令：*more /proc/sys/net/ipv4/ip_forward*，查看默认值如图 12-6 所示，默认值是 0。

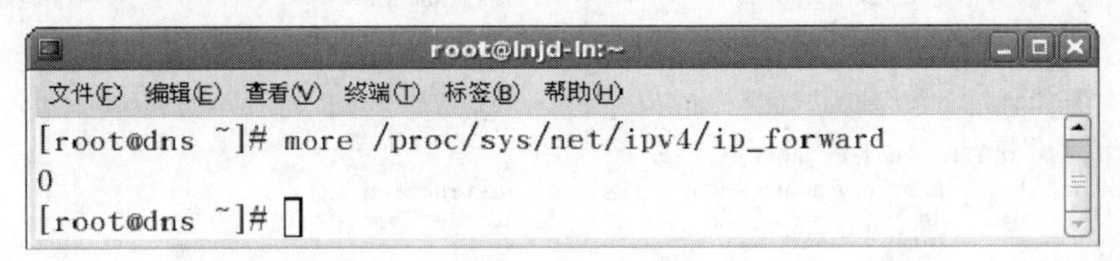

图 12-6　查看 ip_forward 的内容

需要将默认值由 0 改成 1，表示打开转发功能，可以使用命令 *echo 1 > /proc/sys/net/ipv4/ip_forward* 进行修改，如图 12-7 所示。

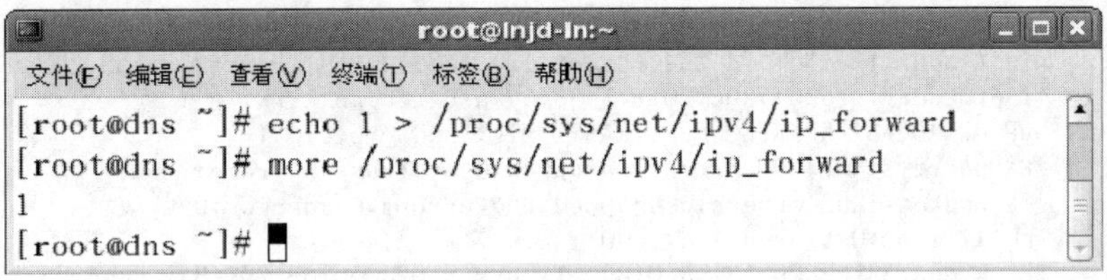

```
root@lnjd-ln:~
文件(F) 编辑(E) 查看(V) 终端(T) 标签(B) 帮助(H)
[root@dns ~]# echo 1 > /proc/sys/net/ipv4/ip_forward
[root@dns ~]# more /proc/sys/net/ipv4/ip_forward
1
[root@dns ~]#
```

图 12-7　修改 ip_forward 值

修改后，这个值是临时生效的，如果服务器重新启动后，这个值又变为 0，为了使这个值永久生效，则可以使用 Vi 编辑器打开配置文件/etc/sysctl.conf，将 net.ipv4.ip_forward 值修改为 1，如图 12-8 所示，这样就永久性打开内核的转发功能。

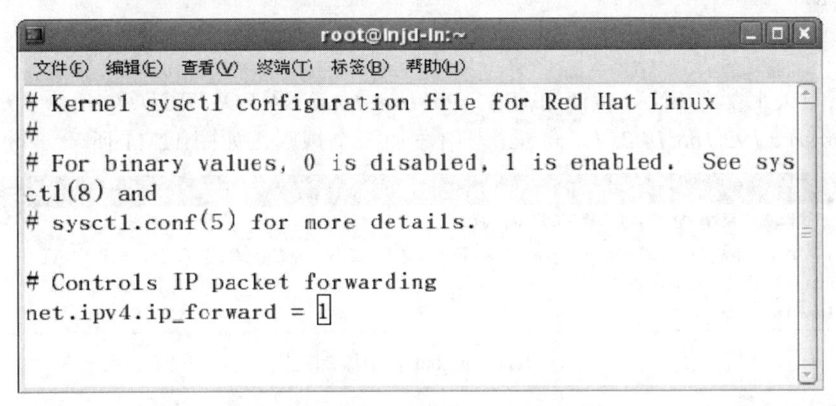

图 12-8　使用 Vi 修改 ip_forward 值

4. 配置 SNAT，实现网络互访

前面的设置完成后，并不能实现局域网接入互联网，因为局域网中的地址是私有地址，不管是 10.0.0.0，还是 192.168.14.0，在互联网中都是无法识别的地址。要实现接入互联网功能，需要在网关上进行地址转换，使用的协议是 NAT，即网络地址转换。

（1）查看 nat 表中默认设置。使用命令 *iptables –t nat –L –n* 查看 iptables 系统中的 nat 表的内容，如图 12-9 所示，nat 表中默认有三条链，分别是 PREROUTING 链、POSTROUTING 链和 OUTPUT 链，三条链中都没有内容。

（2）查看网关 IP 地址。使用 ifconfig 命令查看网关的 IP 地址，如图 12-10 所示，IP 地址分别为 10.0.0.1 和 192.168.14.5。

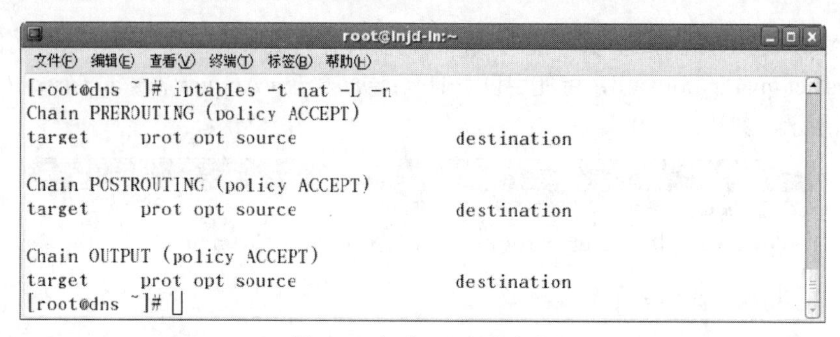

图 12-9 查看 nat 表的内容

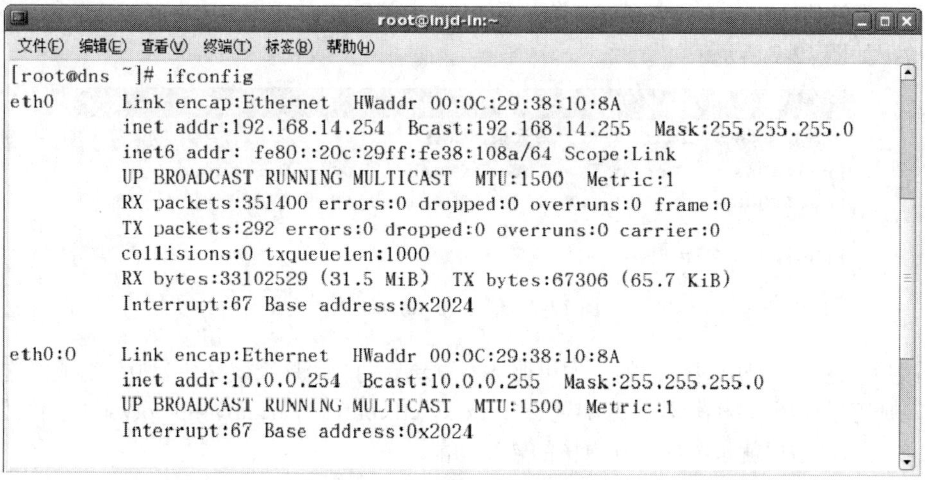

```
[root@dns ~]# ifconfig
eth0      Link encap:Ethernet  HWaddr 00:0C:29:38:10:8A
          inet addr:192.168.14.254  Bcast:192.168.14.255  Mask:255.255.255.0
          inet6 addr: fe80::20c:29ff:fe38:108a/64 Scope:Link
          UP BROADCAST RUNNING MULTICAST  MTU:1500  Metric:1
          RX packets:351400 errors:0 dropped:0 overruns:0 frame:0
          TX packets:292 errors:0 dropped:0 overruns:0 carrier:0
          collisions:0 txqueuelen:1000
          RX bytes:33102529 (31.5 MiB)  TX bytes:67306 (65.7 KiB)
          Interrupt:67 Base address:0x2024

eth0:0    Link encap:Ethernet  HWaddr 00:0C:29:38:10:8A
          inet addr:10.0.0.254  Bcast:10.0.0.255  Mask:255.255.255.0
          UP BROADCAST RUNNING MULTICAST  MTU:1500  Metric:1
          Interrupt:67 Base address:0x2024
```

图 12-10 查看网关 IP 地址

（3）在网关上配置 SNAT。使用命令 *iptables –t nat –A POSTROUTING –s 10.0.0.0/24 -j SNAT --to-source 192.168.14.254*，向 nat 表中添加一个规则，如图 12-11 所示。

图 12-11 向 nat 表中添加规则

该规则表示的含义是向 nat 表中的 POSTROUTING 链中添加一个规则。如果数据包的源地址是 10.0.0.0/24 网段的，就使用源地址翻译把它跳转到 IP 地址 192.168.14.254。192.168.14.254 是网关服务器的一个 IP 地址，这样就能实现与 192.168.14.0 网段的通信了。

（4）命令解释——iptables。该命令使用参数的含义如下。

① 指定表使用参数 -t nat。iptables 命令默认的表是 filter，在使用命令时不用指定 filter 表，要使用 nat 表，必须在命令中明确指出。

② 操作命令与 filter 表相同。

③ 规则匹配器。

a.匹配源地址和目标地址如下：

ⓐ 使用--source 或--src 或-s 参数来匹配源地址；

ⓑ 使用--destination 或--dst 或-d 参数来匹配源地址。

b.匹配网络接口如下：

ⓐ 对于 PREROUTING 链，只能用参数-i 匹配进来的网络接口；

ⓑ 对于 POSTROUTING 链和 OUTPUT 链，只能用参数-o 匹配出去的网络接口。

c.匹配协议及端口：可以通过-p 选项来匹配协议，如果是 UDP 或 TCP 协议，还可以用--sport 和--dport 选项，分别匹配源端口和目的端口。可以使用的端口可以查看系统中的/etc/services 文件。

④ 动作目标。对于 POSTROUTING 链，可以使用下面的目标动作。

a. -j SNAT --to-source/--to IP1 [IP2] :[port1 [port2]]。--to-source 或--to 选项用于指定一个或多个 IP 地址范围，或者一段可选的端口号。

其中 IP1-IP2 是一个 IP 地址范围，port1-port2 是一个端口范围。如果指定了 IP 地址的范围，那么主机会选择当前使用最少的那个 IP 地址，实现了负载均衡；如果指定了端口的范围，则进行端口映射。

此动作目标执行完毕，将数据包直接从网络接口送出。

b. -j MASQUERADE。MASQUERADE 目标用于实现 Linux 操作系统中非常出名的 IP 伪装，该目标是 SNAT 的特殊应用。

对于 PREROUTING 链，可以使用下面的目标动作。

a. -j DNAT --to-destination/--to IP1 [IP2] :[port1 [port2]]。该参数与 SNAT 一致，但是端口范围并不常用。

此动作目标执行完毕，将继续 INPUT 链或 FORWARD 链的规则检查。

b. -j REDIRECT --to-port port-number。REDIRECT 目标相当于对进入接口，进行 DNAT 的一种简单方便的处理形式。该目标将数据包重定向到 IP 地址，作为进入系统时的网络接口的 IP 地址，目的端口改写为指定的目的端口（port-number）。进行完此动作后，将不再对比其他规则，可以直接跳往 POSTROUTING 链。这一功能用于透明代理。

（5）查看配置的规则。使用命令 *iptables –t nat –L –n* 查看配置的规则，如图 12-12 所示。

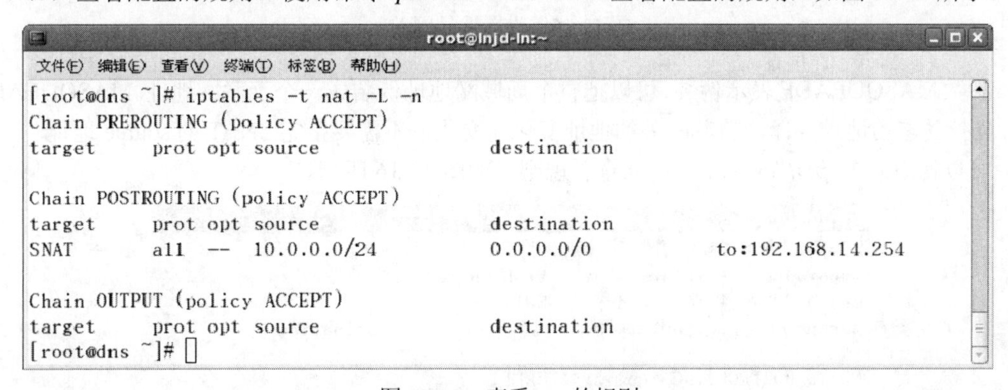

图 12-12　查看 nat 的规则

从图 12-12 中可以看到，管理员只设置了将 10.0.0.0 网段的地址翻译成 192.168.14.254 地址，那么当 192.168.14.0 网段访问 10.0.0.0 网段时是否可行呢？答案是肯定的，NAT 网关具有地址还原功能，当收到来自 192.168.14.0 网段的数据包时，会自动转发给 10.0.0.0 网段的主机，双向都可以工作。

（6）保存配置的规则。使用命令 *service iptables save* 保存配置的规则，如图 12-13 所示。

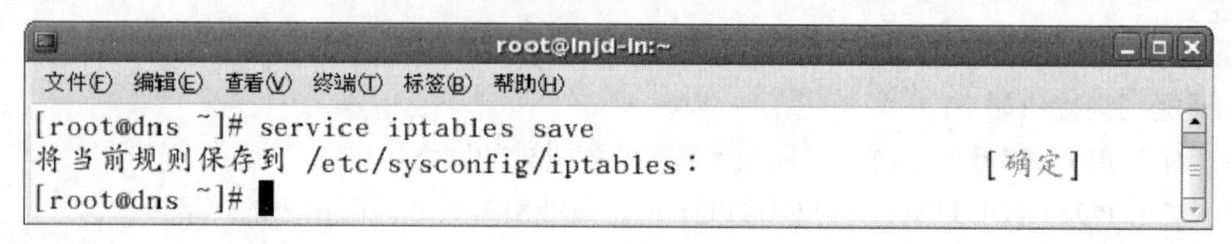

图 12-13 保存规则

5. 在客户端进行验证

客户端的 IP 地址是 192.168.14.20，网关设置为 192.168.14.254，如图 12-14 所示。

在客户机的“命令提示符”下输入命令 ping 10.0.0.1，如果网络已经连通，并且将 ttl 值减 1，由默认的 64 变成 63，则说明网关服务器已经正常工作，完成了地址转换。

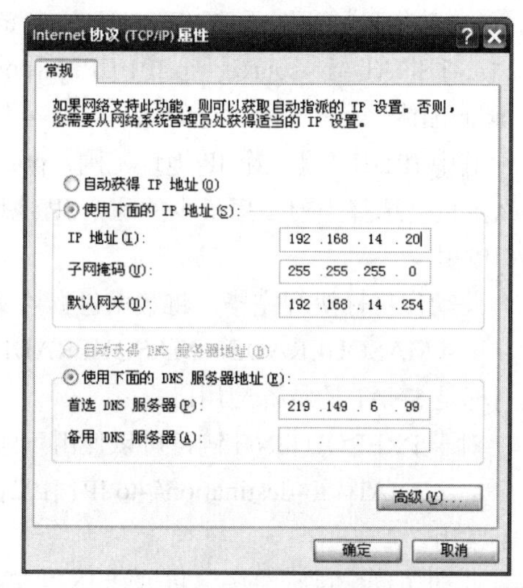

图 12-14 查看客户机 IP 地址

6. 配置拨号网关

在本任务中，NAT 是在局域网中实现的，即将所有的 10.0.0.0 网段的地址都翻译成了 192.168.14.1，但是如果要接入互联网，拨号外网的地址是动态分配的，是不确定的，所以设置拨号网关，使局域网接入互联网，就要使用命令 *iptables -t nat -A POSTROUTING -s 10.0.0.0/24 -j MASQUERADE*，如图 12-15 所示。

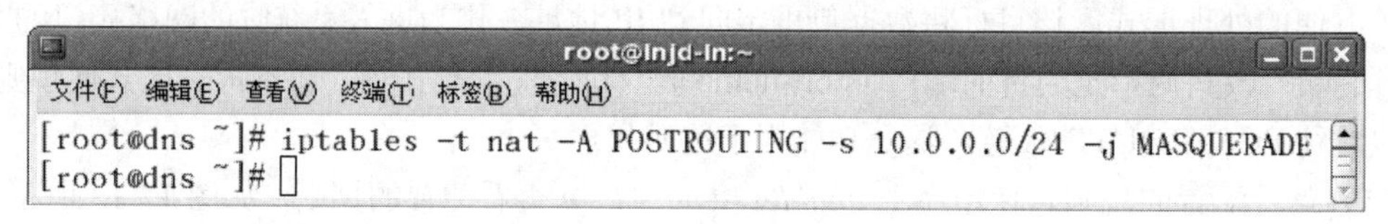

图 12-15 设置拨号网关

参数 MASQUEADE 表示伪装，可以把整个局域网地址伪装成一个互联网地址。MASQUEADE 目标支持动态的地址翻译，随着网关的地址变化而变化，不需要指定 SNAT 的 source 地址。

可以使用命令 *iptables -t nat –L –n* 查看规则，如图 12-16 所示。

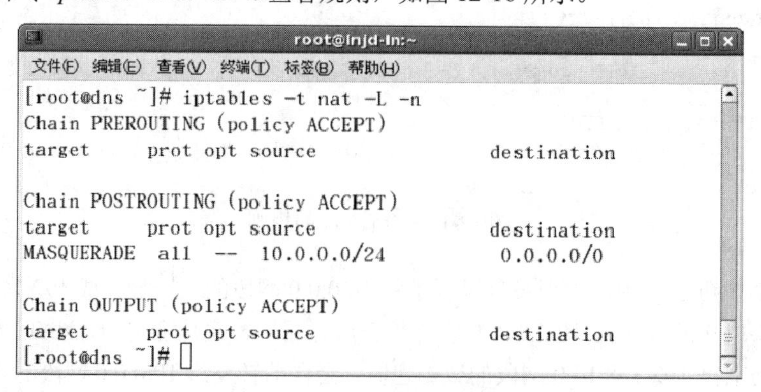

图 12-16 查看拨号网关规则

如果要删除规则，可以使用命令 *iptables –t nat –F*。

7. 配置 DNAT，隐藏 Web 服务器

IP 地址 192.168.14.5 是一个实际提供 Web 服务的服务器，为了保护其安全，要隐藏该 IP 地址，使访问 Web 服务器的客户机看到的是网关的 IP 地址 10.0.0.1，网关将收到的数据包经过 DNAT 转换后，经由 FORWARD 链转发给 Web 服务器 192.168.14.5。

通过配置 DNAT 规则，使用命令 *iptables -t nat -A PREROUTING -d 10.0.0.1/24 -p tcp --dport 80 -j DNAT --to-destination 192.168.14.5*，可以隐藏 Web 服务器，如图 12-17 所示。

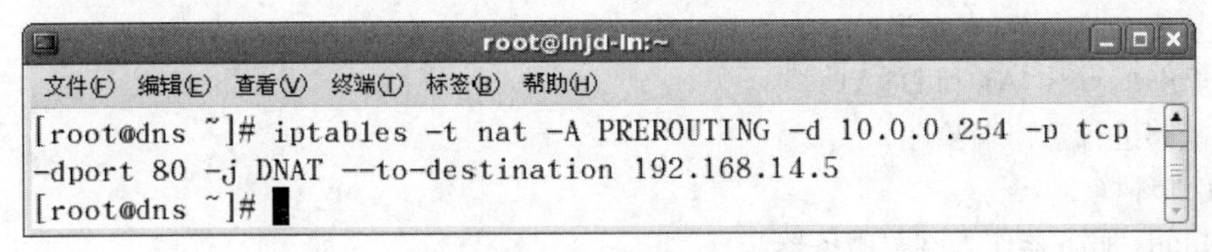

图 12-17　配置 DNAT 规则

可以使用命令 *iptables -t nat –L –n* 查看规则，如图 12-18 所示。

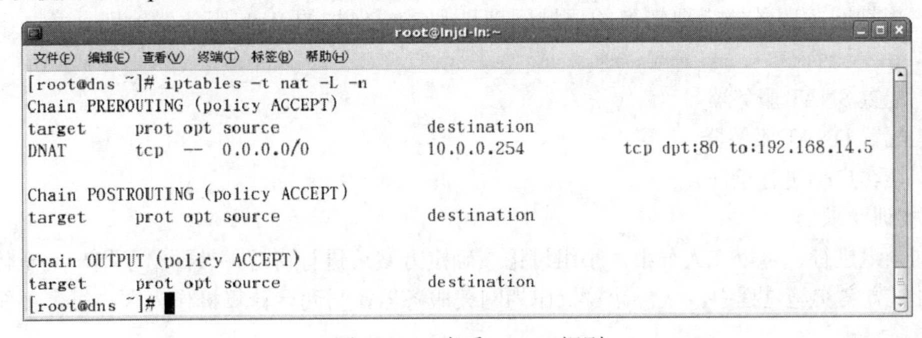

图 12-18　查看 DNAT 规则

项目总结

本项目学习了如何采用 NAT 技术，实现内网和外网通信的方法，要求掌握 SNAT 和 DNAT 的配置方法，实现内外网之间通信和隐藏 Web 服务器，增强系统安全性。

项目练习

一、选择题

1．在 Linux 2.4 以后的内核中，提供 TCP/IP 包过滤功能的软件是（　　）。

A．ARP　　B．route　　C．iptables　　D．filter

2．NAT 配置完成后，（　　）命令可以查看 NAT 表。

A．iptables –t nat –L –n　　B．iptables　–L –n

C．service iptables start　　D．service iptables restart

二、填空题

1．NAT 的英文是__________，即__________，是解决内网用户访问互联网常用的方式。

2．保存 NAT 操作使用命令__________。

3．NAT 是通过修改数据包的源 IP 地址、__________、__________和目的端口来实现的。

4．NAT 主要功能包括从 Intranet 传出的数据包，由 NAT 将它们的专用地址转换为公用地址、

________、________和________。

5．NAT 分为两种不同的类型，分别是__________和__________。

6．在 Netfilter/iptables 系统的内核空间中共有三个默认的表，分别是__________、__________和 mangle。

三、实训：配置 NAT 服务器

1．实训目的

（1）掌握 NAT 的基本知识。

（2）能够配置 SNAT 和 DNAT。

（3）能够进行客户端验证。

2．实训环境

（1）Linux 服务器作为网关服务器。

（2）Linux 客户机或 Windows 客户机。

3．实训内容

（1）规划网关服务器需要转换的局域网地址和需要保护的 Web 服务器地址，并画出网络拓扑图。

（2）配置 SNAT 服务器。

（3）配置 DNAT 服务器。

（4）在客户端进行验证。

4．实训要求

实训分组进行，可以 2 人一组，小组讨论，确定方案后进行讲解，教师给予指导，全体学生参与评价。方案实施过程中，一台计算机作为网关服务器，另两台计算机作为客户机，要轮流进行角色转换。

5．实训总结

完成实训报告，总结项目实施中出现的问题。

参 考 文 献

[1] 杨云，王秀梅等. Linux 网络操作系统及应用教程[M]. 北京：人民邮电出版社，2013.
[2] 芮坤坤，李晨光. Linux 服务管理与应用[M]. 大连：东软电子出版社，2013.
[3] 孙丽娜，孔令宏等. Linux 网络操作系统与实训[M]. 北京：中国铁道出版社，2014.
[4] 周志敏. Linux 操作系统应用技术[M]. 北京：电子工业出版社，2013.
[5] 丛佩丽. Linux 网络服务器配置管理[M]. 北京：中国劳动与社会保障出版社，2010.
[6] 丛佩丽. 网络操作系统管理与应用[M]. 北京：中国铁道出版社，2012.